1   색의 차이를 두드러지게 나타내기 위해 인위적으로 색을 입힌 명왕성의 모습.

2   명왕성의 위성 카론.

3 무인 탐사선 갈릴레오호가 촬영한 목성의 위성 이오의 실제 컬러 사진.
중앙 왼쪽에 프로메테우스 화산이 분화하는 모습이 보인다.

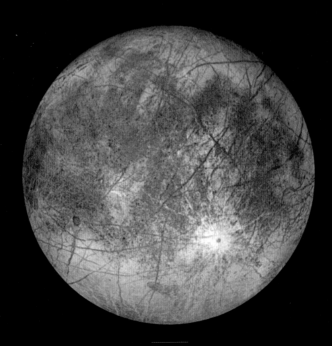

4 무인 탐사선 갈릴레오호가 촬영한 목성의 위성 유로파의 실제 컬러 사진.

5 NASA의 무인 탐사선 카시니호가 2006년에 태양 쪽을 바라보면서 촬영한 토성의 모습. 가장 바깥쪽의 흐릿한 고리는 E 고리인데, 얼음 입자를 우주 공간으로 뿜어내는 위성 엔켈라두스의 얼음 분수에서 생겨났다.

6 핼리 혜성.

7   2014년 12월 16일에 촬영한 태양 플레어.

8   스펙트럼형에 따른 별들의 스펙트럼.

9　은하 중심 방향으로 바라본 은하수의 모습.

10　막대 나선 은하 NGC 1300.

11 나선 은하 NGC 1232.

12   용자리 방향으로 20억 광년 거리에 있는 아벨 2218 은하단. 이 은하들의 중력장은 중력 렌즈 역할을 해 더 먼 곳에 있는 은하들의 상을 가느다란 호 모양으로 왜곡시킨다.

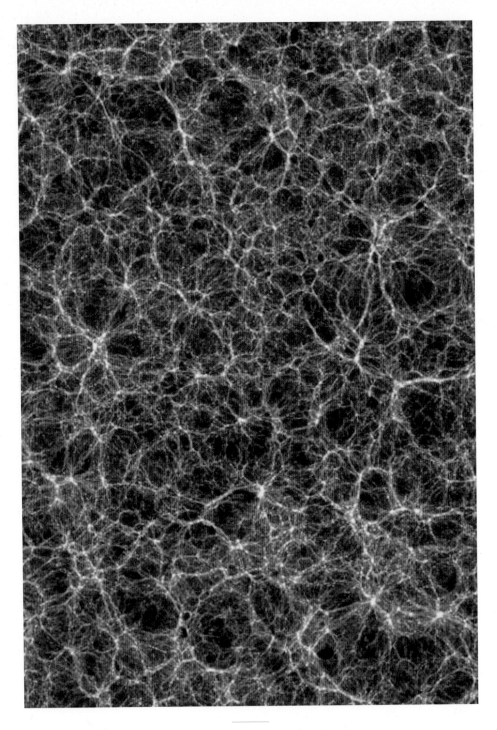

13 우주에 존재하는 물질의 분포를 컴퓨터로 시뮬레이션한 것. 실타래 모양의 물질이 폭이 20억 광년에 이르는 정육면체 모양의 거대 공동들에 의해 분리돼 있다는 걸 보여준다.

우주를 계산하다

CALCULATING THE
COSMOS

우주를 계산하다

광대한 우주가 건네는 수학적 사고로의 초대

이언 스튜어트 지음 | 이충호 옮김

흐름출판

수학과 우주

우리는 '계산'의 의미가 끝없이 다양해지고 보편화된 시대에 살고 있다. 〈위키피디아〉에 'calculation'이라는 항목을 검색해보면 계산을

'하나 또는 여러 개의 입력을 하나 또는 여러 개의 결과로 계획적으로 변환하는 과정'

이라고 규명한다. 간략한 정의 안에 거의 무한한 가능성이 내포돼 있다. 여기에서 의미하는 과정 중에 '23'과 '37'을 입력해서 '23+37=60' 혹은 '23×37=851'로 변환하는 단순한 작업도 포함되어 있지만, 지금 내가 쓰고 있는 컴퓨터 화면에 나타나는 모든 색상, 그림, 소리, 특수효과의 생성 그리고 자판 위 손끝의 압력을 복잡한 회로를 이용해서 한글로 표현하는 과정 역시 모두가 계산이다. 인지 과학의 관점으로는 인간의 뇌 역시 일종의 계산기이기에 나의 의도가 손가락의 움직임으로 표현되는 것도 계산이고, 우리의 사고와 행동 모두가 외부 입력과의 상호 작용에 의해서 작동되는 각종 계산이라는 전제가 지배적이다.

인간이 우주를 이해하고자 하는 것은 가장 원초적인 과학 본능과

신비주의의 화합이기에 인류 역사상 가장 오래된 연구 과제 중 하나이다. 세계 어느 문명이든 실존의 기원과 진화에 관한 신화를 지니고 있어서 현대 과학이 있기 훨씬 전부터 우주의 시초, 모양, 상태 등에 대한 이론을 펼쳐내곤 했다. 바빌로니아의 우주론에 의하면 지구는 납작한 원반 모양으로 천체의 반구로 덮여서 무질서의 바다 위에 떠 있다고 하는데, 이 이야기의 기본 골격이 많은 신화와 전통에 영향을 미쳤기에 성경에 나오는 우주론도 이와 흡사한 상상력을 나타낸다.

우주론과 수학의 구체적인 연결점이 인류 역사의 어느 시점에 나타났는지 지금으로선 알기 힘들다. 천체 현상과 기상의 변화에 정량적인 패턴이 있다는 사실이 중국, 인도, 이집트, 바빌로니아 등 고대 문명에서부터 많이 관찰되면서 시대의 흐름을 따라 자연현상이 수에 의해서 지배된다는 피타고라스와 주역의 원리로 이어졌을지도 모른다. 그러나 우주의 정량적 이론의 결정적인 전환점은 17세기 뉴턴의 연구에 나타났다.

1687년에 출간된 뉴턴의 《자연철학의 수학적 원리》는 만유인력의 법칙을 기술했고, 물체에 힘을 가했을 때 어떻게 움직이는가를 정확하게 묘사하는 운동 법칙 세 개를 정립했다. 그보다 약 50년 전에 갈릴레오는 우주의 구조가 수학적 언어로 쓰여 있다는 믿음을 표명한 바 있는데, 뉴턴의 저서에서 갈릴레오의 신념이 놀랍게도 구체적으로 실현됐던 것이다. 뉴턴의 업적에 힘입어서 수백 년 동안 전개된 과학의 가공할 발전은 잘 알려져 있다. 뉴턴 자신이 계산을 통해서 행성의 타원 궤적을 추론했고, 18세기에 프랑스 수학자 라그랑주는 태양계의 미세적인 동역학과 평형 이론을 펼쳐냈으며, 19세기에 이르러서는 과학적 계산을 이용해서 해왕성 같이 모르던 천체물의 존재를 예측할 수 있었다. 19세기 이후로 빛의 파동 이론이 정립되고 빛의 성분을 가려내는 기술과 이론이 발전함에 따라서 엄청나게 멀리 있는 별의 세부 구조를 알 수 있게까지 되었다.

보통의 불처럼 활활 타오르는 모습으로 생각됐던 별의 실제 연료가 핵융합 에너지, 즉 '$E = mc^2$'이라는 유명한 방정식을 이용한 작용이라는 사실이 아인슈타인의 상대성이론에 의해 20세기 중반쯤에 밝혀졌다. 지난 백 년 동안 뉴턴의 이론과 상대성이론을 적당히 배합하며 우주를 탐구하는 과학자의 시야가 자연스럽게 확장되면서 그들은 은하계의 생성과 진화에 대한 조직적인 이론을 개발했고, 별 운동의 세밀한 동요 패턴을 관찰함으로써 태양계 밖의 행성들을 발견했다. 또한 우주 자체의 기원에 대한 과학적 사고가 점점 구체화되는 가운데 별의 종말인 블랙홀이 관측되기도 하고 암흑물질이 존재할 수밖에 없다는 사실도 중요한 난제로 대두됐다. 최근 몇 년은 여러 개의 다른 우주가 공존할 수 있는 희한한 가능성도 제시되는 격동적인 이론의 시대이기도 하다.

이언 스튜어트의 흥미진진한 저서는 이 모든 이야기를 일목요연하게 집약한다. 스튜어트는 여러 해 동안 대중 수학서의 저자로 명성을 떨치면서 관심의 폭도 점점 넓혀왔다. 그럴 수밖에 없는 것이 수학이 인간 지식의 모든 영역을 침투해가는 역사적 추세가 최근 들어서 더욱 심화되어 가고 있기 때문이다. 분야를 막론하고 여러 학문이 정밀한 방법론을 점점 선호하기도 하고, 모든 사회 활동과 현상 분석에 필수적이 돼버린 정보 과학의 영향이기도 하다. 그래서인지 40권 이상의 책을 각양각색으로 저술한 스튜어트 교수가 바야흐로 우주 전체의 수학적 구조를 다루기로 한 것 같다.

내가 어렸을 때 가장 유명한 대중과학자는 아마도 공상과학 소설 《파운데이션Foundation》의 저자로 유명한 화학자 아이작 아시모프 Isaac Asimov였을 것이다. 그는 500권 이상의 책을 쓰면서 과학의 모든 분야 그리고 역사, 문학, 신학까지 자기 특유의 관점으로 대중에게 설명하기를 좋아했다. 스튜어트에게 그 정도의 다작을 기대하는 것은 무리일지언정 현대 세계의 만물박사의 역할을 수학자가 맡는 것은 지극히 자연스러운 것 같다.

《우주를 계산하다》를 쉬운 책이라 볼 수는 없다. 앞에서 암시했듯이 놀랍게 많은 내용을 500쪽 정도에 밀도 있게 함축하고 있다. 따라서 소설처럼 읽어서 많은 것을 파악하기는 상당한 전문가라도 기대하기 어려울 것이다. 그러나 중요한 토픽들을 읽고 탐구해보고 관심사가 비슷한 사람들과 토론하며 배움의 길잡이로 사용하기에는 더없이 좋은 책이다. 각 장에서 다루는 내용 하나하나가 심오하고 중요한 주제들이기 때문이다.

예를 들면, 11장에는 핵융합을 통해서 복잡한 원자들이 생성되는 과정을 설명한 버비지Burbidge, 파울러Fowler, 호일Hoyle의 1957년 논문이 소개되어 있다. 기본 문제는 소립자들이 넓은 우주 안에서 우연히 충돌해서 합성되는 것만으로 어떻게 해서 복잡한 원자와 분자의 생성이 가능한가 하는 것이다. 결론적으로 소립자들이 작은 부피 안에 갇혀 있던 우주 자체의 형성 초기에 가장 가벼운 원소인 수소와 아주 소량의 헬륨, 리튬, 베릴륨만이 만들어졌다고 한다. 산소, 탄소, 철 등, 우리 몸을 이루거나 일상적으로 만날 만한 원소 대부분은 중력의 작용으로 다량의 수소가 엉겨 붙어 별이 만들어진 후 별 중심부에서 원자 핵 융합 작용이 일어나면서 형성됐다는 것이다. 따라서 우리를 포함한 보통의 물질은 여러 차례의 합성과 재합성의 결과물이다. 철보다 무거운 원소, 가령 금 같은 것은 수명이 다할 때쯤 별이 폭발하면서 고압력이 적용되어 만들어진 잔재라는 것이 현재의 이론이다. 1946년에 호일이 처음 제안한 원소 합성 이론은 이 논문에서 체계적으로 개발되었고, 지금에 와서는 은하계의 원소 분포를 상당히 정확하게 설명하는 정론으로 확립되어 있다.

호일은 더 나아가 그 논문의 계산만으로는 생명이 일어나는 데 필요한 다량의 탄소가 충분히 생성될 수 없다는 사실을 인지한 뒤 헬륨 원자 세 개가 융합해서 탄소를 이룰 확률이 현실과 부합되게 해주는 탄소의 새로운 상태Hoyle Resonance의 존재를 예측했고 이 상태는 나중에 실험을 통해서 관찰됐다. 때로는 철학적인 문제로도 야기되는 인간중심원리anthropic principle가 처음으로 구체적인 과학에 적용된 사례다. 즉, 우리 자신이 존재하는 데 필요한 원소의 존재가 이론적으로 예측된 뒤 관측된 것이다.

나는 이 이야기를 스튜어트의 책에서 처음으로 읽고 나서 궁금해져서 인터넷 검색과 대화를 배합하면서 너무나 많은 흥미로운 내용을 접할 수 있었고, 몇 주의 공부 끝에 비교적 정확하게 현상을 이해할 수 있었다. 그런데 책 전체가 그런 종류의 단기 프로젝트로 가득 차 있다고 볼 수 있다. 그냥 읽고 넘어 가기에는 아까운 많은 내용을 조심스레 여러 번 생각해보고 학교에서든 개인적으로든 혹은 독서 모임에서라도 정성 들여 자세히 탐구하면서 약 일 년 동안 읽어 가면 현대 우주론에 대한 깊고 풍부한 조예를 갖추게 해 줄 책이라는 것이 분명하다.

이 책의 제목은 우주를 계산할 수 있게까지 된 인간의 업적에 대해서 인간이 인간을 위해서 쓴 책이라는 사실을 자랑스럽게 선언한다. 우리가 책을 읽을 동안에도 우주는 끊임없이 변하고 있다. 거시적인 구조는 아인슈타인 방정식을 따라서 진화하고, 물질의 미세적인 구조는 양자 역학의 슈뢰딩거 방정식을 풀고 있으며, 별은 상대성이론의 정확한 계산을 따라서 밝은 빛을 계속 생성하고 있다. 그러고 보면 우리가 아닌 우주의 객관적인 입장에서 '우주가 계산하다'가 더 적합한 표현이 아니었을까 하는 느낌도 든다.

김민형
옥스퍼드대학교 머튼칼리지 교수이자 서울고등과학원 석학교수
《수학이 필요한 순간》의 저자

차례

이 책에 대해 · 4

프롤로그 · 14

01 먼 거리에서 끌어당기는 힘

우주를 지배하는 중력의 법칙 · · · · · · · · · · · · · · · · 30

02 태양 성운의 붕괴

태양계의 탄생 · 57

03 특이한 달

달의 탄생 · 78

04 시계 장치 우주

티티우스–보데의 법칙 · · · · · · · · · · · · · · · · 100

05 하늘의 경찰

소행성 발견 이야기 · · · · · · · · · · · · · · · · · · 127

06 자기 자식들을 집어삼킨 행성

　　토성 고리의 비밀 · · · · · · · · · · · · · · · · 148

07 코시모의 별들

　　위성의 궤도와 라플라스 공명 · · · · · · · · · 166

08 혜성은 어디에서 날아오는가

　　혜성의 기원 · · · · · · · · · · · · · · · · · · · 181

09 우주의 카오스

　　카오스 동역학 · · · · · · · · · · · · · · · · · 201

10 행성 간 슈퍼고속도로

　　호만 타원과 라그랑주점 · · · · · · · · · · · 229

11 거대한 불덩어리

분광학과 별의 진화 · · · · · · · · · · · · · · · 249

12 거대한 하늘의 강

은하의 구조와 나선팔 · · · · · · · · · · · · 283

13 외계 세계들

외계 행성 탐사 · · · · · · · · · · · · · · · · · · · 304

14 어두운 별들

블랙홀과 일반 상대성 이론 · · · · · · · · · 336

15 실타래와 거대 공동

우주의 기하학 · 367

16 우주 알

빅뱅과 우주의 팽창 · · · · · · · · · · · · · · · 391

17 대폭발

인플레이션과 암흑 에너지 · · · · · · · · · · · · · 407

18 어두운 면

암흑 물질 · 425

19 우리 우주 밖의 우주

기본 상수와 다중 우주 · · · · · · · · · · · · · · 448

에필로그 · 477

후주와 참고 문헌 · 484

단위와 용어 · 502

사진과 일러스트레이션 출처 · 506

찾아보기 · 508

"그야 내가 계산해보았으니까."

─인력의 역제곱 법칙이 행성의 궤도가 타원임을 의미한다는 것을 어떻게 아느냐는 에드먼드 핼리의 질문에 아이작 뉴턴이 대답한 말. 허버트 웨스트렌 턴불Herbert Westren Turnbull이 쓴 《위대한 수학자들The Great Mathematicians》에서 인용.

2014년 11월 12일, 한 지적 외계인이 태양계를 관찰하다가 불가사의한 사건을 목격했다. 태양 주위의 궤도를 돌고 있던 혜성을 작은 기계가 몇 달 동안 따라다녔다─잠자듯이 별다른 활동을 하지 않고 수동적으로. 그러다가 갑자기 기계가 잠에서 깨어나더니, 더 작은 기계를 토해냈다. 이 작은 기계는 혜성의 시커먼 표면을 향해 내려가 쿵 충돌한 뒤에 튀어 올랐다. 그러다가 마침내 멈춰섰는데, 옆으로 넘어진 이 기계는 절벽에 끼여 꼼짝도 하지 않았다.

착륙이 계획대로 순조롭게 일어나지 않았나 보다 하고 추측한 외계인은 그것을 대수롭지 않게 여겼을지 모르지만, 이 두 대의 기계를 만든 엔지니어들은 일찍이 전례가 없는 위업을 달성했다. 혜성에 탐사선을 착륙시키는 데 성공한 것이다. 큰 기계는 로제타호, 작은 기계는 필라이호였고, 그 혜성의 이름은 67P/추류모프-게라시멘코였다. 이 탐사 계획을 추진한 주체는 유럽우주기구였는데, 탐사선이 혜성까지 날아가는 데에만 10년 이상이 걸렸다. 비록 착륙은 매끄럽지 못했지만 필라이호는 과학적 목적을 대부분 달성했고 중요한 데이터를 보내왔다. 로제타호는 계획대로 임무를 계속 수행하고 있다.

그런데 혜성에 탐사선을 착륙시킨 목적은 무엇일까? 혜성은 그 자체만으로도 흥미로운 존재이며, 거기서 발견하는 정보는 기초 과학에 유익한 도움을 줄 수 있다. 더 실용적인 측면에서 보자면, 혜성은 가끔 지구에 가까이 다가오며, 충돌할 경우에는 엄청난 재앙이 발생하기 때문에 혜성이 어떤 물질로 이루어져 있는지 알아내려고 하는 것은 분별 있는 행동이다. 단단한 고체 물체는 로켓이나 핵미사일로 그 궤도를 바꿀 수 있지만, 부드러운 스펀지 같은 물체라면 많은 파편으로 쪼개지면서 오히려 상황을 악화시킬 수 있다. 이것 말고도 세 번째 이유가 있다. 혜성은 태양계의 기원으로 거슬러 올라가는 물질을 포함하고 있어, 우리가 사는 세계가 어떻게 탄생했는가라는 수수께끼를 푸는 데 단서를 제공할 수 있다.

천문학자들은 혜성을 더러운 눈뭉치, 즉 얇은 먼지층으로 뒤덮인 얼음 덩어리라고 생각한다. 필라이호는 배터리가 방전되어 침묵 상태에 빠지기 전에 67P 혜성에서 이 사실을 확인했다. 지구에 존재하는 물의 양은 지구와 태양 사이의 거리가 지금과 같은 상태에서 지구가 탄생했다고 가정할 경우 있어야 할 양보다 더 많다. 그렇다면 여분의 물은 어디에서 왔을까? 그럴듯해 보이는 한 가지 가능성은 태양계가 생성될 당시에 수백만 개의 혜성이 지구에 충돌했다는 것

로제타호가 촬영한 67P 혜성. 그 생김새 때문에 '고무 오리'라는 별명이 붙었다.

이다. 혜성의 얼음이 녹으면서 바다가 탄생했을 것이다. 놀랍게 들릴지 모르겠지만 이 가설을 검증할 수 있는 방법이 있다. 물은 수소와 산소로 이루어져 있다. 수소 원자는 세 가지 동위원소의 형태로 존재한다. 이 세 가지 동위원소는 양성자와 전자의 수는 모두 똑같지만 중성자 수가 다르다. 보통 수소는 중성자가 하나도 없고, 중수소는 중성자가 1개, 삼중수소는 중성자가 2개 있다. 만약 지구의 바다가 혜성 때문에 생겨났다면, 바다와 지각(그 암석들 역시 그 화학적 구성 성분에 상당량의 물을 포함하고 있다)에 들어 있는 이들 동위원소의 비율은 혜성에서 발견되는 것과 비슷해야 할 것이다.

필라이호가 분석한 결과에 따르면, 67P 혜성은 지구에 비해 중수소 비율이 훨씬 높다. 확실한 결론을 내리려면 다른 혜성들에서 추가 데이터를 얻어야 하지만, 지구의 바다가 혜성 때문에 생겼다는 가

우주를 계산하다

설은 그 기반이 흔들리고 있다. 오히려 소행성이 더 나은 후보로 보인다.

✦

로제타호 탐사 임무는 과학 탐사를 위해서건 일상적인 용도를 위해서건 인류가 기계를 우주로 보내는 능력이 날로 발전하고 있음을 보여주는 한 예에 지나지 않는다. 이 신기술은 우리의 과학적 기대를 크게 키웠다. 지금까지 우리가 보낸 우주 탐사선들은 태양계의 모든 행성과 작은 천체 몇 곳을 방문해 그 사진들을 보내왔다.

진전은 아주 빠른 속도로 일어났다. 미국의 우주 비행사들은 1969년에 달에 착륙했다. 1972년에 발사한 무인 우주 탐사선 파이어니어 10호는 목성을 방문한 뒤에 태양계를 벗어나 계속 나아가고 있다. 그 뒤를 이어 1973년에 발사된 파이어니어 11호는 목성과 함께 토성도 방문했다. 1977년에는 보이저 1호와 보이저 2호가 이 행성들을 탐사하기 위해 출발했는데, 그와 함께 더 먼 행성인 천왕성과 해왕성도 방문했다. 그 밖에도 여러 나라와 국제 집단이 보낸 탐사선들이 수성과 금성과 화성을 방문했다. 일부 탐사선은 심지어 금성과 화성에 '착륙'하여 소중한 정보를 보내왔다. 2015년에는 궤도 탐사선 다섯 대[1]와 표면 탐사차 두 대[2]가 화성을 탐사했고 카시니호가 토성 주위의 궤도를 돌고 있었다. 돈호는 전에는 소행성이었다가 최근에 왜행성으로 지위가 격상된 케레스 주위의 궤도를 돌고 있었고, 뉴호라이즌스호는 얼마 전에 태양계에서 가장 유명한 왜행성인 명왕성을 지나가면서 놀라운 영상들을 보내왔다. 그 데이터는 이 불가사의

2015년 7월 14일, NASA의 우주 탐사선 뉴호라이즌스호가 이 역사적인 명왕성 사진을 보내왔다. 이 왜행성 표면의 특징을 최초로 선명하게 드러낸 사진이다.

한 천체와 그 다섯 위성의 수수께끼를 푸는 데 도움을 줄 것이다. 뉴호라이즌스호는 명왕성이 더 먼 곳에 있는 왜행성 에리스보다 근소하게 더 크다는 사실도 이미 밝혀냈는데, 그전까지만 해도 에리스가 태양계에서 가장 큰 왜행성으로 알려져 있었다. 에리스에 행성의 지위를 부여하지 않으려고 하다 보니 명왕성을 왜행성의 지위로 끌어내릴 수밖에 없었다. 하지만 이제 와서 보니 굳이 그럴 필요가 있었을까 하는 의문도 든다.

우리는 왜행성보다 작지만 이에 못지않게 흥미로운 천체들도 탐사하기 시작했는데, 위성과 소행성과 혜성이 바로 그 주인공이다. 비록 〈스타트렉〉과 비슷한 양상으로 전개되진 않겠지만 최후의 미개척지가 열리고 있다.

우주 탐사는 기초 과학이다. 대부분의 사람들은 행성들에서 새로 발견되는 사실에 큰 흥미를 느끼지만, 어떤 사람들은 자신의 세금이 더 현실적인 일에 쓰이길 원한다. 하지만 우주 탐사는 일상생활에도 도움을 주는데, 중력을 통해 상호 작용하는 천체들의 정확한 수학 모형을 만드는 능력이 인공위성 기술과 결합해 놀라운 발명품이 많이 탄생했다. 위성 방송, 매우 효율적인 국제 전화망, 기상 위성, 태양의 자기 폭풍을 감시하는 위성, 환경을 감시하고 지구의 지도를 작성하는 위성 등이 그런 예이며, GPS를 사용하는 자동차 내비게이션도 빼놓을 수 없다.

이전 세대들은 이런 업적에 경탄을 금치 못할 것이다. 1930년대까지만 해도 사람이 달을 밟을 것이라고 생각한 사람은 거의 없었다. (지금도 다소 순진한 음모론자들 중에는 인류가 달을 밟았다는 사실을 믿지 않는 사람들이 있지만, 이에 대해서는 입 아프게 말하고 싶지 않다.) 우주 비행의 '가능성' 자체를 놓고도 치열한 논쟁이 벌어졌다.[3] 어떤 사람들은 우주에서는 "밀어낼 것이 아무것도 없으므로" 로켓이 무용지물이 될 것이라고 주장했는데, 이것은 "모든 작용에는 그것과 크기는 같고 방향은 반대인 반작용이 존재한다"라는 뉴턴의 운동 법칙 중 제3법칙을 잘 모르고 한 말이었다.[4]

진지한 과학자들조차 로켓은 제대로 작동하지 않을 것이라고 완강하게 주장했는데, 로켓을 띄워 올리려면 많은 연료가 필요하고, 그 연료를 띄워 올리려면 다시 더 많은 연료가 필요하고, '그' 연료를 띄워 올리려면 또다시 더 많은 연료가……필요하다는 이유에서였다. 14세기에 중국의 유기劉基가 쓴 《화룡경火龍經》에 이미 불을 뿜는 용 (즉, 다단 로켓) 그림이 실려 있었는데도 불구하고 이런 주장이 나왔다. 중국 해군의 이 무기는 사용한 뒤에 버리는 부스터로 용머리 모양의 로켓을 발사했는데, 용머리에는 그 입에서 쏟아져 나오는 화살들이 가득 들어 있었다. 유럽에서는 1551년에 오스트리아의 콘라트 하스Conrad Haas가 최초로 다단 로켓을 실험했다. 20세기의 로켓 선구자들은 다단 로켓의 첫 번째 단은 두 번째 단과 그 연료를 띄워 올리고 나서 연료가 바닥난 그 중량을 모두 '버려야' 한다고 지적했다. 러시아의 콘스탄틴 치올콥스키Konstantin Tsiolkovsky는 1911년에 태양계 탐사에 관해 자세하고도 현실적인 계산을 해 그 결과를 발표했다.

어쨌든 우리는 안 된다고 말하는 사람들의 주장에도 불구하고 달에 가는 데 성공했다(그들이 미처 생각하지 못한 아이디어들을 사용해서). 지금까지 우리는 지구 부근의 우주 지역을 탐사하는 데 그쳤는데, 이것은 광대한 전체 우주에 비하면 그야말로 아무것도 아니다. 우리는 아직 다른 행성을 밟지 못했고, 가장 가까운 별에 가는 것은 아예 생각조차 못 하고 있다. 믿을 만한 우주선을 만든다 하더라도, 기존의 기술을 사용해 그곳까지 가려면 수백 년이 걸릴 것이다. 하지만 우리는 포기하지 않고 꾸준히 나아가고 있다.

✦

우주 탐사와 그 성과의 실용적 활용에서 일어난 이러한 발전은 단지 현대의 뛰어난 기술뿐만 아니라, 적어도 3000년 전의 고대 바빌로니아까지 거슬러 올라가는 아주 긴 일련의 과학적 발견들에 기반을 두고 있다. 이러한 발전들의 중심에는 수학이 자리 잡고 있다. 물론 공학도 중요하며, 적절한 재료를 만들어 제대로 작동하는 탐사선으로 조립하기까지 그 밖의 많은 과학 분야에서 일어난 발견들도 필요했지만, 나는 우주에 관한 지식에 수학이 얼마나 큰 진전을 가져왔는지에 초점을 맞춰 이야기하려고 한다.

우주 탐사의 역사와 수학의 역사는 아주 일찍부터 함께 손을 잡고 걸어왔다. 수학은 태양과 달, 행성, 별을 비롯해 우주를 함께 구성하는 그 밖의 많은 물체들을 이해하는 데 필수적이라는 사실이 증명되었다. 수천 년 동안 수학은 우주의 사건을 이해하고 기록하고 예측하는 데 가장 효율적인 방법이었다. 500년경의 고대 인도를 비롯해 일부 문화에서는 수학이 천문학의 하위 분야였다. 한편, 고대 바빌로니아인의 일식 예측에서부터 미적분과 카오스, 시공간의 곡률에 이르기까지 3000년 이상에 걸쳐 천문 현상은 모든 것에 영감을 제공하면서 수학의 발달에 큰 영향을 미쳤다.

처음에 수학이 천문학에서 주로 담당한 역할은 관측한 것을 기록하고 달이 태양을 가리는 일식이나 지구 그림자가 달을 가리는 월식 같은 현상을 이해하는 데 유용한 계산을 하는 것이었다. 천문학의 개척자들은 태양계의 기하학을 생각함으로써 이곳 지상에서는 그 반대가 옳을 것처럼 보이지만, 사실은 지구가 태양 주위를 돈다는 사실을 깨달았다. 옛날 사람들은 관측 사실과 기하학을 결합함으로써 지구의 크기와, 달과 태양까지의 거리도 추정할 수 있었다.

1600년 무렵부터 더 심오한 천문학적 패턴들이 나타나기 시작했는데, 이때 요하네스 케플러Johannes Kepler가 행성의 궤도에서 세 가지 수학적 규칙('법칙')을 발견했다. 1679년에는 아이작 뉴턴Isaac Newton이 케플러의 세 가지 법칙을 재해석해 태양계의 행성들뿐만 아니라 '어떤' 천체들의 계라도 그 운동을 기술할 수 있는 야심적인 이론을 만들었다. 이것이 바로 뉴턴의 중력 이론으로, 세상을 확 바꾼 그의 저서《자연철학의 수학적 원리Philosophiae Naturalis Principia Mathematica》(흔히 "프린키피아"라고 부르는 책)에서 기술한 핵심 발견 중 하나이다. 뉴턴의 중력 법칙은 우주의 모든 물체들이 서로 어떻게 끌어당기는지 설명한다.

뉴턴은 중력을 1세기 전에 갈릴레오 갈릴레이Galileo Galilei가 선구적인 연구로 밝혀낸 물체의 운동에 관한 수학적 법칙들과 결합함으로써 많은 천체 현상을 설명하고 예측했다. 더 일반적으로는 우리가 자연계를 생각하는 방식을 변화시킴으로써 과학 혁명을 일으켰는데, 이 혁명은 지금도 계속 진행되고 있다. 뉴턴은 수학적 패턴이 자연 현상을 (자주) 지배하며, 이 패턴을 이해하면 자연에 대한 이해를 증진시킬 수 있다는 것을 보여주었다. 뉴턴 시대에 수학 법칙은 하늘에서 일어나는 일을 설명하긴 했지만 항해에 이용하는 경우를 빼고는 실용적인 용도로는 거의 쓰이지 않았다.

✦

1957년에 소련이 쏘아올린 인공위성 스푸트니크호가 지구 저궤도를 돌면서 우주 경쟁에 불이 붙은 순간부터 상황이 확 바뀌었다. 만약 위성 TV로 축구 경기(혹은 오페라나 코미디 또는 과학 다큐멘터리)를 보고 있다면, 여러분은 뉴턴의 통찰에서 비롯된 현실 세계의 혜택을 누리고 있는 셈이다.

뉴턴이 거둔 큰 성공은 처음에는 모든 것이 창조의 순간에 놓인

우주를 계산하다

길을 따라 움직이는 시계 장치 우주라는 견해를 낳았다. 예를 들면, 태양계는 동일한 행성들이 원에 가까운 동일한 궤도들을 따라 움직이면서 현재 상태와 거의 비슷한 모습으로 창조되었다고 믿었다. 물론 모든 것이 약간 흔들리긴 했다. 그 당시 천문 관측 분야에서 일어난 진전으로 이 점은 의심의 여지가 없어졌다. 하지만 영겁에 가까운 긴 시간에서 보면 극적인 방식으로 변한 것은 아무것도 없고, 앞으로도 변하지 않을 것이라는 믿음이 널리 퍼졌다. 유럽인의 종교에서는 하느님이 완벽하게 창조한 우주에서 과거의 모습이 현재의 모습과 다르다는 것은 생각할 수 없는 일이었다. 규칙적이고 예측 가능한 우주라는 기계론적 견해는 300년 동안 계속 이어졌다.

하지만 이제 그런 견해를 더 이상 지탱할 수 없게 되었다. 카오스 이론처럼 최근에 수학에서 일어난 혁신은 유례없는 속도로 복잡한 계산을 처리할 수 있는 현대의 막강한 컴퓨터와 결합함으로써 우리의 우주관을 완전히 바꾸어놓았다. 태양계의 시계 장치 모형은 짧은 시간 동안은 유효하게 성립하는데, 천문학에서 100만 년은 대개 짧은 시간으로 간주된다. 하지만 우리의 뒷마당 우주는 천체들이 한 궤도에서 다른 궤도로 이동하는 일이 줄곧 일어났고, 앞으로도 그런 일이 계속 일어날 장소라는 사실이 드러났다. 물론 규칙적인 행동이 아주 오랜 시간 동안 지속되기도 하지만, 때때로 거친 행동이 돌발적으로 발생하기도 한다. 시계 장치 우주 개념을 낳은 불변의 법칙들이 갑작스러운 변화와 매우 불규칙한 행동을 낳을 수도 있다.

오늘날 천문학자들이 그리는 시나리오는 극적인 것이 많다. 예를 들면, 태양계가 만들어질 때 모든 천체들이 서로 충돌하면서 종말론적인 결과를 낳았다. 언젠가 먼 미래에 필시 그런 일이 또다시 일어날 것이다. 수성이나 금성이 종말을 맞이할 가능성이 아주 낮은 확률로 있는데, 어느 쪽이 그럴지는 알 수 없다. 둘 다 종말을 맞이할 수도 있고, 그와 함께 우리까지 휩쓸려갈지 모른다. 달은 그런 충돌을 통해 태어난 것으로 보인다. 마치 과학 소설에나 나올 법한 이야기처럼 들리는데, 이것은……그래도 가장 훌륭한 종류의 '경성硬性' 과학 소설이다. 이 과학 소설 분야에서는 오직 환상적인 새로운 이야기만이 알려진 과학의 영역에서 벗어날 수 있다. 다만 여기에는 환상적인 이야기는 없고, 오직 예상치 못한 수학적 발견만 있을 뿐이다.

수학은 달의 기원과 운동, 행성들과 그 위성들의 움직임과 형태, 소행성과 혜성과 카이퍼대 천체의 세부 사항, 전체 태양계의 육중한 춤을 비롯해 모든 규모에서 우주에 대한 우리의 지식을 늘리는 데 큰 도움을 주었다. 수학은 소행성이 목성과의 상호 작용을 통해 어떻게 화성으로 날아갔다가 다시 지구를 향해 다가오고, 고리를 가진 행성이 왜 토성 하나뿐이 아니며, 애초에 그 고리들이 어떻게 생겨났고 왜 그런 행동을 보이며, 매듭과 물결과 회전하는 '바큇살' 같은 구조가 왜 존재하는지 알려주었다.

시계 장치는 불꽃놀이에 밀려나고 말았다.

✦

전체 우주의 관점에서 볼 때, 태양계는 수천조 개의 돌 가운데 한쪽 구석에 모여 있는 아주 하찮은 돌무더기에 지나지 않는다. 더 큰 규모에서 우주를 생각하면, 수학의 역할이 훨씬 더 중요해진다. 실험이 가능한 경우는 거의 없고 직접적 관측조차 어렵기 때문에 대신에 간접적 추론에 의존할 수밖에 없다. 반과학적 성향이 강한 사람들은 이런 특징을 일종의 약점으로 여기고 공격한다. 사실, 과학의 강점 중 하나는 관찰한 결과를 바탕으로 직접 관찰할 수 없는 것을 추론 하는 능력이다. 원자의 존재는 획기적인 현미경으로 우리가 직접 원 자를 보기 오래전에 이미 명백하게 확립되었으며, 심지어 우리가 현 미경으로 원자를 볼 때에도 그것을 '보는 것'은 그 상을 얻는 방법에 관한 일련의 추론을 바탕으로 일어난다.

수학은 강력한 추론 기관이다. 수학은 추론을 통해 그 논리적 함 의를 알려고 노력함으로써 대안 가설들의 '결과'를 이끌어내게 해준 다. 수학은 핵물리학(이 역시 매우 수학적인 분야)과 손을 잡고 별의 종 류와 그 화학적 조성과 원자핵의 구성 요소, 꿈틀거리는 자기장 및 흑점과 함께 별의 동역학을 설명하는 데 도움을 준다. 수학은 별들이 모여 거대한 은하를 만드는 경향에 통찰을 제공하며, 은하들이 왜 그 토록 흥미로운 형태를 하고 있는지 설명한다. 또, 왜 은하들이 모여 은하단을 만들며, 그 사이에 훨씬 광대한 거대 공동이 있는지도 알려 준다.

이보다 훨씬 큰 규모가 있는데, 우주 전체가 바로 그것이다. 우주 전체는 우주론 영역이다. 여기서 우리가 합리적 영감을 얻는 원천은 거의 다 수학이다. 우주의 일부 측면을 관측할 수는 있지만, 그 전체 를 대상으로 실험을 할 수는 없다. 수학은 대안 이론들 사이에서 '만 약 ……이라면 어떻게 될까'라는 식의 비교를 허용함으로써 관측 결 과를 해석하는 데 도움을 준다. 하지만 여기서도 그 출발점은 우리에 게서 가까운 곳에 있다. 중력을 시공간의 곡률로 대체한 알베르트 아인슈타인Albert Einstein의 일반 상대성 이론은 뉴턴 물리학을 밀어냈다. 고대의 기하학자들과 철학자들은 이를 환영했을 텐데, 동역학이 기하학으로 환원되었기 때문이다. 아인슈타인은 자신의 두 가지 예측을 통해 일반 상대성 이론이 입증되는 것을 보았다. 하나는 불가사의한 수성 궤도의 변화였고, 또 하나는 태양 옆을 지나오는 빛이 구부러지는 현상이었는데, 이것은 1919년 개기 일식 때 관측되었다. 하지만 아인슈타인은 자신의 이론이 우주 전체에서 가장 기묘한 천체의 발견을 낳게 되리라는 사실을 알지 못했던 게 분명하다. 그것은 바로 블랙홀로, 질량이 너무나도 커서 빛조차 그 중력을 뿌리치고 빠져나오지 못하는 천체이다.

아인슈타인은 자신의 이론이 낳게 될 또 한 가지 중요한 결과도 알아채지 못했는데, 그것은 바로 빅뱅이다. 빅뱅 이론은 우주가 먼 과거의 어느 시점(약 138억 년 전)에 한 점에서 일종의 거대한 폭발로 탄생했다고 주장한다. 하지만 폭발한 것은 시공간 안에 있는 어떤 것이 아니라 시공간 자체였다. 빅뱅 이론을 뒷받침하는 첫 번째 증거는 에드윈 허블Edwin Hubble이 발견한 우주의 팽창이었다. 우주에 존재하는 모든 것을 시간을 거슬러 과거로 되돌아가게 하면 결국에는 한 점에 모이게 된다. 자, 이제 시간을 다시 정상 방향으로 흐르게 해 지금 이곳으로 되돌아오자.

아인슈타인은 자신의 방정식들을 믿었더라면 자신이 이 결과를 예측했을 거라고 아쉬워했다. 아인슈타인이 그것을 전혀 예상하지 못했다고 우리가 확신할 수 있는 이유는 바로 이 발언 때문이다.

과학에서 새로운 답은 새로운 수수께끼를 낳는다. 가장 큰 수수께끼 중 하나는 암흑 물질인데, 이것은 완전히 새로운 종류의 물질로, 관측되는 은하의 회전 운동을 중력 이론과 조화시키려면 꼭 필요하다. 하지만 암흑 물질을 찾으려는 시도는 지금까지 번번이 실패했다. 게다가 우주를 제대로 설명하려면 원래의 빅뱅 이론에 두 가지를 더 추가할 필요가 있다. 하나는 인플레이션inflation(급팽창)으로, 초기 우주가 아주 짧은 순간에 엄청난 속도로 크게 팽창한 사건을 말한다. 현재의 우주에서 물질의 분포가 완전히는 아니더라도 거의 균일한 이유를 설명하려면 인플레이션 이론이 필요하다. 또 하나는 암흑 에너지로, 우주의 팽창 속도를 점점 더 빠르게 하는 신비의 힘이다.

대부분의 우주론자들은 빅뱅 이론을 받아들이지만, 이 세 가지 추가 사항(암흑 물질, 인플레이션, 암흑 에너지)이 필요하다는 조건을 단다. 하지만 앞으로 보게 되겠지만, 이 세 가지 데우스 엑스 마키나deus ex machina(고대 연극에서 급할 때 나타나서 돕는 신을 말하는데, 절박한 상황의 해결책이라는 뜻으로 쓰임 – 옮긴이)는 모두 골치 아픈 문제를 많이 안고 있다. 현대 우주론은 10년 전만큼 그 기반이 튼튼하지 않으며, 새로운 혁명이 진행되고 있는지도 모른다.

✦

뉴턴의 중력 법칙은 하늘에서 발견된 최초의 수학적 패턴은 아니지만, 이전의 모든 발견을 능가했을 뿐만 아니라 그 모든 접근법의 결정체라 할 만한 것이었다. 그래서 뉴턴의 중력 법칙은 이 책의 핵심 주제이며, 이 책의 중심을 이루는 중요한 발견이다. 가장 작은 먼지 입자에서부터 우주 전체에 이르기까지 하늘과 지상에 존재하는 물체들의 운동과 구조에는 수학적 패턴들이 있다. 이 패턴들을 이해하면 우주를 설명할 수 있을 뿐만 아니라 우주를 탐구하고 우주를 이용하고 우주로부터 우리를 보호할 수 있다.

여기서 가장 큰 돌파구는 패턴이 '존재'한다는 사실을 깨닫는 것이다. 그러면 무엇을 보아야 하는지 알 수 있는데, 답을 정확하게 알기는 어려울지 몰라도 이제 문제 해결 여부는 방법에 달려 있다. 완전히 새로운 수학적 개념을 생각해내야 할 때가 많다. 나는 절대로 그것이 쉽거나 간단하다고 말하지 않겠다. 그것은 장거리 달리기 같은 게임이며, 아직도 계속 진행되고 있다.

뉴턴의 접근법은 표준적인 반사 작용도 촉발했다. 최신 발견이 껍데기를 까고 나오자마자 수학자들은 비슷한 개념으로 다른 문제들을 풀 수 있는지 생각하기 시작한다. 모든 것을 더 일반적인 것으로 만들려는 충동은 수학의 정신에서 아주 큰 흐름을 이루고 있다. 니콜라 부르바키Nicolas Bourbaki[5]와 '새로운 수학'을 비난해봤자 아무 소용이 없다. 그 전통은 유클리드Euclid와 피타고라스Pythagoras에게까지 거슬러 올라간다. 이 반사 작용으로부터 수리물리학이 탄생했다. 뉴턴과 동시대에 살았던 사람들(주로 유럽 대륙의)은 열과 소리, 빛, 탄성, 그리고 나중에는 전기와 자기를 이해하기 위해 우주를 파헤치는 데 사용한 것과 같은 원리들을 적용했다. 그리고 그 메시지는 더욱더 선명하게 울려퍼졌다.

자연에는 법칙들이 있다.
그것들은 수학적인 것이다.
우리는 그것들을 찾아낼 수 있다.

우리는 그것들을 이용할 수 있다.

물론 그것이 말처럼 그렇게 간단한 것은 아니다.

01 — 먼 거리에서 끌어당기는 힘

우주를 지배하는 중력의 법칙

매캐비티, 매캐비티, 그와 같은 자는 아무도 없지, 그는 인간의 모든 법을 어겼고, 중력의 법칙조차 어기지.

—토머스 스턴스 엘리엇Thomas Stearns Eliot, 《지혜로운 고양이가 되기 위한 지침서The Old Possum's Book of Practical Cats》 중에서

물체는 왜 땅으로 떨어질까?

떨어지지 않는 것도 있다. 매캐비티는 분명히 떨어지지 않는다. 태양과 달, 그리고 하늘의 '저 높은 곳'에 있는 것들도 거의 다 떨어지지 않는다. 물론 가끔은 그 때문에 공룡들이 큰 수난을 겪은 것처럼 하늘에서 암석이 떨어지기도 한다. 따지길 좋아하는 사람은 이곳 지상에서도 곤충과 새, 박쥐가 공중을 날지 않느냐고 반박하고 싶겠지만, 이들은 영원히 공중에 머물지 못한다. 뭔가가 떠받쳐주지 않는 한, 거의 모든 것은 땅으로 떨어진다. 하지만 저 높은 하늘에서는 떠받쳐주는 게 아무것도 없는데도 그곳에 있는 것들은 떨어지지 않는다.

저 높은 곳은 이곳 지상과는 아주 다른 것처럼 보인다.

지상의 물체들을 떨어지게 만드는 힘이 천상의 물체들을 떨어지지 않게 떠받치는 힘과 같은 것이라는 사실을 깨닫는 데에는 불세출의 천재성이 필요했다. 뉴턴은 떨어지는 사과를 달과 비교하고서 달이 사과와 달리 하늘에 떠 있는 이유는 '옆 방향으로' 움직이기 때문이라는 사실을 깨달았다.[1] 사실, 달은 끊임없이 아래로 떨어지지만, 지구 표면이 같은 속도로 달로부터 멀어지고 있다. 그래서 달은 영원히 아래로 떨어지면서도 지구 주위를 빙빙 돌며 지구와 충돌하지 않는 것이다.

따라서 진짜 차이점은 사과는 떨어지고 달은 떨어지지 않는 것이 아니었다. 진짜 차이점은 사과는 옆 방향으로 충분히 빠르게 움직이지 않아 결국 지구와 충돌하고 만다는 데 있었다.

뉴턴은 수학자(그와 동시에 물리학자, 화학자, 신비주의자)였기 때문에 이 급진적인 개념을 확인하려고 계산을 해보았다. 서로 다른 경로로 움직이는 사과와 달에 작용해야 할 힘을 계산해보았다. 사과와 달의 질량이 다르다는 점을 고려하자, 두 물체에 작용하는 힘들은 동일한 것으로 드러났다. 이를 통해 뉴턴은 지구가 사과와 달을 자신을 향해 끌어당기는 게 틀림없다는 확신을 얻었다. 그다음에 지상에 있는 것이건 하늘에 있는 것이건 어떤 두 물체 사이에서 동일한 종류의 인력이 작용한다고 가정하는 것은 당연한 수순이었다. 뉴턴은 그 인력을 수학 방정식으로, 즉 하나의 자연 법칙으로 표현했다.

여기서 놀라운 결과는 단지 지구만 사과를 끌어당기는 것이 아니라는 사실이었다. 사과 역시 지구를 끌어당긴다. 그리고 달과 우주에 존재하는 나머지 모든 것도 마찬가지이다. 하지만 사과에 미치는 지구의 효과와 달리 사과가 지구에 미치는 효과는 측정할 수 없을 정도로 작다.

이 발견은 실로 대단한 업적인데, 수학과 자연계 사이에 존재하는 깊고도 정확한 연결 관계를 밝혀냈기 때문이다. 이 발견은 또 한 가지 중요한 의미가 있는데, 이것은 수학의 세부 내용에 신경 쓰다 보면 흔히 간과하기 쉬운 것이다. 그것은 '저 높은 곳'은 몇 가지 중요한 점에서 '이곳 지상'과 동일하다는 사실이다. 자연 법칙들은 동일하게 적용된다. 단지 그것이 적용되는 맥락만 다를 뿐이다.

우리는 뉴턴이 설명한 불가사의한 힘을 '중력'이라 부른다. 우리는 중력의 효과를 아주 정확하게 계산할 수 있다. 하지만 아직 완전히 이해하진 못한다.

✦

오랫동안 우리는 중력을 이해한다고 생각했다. 기원전 350년 무렵에 그리스 철학자 아리스토텔레스Aristoteles는 왜 물체들이 땅으로 떨어지는지 그 이유를 간단하게 설명했다. 모든 물체는 자연스러운 안식처로 돌아가려는 속성이 있다는 것이었다.

순환 논증을 피하기 위해 아리스토텔레스는 '자연스러운'이 무엇을 의미하는지 설명했다. 그는 만물은 흙, 물, 공기, 불의 네 가지 기본 원소로 이루어져 있다고 주장했다. 흙과 물의 자연스러운 안식처는 우주의 중심인데, 이곳은 물론 지구의 중심과 일치한다. 지구가 움직이지 않는다는 것이 그 증거이다. 우리는 지구 위에서 살아가고 있는데, 만약 지구가 움직인다면 우리가 그것을 알아채지 못할 리가

우주를 계산하다

있겠는가? 흙은 물보다 무겁기 때문에(흙은 물속에 가라앉지 않는가?) 가장 낮은 지역은 흙이 차지하면서 구를 이루고 있다. 그다음에는 물로 이루어진 구가 차지하고, 그 위에는 공기(공기는 물보다 가볍다. 물속에서 거품은 위로 솟아오른다)의 구가 있다. 맨 위층(하지만 달이 붙어 있는 천상의 구보다는 낮다)은 불의 영역이다. 나머지 모든 물체는 이 네 가지 원소의 비율에 따라 솟아오르거나 아래로 떨어진다.

이 이론을 바탕으로 아리스토텔레스는 낙체의 속도는 무게에 비례하고(깃털은 돌보다 느리게 떨어진다), 주변 매질의 밀도에 반비례한다고(돌은 물속에서보다 공기 중에서 더 빨리 떨어진다) 주장했다. 자연스러운 정지 상태에 이른 물체는 그곳에 머물며, 외부에서 힘을 가할 때에만 움직인다.

이것은 이론으로서는 그렇게 나쁜 것이 아니다. 특히 이 이론은 일상 경험과 일치한다. 지금 이 글을 쓰고 있는 내 책상 위에는 이 책 2장 첫머리에 인용한 소설 《은하계 방위군Triplanetary》 초판본이 놓여 있다. 만약 그냥 내버려둔다면, 이 책은 그 자리에 계속 머물러 있을 것이다. 만약 내가 힘을 가하면(책을 살짝 민다면), 책은 몇 센티미터쯤 움직이다가 점점 속도가 느려지면서 결국 멈출 것이다.

아리스토텔레스의 주장은 옳았다.

그리고 그 주장은 거의 2000년 가까이 옳은 것처럼 보였다. 아리스토텔레스 물리학은 비록 많은 논란이 되긴 했지만 16세기 말까지 대부분의 지식인 사이에서 일반적으로 받아들여졌다. 예외적인 인물로는 알하산 이븐 알하이삼al-Hasan ibn al-Haytham(서양에서는 알하젠Alhazen이라는 라틴어 이름으로 널리 알려짐)이라는 아랍 학자가 있었다. 알하이삼은 11세기에 기하학적 이유로 아리스토텔레스의 견해에 반론을 제기했다. 하지만 오늘날에도 아리스토텔레스 물리학이 그것을 대체한 갈릴레이나 뉴턴의 개념보다 우리의 직관에 더 와닿는다.

현대의 관점에서 볼 때 아리스토텔레스의 이론에는 큰 구멍이 몇 개 있다. 하나는 무게이다. 깃털은 '왜' 돌보다 가벼울까? 또 하나는 마찰이다. 만약 내가 가진 책《은하계 방위군》을 스케이트장 얼음 위에 놓고 똑같은 힘으로 밀면 어떻게 될까? 책은 아까보다 더 멀리 나아갈 것이다. 그리고 스케이트화 위에 올려놓고 밀면 훨씬 더 멀리 나아갈 것이다. 마찰은 점성이 큰(끈적끈적한) 매질에서 물체를 더 느리게 움직이게 한다. 마찰은 일상생활 속에서 도처에서 볼 수 있는데, 아리스토텔레스 물리학이 갈릴레이와 뉴턴 물리학보다 우리 직관에 더 와닿는 것처럼 보이는 이유는 이 때문이다. 우리 뇌는 우리 내면에서 마찰이 내장돼 있는 운동 모형을 진화시켰다.

오늘날 우리는 물체가 땅으로 떨어지는 이유는 지구의 중력이 물체를 끌어당기기 때문임을 안다. 그런데 중력은 무엇일까? 뉴턴은 중력이 하나의 힘이라고 생각했지만 그 힘이 어떻게 생겨나는지는 설명하지 않았다. 중력은 그냥 그렇게 '존재한다고' 보았다. 중력은 먼 거리에서도 작용했고, 그 사이에 있는 어떤 것의 도움도 필요하지 않았다. 뉴턴은 어떻게 해서 그럴 수 있는지도 설명하지 않았다. 그저 '그렇게' 작용한다고 설명했을 뿐이다. 아인슈타인은 힘을 시공간의 곡률로 대체함으로써 '원격 작용'을 필요 없게 만들었다. 그리고 물질의 분포에 영향을 받아 곡률이 어떻게 생겨나는지 보여주는 방정식을 발견했다. 하지만 아인슈타인도 곡률이 '왜' 그런 식으로 행동하는지는 설명하지 않았다.

사람들은 중력이 존재한다는 사실을 누가 알아내기 전에 수천 년 동안 일식 같은 우주 현상들을 계산했다. 하지만 일단 중력이 어떤 역할을 하는지 밝혀지자, 우주를 계산하는 우리의 능력이 크게 향상되었다. 운동의 법칙과 중력의 법칙을 기술한《프린키피아》제3권의 부제는 '세계의 체계에 관해De mundi systemate'였다. 그것은 아주 약간만 과장한 표현이었다. 중력과 물체가 힘에 반응하는 방식은 우주에 관한 대부분의 계산에서 핵심을 차지한다. 그러니 고리를 가진 행성이 위성을 어떻게 뱉어내고, 우주가 어떻게 시작되었는가와 같은 최신 발견들을 알아보기 전에 중력에 관한 기본 개념부터 자세히 이해하는 게 좋겠다.

✦

가로등이 발명되기 전에는 대부분의 사람들에게 달과 별은 강과 나무, 산처럼 익숙한 자연의 대상이었다. 해가 지면 별이 나왔다. 달은 나름의 북 소리에 맞춰 움직였고, 때로는 낮에도 창백한 유령처럼 나타났지만 밤중에 훨씬 더 밝게 빛났다. 하지만 거기에는 일정한 패턴이 있었다. 가끔씩이라도 몇 달 동안 달을 계속 관찰해보면, 달이 가느다란 초승달에서 꽉 찬 원반 모양의 보름달이 되었다가 다시 점점 이지러져 28일을 주기로 규칙적인 리듬을 따른다는 사실을 금방 알아챌 것이다. 달은 또한 매일 밤마다 조금씩 눈에 띄게 그 위치가 변하면서 닫힌 경로를 따라 하늘을 반복적으로 가로지른다.

별들 역시 나름의 리듬이 있다. 별들은 마치 천천히 회전하는 그릇 안쪽 면에 그려져 있는 것처럼 하루에 한 번씩 하늘에서 고정된

점 주위를 돈다. 〈창세기〉에는 하늘을 가리키는 '궁창'이라는 단어가 나오는데, 히브리어로 '그릇'이라는 뜻의 단어를 이렇게 번역한 것이다(영어 성경에서 궁창은 '창공'이라는 뜻의 firmament로 나오는데, 히브리어 '라키아'를 번역한 단어이다. 라키아는 '펴다' 또는 '확장하다'라는 뜻의 히브리어 '라카'에서 나온 말이므로, 라키아는 '확장된 공간', 곧 '허공'으로 보는 게 일반적이지만, 라키아는 금속 주괴를 두드려 만든 그릇이라는 뜻도 있다. 실제로 5세기 초에 나온 새 라틴어 성경을 만들 때 히브리어를 라틴어로 번역한 사람들은 이 허공을 고체라고 보았으며, 고대 이집트나 메소포타미아 사람들과 마찬가지로 히브리 민족도 하늘을 그릇을 엎어놓은 형상으로 보았을 가능성이 높다 – 옮긴이).

하늘을 몇 달 동안 관찰하면, 가장 밝은 별들 중 일부를 포함해 5개의 별은 대부분의 '고정된' 별들과 같은 방식으로 하늘을 돌지 않는다는 사실을 분명하게 알 수 있다. 이 별들은 그릇에 붙어 있는 대신에 그 위를 천천히 기어다니며 돌아다닌다. 고대 그리스인은 길을 잃고 방황하는 이 별들을 헤르메스Hermes(신들의 전령), 아프로디테Aphrodite(사랑의 여신), 아레스Ares(전쟁의 신), 제우스Zeus(신들의 왕), 크로노스Kronos(농경의 신)와 연결 지었다. 이에 대응하는 로마 신들의 이름(메르쿠리우스Mercurius, 베누스Venus, 마르스Mars, 유피테르Jupiter, 사투르누스Saturnus)에서 이들 별을 부르는 현재의 영어 이름이 유래했는데, 이들을 각각 머큐리Mercury, 비너스Venus, 마스Mars, 주피터Jupiter, 새턴Saturn이라고 부른다. 고대 그리스인은 이 별들을 '방랑자들'이라는 뜻으로 '플라네테스planetes'라고 불렀고, 여기서 '행성'을 뜻하는 오늘날의 영어 이름 '플래닛planet'이 유래했다. 지금은 행성이 이것 말고도 지구와 천왕성, 해왕성, 3개가 더 알려져 있다. 그런데 행성들이 지나가는 경로는 아주 기묘하여 예측 불가능한 것처럼 보였다. 어떤 행성은 비교적 빨리 움직이는 반면, 어떤 행성은 훨씬 느리게 움직였다. 심지어 어떤 행성은 왔던 길을 되돌아가면서 고리 모양의 경로를 그리기도 했다.

대부분의 사람들은 강과 나무와 산의 존재를 받아들인 것과 마찬가지로, 하늘의 이 빛들도 있는 그대로 받아들였다. 하지만 일부 사람들은 의문을 품었다. 이 빛들의 정체는 과연 무엇일까? 이 빛들은 왜 저기에 있을까? 이 빛들은 어떻게 그리고 왜 움직일까? 왜 어떤 움직임들은 규칙적인 패턴을 따르는 반면, 다른 움직임들은 그러지 않을까?

고대 수메르인과 바빌로니아인은 기본적인 관측 데이터를 남겼다. 그들은 점토판 위에 설형문자(쐐기 모양의 글자)로 기록을 남겼다. 고고학자들이 발견한 바빌로니아의 점토판 가운데에는 하늘에서 별들의 위치를 기록한 성도星圖도 있는데, 이 점토판은 기원전 1200년경의 것이지만 아마도 그 이전의 수메르 점토판을 베꼈을 것이다. 그 뒤를 이은 그리스 철학자들과 기하학자들은 논리와 증명과 이론의 필요성을 더 절실하게 느꼈다. 그들은 패턴을 찾으려고 노력했다. 피타고라스학파는 이런 태도가 극에 달해 우주 전체가 수의 지배를 받는다고 믿었다. 오늘날 대부분의 과학자들은 이에 동의할 테지만 세부 내용에서는 이견을 보일 것이다.

후대의 천문학적 사고에 가장 큰 영향을 미친 그리스인은 천문학자이자 지리학자인 클라우디오스 프톨레마이오스Claudios Ptolemaeos였다. 그가 최초로 쓴 저서는 《알마게스트Almagest》로 알려졌는데, 아랍어로 번역한 제목에서 유래한 이름이다. 원래 제목은 '수학 편찬'

이었지만 나중에 '위대한 편찬'으로 변했다가 아랍어로 '가장 위대한'이라는 뜻의 '알마지스트'가 되었는데, 여기서 영어식 이름인 '알마게스트'가 나왔다. 《알마게스트》는 고대 그리스인이 가장 완전한 기하학 형태로 여겼던 원과 구를 바탕으로 행성들의 운동을 설명하는 완전한 이론을 제시했다.

사실, 행성들은 완전한 원 궤도로 움직이지 않는다. 고대 바빌로니아인에게는 새삼스러운 사실이 아니었을 수도 있는데, 원 궤도는 그들이 만든 행성 운행표와 일치하지 않았기 때문이다. 고대 그리스인은 한 발 더 나아가 어떤 궤도가 행성 운행표와 일치할까 하는 질문을 던졌다. 프톨레마이오스가 내놓은 답은 구들을 바탕으로 한 원들의 조합이었다. 가장 안쪽에 있는 구인 주원主圓, deferent의 중심은 지구에 있다. 두 번째 구인 주전원周轉圓, epicycle의 중심축은 자신의 내부를 지나가는 주원에 고정돼 있다. 그리고 이렇게 쌍을 이룬 각각의 구들은 서로 분리돼 있다. 이것은 새로운 개념은 아니었다. 그보다 200년 전에 아리스토텔레스는 각 구의 중심축이 그 내부를 지나가는 구에 고정돼 있고 55개의 동심구를 바탕으로 한 복잡한 체계를 제안했다(그보다 더 이전에 나온 같은 종류의 개념들을 바탕으로). 프톨레마이오스의 수정안은 구의 수가 더 적었고 더 정확했지만 그래도 여전히 복잡하기는 마찬가지였다. 두 체계 모두 과연 구들이 정말로 존재하는가, 아니면 그저 편리한 허구에 불과한가(혹은 실제로는 완전히 다른 일이 일어나고 있는 것은 아닌가)라는 질문을 낳았다.

✦

우주를 계산하다

그 후 1000년 이상 유럽인은 신학과 철학 문제에 몰두했는데, 자연계에 대한 이해는 대부분 기원전 350년경에 아리스토텔레스가 내놓은 설명에 기반을 두었다. 우주는 한가운데에 정지해 있는 지구를 중심으로 모든 것이 그 주위를 돈다고 믿었다. 천문학과 수학 분야에서 혁신의 횃불은 아라비아와 인도, 중국으로 넘어갔다. 하지만 이탈리아 르네상스가 시작되면서 그 횃불은 다시 유럽으로 넘어왔다. 곧이어 과학 분야에서 세 거인이 등장해 천문학 지식을 발전시키는 데 주도적인 역할을 했다. 그 세 사람은 바로 갈릴레오 갈릴레이와 요하네스 케플러와 아이작 뉴턴이다. 그 밖에 조연 역할을 한 사람도 아주 많다.

갈릴레이는 망원경을 개선한 발명으로 유명한데, 그 망원경으로 태양에 흑점이 있고, 목성에 (적어도) 4개의 위성이 있으며, 금성도 달처럼 위상 변화가 일어나고, 토성에 뭔가 기묘한 구조(나중에 고리로 밝혀졌다)가 있다는 사실을 발견했다. 이런 증거를 바탕으로 갈릴레이는 천동설(지구 중심설)을 거부하고 그 대안인 니콜라우스 코페르니쿠스Nicolaus Copernicus의 지동설(태양 중심설)을 지지하게 되었다. 갈릴레이는 행성들과 지구가 태양 주위를 돈다는 지동설을 지지하는 바람에 로마 가톨릭 교회와 마찰을 빚었다. 그런데 갈릴레이는 이보다 훨씬 하찮아 보이지만 결국은 훨씬 중요한 것으로 드러난 발견도 했다. 그것은 포탄 같은 물체의 운동에서 나타나는 수학적 패턴이었다. 이곳 지상에서 자유롭게 움직이는 물체는 정해진 '짧은' 시간동안 똑같은 양만큼 속도가 빨라지거나(낙하할 때) 느려진다(위로 올라갈 때). 요컨대 물체의 가속도는 일정하다는 것이다. 정확한 시계가 없었던 갈릴레이는 경사가 완만한 빗면 위로 공을 굴리면서 이 효과를 관찰했다.

그다음으로 중요한 인물은 케플러이다. 케플러를 조수로 두었던 티코 브라헤Tycho Brahe는 화성의 위치를 아주 정확하게 관측한 것으로 유명했다. 브라헤가 죽고 나서 브라헤가 차지했던 신성로마제국 황제 루돌프 2세의 황실 수학자 자리를 물려받으면서 행성 관측 결과를 손에 넣은 케플러는 화성의 궤도 형태를 정확하게 계산하는 일에 착수했다. 50여 차례나 실패를 거듭한 끝에 화성의 궤도가 타원이라는 사실을 알아냈다. 태양은 그 타원의 한 초점에 해당하는 지점에 자리 잡고 있다.

타원은 고대 그리스인도 잘 알고 있던 기하학 도형으로, 그들은 타원을 원뿔 곡선이라고 정의했다. 원뿔 곡선은 원뿔면을 그 꼭짓점을 지나가지 않는 평면으로 자를 때 생기는 곡선으로, 자르는 평면이 원뿔면과 이루는 각도에 따라 원, 타원, 포물선, 쌍곡선 등이 생긴다.

행성이 타원 궤도로 움직이면 태양과의 거리가 변하게 된다. 행성이 태양에 가까운 궤도를 돌 때에는 궤도 속도가 빨라지고, 먼 궤도를 돌 때에는 궤도 속도가 느려진다. 이러한 효과들이 합쳐져 양끝의 모양이 정확하게 똑같은 궤도를 만들어낸다는 것은 다소 놀라운 사실이었다. 이것은 전혀 기대하지 않았던 결과였기 때문에, 케플러는 오랫동안 타원은 틀린 답이 분명할 거라고 생각했다.

타원의 모양과 크기는 두 길이로 결정된다. 장축과 단축이 그것으로, 장축은 타원에서 두 점 사이의 거리가 가장 긴 선분이고, 단축은 타원의 중심에서 장축을 수직으로 지나는 선분이다. 원은 타원에서 이 두 길이가 동일한 경우(그리고 원의 지름과 같은 경우)에 해당하므로, 특별한 종류의 타원이라고 할 수 있다. 천문학적 관점에서는 반지름

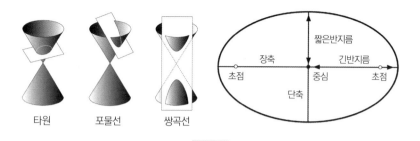

왼쪽: 원뿔 곡선. 오른쪽: 타원의 주요 특징.

이 더 자연스러운 척도인데(원 궤도의 반지름은 행성과 태양 사이의 거리에 해당함), 타원에서 원의 반지름에 대응하는 것은 긴반지름과 짧은반지름이다. 대신에 반장축과 반단축이라는 다소 어색한 용어를 사용할 때도 종종 있는데, 각각 장축과 단축의 절반에 해당하기 때문이다. 직관적으로 잘 떠오르지 않는 개념이지만, 타원에서 아주 중요한 개념은 이심률이다. 이심률은 타원이 얼마나 뚱뚱한가 또는 홀쭉한가를 나타낸다. 이심률이 0인 타원은 원이며, 긴반지름이 고정된 상태에서 짧은반지름이 0에 가까워지면 이심률은 무한대에 가까워진다.[2]

타원 궤도의 크기와 모양은 두 수로 나타낼 수 있다. 흔히 선택되는 두 수는 긴반지름과 이심률이다. 짧은반지름은 이 두 수로부터 알 수 있다. 지구의 공전 궤도는 긴반지름이 1억 4960만 km이고, 이심률은 0.0167이다. 짧은반지름은 1억 4958만 km이므로, 이 궤도는 작은 이심률 값이 시사하듯이 원에 아주 가깝다. 지구의 공전 궤도면에는 황도黃道, ecliptic(태양 주위를 도는 지구의 궤도를 천구天球에 투영한 궤도)라는 특별한 이름이 붙어 있다.

태양 주위를 도는 나머지 타원 궤도의 공간적 위치는 세 가지 수를 추가해 나타낼 수 있는데, 이 수들은 모두 각도를 나타낸다. 하나는 궤도면이 황도면에 대해 기울어진 각도이다. 두 번째 수는 그 평면에서 주축이 향한 방향을 나타낸다. 세 번째 수는 두 평면이 만나는 선의 방향을 나타낸다. 마지막으로 우리는 그 행성이 궤도상에서 어느 위치에 있는지 알 필요가 있는데, 그러려면 한 가지 각도를 더알아야 한다. 따라서 행성의 궤도와 궤도상에서 행성의 위치를 표시하려면 두 가지 수와 네 가지 각도가 필요하다. 즉, 여섯 가지 '궤도요소'가 필요하다. 초기 천문학의 한 가지 주요 목적은 발견된 모든행성과 소행성의 궤도 요소를 계산하는 것이었다. 이 수들만 있으면적어도 다른 천체들의 효과가 그 궤도에 심각한 교란을 가져오기 전까지는 해당 천체의 장래 움직임을 예측할 수 있다.

케플러는 마침내 우아한 세 가지 수학적 패턴을 내놓았는데, 이것은 오늘날 케플러의 행성 운동 법칙이라고 부른다. 첫 번째 법칙은행성의 궤도는 태양이 한 초점에 위치한 타원이라고 말한다. 두 번째법칙은 행성과 태양을 연결하는 선분이 같은 시간 동안 쓸고 지나가는 면적은 항상 같다고 말한다. 세 번째 법칙은 행성의 공전 주기의제곱은 태양과 행성 사이 거리(정확하게는 긴반지름)의 세제곱에 비례한다고 말한다.

✦

뉴턴은 자유롭게 운동하는 물체에 대해 갈릴레이가 관찰한 사실들을 세 가지 운동 법칙으로 재공식화했다. 첫 번째 법칙은 외부의 힘이 작용하지 않는 한, 물체는 직선 방향으로 일정한 속도로 계속 움직인다는 것이다. 두 번째 법칙은 물체의 가속도에다 질량을 곱한 값은 그 물체에 작용하는 힘과 같다는 것이다. 세 번째 법칙은 모든 작용에는 크기는 같고 방향은 반대인 반작용이 존재한다는 것이다. 1687년, 뉴턴은 케플러의 행성 운동 법칙을 천체들이 움직이는 방식에 적용할 수 있는 일반적인 법칙으로 다시 기술했는데, 이것이 바로 뉴턴의 중력 법칙으로, 어떤 물체가 다른 물체를 끌어당기는 힘인 중력을 나타내는 수학 공식이다.

사실, 뉴턴은 한 가지 가정을 함으로써 케플러의 행성 운동 법칙으로부터 자신의 법칙들을 '유도'했는데, 그 가정은 바로 태양은 항상 자신의 중심을 향해 다른 물체들을 끌어당기는 힘, 즉 인력을 미친다는 것이었다. 이 가정을 바탕으로 뉴턴은 그 힘의 세기가 거리의 제곱에 반비례한다는 사실을 증명했다. 이것은 두 물체의 질량이 3배로 늘어나면 인력도 3배로 늘어나지만, 그 사이의 거리가 3배 늘어나면 인력이 $\frac{1}{9}$로 줄어든다는 것을 근사하게 표현한 것이었다. 뉴턴은 또한 그 반대도 성립한다는 것을 증명했다. 즉, 이 '역제곱 법칙'은 케플러의 세 가지 행성 운동 법칙이 옳다는 것을 의미했다.

중력 법칙을 발견한 공로는 당연히 뉴턴에게 돌아가지만, 그 개념 자체는 뉴턴이 처음 생각한 것이 아니었다. 케플러도 빛에서 유추해 비슷한 결론을 얻었지만, 중력이 행성들을 밀어서 궤도를 돌게 한다고 생각했다. 17세기의 프랑스 천문학자이자 수학자인 이스마엘 뷜리아뒤스Ismaël Bullialdus는 이에 동의하지 않고 중력은 거리의 제곱에 반비례해야 한다고 주장했다. 로버트 훅Robert Hooke은 1666년에 왕립학회에서 한 강연에서 모든 물체는 외부에서 힘이 작용하지 않는 한, 직선으로 움직이고, 모든 물체는 중력으로 서로를 끌어당기며, 중력은 "내가 아직 발견하지 못한" 공식에 따라 거리가 멀어질수록 감소한다고 말했다. 1679년, 훅은 중력에 관한 역제곱 법칙을 마침내 알아내 뉴턴에게 보낸 편지에 언급했다.[3] 그래서 《프린키피아》에 정확하게 똑같은 내용이 실리자, 비록 뉴턴이 핼리와 크리스토퍼 렌Christopher Wren과 함께 훅에게도 도움을 받았다고 언급했음에도 불구하고, 훅은 크게 분개했다.

훅은 닫힌 궤도가 타원이라는 것을 유도한 사람은 뉴턴뿐이라는 사실을 인정했다. 뉴턴은 역제곱 법칙이 또한 포물선 궤도와 쌍곡선 궤도도 허용한다는 사실을 알았지만, 이것들은 폐곡선이 아니어서 물체의 운동이 주기적으로 반복될 수 없었다. 그런 종류의 궤도들은 천문학 분야에서 적용할 곳이 따로 있었는데, 주로 혜성의 궤도에 적용할 수 있었다.

뉴턴의 법칙이 케플러의 법칙을 능가하는 이유는 그저 정리에 그치는 것이 아니라 예측을 하는 능력까지 있기 때문이다. 뉴턴은 지구가 달을 끌어당기기 때문에 달 역시 지구를 끌어당긴다고 봐야 합리적이라고 생각했다. 지구와 달은 손을 잡고 빙글빙글 돌며 컨트리댄스를 추는 두 사람과 같다. 각자는 상대방이 자신의 팔을 끌어당기는 힘을 느낀다. 그리고 각자는 바로 그 힘 때문에 그 자리에 머물러 있다. 만약 손을 놓으면 두 사람은 무대 밖으로 밀려나갈 것이다. 하지만 지구는 달보다 훨씬 더 무겁기 때문에 아주 뚱뚱한 남자가 어린 아이와 춤을 추는 것과 같다. 남자는 제자리에서 빙빙 도는 반면, 아이는 그 주위를 빙글빙글 도는 것처럼 보인다. 하지만 자세히 살펴보면, 뚱뚱한 남자 역시 아이 주위를 돌고 있다는 걸 알 수 있다. 그의 발은 작은 원을 그리며 돌기 때문에, 그의 회전 중심은 혼자 제자리에서 빙빙 돌 때보다 아이에게 약간 더 가까이 다가간다.

이런 추론을 통해 뉴턴은 우주의 '모든' 물체는 나머지 모든 물체를 끌어당긴다고 주장했다. 케플러의 법칙은 오직 두 물체, 그러니까 태양과 행성 사이에만 적용된다. 하지만 뉴턴의 법칙은 어떤 물체들로 이루어진 것이건 모든 계에 적용되는데, '거기서 생겨나는 모든 힘들'의 크기와 방향을 다 알려줄 수 있기 때문이다. 이 모든 힘들의 조합을 운동의 법칙에 대입하면, 어느 순간에 각 물체가 지닌 가속도, 따라서 그와 함께 속도와 위치를 알 수 있다. 만유인력 법칙의 발견은 과학의 역사와 발전에서 실로 영웅적인 순간이었는데, 그때까지 모습을 드러내지 않은 채 우주를 움직이던 수학적 기구를 드러냈다.

✦

뉴턴의 운동 법칙과 중력 법칙 덕분에 천문학과 수학은 영구적인 동맹을 맺게 되었고, 그 결과로 오늘날 우리가 우주에 관해 알고 있는 지식 중 많은 것이 발견되었다. 하지만 설사 그 법칙들이 뭔지 제대로 안다 하더라도, 그것을 특정 문제에 적용하는 것은 그렇게 간단한 일이 아니다. 특히 중력은 '비선형적' 속성을 지니고 있는데, 이 전문 용어는 운동 방정식을 근사한 공식을 사용해 쉽게 풀 수 없다는 것을 뜻한다. 혹은 끔찍한 공식을 사용하더라도 결과는 마찬가지이다.

뉴턴 이후의 수학자들은 동일한 질량을 가진 세 물체가 정삼각형 형태로 배열하는 경우처럼 아주 인위적인(비록 흥미롭긴 하지만) 문제를 다루거나, 더 현실적인 문제에 대해 근사 해를 구함으로써 이 장애물을 극복하려고 노력했다. 두 번째 접근법이 더 실용적이지만, 실제로는 비록 인위적인 것이긴 해도 첫 번째 접근법에서 유용한 개념들이 많이 나왔다.

뉴턴의 과학적 후계자들은 오랫동안 손으로 계산을 했는데, 실로 엄청난 노력이 드는 경우가 많았다. 극단적인 예를 들면, 샤를-외젠 들로네Charles-Eugène Delaunay는 1846년에 달의 운동을 나타내는 근사 공식을 계산하기 시작했다. 그 계산을 마치기까지는 20년 이상이 걸렸고, 들로네는 그 결과를 두 권의 책으로 발표했다. 각 권은 900쪽이 넘었고, 둘째 권은 완전히 수식들로만 채워졌다. 20세기 후반에 컴퓨터 대수학 시스템(수뿐만 아니라 수식도 다룰 수 있는 소프트웨어 시스템)을 사용해 들로네의 결과를 검증해보았다. 사소한 오류가 딱 2개 발견되었는데, 그마저 하나는 다른 하나 때문에 일어난 것이었다. 그리고 이 두 오류가 미친 효과는 무시할 만한 수준이었다.

운동의 법칙과 중력의 법칙은 미분방정식이라는 특별한 종류의 수학을 사용한다. 미분방정식은 시간이 지남에 따라 양이 어떻게 변하는지를 다룬다. 속도는 위치의 변화율이고, 가속도는 속도의 변화율이다. 현재 어떤 양이 변하는 속도를 알면, 미래에 그 양이 어떻게 변할지 예상할 수 있다. 만약 자동차가 초속 10m로 달리면, 1초 뒤에는 10m를 이동한 위치에 있을 것이다. 하지만 이런 계산을 하려면, 변화율이 일정해야 한다. 만약 자동차가 가속이 일어나면서 달린다면, 1초 뒤에는 10m보다 더 먼 거리를 이동할 것이다. 미분방정식은 순간 변화율을 알아냄으로써 이 문제를 해결한다. 사실, 미분방정식은 아주 짧은 시간 간격을 생각함으로써 그 시간 간격 동안에는 변화율이 일정하게 유지된다고 간주할 수 있다. 수학자들이 이 개념을 논리적으로 완전히 엄밀하게 이해하는 데에는 수백 년이 걸렸는데, 0이 아닌 이상 유한한 시간은 어떤 것이건 순간적인 것이 될 수 없고, 0의 시간에는 아무것도 변하지 않기 때문이다.

컴퓨터는 방법론에 혁명을 가져왔다. 컴퓨터를 사용하면, 운동을 나타내는 근사 공식을 계산한 뒤 필요한 수치를 그 공식에 대입하는 대신에 처음부터 수치를 바로 입력할 수 있다. 물체들(예컨대 목성의 위성들)로 이루어진 어떤 계가 100년 뒤에 어떻게 될지 예측하길 원한다고 하자. 목성과 위성들, 그리고 태양과 토성처럼 영향을 미칠 수 있는 기타 물체들의 초기 위치와 운동을 가지고 시작한다. 그리고 아주 짧은 시간 간격으로 계속 이동하면서 '모든' 물체를 기술하는 수치들이 어떻게 변하는지 계산한다. 그렇게 100년이 지날 때까지 계산을 계속 반복한다. 연필과 종이로 계산하는 인간은 이 방법으로 현실적인 문제를 풀 가망이 전혀 없는데, 평생이 걸려도 끝나지 않을 수 있기 때문이다. 하지만 고속 컴퓨터를 사용하면, 이 방법은 충분히 효과적이다. 그리고 현대 컴퓨터는 정말로 계산 속도가 아주 빠르다.

솔직히 말하면, 문제를 푸는 것이 '그렇게' 쉬운 것은 아니다. 각 단계마다 생기는 오차(변화율이 실제로는 약간 변하는데도 일정하다고 가정하는 데에서 생기는)는 아주 작더라도, 엄청나게 많은 단계를 거쳐야 한다는 점을 감안해야 한다. 작은 오차도 아주 많이 누적되면 아주 큰 값이 될 수 있기 때문에 아주 세심하게 고안한 방법으로 오차를 줄여야 한다. 수치해석학이라는 수학 분야는 바로 이 문제를 처리하기 위해 탄생했다. 컴퓨터가 차지하는 중요한 역할을 반영해 그런 방법은 '시뮬레이션'이라 부르는 게 편리하다. '단지 컴퓨터에 집어넣는 것'만으로는 어떤 문제를 풀 수 없다는 사실을 이해하는 게 중요하다. 그 연산이 현실과 일치하도록 만드는 수학적 규칙으로 기계를 프로그래밍하는 사람이 있어야 한다.

그런 규칙들은 아주 정확하여 천문학자들은 일식과 월식을 초 단위까지 예측할 수 있고, 그 사건을 지구에서 관측할 수 있는 위치를 몇 킬로미터 이내의 범위로 예측할 수 있으며, 심지어 수백 년 뒤에 일어나는 사건까지도 그렇게 예측할 수 있다. 이런 '예측'을 과거로 되돌려 역사에 기록된 일식이나 월식이 정확하게 언제 어디서 일어났는지도 알아낼 수 있다. 예를 들면, 이런 데이터를 사용해 수천 년 전에 중국 천문학자들이 기록한 관측이 정확하게 언제 일어났는지 알아낼 수 있었다.

✦

오늘날에도 수학자와 물리학자는 뉴턴의 중력 법칙에서 나온 예상 밖의 결과들을 새로 발견하고 있다. 1993년에 크리스 무어Cris Moore는 수치해석학을 사용해 동일한 질량을 가진 세 물체가 동일한 8자 모양 궤도 위에서 서로를 계속 반복적으로 쫓아갈 수 있다는 것을 보여주었고, 2000년에는 카를레스 시모Carles Simó가 역시 수치해석을 통해 저속 표류 운동을 하는 경우를 빼고는 이 궤도가 안정하다는 것을 보여주었다. 2001년에는 알랭 샹시네르Alain Chenciner

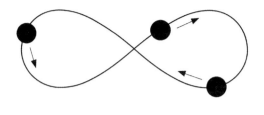

8자 삼체 궤도.

와 로버트 몽고메리Robert Montgomery가 고전 역학에서 기본적인 정리인 최소 작용의 원리를 바탕으로 이 궤도가 존재한다는 것을 엄밀하게 증명했다.[4] 시모는 이와 비슷한 '안무choreography'를, 즉 동일한 질량을 가진 물체 여럿이 정확하게 동일한(복잡한) 경로를 따라 서로의 뒤를 쫓아가는 상황을 많이 발견했다.[5]

질량들이 약간 다르더라도 8자 삼체三體 궤도의 안정성은 지속되는 것으로 보이는데, 이것은 실제로 세 별이 이 놀라운 방식으로 행동할 가능성이 조금이나마 있음을 말해준다. 더글러스 헤기Douglas Heggie는 은하 하나당 이런 종류의 삼중계가 하나씩 존재할 가능성이 있으며, 우주 어딘가에 적어도 하나가 존재할 가능성이 꽤 높다고 평가한다.

이 궤도들은 모두 평면 위에 존재하지만, 3차원으로 존재할 가능성이 새로 제기되었다. 2015년, 유진 옥스Eugene Oks는 '리드베리 준분자Rydberg quasimolecule'에서 전자들이 보여주는 특이한 궤도들 역시 뉴턴 중력에서 나타날지 모른다는 사실을 깨달았다. 그는 쌍성계를 이룬 두 별 사이에서 행성이 왔다 갔다 하며 두 별을 잇는 직선 위에서 나선을 그리는 코르크마개뽑이 모양의 궤도를 그릴 수 있음을 보여주었다.[6] 나선은 가운데 부분에서는 헐거워지지만 별들 근처에서는 촘촘해진다. 회전하는 슬링키가 가운데 부분에서는 죽 늘어났다가 양 끝부분에서는 스스로에게 되돌아가면서 두 별을 연결하는 장면을 생각해보라. 질량이 서로 다른 별들을 연결하는 경우에는 슬링키가 원뿔처럼 한쪽 끝이 뾰족하게 가늘어질 것이다. 별들이 원궤도로 움직이지 않더라도 이와 같은 궤도는 안정할 수 있다.

붕괴하는 가스 구름에서는 평면 궤도들이 생겨나므로, 그런 궤도를 가진 행성이 나타날 가능성은 거의 없다. 하지만 행성이나 소행성이 교란이 일어나 심하게 기울어진 궤도를 돌다가 드물게 쌍성에 붙들려 두 별 사이에서 코르크마개뽑이 모양의 궤도를 그리며 왔다 갔다 할 수는 있다. 먼 별 주위의 궤도를 도는 행성인 케플러-16b가 그런 행성임을 뒷받침하는 잠정적 증거가 있다.

✦

뉴턴의 법칙에는 뉴턴 자신을 큰 고민에 빠뜨린 측면이 하나 있다. 사실, 뉴턴은 이 때문에 그의 법칙을 바탕으로 연구한 그 어떤 사람보다도 더 많이 고민했다. 뉴턴의 법칙은 한 물체가 다른 물체에 작용하는 힘을 기술하지만, 그 힘이 '어떻게' 작용하는지는 말하지 않는다. 신비한 '원격 작용'이 일어난다고 가정할 뿐이다. 태양이 지구를 끌어당길 때 어떻게 그렇게 하는지는 모르지만, 지구는 자신이 태양으로부터 얼마나 먼 거리에 있는지 '알아야만' 한다. 예를 들어 만약 일종의 탄성 끈이 둘을 연결하고 있다면, 이 끈이 힘을 전달할 수 있고, 그 힘의 세기는 끈의 물리학에 지배를 받을 것이다. 하지만 태양과 지구 사이에는 텅 빈 공간만 있을 뿐이다. 태양은 지구를 얼마만 한 힘으로 끌어당겨야 할지 어떻게 알까? 혹은 지구는 자신이 태양에게 얼마만 한 힘으로 끌려가야 하는지 어떻게 알까?[7]

실용적으로만 생각한다면, 힘이 한 물체에서 다른 물체로 전달되는 물리적 메커니즘 따위에는 신경 쓸 필요 없이 그냥 중력의 법칙을 적용하기만 하면 된다. 대체로 거의 모든 사람들이 그렇게 했다. 하지만 철학적 성향이 강한 과학자들이 일부 있는데, 아인슈타인이 대표적이다. 1905년에 발표된 그의 특수 상대성 이론은 물리학자들이 시간과 공간과 물질을 바라보는 시각을 바꿔놓았다. 그리고 그것을 확장하여 1915년에 발표한 일반 상대성 이론은 중력을 바라보는 시각을 바꿔놓았고, 부차적으로 힘이 어떻게 먼 거리까지 작용하는가 하는 골치 아픈 문제를 해결했다. 아인슈타인은 바로 힘을 제거함으로써 이 문제를 해결했다.

아인슈타인은 하나의 기본 원리로부터 특수 상대성 이론을 도출했는데, 그 기본 원리는 관찰자가 일정한 속도로 움직이더라도 빛의 속도에는 변화가 없다는 사실이다. 뉴턴 역학에서는 무개차를 타고 가면서 자동차가 달리는 방향으로 공을 던지면, 길가에 정지해 있는 관찰자가 측정한 공의 속도는 자동차에 대한 공의 상대 속도에다가 자동차의 속도를 '더한' 것과 같다. 마찬가지로, 만약 차 앞으로 손전등 불빛을 비추면, 길가에 정지해 있는 관찰자가 측정한 빛의 속도는 빛이 평소에 달리는 속도에다가 자동차의 속도를 더한 것이 되어야 할 것이다.

하지만 실험 데이터와 일부 사고 실험 결과는 빛이 그렇게 행동하지 '않는다고' 알려주었다. 빛의 속도는 손전등을 비추는 사람이 측정하건 길가에 서 있는 사람이 측정하건, 정확하게 '똑같다'. 이 원리의 논리적 결과(나는 늘 이것을 '비'상대성이라 불러야 한다고 생각해왔다)는 아주 놀라운 것인데, 그 어떤 것도 빛보다 빨리 달릴 수 없다.[8] 물체가 광속에 가까워지면, 그 물체는 운동 방향 쪽으로 길이가 짧아지고, 질량이 증가하며, 시간이 더 느리게 흐른다. 광속에 이르면(만약 그것이 가능하다면), 물체는 길이가 무한히 짧아지고, 질량이 무한대에 이르며, 시간은 정지할 것이다. 질량과 에너지는 서로 밀접한 관계에 있다. 에너지는 질량에 광속의 제곱을 곱한 값과 같다. 마지막으로, 한 관찰자가 동시에 일어난다고 생각하는 사건들이 그 관찰자에 대해 일정한 상대 속도로 움직이는 다른 관찰자가 볼 때에는 동시에 일어나지 않을 수 있다.

뉴턴 역학에서는 이렇게 기묘한 사건들이 하나도 일어나지 않는다. 공간은 공간, 시간은 시간이고, 이 둘이 만나 서로 결합하는 일 따위는 절대로 없다. 특수 상대성 이론에서는 시간과 공간이 서로 어느 정도 바뀔 수 있는데, 그 정도는 빛의 속도에 제약을 받는다. 시간과 공간은 합쳐져 시공간 연속체를 이룬다. 특수 상대성 이론은 그 기묘한 예측들에도 불구하고, 시간과 공간에 관한 이론으로서는 가장 정확한 이론으로 받아들여졌다. 그 기묘한 효과들은 대부분 물체가 아주 빨리 달릴 때에만 나타나기 때문에 일상생활에서는 경험할 수 없다.

특수 상대성 이론에서 명백하게 누락된 요소는 바로 중력이다. 아인슈타인은 몇 년의 세월을 보내면서 중력을 상대성 이론에 포함시키려고 노력했는데, 수성 궤도에 나타나는 이상이 일부 동기를 제공했다.[9] 그 노력의 최종 결과가 일반 상대성 이론인데, 특수 상대성 이론의 기술을 '평탄한' 시공간 연속체로부터 '구부러진' 시공간 연속체로 확대한 것이다. 공간을 3차원 대신에 2차원으로 축소해서 생각하면, 이때 일어나는 일을 대략적으로 이해할 수 있다. 이제 공간은 평면으로 변했고, 특수 상대성 이론은 이 평면 위에서 입자들의 운동을 기술한다. 중력이 없는 상태에서 입자들은 직선으로 나아간다. 유클리드가 지적한 것처럼 직선은 두 점 사이의 최단 거리이다. 여기에 중력을 집어넣기 위해 평면 위에 별을 하나 놓아보자. 입자들은 더 이상 직선으로 나아가지 않고, 대신에 타원 같은 곡선을 그리며 별 주위의 궤도를 돈다.

뉴턴 물리학에서는 이 경로가 구부러지는 이유는 힘이 작용해 입자가 직선으로 나아가지 못하게 하기 때문이라고 말한다. 일반 상대성 이론에서는 시공간을 구부림으로써 비슷한 효과를 얻을 수 있다. 별이 평면을 구부러뜨려 원형 골짜기(별이 밑바닥에 있는 '중력 우물')를 만들고, 움직이는 입자들이 어떤 경로이건 더 짧은 경로를 따라 나아간다고 가정하자. 공간상에서 두 점 사이의 가장 짧은 경로를 가리키는 전문 용어는 '측지선geodesic'이다. 시공간 연속체는 구부러져 있기 때문에, 이제 측지선은 직선이 아니다. 예를 들면, 입자가 골짜기에 붙들린 채 고정된 높이에서 계속 빙빙 돌 수 있다. 닫힌 궤도를 도는 행성처럼 말이다.

아인슈타인은 입자의 경로를 구부러지게 만드는 가상의 힘을 '이미' 구부러져 있는 시공간으로 대체했는데, 이 시공간의 곡률이 움직이는 입자의 경로에 영향을 미친다. 원격 작용 같은 것은 필요 없다. 시공간이 구부러진 이유는 별들이 시공간을 구부리기 때문이고, 궤

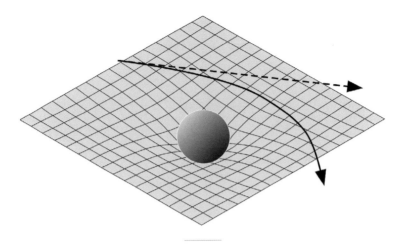

———

곡률/중력이 별이나 행성 곁을 지나가는 입자에 미치는 효과.

도를 도는 물체는 주변의 곡률에 반응해 그렇게 움직인다. 우리와 뉴턴이 중력이라고 부르고, 하나의 힘으로 생각하는 것은 실제로는 시공간의 곡률이다.

아인슈타인은 아인슈타인의 장 방정식[10]이라고 부르는 수학 공식들을 발견했는데, 이 방정식들은 곡률이 질량의 운동에 어떤 영향을 미치고, 질량 분포가 곡률에 어떤 영향을 미치는지 기술한다. 질량이 하나도 존재하지 않으면, 이 공식은 특수 상대성 이론으로 환원된다. 일반 상대성 이론에서는 시간이 느려지는 것을 포함해 온갖 기묘한 효과들이 나타난다. 사실, 중력은 심지어 움직이지 않는 물체에도 시간이 천천히 흐르게 '만들' 수 있다. 보통 이 기묘한 효과는 아주 미미하지만, 극단적인 환경에서는 상대성 이론(둘 중 어느 쪽이건)이 예측하는 행동은 뉴턴 물리학이 예측하는 것과 아주 다르다.

이 모든 것이 터무니없는 소리처럼 들리는가? 처음에는 많은 사람들이 그렇게 생각했다. 하지만 자동차에서 내비게이션을 사용하는 사람은 누구든지 특수 상대성 이론과 일반 상대성 이론에 의존하고 있다. 당신이 브리스틀 외곽에서 M32 고속도로를 타고 남쪽으로 달리고 있다고 말해주는 계산은 지구 궤도를 도는 인공위성들이 보내온 시간 신호에 의존한다. 당신의 위치를 계산하는 자동차의 칩은 두 가지 효과를 고려해 그 시간을 보정해야 하는데, 그 두 가지는 인공위성이 움직이는 속도와 지구의 중력 우물에서 인공위성이 있는 위치이다. 첫 번째는 특수 상대성 이론이 필요하고, 두 번째는 일반 상대성 이론이 필요하다. 이러한 보정이 적절하게 일어나지 않으면, 불과 며칠 뒤 내비게이션은 당신을 대서양 한가운데로 안내할지도 모른다.

✦

일반 상대성 이론은 뉴턴 물리학이 뉴턴(그리고 20세기 이전의 거의 모든 과학자들)이 믿었던 것처럼 진정하고 정확한 '세계의 체계'가 '아님'을 보여준다. 하지만 그렇다고 해서 뉴턴 물리학이 종말을 맞이한 것은 아니다. 사실, 오늘날 뉴턴 물리학은 뉴턴의 시대보다 훨씬 더 많이 실용적인 목적에 사용되고 있다. 뉴턴 물리학은 상대성 이론보다 훨씬 간단하고, 흔히 "관청의 일을 처리하는 데에는 충분히 효율적"이라고 이야기하는데, 문자 그대로 그렇다(영어에서 good enough for government work는 단순히 '충분히 효율적'이란 뜻으로 쓰인다. 관청의 일이 그렇게 난이도가 높지 않아 이런 표현이 생겼다 – 옮긴이). 두 이론 사이의 차이점은 주로 블랙홀처럼 기이한 현상을 다룰 때에만 두드러지게 나타난다. 정부에 고용되거나 정부와 NASA와 유럽우주기구 같은 기관 사이의 계약에 고용된 천문학자들과 우주 임무 담당 엔지니어들은 아직도 거의 모든 계산에 뉴턴 역학을 사용한다. 상대성 이론은 시간 측정이 미묘해지는 예외적인 경우에만 사용된다. 이 책의 이야기가 펼쳐지면서 우리는 뉴턴의 중력 법칙이 얼마나 큰 영향을 미쳤는지 계속 반복해서 보게 될 것이다. 이것은 모든 시대를 통틀어 가장 위대한 과학적 발견 중 하나로 꼽을 만큼 정말로 중요한 업적이다.

하지만 우주론(전체 우주와 특히 우주의 기원을 다루는 분야)을 다룰 때에는 뉴턴 물리학을 버려야 한다. 뉴턴 물리학은 우주론의 핵심 발견들을 설명할 수 없다. 대신에 일반 상대성 이론을 불러와야 하고, 양자역학의 도움도 받아야 한다. 그리고 이 위대한 두 이론조차도 추가적인 도움이 필요한 것으로 보인다.

02 ── 태양 성운의 붕괴

태양계의 탄생

약 20억 년 전에 두 은하가 충돌했거나 혹은 서로를 지나갔다. …… 거의 동시에(±10%의 오차 범위 내에서) 두 은하에서 사실상 모든 태양들이 행성들을 거느리게 되었다.

─에드워드 스미스Edward E. Smith,《은하계 방위군》중에서

《은하계 방위군》은 에드워드 스미스의 유명한 SF 소설 시리즈인 '렌즈맨Lensman'의 첫 권인데, 그 첫머리는 이 책이 출간된 1948년 당시 큰 인기를 끌던 행성계의 기원에 관한 이론을 반영하고 있다. 이것은 오늘날에도 SF 소설의 서두로 아주 강렬한 인상을 주었을 테지만, 그 당시에는 숨을 멎게 할 만큼 짜릿한 느낌을 주었다. 이 소설들은 '와이드스크린 바로크(과장된 캐릭터와 폭력, 음모, 웅장한 배경과 액션, 빠른 전개의 플롯이 특징인 SF의 한 장르-옮긴이)' 우주 오페라의 초기 전범으로, 선(아리시아Arisia로 대표되는)과 악(에도레Eddore로 대표되는) 사이의 우주 전쟁을 다루는데, 총 6부작으로 만들어졌다. 등장인물들은 비현실적이고 플롯은 진부하지만 액션은 흥미진진하며, 그 당

시 그 이야기의 규모는 유례가 없는 것이었다.

오늘날 우리는 행성을 만드는 데 은하 충돌이 필요하다고 생각하지 않지만, 천문학자들은 은하 충돌이 별을 만드는 네 가지 주요 방법 중 하나라고 생각한다. 우리 태양계와 많은 행성계의 탄생을 설명하는 현재의 이론은 이와 다르지만, 이 소설의 첫머리에 못지않게 흥미진진하다. 대략 설명하면 다음과 같다.

45억 년 전[1]에 폭이 600조 km에 이르는 수소 가스 구름이 천천히 갈라져나가기 시작했다. 그리고 각각의 가스 구름 조각이 응축해 별이 탄생했다. 그런 조각 중 하나인 태양 성운에서 태양이 탄생했고, 그와 함께 8개의 행성과 5개(현재까지는)의 왜행성, 수만 개의 소행성과 혜성도 생겨났다. 태양에서 세 번째 암석 행성이 우리가 살고 있는 지구이다.

소설과 달리 이 이야기는 사실일 가능성이 있다. 그럼 증거를 살펴보자.

✦

태양과 행성들이 거대한 가스 구름이 응축해 만들어졌다는 개념은 놀랍게도 아주 일찍부터 제기되었고, 오랫동안 태양계의 기원을 설명하는 지배적인 과학 이론이었다. 하지만 문제점들이 지적되면서 이 개념은 거의 250년 동안 뒷전으로 밀려나 있었으나, 새로운 개념들과 새로운 데이터 덕분에 오늘날 다시 부활하게 되었다.

르네 데카르트René Descartes는 철학("나는 생각한다. 고로 존재한다")과 수학 분야, 특히 기하학을 대수학으로, 대수학을 기하학으로 해석하는 좌표기하학을 창시한 업적으로 유명하다. 그런데 그가 활동하던 시절에 '철학'은 많은 지적 활동 분야를 아우르는 용어로 사용되었는데, '자연'철학이라 부르던 과학도 포함돼 있었다. 1664년[2]에 출간된 《세계Le Monde》에서 데카르트는 태양계의 기원 문제를 다루었다. 그는 처음에 우주는 뚜렷한 형체가 없이 입자들이 뒤섞인 채 소용돌이처럼 빙빙 돌고 있는 상태였다고 주장했다. 그리고 그중에서 특별히 큰 소용돌이가 더 강렬하게 돌면서 수축해 태양이 만들어졌고, 그 주변의 작은 소용돌이들에서 행성들이 만들어졌다고 했다.

이 이론은 태양계에 왜 별개의 천체가 많이 있으며, 행성들은 왜 모두 태양 주위를 같은 방향으로 도는가라는 두 가지 기본적인 질문을 단번에 설명했다. 데카르트의 소용돌이 이론은 오늘날 우리가 알고 있는 중력의 작용과 들어맞지 않지만, 뉴턴의 중력 법칙은 그로부터 20여 년 뒤에야 나왔다. 1734년에 스웨덴의 에마누엘 스베덴보리Emanuel Swedenborg는 데카르트의 소용돌이를 거대한 가스와 먼지 구름으로 대체했다. 철학자 이마누엘 칸트Immanuel Kant는 1755년에 이 이론을 지지했고, 수학자 피에르-시몽 드 라플라스Pierre-Simon de Laplace는 1796년에 독자적으로 같은 이론을 발표했다.

태양계의 기원에 관한 이론들은 핵심적인 관찰 사실 두 가지를 설명해야 한다. 명백한 사실은 물질이 뭉쳐서 태양과 행성을 비롯해 별개의 천체들을 만들어냈다는 것이다. 조금 더 미묘한 사실은 '각운동량angular momentum'과 관련이 있다. 이것은 뉴턴의 운동 법칙이 지닌 의미를 수학적으로 더 깊이 조사하면서 나왔다.

이와 관련된 개념인 운동량momentum은 이해하기가 훨씬 쉽다. 운동량은 뉴턴의 운동 법칙 중 제1법칙이 이야기하는 것처럼 외부의 힘이 작용하지 않을 때 물체가 고정된 속력으로 직선 방향으로 나아가려는 속성과 연관이 있다. 스포츠 해설자들은 "저 선수 지금 모멘텀이 붙었군요!"라는 식으로 이 용어를 은유적으로 사용한다(영어에서는 이 경우 모멘텀이라고 흔히 이야기하지만, 우리말에서는 운동량이 붙었다고 하지 않고 탄력이 붙었다는 식으로 이야기한다 – 옮긴이). 하지만 통계분석은 지금까지 좋은 성적이 나왔으니 앞으로도 좋은 성적이 나올 것이라는 주장을 지지하지 않는다. 해설자들은 자신들의 은유가 실패하면, 모멘텀을 다시 잃었다고 설명함으로써(그런 일이 일어나고 나서) 빠져나갈 구멍을 찾는다. 움직이는 물체와 계의 수학을 다루는 역학에서는 운동량이 아주 구체적인 의미를 지니는데, 그 한 가지 결과는 운동량은 절대로 사라지지 '않는다는' 것이다. 단지 한 물체에서 다른 물체로 옮겨갈 수만 있을 뿐이다.

움직이는 공을 생각해보라. 그 속력(예컨대 시속 80km)은 공이 얼마나 빨리 움직이는지 말해준다. 역학은 더 중요한 양인 속도를 중시하는데, 속도는 얼마나 빨리 움직이는지뿐만 아니라 어느 방향으로 움직이는지까지 측정한다. 완전 탄성체인 공이 벽에 부딪쳐 튀어나오면, 그 속력은 그대로지만 속도는 바뀌었다. 그 운동량은 질량에 속도를 곱한 값이므로, 운동량 역시 크기와 방향을 가진 양이다. 만약 가벼운 물체와 무거운 물체가 동일한 속력과 방향으로 달린다면, 무거운 물체가 운동량이 더 크다. 그리고 무거운 물체가 움직이는 방식에 변화를 주려면, 더 큰 힘이 필요하다. 시속 50km로 날아오는 탁구공은 쉽게 쳐서 날려 보낼 수 있지만, 제정신인 사람이라면 시속 50km로 달려오는 트럭에 같은 짓을 하려고 하진 않을 것이다.

수학자와 물리학자는 운동량을 좋아하는데, 속도와 달리 운동량은 시간이 지나면서 계가 변하더라도 그대로 보존되기 때문이다. 즉, 어떤 계의 전체 운동량은 크기이건 방향이건 처음에 가졌던 상태가 그대로 고정된 채 보존된다.

이것은 말이 안 되는 것처럼 보일 수 있다. 만약 공이 벽에 부딪혀 튀어나오면, 그 운동량은 방향이 변했으므로 보존된 것이 아니다. 하지만 훨씬 무거운 벽도 아주 약간이긴 하지만 튀어나가는데, 그 방향은 공과 '반대'이다. 그 밖에 나머지 벽처럼 다른 요인들도 작용하는데, 나는 궁지에서 벗어날 회심의 카드를 지금까지 숨겨두었다. 운동량 보존 법칙은 외부의 힘이 작용하지 않을 때에만 성립한다. 즉, 외부의 간섭이 없어야 한다는 뜻이다. 따라서 물체가 운동량을 새로 얻을 방법이 있다. 외부에서 힘을 받으면 되는 것이다.

각운동량도 이와 비슷하지만, 직선으로 움직이는 대신에 회전하는 물체에 적용된다. 단 하나의 입자에 대해서도 각운동량을 정의하기가 간단치 않은데, 운동량과 마찬가지로 각운동량은 입자의 질량과 속도에 달려 있기 때문이다. 새로운 특징은 회전축(입자가 그것을 중심으로 회전하는 선)도 각운동량을 좌우하는 요소라는 점이다. 돌고 있는 팽이를 상상해보라. 팽이는 자신의 한가운데를 지나가는 선을 중심으로 그 주위를 돌며, 팽이를 이루는 모든 물질 입자 역시 이 축을 중심으로 돈다. 이 축을 중심으로 한 입자의 각운동량은 회전 속도에 그 질량을 곱한 것과 같다. 하지만 각운동량의 방향은 '회전축이 뻗어 있는' 방향이다. 즉, 입자가 회전하는 평면에 대해 직각을 이루는 방향이다. 팽이 전체의 각운동량은, 또다시 그 회전축을 중심으로 생각한다면, 모든 구성 입자의 각운동량을 다 합친 것이다. 필요하다면 각 입자의 방향까지 고려하면 된다.

회전하는 계의 전체 각운동량의 크기는 그것이 얼마나 강하게 회전하는지 말해주며, 방향은 회전하는 축이 평균적으로 어떤 것인지 말해준다.[3] 각운동량은 보존된다. 외부의 돌림힘(전문 용어로는 토크torque라고 함)이 전혀 작용하지 않는 계에서는 각운동량이 보존된다.

✦

사소하지만 유용한 이 사실은 가스 구름의 붕괴에 즉각 중요한 의미를 지니는데, 좋은 소식도 있고 나쁜 소식도 있다.

좋은 소식은 처음의 일부 혼란 뒤에 가스 분자들이 단일 평면에서 회전하는 경향이 있다는 것이다. 처음에는 각각의 가스 분자는 구름의 중력 중심 부근에서 특정 양의 각운동량을 갖고 있다. 가스 구름은 팽이와 달리 고체가 아니기 때문에 그 속도와 방향이 천차만별이다. 이 모든 양들이 완벽하게 상쇄될 가능성은 없으므로 처음에 구름의 전체 각운동량은 0이 아니다. 따라서 전체 각운동량은 특정 방향을 향하고 있고, 특정 크기를 갖고 있다. 보존 법칙은 가스 구름이 중력의 영향을 받으며 진화하는 동안 전체 각운동량이 '변하지 않는다'고 말해준다. 따라서 회전축의 방향은 가스 구름이 처음 생긴 순간과 똑같은 상태로 고정돼 있다. 그리고 각운동량의 크기(다시 말해서 전체 회전량) 역시 고정돼 있다. 변할 수 있는 것은 가스 분자들의 분포뿐이다. 모든 가스 분자는 나머지 모든 가스 분자를 중력으로 끌어당기는데, 최초의 혼돈스러운 구상球狀 가스 구름은 붕괴하여 납작한 원반 모양으로 변해 서커스에서 작대기로 접시를 돌리는 것처럼

우주를 계산하다

회전축을 중심으로 그 주위에서 회전한다.

이것은 태양 성운 이론에는 좋은 소식인데, 태양계의 모든 행성은 거의 동일한 평면(황도면)에서 궤도를 돌기 때문이다(그리고 모두 같은 방향으로 태양 주위를 돈다). 초기 천문학자들이 태양과 모든 행성들이 하나의 가스 구름이 응축하면서(붕괴하여 원시 행성 원반이 만들어진 뒤에) 만들어졌다고 생각한 이유는 이 때문이다.

이 '성운 가설'에는 불행하게도 나쁜 소식이 있었다. 태양계의 각 운동량 중 99%는 행성들이 갖고 있고, 태양은 1%만 갖고 있다. 태양은 태양계 전체 질량 중 사실상 전부를 차지하는데도 아주 느리게 회전하고, 그 입자들은 비교적 중심축에 가까운 곳에 위치한다. 행성들은 태양에 비해 가볍지만, 훨씬 먼 곳에 있고 훨씬 빨리 회전하기 때문에 전체 각운동량 중 대부분을 차지한다.

하지만 이론적 계산을 자세히 해보면, 붕괴하는 구름은 그렇지 않다는 걸 알 수 있다. 태양은 처음에 중심부에서 아주 멀리 떨어져 있던 것들을 많이 포함해 전체 가스 구름의 물질 중 대부분을 집어삼킨다. 따라서 태양은 전체 각운동량 중 대부분도 집어삼켰을 것이라고 예상할 수 있는데…… 놀랍게도 그런 일은 일어나지 않았다. 그런데도 행성들이 대부분을 차지하고 있는 현재의 각운동량 분포는 태양계 동역학과 완전히 일치한다. 이 역학은 제대로 '성립'하며, 지난 수십억 년 동안 아무 문제 없이 작동해왔다. 그 동역학에는 논리적 문제가 전혀 없다. 그저 처음에 이 모든 것이 어떻게 시작되었느냐 하는 문제만 남아 있을 뿐이다.

✦

이 딜레마에서 벗어날 수 있는 방법이 금방 나타났다. 태양이 '먼저' 생겨났다고 가정해보자. 그러고 나서 가스 구름의 각운동량 중 대부분을 집어삼켰는데, 가스 물질 중 대부분을 집어삼켰기 때문이다. 그러고 나서 나중에 태양이 근처를 지나가던 물질 덩어리들을 '포획함'으로써 행성들을 거느리게 되었다. 만약 행성들이 태양에서 아주 먼 곳을 지나가고 있었고, 태양에 붙들리기에 딱 알맞은 속력으로 움직이고 있었다면, 99%라는 수치는 오늘날과 마찬가지로 성립할 수 있다.

이 시나리오의 주요 문제는 행성을 포획하기가 아주 어렵다는 데 있다. 충분히 가까이 다가오는 행성 후보는 태양에 가까워질수록 속력이 빨라질 것이다. 만약 태양에 집어삼켜지는 것을 피한다면, 태양 주위를 한 바퀴 빙글 돌았다가 그냥 다시 우주 저편으로 날아가 버리고 말 것이다. 행성을 하나 포획하기도 아주 어려운 판국에 8개나 포획할 가능성은 얼마나 될까?

1749년에 뷔퐁Buffon 백작은 아마도 혜성이 태양에 충돌하면서 충분히 많은 물질이 떨어져 나와 행성들이 생겼을 것이라고 생각했다. 라플라스는 1796년에 그렇지 않다고 말했다. 그런 식으로 생겨난 행성들은 결국은 도로 태양에 집어삼켜지고 말 것이라고 설명했다. 이 추론은 '포획설 부정' 논증과 비슷했지만 그것을 거꾸로 뒤집은 것이었다. 포획이 어려운 이유는 붙들려 내려온 것이 반드시 다시 올라가야 하기 때문이다(태양에 충돌해 집어삼켜지지 않는다면). 태양에서 상당량의 물질이 떨어져 나가기 어려운 이유는 올라간 것은 반드시 다시 내려와야 하기 때문이다. 어쨌든 오늘날 우리는 혜성은 너무 가벼워서 행성만 한 크기의 물질을 떨어져 나오게 할 수 없고, 또 태양은 행성을 만들 수 있는 물질로 이루어져 있지 않다는 걸 안다.

1917년, 제임스 진스James Jeans는 조석설潮汐說을 주장했다. 배회하던 별이 태양 가까이를 지나가면서 태양에서 일부 물질을 끌어당겨 기다랗고 가느다란 엽궐련(시가) 형태로 떨어져 나오게 했다는 것이다. 그런 다음 불안정한 엽궐련이 분해되면서 덩어리들이 만들어졌고, 이것들이 행성들이 되었다. 이번에도 태양의 부적합한 조성이 문제가 된다. 게다가 이 주장은 거의 가능성이 없는 아슬아슬한 충돌 상황을 상정하고 있으며, 이런 일이 일어난다 하더라도 바깥쪽 행성들은 태양에 도로 집어삼켜지는 것을 피할 만큼 충분한 각운동량을 얻을 수 없다. 수십 가지 가설(모두 제각각 다르지만 비슷한 주제를 바탕으로 한 변형들)이 제안되었다. 각각의 가설은 일부 사실과 부합하는 측면이 있었고, 나머지 사실들도 설명하려고 애썼다.

그동안 폐기된 것으로 보였던 성운 모형이 1978년에 다시 인기를 끌었다. 앤드루 프렌티스Andrew Prentice는 각운동량 문제(태양의 각운동량은 너무 작고 행성들의 각운동량은 너무 크다는 사실을 기억하고 있는지?)에 그럴듯한 답을 내놓았다. 필요한 것은 각운동량이 보존되지 않도록 하는 방법이다. 즉, 각운동량을 더 얻거나 일부를 잃을 수 있는 방법이 있으면 된다. 프렌티스는 가스 원반의 중심 근처에 먼지 알갱이들이 밀집하면서 이들 사이의 마찰 때문에 막 응축된 태양의 회전이 느려진다고 주장했다. 빅토르 사프로노프Viktor Safronov도 같은 무렵에 비슷한 개념을 발전시켰는데, 이 주제를 다룬 그의 책 덕분에 '붕괴하는 원반' 모형이 널리 받아들여지게 되었다. 이 모형은 태양과 행성들(그리고 그 밖의 천체들)이 모두 하나의 거대한 가스 구름에서 생겨났다고 주장하는데, 자체 중력으로 서로 다른 크기의 덩어리들로 떨어져 나갔고, 이 과정에 마찰도 어떤 역할을 했다고 설명한다.

이 이론은 안쪽 행성들(수성, 금성, 지구, 화성)은 왜 주로 암석질 행성이고, 바깥쪽 행성들(목성, 토성, 천왕성, 해왕성)은 왜 기체와 얼음이 주성분인 거대 행성들인지 설명할 수 있는 장점이 있다. 원시 행성 원반에서 물질들이 마구 뒤섞이는 와중에도 가벼운 원소들은 무거운 원소들보다 더 멀리까지 뻗어가 축적된다. 거대 기체 행성의 생성을 설명하는 지배적 이론은 암석질 핵이 먼저 생긴 뒤, 그 중력에 수소와 헬륨, 약간의 수증기, 그리고 상대적으로 적은 양의 기타 물질이 끌려왔다고 설명한다. 하지만 행성 생성 모형들은 이런 행동을 재현하는 데 애를 먹었다.

2015년, 해럴드 레비슨Harold Levison, 캐서린 크레트케Katherine Kretke, 마틴 덩컨Martin Duncan은 대안 이론을 뒷받침하는 컴퓨터 시뮬레이션 연구를 했다. 이 시뮬레이션에서는 폭이 최대 1m인 암석 덩어리인 '조약돌'들로부터 핵들이 천천히 커졌다.[4] 이론적으로 이 과정은 수천 년 만에 지구 질량의 10배에 이르는 핵을 만들 수 있다. 이전의 시뮬레이션들에서는 이 이론의 다른 문제가 드러났는데, 지구 크기의 행성이 수백 개나 만들어진 것이다. 연구팀은 만약 조약돌들이 중력에 의한 상호 작용이 일어나도록 충분히 천천히 생겨난다면 이 문제를 피할 수 있다는 사실을 보여주었다. 그러면 큰 조약돌들이 나머지 조약돌들을 흩어지게 해 원반 밖으로 나가게 한다. 매개변수를 바꿔가면서 시뮬레이션을 했더니 태양과 5~15AU 거리에서 거대 기체 행성이 1~4개 생기는 경우가 많았는데, 이것은 태양계의 현재 구조와 일치한다. AU는 천문단위 'astronomical unit'를 가리키는데, 1AU는 지구와 태양 사이의 거리로 정의된다. 천문단위는 우

아타카마 대형 밀리미터 전파망원경 배열로 촬영한 황소자리 HL의 모습. 먼지 고리들과 그 사이의 틈들이 선명하게 나타나 있다.

주에서 비교적 작은 거리를 나타내는 데 편리하다.

성운 모형을 검증하는 데 좋은 방법 한 가지는 우주의 다른 곳에서 비슷한 과정이 일어나는지 찾아보는 것이다. 2014년, 천문학자들은 황소자리 방향으로 450광년 거리에 있는 젊은 별 황소자리 HL의 놀라운 모습을 포착했다. 이 별은 동심원을 이룬 밝은 가스 고리들과 그 사이의 어두운 고리들로 둘러싸여 있다. 어두운 고리들은 막 생겨나 먼지와 가스를 빨아들이는 행성들 때문에 생긴 게 거의 확실하다. 이론을 이보다 더 극적으로 뒷받침하는 증거는 찾기 힘들 것이다.

✦

중력이 물체들을 모이게 한다는 것은 쉽게 믿을 수 있지만, 어떻게 중력이 물체들을 떼어놓을 수도 있단 말인가? 이것을 이해하려면 직관력을 발휘할 필요가 있다. 여기서도 진지한 수학(여기서 그것을 소개하진 않겠지만)이 전반적인 요지를 확인하는 데 도움을 준다. 먼저 물체들이 모이는 경우부터 살펴보자.

분자들이 '중력으로' 서로를 끌어당기는 기체 집단은 우리가 일상적으로 경험하는 기체와는 많이 다르다. 방 안을 기체로 가득 채우면 기체는 아주 빠르게 퍼져나가 모든 곳의 밀도가 똑같아질 것이다. 여러분의 주방에서 공기가 하나도 없는, 기묘한 장소는 전혀 없을 것이다. 그 이유는 공기 분자들이 무작위로 이리저리 돌아다니면서 빈 공간을 금방 채우기 때문이다. 이 행동은 열역학 제2법칙에 담겨 있는데, 이 법칙에 따르면 기체는 최대한 무질서한 상태에 가깝다. 이 맥락에서 '무질서'는 모든 것이 완전히 섞여야 한다는 뜻인데, 어떤 지역도 다른 지역보다 밀도가 더 높아서는 안 된다.

전문 용어로 엔트로피entropy라고 부르는 이 개념은 파악하기가 아주 어려운 것이어서 '무질서'라는 간단한 단어만으로는 그 뜻을 제대로 전달할 수 없다고 나는 생각한다. 내게는 '균일하게 섞인' 상태가 '질서 있는' 상태처럼 들리기 때문이다. 하지만 당분간 나는 정통적인 설명 방법을 따르기로 하겠다. 수학 공식은 질서나 무질서를 전혀 언급하지 않지만, 그것은 너무 전문적이어서 지금 여기서 자세히 이야기할 수 없다.

작은 방에서 성립하는 것은 큰 방에서도 분명히 성립하는데, 그렇다면 왜 전체 우주만 한 크기의 방에서는 성립하지 않을까? 그러니까 우주 전체에서는 왜 성립하지 않을까? 분명히 열역학 제2법칙은 우주의 모든 기체는 일종의 옅은 안개처럼 균일하게 퍼져가야 한다고 말하지 않는가?

만약 정말로 그렇게 된다면 인류에게는 아주 나쁜 소식인데, 우리가 옅은 안개로부터 만들어질 수는 없기 때문이다. 우리는 분명히 고체와 액체로 이루어진 덩어리이고, 더 큰 덩어리 위에서 살아가며, 이 큰 덩어리는 이보다 엄청 크고 핵반응으로 열과 빛을 만들어내는 덩어리 주위를 돈다. 사실, 인류의 기원에 관한 과학적 설명을 싫어하는 사람들은 초지적超知的 존재가 의도적으로 우리를 만들고 우리의 필요에 맞게 우주를 배열하지 않았더라면 우리가 존재할 수 없었다는 것을 증명하기 위해 종종 열역학 제2법칙을 들먹인다.

하지만 방 안의 기체를 기술하는 열역학 모형은 태양 성운이나 전체 우주의 행동을 기술하기에는 적절치 않은데, 이 두 경우에 일어나는 상호 작용의 종류 자체가 다르기 때문이다. 열역학은 분자들이 서로 충돌할 때에만 서로를 알아챈다고 가정한다. 그리고 충돌하면 서로 튕겨나간다. 충돌은 완전히 탄성적으로 일어나는데(완전 탄성 충돌), 이것은 그 과정에서 상실되는 에너지가 하나도 없으며, 따라서 분자들이 서로 충돌하고 튀어나가는 과정이 영원히 계속된다는 뜻이다. 열역학적 기체 모형에서 분자들의 상호 작용을 지배하는 힘은 짧은 거리에서 반발력(척력)으로 작용한다.

모든 사람이 눈을 가리고 귀를 막은 상태로 참석한 파티를 상상해보라. 그래서 다른 사람의 존재를 알아챌 수 있는 방법은 오직 충돌하는 것밖에 없다. 또 모든 사람이 매우 비사교적이어서 다른 사람과 접촉했을 때, 즉각 서로를 밀어낸다고 상상해보라. 처음에 몇 번 충돌이 일어나고 나면, 그들은 비교적 균일하게 사방으로 퍼져갈 가능성이 높다. 항상 그런 것은 아닌데, 때로는 우연히 많은 사람이 한곳에 모이거나 심지어 충돌하는 일이 일어날 수 있기 때문이다. 하지만 평균적으로 이들은 흩어진 상태로 머물러 있을 것이다. 열역학적 기체 모형은 엄청나게 많은 분자들이 사람처럼 행동한다는 점만 차이가 날 뿐, 이와 비슷하다.

우주의 가스 구름은 훨씬 복잡하다. 여전히 분자들은 충돌하면 튕겨나가지만, 여기에는 또 다른 종류의 힘이 작용하는데, 중력이 바로 그것이다. 열역학에서 중력은 완전히 무시되는데, 이 맥락에서는 중력의 효과가 무시해도 될 정도로 작기 때문이다. 하지만 우주론에서는 중력이 지배적인 영향력을 발휘하는데, 우주에 가스 물질이 아주 많이 존재하기 때문이다. 열역학은 가스의 속성을 유지하게 하지만, 훨씬 큰 규모에서 가스가 할 수 있는 일을 결정하는 것은 중력이다. 중력은 원거리까지 미치고 인력으로 작용하므로, 탄성 반발과는 완전히 정반대의 성질을 나타낸다. 여기서 '원거리' 작용은 물체들이 서로 멀리 떨어져 있을 때에도 상호 작용을 한다는 뜻이다. 달(그리고 그보다 효과는 약하지만 태양도)의 중력은 지구의 바다에 조석을 일으키는데, 달은 지구에서 약 38만 km나 떨어져 있다. '인력'은 직선적으로 작용한다. 인력은 상호 작용하는 물체들을 서로를 향해 다가가게 만든다.

이것은 모든 사람이 나머지 모든 사람을 방 건너편에서 볼 수 있는 파티와 비슷한데(비록 멀리서는 덜 분명하게 보이지만), 서로를 보자마자 상대를 향해 달려가기 시작한다. 중력의 영향으로 상호 작용하는 가스 집단이 자연히 무리를 지어 모이기 시작하는 것은 너무나도 당연하다. 이 덩어리 중 아주 작은 지역들에서는 열역학적 모형이 지배

우주를 계산하다

하지만, 더 큰 규모에서는 무리를 지어 모이려는 경향이 열역학을 압도한다.

태양계나 행성들의 척도에서 가상의 태양 성운에 어떤 일이 일어나는지 알고자 한다면, 중력의 원거리 인력을 고려해야 한다. 충돌하는 분자들 사이에 작용하는 근거리 척력은 행성의 대기 중 작은 지역의 상태에 대해 소중한 정보를 알려줄 수는 있지만, '행성' 자체에 대해서는 별다른 정보를 알려주지 못할 것이다. 사실, 그것은 오히려 그 행성 자체가 아예 생겨날 수 없을 것이라고 상상하게끔 우리를 오도할 수 있다.[5]

가스 물질이 덩어리를 지어 모이는 것은 중력이 빚어내는 불가피한 결과이다. 균일한 확산은 결코 일어나지 않는다.

✦

중력이 물질을 모이게 해 덩어리로 뭉치게 한다면, 어떻게 분자 구름을 갈기갈기 찢을 수 있을까? 이것은 모순처럼 들린다.

그 답은 서로 경쟁하는 덩어리들이 동시에 생길 수 있다는 데 있다. 가스 구름이 붕괴해 회전하는 납작한 원반이 된다는 주장을 뒷받침하는 수학적 논증은 이 모든 일이 처음에는 구형에 가까운(아마도 미식축구 공 모양에 가깝지만 아령 모양은 아닌) 가스 지역에서 시작한다고 가정한다. 하지만 넓은 가스 지역 여기저기에 가끔 우연히 물질이 다른 곳보다 더 밀집한 장소들이 무작위로 생길 수 있다. 그런 지역은 각각 중심 역할을 하면서 주변에서 더 많은 물질을 끌어당기고, 그와 함께 주변에 미치는 중력이 점점 커진다. 그 결과로 생겨난 덩어리는 구형에 아주 가까운 모양으로 시작했다가 결국 붕괴하여 회전하는 원반 모양으로 변한다.

하지만 충분히 큰 가스 지역에서는 그런 중심이 여러 군데 생길 수 있다. 중력이 원거리까지 미치긴 하지만, 그 세기는 두 물체 사이의 거리가 멀어질수록 약해진다. 따라서 분자들은 가장 가까이 있는 중심에 끌리는 힘을 받는다. 각각의 중심은 그 중력이 지배적인 힘을 미치는 지역으로 둘러싸여 있다. 만약 아주 큰 인기가 있는 '두' 사람이 파티에 참석해 방의 서로 반대편에 위치하고 있다면, 참석자들은 두 집단으로 쪼개질 것이다. 그래서 가스 구름은 주변의 물질을 끌어당기는 중심들이 여기저기 위치한 3차원 구조로 재편될 것이다. 이 지역들은 자신들의 공통 경계를 따라 가스 구름을 갈기갈기 찢을 것이다. 실제로 일어나는 일은 이보다 훨씬 복잡하고, 빠르게 움직이는 분자들은 가장 가까운 중심의 영향력에서 벗어나 다른 중심 지역에 합류할 수도 있지만, 예상되는 결과는 대체로 이와 같다. 각각의 중심이 응축하면서 거기서 별이 탄생하고, 그 주변의 일부 잔해는 행성과 작은 천체를 만드는 데 쓰일 수 있다.

처음에 균일했던 가스 구름이 응축하여 고립된 별개의 항성계들이 생겨나는 것은 이 때문이다. 각각의 항성계는 물질이 밀집한 중심들 중 하나에 해당한다. 만약 두 별이 충분히 가까이 위치하거나 우연한 이유로 서로 가까이 다가간다면, 서로의 중력에 붙들려 공통 질량 중심 주위를 돌 수 있다. 이렇게 해서 쌍성이 탄생한다. 사실, 3개혹은 그 이상의 별이 상호 중력에 느슨하게 붙들려 서로의 주위를 도는 다중성계도 생겨날 수 있다.

이러한 다중성계, 그중에서도 특히 쌍성계는 우주에서 아주 흔하다. 태양에서 가장 가까운 별인 켄타우루스자리 프록시마는 켄타우루스자리 알파라는 쌍성과 아주 가까운(천문학적 관점에서) 곳에 있다. 켄타우루스자리 알파는 켄타우루스자리 알파 A와 켄타우루스자리 알파 B라는 두 별로 이루어져 있다. 켄타우루스자리 프록시마는 이 두 별 주위를 도는 것처럼 보이지만, 그 궤도를 한 바퀴 도는 데에는 약 50만 년이 걸리는 것으로 보인다. 켄타우루스자리 알파 A와 켄타우루스자리 알파 B 사이의 거리는 태양과 목성 사이의 거리와 비슷한데, 11AU와 36AU 사이에서 변한다.

이와는 대조적으로 프록시마에서 A나 B까지의 거리는 1만 5000AU가 넘어 이보다 1000배쯤 크다. 따라서 역제곱 법칙에 따르면, A와 B가 프록시마에 미치는 힘은 서로에게 미치는 힘에 비해 100만분의 1 정도에 불과하다. 이것이 프록시마를 안정한 궤도로 유지하는 데 충분한가는 다른 천체가 충분히 가까이 있어 프록시마를 A와 B의 약한 영향력에서 떼어낼 수 있느냐 없느냐에 달려 있다. 어쨌든 우리는 거기서 어떤 일이 일어나는지 직접 가서 볼 수가 없다.

✦

태양계의 초기 역사에는 격렬한 활동 시기들이 있었다. 대부분의 천체, 그중에서도 특히 달과 수성, 화성, 그리고 많은 위성에서 볼 수 있는 엄청난 수의 크레이터가 그 증거인데, 이것은 이들 천체가 작은 물체에 수많은 폭격을 받았다는 것을 보여준다. 그 결과로 생겨난 크레이터들의 상대적 나이는 통계적으로 추정할 수 있는데, 크레이터들이 겹쳐서 생길 때 젊은 크레이터는 늙은 크레이터에 일부 손상을 입히기 때문이다. 이들 천체에서 발견된 크레이터는 대부분 정말로 아주 오래되었다. 그렇긴 해도 가끔 새로운 크레이터가 생기는데, 이들 중 대부분은 아주 작다.

여기서 큰 문제는 태양계를 빚어낸 사건들의 순서를 알아내는 것이다. 1980년대에 고성능 컴퓨터와 효율적이고 정확한 연산 방법이 발명되면서 붕괴하는 구름의 수학적 모형을 자세하게 만드는 게 가능해졌다. 여기에는 정교한 절차가 필요한데, 거친 수치 계산 방법은 에너지 보존 같은 물리적 구속 조건을 제대로 반영하지 못하기 때문이다. 만약 이 수학적 계산의 결과로 에너지가 보존되는 대신에 천천히 감소한다면, 그 효과는 마찰과 비슷한 것으로 나타난다. 그러면 행성은 닫힌 궤도를 도는 대신에 나선을 그리며 천천히 태양으로 빨려 들어갈 것이다. 각운동량 같은 다른 양들도 보존되어야 한다. 이 위험을 피하는 방법들은 최근에 나왔다. 가장 정확한 방법들은 역학 방정식들을 재공식화하는 기술적 방법의 이름을 따서 심플렉틱 적분 기법symplectic integrator이라 부르는데, 여기서는 관련 물리량들이 모두 '정확하게' 보존된다. 세심하고 정확한 시뮬레이션을 통해 관측 결과와 잘 들어맞는 그럴듯하고 아주 극적인 행성 생성 메커니즘들이 나왔다. 이 개념들에 따르면, 초기 태양계는 오늘날 우리가 보는 조용한 태양계의 모습과는 아주 달랐다.

한때 천문학자들은 태양계가 일단 탄생한 뒤에는 아주 안정했다고 생각했다. 행성들은 사전에 정해진 궤도를 따라 육중하게 굴러갔고, 별다른 변화가 일어나지 않았다. 오늘날 우리가 보는 아주 오래된 이 계는 어린 시절과 별반 다를 게 없다고 보았다. 하지만 이제는 아무도 그렇게 생각하지 않는다! 지금은 거대 기체 행성인 목성과 토성, 그리고 거대 얼음 행성인 천왕성과 해왕성이 '동결선frost line(태양에서 너무 멀리 떨어져 있어 물, 암모니아, 메탄 같은 기체 물질이 얼어 고체 상태로 존재하는 거리 – 옮긴이)' 밖에서 먼저 나타났지만, 얼마 후 긴 중력 줄다리기 끝에 그 위치가 재편되었다고 생각한다. 이것은 나머지 천체들에 영향을 미쳤는데, 아주 극적인 영향을 미친 경우가 많았다.

수학적 모형에 핵물리학과 천체물리학, 화학을 비롯해 그 밖의 많은 과학 분야에서 나온 다양한 증거가 합쳐져 현재의 그림이 완성되었다. 이 그림에 따르면, 행성은 하나의 덩어리로부터 생겨난 게 아니라, 혼돈스러운 강착降着 과정을 통해 생겨났다. 처음 10만 년 동안 천천히 성장하던 '미행성체'들이 자신들 사이에 있던 가스와 먼지를 빨아들이면서 태양 성운에 원형 고리들이 생겨났다. 각각의 고리에는 이 미행성체들이 수백만 개나 널려 있었다. 그 시점에서 미행성체들이 빨아들일 새로운 물질이 고갈되었지만, 미행성체가 아주 많아서 서로 간에 계속 충돌이 일어났다. 그 결과로 부서진 것도 있었지만 합쳐진 것도 있었다. 합쳐진 것들이 승리하면서 점점 커져 행성이 되었다.

초기 태양계에서 거대 행성들 사이의 간격은 오늘날보다 더 가까웠고, 바깥쪽 지역에는 작은 미행성체 수백만 개가 배회하고 있었다. 오늘날 거대 행성들은 목성, 토성, 천왕성, 해왕성의 순으로 늘어서 있다. 하지만 그럴듯한 시나리오에 따르면, 처음에는 목성, 해왕성, 천왕성, 토성의 순으로 늘어서 있었다. 태양계가 탄생한 지 6억 년쯤 지났을 때 이 아늑한 배열에 변화가 생겼다. 모든 행성들의 공전 주기가 천천히 변해갔고, 목성과 토성의 공전 주기는 2:1 공명을 이루게 되었다.[6] 즉, 목성이 태양 주위를 한 바퀴 도는 시간이 정확하게 토성의 절반이 된 것이다. 일반적으로 공명은 두 천체의 공전 주기 사이에 단분수(분모와 분자가 모두 정수인 분수) 관계가 성립할 때 일어나는데, 이 경우에는 그것이 $\frac{1}{2}$이 되었다. 공명은 천체 동역학에 큰 효과를 미치는데, 공명 궤도를 도는 천체들은 정확하게 동일한 방식으로 정렬하는 일이 반복적으로 일어나기 때문이다. 이것에 대해서는 나중에 더 자세히 이야기하겠다. 이것은 오랜 시간에 걸쳐 교란이 '평균화되는' 것을 방지한다. 이 특정 공명은 해왕성과 천왕성을 바깥쪽으로 밀어냈고, 해왕성이 천왕성보다 바깥쪽에 위치하게 만들었다.

거대 행성들의 재배열은 미행성체들에 교란을 일으킴으로써 미행성체들을 태양 쪽으로 다가가게 만들었다. 미행성체들이 행성들 사이에서 하늘의 핀볼 게임과 비슷한 행동을 함으로써 큰 혼란이 벌어졌다. 거대 행성들은 바깥쪽으로 이동했고, 미행성체들은 안쪽으로 이동했다. 결국 미행성체들은 목성에 충돌했는데, 목성의 거대한 질량이 결정적 원인이었다. 일부 미행성체들은 태양계 밖으로 완전히 벗어난 반면, 나머지는 아주 먼 거리에 걸쳐 길고 가느다란 궤도를 그리며 태양 주위를 돌게 되었다. 그리고 나서 대부분의 천체는 안정을 찾았으나, 달과 수성과 화성에는 이 당시의 혼돈에서 비롯된 전투의 상흔이 아직도 남아 있다.[7] 그리고 온갖 모양과 크기와 조성을 가진 천체들이 광대한 지역에 분포하게 되었다.

'대부분'은 제자리를 잡고 안정 상태가 되었다. 하지만 그대로 멈춘 것은 아니었다. 2008년, 콘스탄틴 바티긴Konstantin Batygin과 그레고리 라플린Gregory Laughlin은 200억 년에 걸친 태양계의 미래를 시뮬레이션했는데, 초기 결과들에서는 심각한 불안정이 전혀 나타나지 않았다.[8] 잠재적 불안정을 찾기 위해 적어도 한 행성의 궤도를 크게 변화시키면서 수치해석 방법을 개선한 결과, 지금으로부터 약 12억 6000만 년 후에 수성이 태양과 충돌하는 미래가 나왔고, 8억 2200만 년 뒤에 수성의 변덕스러운 행동 때문에 화성이 태양계 밖으로 벗어나고, 그로부터 4000만 년 뒤에는 수성과 금성이 충돌하는 미래도 나왔다. 지구는 이런 극적인 상황에 개의치 않고 평온하게 순항한다.

초기의 시뮬레이션들에서는 주로 평균화된 방정식(충돌을 예측하는 데 적절치 않은)들을 사용했고, 상대론적 효과를 무시했다. 2009년, 자크 라스카르Jacques Laskar와 미카엘 가스티노Mickael Gastineau는 이런 문제들을 피할 수 있는 방법을 사용해 태양계의 미래 50억 년을 시뮬레이션했지만,[9] 그 결과는 대동소이했다. 초기 조건의 사소한 차이가 장기 동역학에 큰 효과를 초래할 수 있기 때문에, 이들은 현재 조건의 관측 오차 범위 내에서 시작해 2500개의 궤도를 시뮬레이션했다. 약 25건의 결과에서는 공명에 가까운 상태 때문에 수성의 이심률이 커져서 태양과 충돌하거나 금성과 충돌하거나 근접 조우로 금성과 수성의 궤도가 크게 변했다. 그리고 한 결과에서는 수성의 궤도 이심률이 곧 다시 줄어들었는데, 이 때문에 다음 33억 년 동안 안쪽 궤도를 도는 네 행성이 모두 불안정해졌다. 그러면 지구는 수성이나 금성 또는 화성과 충돌할 위험이 크다. 그리고 또다시 화성이 태양계에서 완전히 벗어날 가능성도 약간 있다.[10]

03 — 특이한 달

달의 탄생

이건 다 달의 잘못 때문이야. 평소보다 지구에
더 가까이 다가와 사람들을 미치게 만들지.

— 윌리엄 셰익스피어William Shakespeare,

《오셀로Othello》중에서

달은 특이하게 크다.

그 지름은 지구 지름의 $\frac{1}{4}$ 을 조금 넘어 대부분의 위성들보다 훨씬 크다. 지구에 대한 달의 상대적 크기가 너무 커서 지구와 달을 때로는 이중 행성이라고 부르기도 한다(일부 전문 용어에서는 지구를 주천체primary, 달을 위성satellite이라 부른다. 한 단계 위에서는 태양이 태양계 행성들의 주천체이다). 수성과 금성은 위성이 없지만, 지구를 가장 많이 닮은 행성인 화성은 작은 위성이 2개 있다. 태양계에서 가장 큰 행성인 목성은 지금까지 67개의 위성이 있는 것으로 알려졌지만, 그중 51개는 폭이 10km 미만이다. 가장 큰 위성인 가니메데도 목성에 비하면 $\frac{1}{30}$ 도 안 된다. 토성은 위성 수에서는 단연 압도적인데, 위성과 소위성이 150개 이상 발견되었다. 토성 주위에는 거대하고 복잡한 고

우주를 계산하다

리계도 있다. 하지만 가장 큰 위성인 타이탄도 토성에 비하면 그 지름이 $\frac{1}{20}$에 불과하다. 천왕성의 위성은 27개가 알려졌는데, 그중 가장 큰 티타니아도 지름이 1600km가 채 되지 않는다. 해왕성의 위성 중 큰 것은 트리톤뿐인데, 그 지름은 해왕성의 $\frac{1}{20}$에 지나지 않는다. 천문학자들은 해왕성 주위에서 아주 작은 위성 13개를 더 발견했다. 태양계의 천체들 중에서 주천체와 비교한 상대적 크기가 달보다 큰 위성을 거느린 천체는 명왕성뿐이다. 네 위성은 크기가 작지만, 다섯 번째 위성인 카론은 명왕성의 약 절반에 이른다.

지구-달계는 특이한 점이 또 한 가지 있는데, 각운동량이 유별나게 크다. 지구-달계의 '스핀spin'은 동역학적으로 예상되는 것보다 훨씬 크다. 달에는 그 밖에도 놀라운 사실이 많은데, 그것은 나중에 다루기로 하자. 이와 같은 달의 예외적인 속성을 감안하면, 달이 어떻게 지구의 위성이 되었을까 하는 질문이 나오는 것은 당연하다.

현재의 증거와 가장 잘 일치하는 가설은 아주 극적인 시나리오인데, 바로 거대 충돌 가설이다. 처음 탄생했을 때 지구는 지금보다 10% 정도 작았다. 그때 화성만 한 크기의 천체가 충돌하면서 엄청난 양의 물질이 떨어져 나갔다. 상당량은 용융된 암석이 온갖 크기의 구상체가 되어 떨어져 나갔는데, 그중 많은 것이 냉각되면서 서로 뭉치게 되었다. 충돌한 천체 중 일부는 지구와 합쳐졌고, 그 덕분에 지구는 이전보다 더 커졌다. 그리고 일부는 달이 되었다. 나머지는 태양계 여기저기에 흩어졌다.

수학적 시뮬레이션 결과는 거대 충돌 시나리오를 지지하는 반면, 다른 가설들을 지지하는 결과는 적다. 하지만 최근에 거대 충돌 가설은 큰 어려움에 직면하게 되었는데, 적어도 원래 버전의 가설은 그렇다. 달의 기원 문제에 대한 정답은 아직 나오지 않았는지도 모른다.

✦

가장 단순한 가설은 태양계가 생성될 때 달이 나머지 모든 천체와 함께 태양 성운에서 생겨났다는 것이다. 그 당시에는 온갖 크기의 부스러기들이 아주 많이 널려 있었다. 태양계가 안정되기 시작할 때 큰 덩어리들은 작은 덩어리들을 끌어당겨 충돌하면서 합쳐졌다. 행성이 이런 식으로 생겨났고, 소행성도 이런 식으로 생겨났으며, 혜성도 이런 식으로 생겨났고, 위성도 이런 식으로 생겨났다. 그러니 달도 당연히 이런 식으로 생겨났을 것이다.

하지만 설사 그랬다 하더라도, 달은 현재 궤도 가까이에서 생겨나지 않았을 것이다. 그럴 가능성을 부정하는 결정타가 바로 각운동량이다. 그러기에는 달의 각운동량이 너무 크다. 또 한 가지 문제점은 달의 조성이다. 태양 성운이 응축될 때 풍부하게 존재하는 원소들은 거리에 따라 제각각 달랐다. 무거운 물질은 태양 가까이에 머무른 반면, 태양에서 뿜어져 나오는 복사는 가벼운 원소들을 멀리 밀어냈다. 안쪽 행성들이 철-니켈이 주성분인 핵에 암석질로 이루어진 반면, 바깥쪽 행성들이 주로 기체와 얼음(이 얼음은 기체 물질이 아주 낮은 온도에서 얼어붙은 것이다)으로 이루어진 이유는 이 때문이다. 만약 지구와 달이 태양으로부터 거의 같은 거리에서 거의 같은 시기에 생겨났다면, 비슷한 암석들이 비슷한 비율로 존재할 것이다. 하지만 달의 철질 핵은 지구의 철질 핵보다 훨씬 작다. 사실, 지구에서 철이 차지하는 비율은 달보다 8배나 높다.

　　　　　　　　　　　　　　　　　　　　　우주를 계산하다

19세기에 찰스 다윈의 아들인 조지 다윈George Darwin이 또 다른 가설을 들고 나왔다. 탄생 초기에 아직 용융 상태에 있던 지구가 너무 빨리 회전하는 바람에 원심력 작용으로 일부 물질이 떨어져 나갔다는 것이다. 그는 뉴턴 역학을 사용해 계산한 결과, 이 경우 달은 지구로부터 멀어져가야 한다고 예측했는데, 그것은 사실로 드러났다. 그리고 그때 지구에서 큰 덩어리가 떨어져 나간 흔적이 남아 있을 텐데, 아주 유력한 후보가 있다. 태평양이 바로 그것이다. 하지만 오늘날 달의 암석은 태평양의 해양 지각 물질보다 나이가 훨씬 많다는 사실이 밝혀졌다. 이로써 태평양 분지 가설은 근거를 잃었지만, 그렇다고 해서 다윈의 분열설fission theory까지 완전히 무너진 것은 아니다.

그 밖에도 많은 시나리오가 나왔는데, 개중에는 아주 터무니없어 보이는 것도 있었다. 천연 원자로(그런데 이런 게 실제로 존재했다는 사례가 적어도 하나는 있다[1])가 임계점에 도달해 폭발하면서 떨어져 나간 물질이 모여 달이 만들어졌다는 주장도 있다. 만약 그 원자로가 적도 부근에서 맨틀과 핵 사이의 경계 가까이에 있었다면, 많은 암석 물질이 날아올라 적도 궤도에 진입했을 것이다. 혹은 어쩌면 지구 주위에는 처음에 달이 2개 있었는데, 충돌하면서 합쳐졌을지 모른다. 혹은 지구가 금성의 위성을 빼앗아왔을지도 모르는데, 이 시나리오는 왜 금성에 위성이 없는지 명쾌하게 설명할 수 있다. 그렇다면 왜 지구는 애초에 위성이 하나도 없었는지는 설명할 수 없지만 말이다.

덜 극적인 대안은 지구와 달이 서로 독립적으로 만들어진 뒤에 나중에 달이 지구 가까이 다가왔다가 중력에 붙들려 그 주위를 돌게 되었다는 것이다. 이 가설을 뒷받침하는 근거가 여러 가지 있다. 달은 적절한 크기를 갖고 있고, 가설과 들어맞는 궤도를 돈다. 게다가 포획설은 달과 지구가 왜 상호 중력을 통한 '조석 고정'이 일어나 달이 항상 한쪽 면만 지구를 향한 채 지구 주위를 도는지 설명할 수 있다. 달은 약간 흔들리긴 하지만(전문 용어로는 '칭동秤動'이라 함), 조석 고정 상황에서 일어날 수 있는 정상적인 현상이다.

주요 쟁점은 중력 포획이 그럴듯하게 들리긴 하지만(어쨌든 물체들은 서로를 끌어당기니까), 사실은 이런 일이 일어나는 경우가 아주 드물다는 점이다. 천체들의 운동에는 마찰이 거의 포함되지 않기 때문에 (태양풍이 마찰을 일으키는 것처럼 마찰이 발생하는 사례가 일부 있긴 하지만, 이것이 역학적으로 미치는 영향력은 극히 미미하다) 에너지가 보존된다. 따라서 상호 중력에 끌려 '떨어지는' 천체가 다른 천체에 접근하면서 얻는 (운동) 에너지는 아주 커서 그 천체를 스쳐 지나간 뒤에 그 천체가 다시 끌어당기는 힘을 충분히 뿌리칠 수 있다. 대개는 두 천체가 서로 접근했다가 서로의 주위를 빙 돈 뒤에 다시 멀어져간다.

아니면 서로 충돌한다.

지구와 달에는 이 두 가지 시나리오가 일어나지 않은 게 분명하다.

이 문제를 피해갈 수 있는 방법들이 있다. 어쩌면 초기 지구에는 광대한 대기가 아주 멀리까지 뻗어 있었을지 모른다. 그래서 달이 가까이 다가왔을 때, 달을 산산이 부수는 대신에 다가오는 속도를 늦추었을 것이다. 그런 선례가 있다. 해왕성의 위성인 트리톤의 유별난 점은 해왕성의 다른 위성들에 비해 아주 크다는 것뿐만이 아니다. 움직이는 방향도 모든 행성을 포함해 태양계의 대다수 천체와는 정반대 방향으로 움직인다. 천문학자들은 트리톤이 근처를 지나가다가

우주를 계산하다

해왕성에 붙들려 위성이 되었다고 생각한다. 트리톤은 원래 해왕성 궤도 너머에서 태양 주위를 도는 작은 천체들의 집단인 카이퍼대 천체였다. 명왕성 역시 카이퍼대 천체였을 것이다. 만약 그렇다면 포획은 실제로 일어나는 셈이다.

여러 가지 가능성의 발목을 잡는 관측 사실이 또 하나 있다. 지구와 달은 전체적으로 지질학적 조성에 큰 차이가 있다. 달 표면 암석들의 조성은 지구의 맨틀(맨틀은 대륙 지각과 철질 핵 사이에 존재한다)과 놀랍도록 비슷하다. 각 원소에는 여러 가지 동위원소가 존재하는데, 동위원소들은 화학적으로 거의 동일하지만 원자핵을 이루는 입자들에 차이가 있다. 산소의 동위원소 중 가장 흔한 것은 산소-16으로, 그 원자핵은 양성자 8개와 중성자 8개로 이루어져 있다. 또 다른 동위원소인 산소-17은 중성자가 하나 더 있고, 산소-18은 중성자가 2개 더 있다. 암석들이 만들어질 때 화학 반응을 통해 산소가 암석 속에 섞여 들어가게 된다. 아폴로 우주 비행사들이 달에서 가져온 월석 시료를 분석한 결과, 산소와 그 밖의 동위원소들의 비율은 맨틀의 그것과 비슷했다.

2012년, 랜들 파니엘로Randall Paniello와 공동 연구자들은 달에서 채취한 물질에 포함된 아연 동위원소들을 분석했는데, 그 물질은 지구 물질보다 아연 함량은 적지만 무거운 아연 동위원소들의 비율이 더 높다는 사실을 발견했다. 그들은 달이 증발을 통해 아연을 잃었다고 결론 내렸다.[2] 또 2013년에 알베르토 살Alberto Saal이 이끄는 연구팀은 달의 화산 유리와 감람석에 포함된 수소 원자들의 동위원소 비율이 지구의 물과 아주 비슷하다고 발표했다. 만약 지구와 달이 애초에 따로 생겨났다면, 동위원소 비율이 그렇게 비슷하기 어려울 것이다.

가장 간단한 설명은 핵의 차이에도 불구하고 지구와 달의 기원이 같다고 보는 것이다. 하지만 또 다른 대안 설명이 있다. 어쩌면 지구와 달은 각자 따로 생겨나 처음 탄생했을 때에는 조성이 서로 달랐지만, 나중에 합쳐지면서 물질들이 섞였을 수도 있다.

✦

설명이 필요한 증거를 검토해보자. 지구-달계는 각운동량이 유별나게 크다. 지구는 달보다 철이 훨씬 적지만, 달 표면의 동위원소 비율은 지구의 맨틀과 아주 비슷하다. 달은 상대적으로 특이하게 크며, 주천체에 조석 고정돼 있다. 유력한 이론이라면 이러한 관측 사실들을 설명하거나 적어도 이 사실들과 일치해야 한다. 그런데 단순한 가설들 중에서는 그런 것이 '하나도 없다'. 셜록 홈스가 즐겨 하는 말을 인용하면, "불가능한 것을 모두 제거하고 남은 것은 아무리 터무니없어 보이더라도 진실임이 분명하다". 그리고 증거와 일치하는 가장 간단한 설명은 너무나도 터무니없는 것이어서 20세기 후반까지도 천문학자들이 묵살할 수밖에 없었다. 즉, 지구가 다른 천체와 충돌했는데, 그 천체가 너무 커서 둘 다 녹아버렸다는 시나리오이다. 용융된 암석 중 일부는 떨어져 나가 달이 되었고, 지구와 합쳐진 것은 대부분 맨틀을 이루는 성분이 되었다.

현재 선호되는 형태의 이 거대 충돌 가설은 1984년에 나왔다. 충돌한 천체에는 테이아Theia라는 이름까지 붙어 있다. 하지만 유니콘도 이름은 있지만 실제로 존재하지는 않는다. 테이아가 실제로 존재했다 하더라도, 그 흔적은 달과 지구 내부의 깊은 곳에서만 발견되므로 그 증거는 간접적인 것에 불과하다.

완전히 독창적인 개념은 드문데, 이 개념 역시 적어도 레지널드 데일리Reginald Daly에게까지 거슬러 올라간다. 데일리는 다윈의 분열설에 반대했는데, 계산을 제대로 하면 시간을 거꾸로 되돌려 먼 과거로 가도 달의 현재 궤도가 지구가 있는 곳으로 돌아가지 않는다는 이유 때문이었다. 그래서 데일리는 충돌설이 훨씬 나은 가설이라고 주장했다. 그 당시 주요 문제는 무엇과 충돌했느냐 하는 것이었다. 그 당시 천문학자들과 수학자들은 행성들이 거의 현재의 궤도와 같은 지점에서 생겨났다고 생각했다. 하지만 컴퓨터의 성능이 좋아지고 뉴턴 수학에 함축된 의미를 더 현실적인 상황에서 탐구할 수 있게 되자, 초기 태양계가 극적인 변화를 계속 겪었다는 사실이 분명해졌다. 1975년, 윌리엄 하트먼William Hartmann과 도널드 데이비스Donald Davis는 행성들이 생겨난 후에 작은 천체들이 여러 개 남았음을 시사하는 계산 결과를 얻었다. 이 천체들은 행성에 붙들려 위성이 되었거나 서로 또는 행성과 충돌했을 수 있다. 이들은 그런 충돌에서 달이 생겨났을 수 있으며, 알려진 달의 성질 중 많은 것이 이걸로 설명된다고 말했다.

1976년, 앨러스테어 캐머런Alastair Cameron과 윌리엄 워드William Ward는 화성만 한 크기의 또 다른 행성이 지구와 충돌했으며, 이때 떨어져 나간 물질 중 일부가 합쳐져 달을 만들었다고 주장했다.[3] 구성 성분들은 종류에 따라 그 충돌에서 발생한 엄청난 힘과 열에 다르게 반응했을 것이다. (두 천체 모두에서) 규산질 암석은 증발했지만, 지구의 철질 핵과 충돌체의 금속질 핵은 증발하지 않았다. 그래서 달은 지구보다 철을 훨씬 적게 포함하게 되었지만, 증발한 규산질 암석이 응축하여 다시 만들어진 달 표면의 암석과 지구의 맨틀은 그 조성이 아주 비슷해졌다.

1980년대에 캐머런과 공동 연구자들은 그런 충돌의 결과를 컴퓨터로 시뮬레이션해보았는데, 화성만 한 크기의 충돌체(테이아)가 관측 사실과 가장 잘 일치한다는 결론을 얻었다.[4] 처음에는 테이아가 지구 맨틀 중 일부를 떨어져 나가게 하면서 달을 이루는 암석들에 자신의 물질을 거의 추가하지 않을 수 있다는 이야기가 그럴듯해 보였다. 이것은 이 두 가지 암석의 조성이 서로 아주 비슷한 이유를 설명할 수 있다. 실제로 이것은 거대 충돌 가설을 강하게 뒷받침하는 근거로 간주되었다.

몇 년 전까지만 해도 대부분의 천문학자들은 이 개념을 받아들였다. 태양계가 탄생하고 나서 얼마 지나지 않은(우주론의 관점에서) 시점에, 그러니까 45억~44억 5000만 년 전에 테이아가 원시 지구와 충돌했다. 두 천체는 정면으로 충돌하지 않고, 45° 각도로 비스듬히 충돌했다. 충돌은 초속 약 4km의 속도로 비교적 느리게(또다시 우주론의 관점에서) 일어났다. 만약 테이아에 철질 핵이 있었다면, 그것은 지구의 주요 부분과 합쳐졌을 것이고, 맨틀보다 밀도가 무거워서 아래로 가라앉아 지구의 핵과 합쳐졌을 것이라는 계산 결과가 나왔다. 이 단계에서 모든 암석은 용융 상태였다는 사실을 기억하라. 이것은 왜 달보다 지구에 철이 훨씬 많은지 설명해준다. 테이아의 맨틀 중 약 $\frac{1}{5}$과 지구의 규산질 암석 중 상당량이 우주로 날아갔다. 그중 절반이 지구 주위의 궤도를 돌다가 뭉쳐서 달을 만들었다. 나머지 절반은 지구 중력을 뿌리치고 탈출해 태양 주위의 궤도를 돌게 되었다.

그중 대부분은 지구와 비슷한 궤도에 머물러 있다가 지구나 새로 생겨난 달에 충돌했다. 달의 크레이터 중 많은 것은 바로 이 2차 충돌을 통해 만들어졌다. 하지만 지구에서는 침식과 그 밖의 과정을 통해 충돌 크레이터의 흔적이 대부분 지워졌다.

이 충돌로 지구는 질량을 추가로 얻었고, 상당량의 각운동량도 추가로 얻었다. 사실, 각운동량을 너무 많이 얻은 나머지 이제 다섯 시간마다 한 바퀴씩 자전하게 되었다. 양극 쪽이 약간 짜부라진 지구의 모양이 빚어내는 기조력 효과 때문에 달은 궤도가 지구 적도에 가까워지게 되었고, 결국 그 위치로 안정되었다.

측정 결과에 따르면, 지구 쪽을 향하지 않은 달의 뒷면 지각이 더 두꺼운 것으로 드러났다. 떨어져 나가 지구 주위의 궤도를 돌던 물질 중 일부가 처음에는 나중에 달이 된 덩어리에 흡수되지 않았던 것으로 보인다. 대신에 달과 동일한 궤도에 있지만 60° 떨어진 지점인 '라그랑주 점Lagrange point'(5장 참고)에 모여 더 작은 두 번째 달이 생겼다. 그리고 1000만 년쯤 뒤, 두 천체가 지구에서 서서히 멀어지면서 이곳이 불안정해졌고, 작은 달이 큰 달과 충돌했다. 그 물질은 달의 뒷면에 흩뿌려지면서 지각을 더 두껍게 만들었다.

✦

지금까지 나는 '시뮬레이션'과 '계산'이라는 단어를 많이 사용했지만, 무엇을 계산해야 할지 모른다면 계산 자체를 아예 할 수 없고, '단지 무엇을 컴퓨터에 집어넣는 것'만으로는 시뮬레이션을 할 수 없다. 누군가가 아주 자세하게 계산 과정을 설계해야 하고, 누군가가

컴퓨터에 계산을 어떻게 수행하라는 소프트웨어를 만들어야 한다. 이 일들은 결코 간단하지 않다.

우주의 충돌을 시뮬레이션하는 것은 엄청난 계산이 필요한 문제이다. 관련 물질은 고체나 액체 혹은 증기일 수 있고, 각각의 경우에 서로 다른 물리학 규칙이 적용되므로 서로 다른 수학 공식이 필요할 수 있다. 관련 물질은 적어도 네 종류가 있는데, 테이아와 지구 각각의 핵과 맨틀이다. 암석은 어떤 상태이건 쪼개지거나 충돌할 수 있다. 그 운동은 '자유 경계 조건'에 지배를 받는데, 이것은 유체역학이 고정된 벽을 가진 고정된 공간 지역 안에서 일어나지 않는다는 뜻이다. 대신에 유체 자체가 그 경계가 어디인지 '결정'하며, 그 위치는 유체의 움직임에 따라 변한다. 자유 경계는 고정된 경계보다 이론적으로나 컴퓨터를 사용한 계산에서나 다루기가 훨씬 어렵다. 마지막으로, 작용하는 힘들은 중력에서 비롯된 것이어서 비선형적이다. 다시 말해서, 거리에 따라 비례적으로 변하는 것이 아니라 역제곱 법칙에 따라 변한다. 비선형 방정식은 선형 방정식보다 훨씬 어려운 것으로 악명이 높다.

연필과 종이를 사용하는 전통적인 수학 계산 방법으로는 단순화한 버전의 문제조차 풀 가망이 없다. 대신에 많은 메모리를 갖춘 고속 컴퓨터는 단순무식한 계산을 수많이 수행하는 수치해석 방법을 사용해 근사해를 얻는다. 대부분의 시뮬레이션에서는 충돌하는 물체를 끈적끈적한 유체 방울로 모형화하는데, 이 유체 방울은 더 작은 방울들로 분해하거나 서로 합쳐져 더 큰 방울이 될 수 있다. 최초의 방울들은 행성만 한 크기이고, 거기서 쪼개진 방울들은 더 작지만 행성에 비해 작을 뿐, 여전히 상당히 크다.

표준적인 유체역학 모형은 18세기의 레온하르트 오일러Leonhard Euler와 다니엘 베르누이Daniel Bernoulli에게까지 거슬러 올라간다. 이것은 유체 흐름의 물리학 법칙을 편미분방정식으로 표현한다. 편미분방정식은 작용하는 힘에 반응해 공간상의 각 점에서 유체의 속도가 시간이 지남에 따라 어떻게 변하는지 기술한다. 아주 간단한 경우를 제외하고는 이 방정식을 푸는 공식을 발견하기가 불가능하지만 아주 정확한 컴퓨터 연산 방법이 개발되었다. 큰 문제는 이 모형의 속성상 원칙적으로 공간상의 어느 지역에 있는 모든 지점에서 유체의 속도를 조사하는 것이 필요하다는 데 있다. 하지만 컴퓨터도 많은 계산을 무한히 할 수는 없기 때문에 우리는 방정식을 '이산화離散化' 한다. 즉, 유한한 수의 점만 포함한 연관 방정식으로 근사화하는 것이다. 가장 단순한 방법은 격자의 점들을 전체 유체를 대표하는 표본으로 사용해 격자의 점들에서 속도가 어떻게 변하는지 추적한다. 그 격자가 충분히 괜찮은 표본이라면, 이 근사는 아주 훌륭하다.

불행하게도 이 접근법은 충돌하는 방울들에 사용하기에는 그다지 좋지 않은데, 방울이 분해될 때 속도장이 불연속적으로 변하기 때문이다. 이때 격자 방법을 교묘하게 변형한 방법이 구원자로 등장한다. 이 방법은 방울들이 분해되거나 합쳐질 때에도 성립한다. 입자 완화 유체동역학smoothed particle hydrodynamics이라 부르는 이 방법은 유체를 이웃 '입자들'(아주 작은 지역들)로 분산시킨다. 하지만 고정된 격자를 사용하는 대신에 입자들이 작용하는 힘들에 어떻게 반응하는지 추적한다. 만약 근처의 입자들이 거의 동일한 속력과 방향으로 움직인다면, 이 입자들은 동일한 방울에 속해 있고, 그 방울에 계속 머물려고 한다. 하지만 이웃 입자들이 완전히 다른 방향으로 향하거나

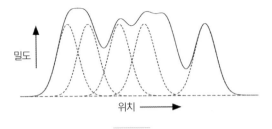

유체의 밀도(실선)를 작은 퍼지 방울들의 합(점선으로 표시한 종형 곡선)으로 나타낸 것.

아주 다른 속력으로 움직인다면, 그 방울은 쪼개지고 있는 것이다.

수학은 각 입자를 일종의 부드러운 퍼지 볼(전문 용어로는 구형 중첩 커널 함수spherical overlapping kernel function라고 한다)로 '완화'하고 이 공들을 중첩시킴으로써 이것을 가능하게 한다. 각각의 공은 그 중심 점으로 나타낼 수 있는데, 우리는 시간이 지남에 따라 이 점들이 어떻게 움직이는지 계산해야 한다. 수학자들은 이런 종류의 문제를 n체 문제라 부르는데, 여기서 n은 점들의 수 또는 퍼지 볼의 수를 가리킨다.

✦

여기까지는 좋지만, n체 문제는 아주 어렵다. 케플러는 이체二體 문제인 화성의 궤도를 연구하여 그것이 타원이라는 사실을 알아냈다. 뉴턴은 두 물체가 중력의 역제곱 법칙에 따라 움직이면, 둘 다 공통 질량 중심 주위를 타원 궤도로 돈다는 사실을 수학적으로 증명했다. 하지만 삼체 문제(태양과 지구와 달이 기본적인 사례)를 풀려고 시도

우주를 계산하다

한 18세기와 19세기의 수학자들은 깔끔한 해를 구하기가 불가능하다는 사실을 발견했다. 들로네의 거창한 공식조차도 근사해를 구하는 데 그쳤다. 사실, 그 궤도들은 전형적인 카오스의 속성을 나타냈고(매우 불규칙적이었고), 그것을 기술할 수 있는 근사한 공식이나 고전적인 기하학 곡선이 전혀 없었다. 카오스에 관해 더 자세한 내용은 9장을 참고하라.

행성 충돌을 실제적으로 모형으로, 만들려면 퍼지 볼의 수 n이 아주 커야 한다(1000개 정도. 혹은 100만 개면 더욱 좋다). 컴퓨터는 큰 수를 계산할 수 있지만, 여기서 n은 계산에 나오는 수를 나타내는 게 아니다. 대신에 계산이 얼마나 '복잡한지'를 나타낸다. 이제 우리는 '차원의 저주curse of dimensionality'에 맞닥뜨렸다. 어떤 계의 차원은 그 계를 기술하는 데 몇 개의 수가 필요한지를 나타낸다.

100만 개의 공을 사용한다고 가정해보자. 각 공의 상태를 정의하는 데에는 6개의 수가 필요하다. 3개는 공간상의 좌표를 나타내고, 3개는 속도 성분을 나타낸다. 그렇다면 어느 순간에 이 계의 상태를 정의하는 데에만 600만 개의 수가 필요하다. 우리는 미래의 운동을 예측하기 위해 역학과 중력의 법칙을 적용하려고 한다. 이 법칙들은 현재의 상태가 주어졌을 때 아주 짧은 시간 후의 미래 상태를 결정하는 미분방정식이다. 미래를 향해 나아가는 시간 간격이 아주 작다면(예컨대 1초라면), 그 결과는 정확한 미래 상태에 아주 가까울 것이다. 따라서 이제 우리는 600만 개의 수를 가지고 계산을 한다. 더 정확하게는 600만 개의 수를 가지고 '600만 개의 계산'을 한다. 미래 상태를 알려면 각각의 수에 대해 하나씩의 계산이 필요하다. 따라서 이 계산의 복잡성은 600만 개에 600만 개를 '곱한' 것이 된다. 그것은

36조 개이다. 그리고 이 계산은 단지 다음 상태, 즉 1초 뒤의 미래 상태만을 말해줄 뿐이다. 같은 계산을 또다시 반복하면 지금부터 2초 뒤에 어떤 일이 일어나는지 알 수 있고, 그런 식으로 계속 나아갈 수 있다. 1000년 뒤에 어떤 일어날지 알려면 약 300억 초의 기간을 들여다보아야 하는데, 이 계산의 복잡성은 300억×36조, 즉 약 10^{24}이나 된다.

그런데 이게 다가 아니다. 각각의 단계는 훌륭한 근사일지 몰라도, 이제 너무나도 많은 단계를 거쳐야 하기 때문에 아무리 사소한 오차라도 증폭될 수 있고, 큰 규모의 계산에는 많은 시간이 걸린다. 컴퓨터가 1초에 한 단계를 계산할 수 있다면(즉, 실시간으로 작업을 한다면), 그 계산을 하는 데에는 1000년이 걸릴 것이다. 오직 슈퍼컴퓨터만이 그것에 근접한 계산을 할 수 있다. 유일한 탈출구는 계산을 더 간단하게 할 수 있는 방법을 찾는 것이다. 충돌 초기 단계들에는 모든 것이 복잡하게 뒤얽혀 엉망인 상태이기 때문에 1초처럼 짧은 시간 간격마다 계산할 필요가 있을지도 모른다. 하지만 시간이 지나면 더 긴 시간 간격으로 계산해도 큰 문제가 없을 것이다. 게다가 두 점이 충분히 멀어지면, 둘 사이에 작용하는 힘이 너무 작아져서 완전히 무시해도 아무 지장이 없을 수 있다. 마지막으로(중요한 진전이 일어나는 지점은 여기인데), 더 교묘한 방법으로 설계함으로써 전체 계산을 간단하게 만들 수 있을지도 모른다.

초기의 시뮬레이션에서는 추가적인 단순화를 사용했다. 계산을 3차원 공간에 대해 하는 대신에 모든 것이 지구 궤도 평면에서 일어나는 것으로 가정하여 문제를 2차원으로 축소시켰다. 이제 두 구형 물체가 충돌하는 대신에 두 원형 물체가 충돌한다. 이렇게 문제를 단

92   우주를 계산하다

순화하는 방법은 두 가지 이점이 있다. 600만 개는 400만 개로 줄어들었다(퍼지 볼 하나당 4개의 수로 충분하므로). 게다가 이제 공이 100만 개나 필요하지 않다. 어쩌면 1만 개로 충분할지 모른다. 그러면 이제 수는 600만에서 4만으로 줄어들었고, 복잡성은 36조에서 16억으로 줄어들었다.

하지만 남은 문제가 한 가지 더 있다……

즉각 계산을 하기에는 아직 충분치 않다. 우리는 충돌체의 질량과 속력과 날아오는 방향을 모른다. 이 변수들의 값을 각각 선택할 때마다 새로운 계산이 필요하다. 이것은 초기 연구에서 특별한 제약이 되었는데, 그 당시에는 컴퓨터가 훨씬 느렸기 때문이다. 슈퍼컴퓨터를 사용하는 비용도 아주 비쌌기 때문에, 주어진 연구비 내에서 슈퍼컴퓨터를 사용해 계산을 하는 횟수에 제약이 따랐다. 그 결과, 연구자는 처음부터 경험을 바탕으로 "이 가정은 최종 각운동량의 크기를 적절하게 제공할 수 있을까?"와 같은 훌륭한 추측을 해야만 했다. 그리고 성공하기만 바랄 수밖에 없었다.

선구자들은 이런 장애물들을 극복했다. 그들은 성공적인 시나리오를 발견했다. 그리고 후속 연구를 통해 그것을 개선했다. 달의 기원 문제는 해결되었다.

✦

그런데 과연 그랬을까?

달의 생성에 관한 거대 충돌 가설을 시뮬레이션하는 데에는 두 가지 주요 단계가 필요하다. 하나는 파편 원반을 만들어내는 충돌 자체이고, 그 후에 이 원반 일부가 강착을 통해 치밀한 덩어리, 즉 초기의 달을 만드는 과정이다. 1996년까지만 해도 연구자들이 한 계산은 첫 번째 단계에 국한돼 있었고, 주요 방법은 입자 완화 유체동역학이었다. 로빈 캐넙Robin Canup과 에릭 애스포그Erik Asphaug는 2001년에 쓴 논문에서 이 방법은 "대부분 텅 빈 공간에서 진화하면서 아주 심하게 변형되는 계들에 아주 적합하다"라고 썼는데,[5] 우리가 직면한 이 단계의 문제를 해결하는 데 딱 필요한 것이다.

이 시뮬레이션은 거대하고 어렵기 때문에 연구자들은 충돌 직후에 일어난 일을 알아보는 데 만족했다. 그 결과를 좌우하는 요인이 많은데, 충돌체의 질량과 속력, 지구와 충돌하는 각도, 지구의 자전 속도(수십억 년 전에는 오늘날과는 분명히 큰 차이가 있었을 것이다) 등이 있다. n체 문제 계산을 하는 데 따르는 현실적 제약은 우선 많은 대안을 탐구할 수 없는 결과를 낳았다. 계산이 한계를 벗어나는 일이 일어나지 않도록 최초의 모형들은 2차원으로 만들었다. 그 당시에는 충돌체가 지구의 맨틀에서 충분히 많은 물질을 우주로 날려 보내는 경우들을 찾는 문제였다. 가장 그럴듯한 사례는 화성만 한 크기의 충돌체를 포함했는데, 이것이 가장 유력한 후보로 떠올랐다.

이 거대 충돌 가설 시뮬레이션들은 모두 한 가지 특징을 공통적으로 지니고 있었는데, 충돌 결과로 지구 주위의 궤도를 도는 거대한 파편 원반이 생겼다. 시뮬레이션은 대개 몇 가지 궤도에 대해서만 이 원반의 동역학을 모형으로 만들었는데, 그것만으로도 많은 파편이 지구로 되돌아가거나 우주 공간으로 탈출하는 대신에 궤도에 머문다는 것을 보여주기에 충분했다. 파편 원반 중 많은 입자는 결국 뭉쳐서 큰 물체를 만들고, 그 물체가 달이 되었다고 '가정'했지만, 이 가정을 검증한 사람은 아무도 없었는데, 입자들을 추가로 추적하려면 시간과 비용이 너무 많이 들었기 때문이다.

일부 후속 연구들은 이 선구적인 연구를 통해 주요 매개변수들(충돌체의 질량을 포함해)이 이미 처리되었다고 묵시적으로 가정하고서 대체 매개변수를 찾는 대신에 추가적인 세부 사항을 계산하는 일에 집중했다. 선구적인 연구는 일종의 정설로 받아들여져 그 가정 중 일부는 의심의 대상조차 되지 않았다. 여기에 문제가 있다는 첫 번째 징후는 일찍부터 나타났다. 관측 사실과 그럴듯하게 일치하는 시나리오들은 충돌체가 지구에 정면 충돌하는 대신에 스치고 지나가는 것들뿐이었기 때문에, 충돌체는 지구의 궤도 평면에 있을 수가 없었다. 2차원 모형으로는 이 문제를 살펴보기에 부족했는데, 완전한 3차원 시뮬레이션만이 이 문제를 제대로 다룰 수 있었다. 다행히도 슈퍼컴퓨터의 성능이 아주 빠르게 발전하여 충분한 시간과 비용을 투입하면 3차원 모형으로 충돌을 분석할 수 있게 되었다.

하지만 이 개선된 시뮬레이션들은 대부분 달이 '충돌체'의 암석을 많이 포함하고 지구 맨틀의 암석을 훨씬 적게 포함해야 한다는 결과를 보여주었다. 따라서 달의 암석과 맨틀의 유사성에 대한 처음의 단순한 설명은 설득력이 크게 떨어지게 되었다. 이 결과에 따르면, 테이아의 맨틀이 지구의 맨틀과 놀랍도록 비슷해야 했다. 그럼에도 불구하고, 일부 천문학자들은 실제로도 분명히 그랬을 것이라고 주장했는데, 지구와 달 사이의 그러한 유사성이 애초에 가설이 설명하려고 했던 수수께끼 중 하나였다는 사실을 잊어버린 것 같았다. 달의 경우에는 당연한 것으로 여기지 않던 것을 왜 테이아의 경우에는 당연한 것으로 여겨야 하는가?

테이아와 지구가 원래 태양으로부터 거의 같은 거리에서 생겨났을 가능성을 부분적인 답으로 제시할 수 있다. 앞서 달에 대해 제기했던 반대 의견은 여기에 적용되지 않는다. 각운동량과 관련된 문제도 전혀 없는데, 충돌 뒤에 테이아의 나머지 덩어리가 어떻게 되었는지에 대해서는 아무런 단서가 없기 때문이다. 태양 성운 내 비슷한 장소에서 생겨난 물체들이 비슷한 조성을 가진다고 가정하는 것은 합리적이다. 하지만 왜 지구와 테이아가 각자 행성이 될 만큼 그토록 오랫동안 따로 머물러 있다가 충돌했는지 설명하기는 여전히 어렵다. 그것은 불가능한 일은 아니지만, 가능성이 아주 희박하다.

다른 이론이 더 그럴듯한데, 이 이론은 테이아의 조성에 대해 아무런 가정도 하지 않기 때문이다. 규산질 암석들이 증발된 뒤에, 그리고 이것들이 모여 덩어리를 이루기 전에 완전히 뒤섞여 있었다고 가정해보자. 그러면 지구와 달은 아주 비슷한 암석들을 공급받았을 것이다. 계산 결과에 따르면, 이 개념은 증기가 약 100년 동안 머물면서 테이아와 지구의 공통 궤도를 따라 뻗어 있는 일종의 공통 대기를 형성할 경우에만 성립한다. 이 이론이 동역학적으로 실현 가능성이 있는지 알아보기 위한 수학적 연구가 진행되고 있다.

그렇더라도 충돌체가 지구의 맨틀 중 일부를 떨어져 나가게 했지만 그 자신은 달의 물질에 그다지 크게 기여하지 않았다는 원래 개념이 훨씬 더 그럴듯해 보인다. 그래서 천문학자들은 여전히 충돌을 포함하지만 아주 다른 가정을 기반으로 한 대안 설명을 찾게 되었다. 2012년, 안드레아스 로이퍼Andreas Reufer와 공동 연구자들은 화성보다 훨씬 크면서 빠르게 움직이는 충돌체가 지구에 정면 충돌하는 대신에 측면을 치고 지나갈 때 미치는 효과를 분석했다.[6] 이때 떨어져 나오는 물질 중 충돌체에서 나오는 것은 아주 적었고, 각운동량도 별 문제가 없었으며, 달과 맨틀의 조성은 전에 생각했던 것보다 훨씬 더 비슷했다. 아폴로 우주 비행사들이 가져온 월석을 준준 장Junjun Zhang 팀이 새로 분석한 결과에 따르면, 동위원소 타이타늄-50과 타이타늄-47의 비율이 지구의 암석과 4ppm 미만의 차이밖에 나지 않을 정도로 비슷했다.[7]

다른 가능성들도 검토되었다. 마탸 쿡Matja Cuk과 공동 연구자들은 지구가 현재보다 훨씬 빨리 자전했다는 가정 하에 달 암석의 정확한 화학적 성분과 전체 각운동량은 더 작은 충돌체와의 충돌에서 생겼을 수 있음을 보여주었다. 떨어져 나가는 암석의 양과 그 암석이 어디서 떨어져 나오느냐 하는 것은 자전 속도에 따라 달라질 수 있다. 충돌 후에 태양과 달의 중력이 지구의 자전 속도를 늦추었을 수 있다. 반면에 캐넙은 충돌체가 화성보다 훨씬 컸다는 가정 하에 지구가 현재보다 아주 약간 더 빨리 자전했음을 설득력 있게 보여주는 시뮬레이션 결과를 얻었다. 혹은 화성보다 5배나 큰 두 천체가 충돌했다가 다시 충돌해 거대한 파편 원반을 만들었고, 거기서 결국 지구와 달이 생겨났을지 모른다. 혹은…….

✦

아니면 원래의 충돌 이론이 옳고, 테이아의 조성이 지구와 거의 비슷했으며, 그것은 전혀 우연의 일치가 아니었을 수도 있다.

2004년, 캐넙[8]은 가장 그럴듯한 종류의 테이아는 질량이 지구의 약 $\frac{1}{6}$이고, 달의 물질 중 $\frac{4}{5}$가 테이아에서 온 것이어야 한다는 연구 결과를 내놓았다. 이것은 테이아의 화학적 조성이 달만큼 지구와 아주 비슷했다는 것을 의미한다. 이것은 가능성이 아주 희박해 보이는 주장이다. 태양계의 천체들은 그 조성이 서로 아주 다른데, 테이아만 유별나게 그래야 할 이유가 있는가? 앞에서 보았듯이 그 가능성은 지구와 테이아가 비슷한 조건에서 생겨났다는 데에서 찾을 수 있다 (태양에서 비슷한 거리에 있었기 때문에 동일한 물질들을 흡수하면서 생겨났을 테니까). 게다가 궤도가 대략 비슷했으므로 충돌 가능성도 높아진다.

반면에 큰 천체 둘이 같은 궤도에서 생겨날 수 있을까? 그중 하나가 취할 수 있는 물질 중 대부분을 싹쓸이하지 않을까? 이것을 놓고 끝없이 논쟁을 벌일 수도 있고······ 아니면 계산을 해볼 수도 있다. 2015년, 알레산드라 마스트로부오노-바티스티Alessandra Mastrobuono-Battisti와 공동 연구자들은 n체 문제 방법을 사용해 행성 강착의 후기 단계들에 대한 시뮬레이션을 40개 만들었다.[9] 그 무렵에는 목성과 토성이 완전히 생성되어 대부분의 가스와 먼지를 빨아들였으며, 미행성체들과 그보다 큰 '행성 배아'들이 서로 뭉치면서 아주 큰 천체를 만들고 있었다. 각각의 시뮬레이션은 0.5~4.5AU 거리의 원반에 있던 행성 배아 85~90개와 미행성체 1000~2000개를 가지고 시작했다. 목성과 토성의 궤도는 이 원반에 대해 약간 기울어져 있었고, 그 기울기는 시뮬레이션할 때마다 약간의 차이를 두었다.

대부분의 시뮬레이션에서는 행성 배아들과 미행성체들이 합쳐지면서 1억~2억 년 만에 안쪽의 암석질 행성이 3~4개 생겼다. 시뮬레이션들은 자라나던 각각의 행성이 필요한 구성 성분을 집어삼키던 지역을 추적했다. 태양계 원반의 화학적 조성이 주로 태양에서의 거리에 따라 결정되며, 따라서 같은 거리의 궤도에 있는 천체들은 조성이 거의 같다는 가정 하에 충돌하는 천체들의 화학적 조성을 비교할 수 있다. 연구팀은 살아남은 행성 3~4개를 가장 최근의 충돌체와 비교해 살펴보는 데 집중했다. 이 천체들이 구성 성분을 집어삼키던 지역을 역추적함으로써 각 천체의 조성에 대한 확률 분포를 얻을 수 있었다. 그리고 나서 통계적 방법으로 이 분포들이 얼마나 비슷한지 분석했다. 전체 시뮬레이션 중 약 $\frac{1}{6}$에서 충돌체와 행성의 조성은 아주 비슷했다. 원시 행성 중 일부가 달에 합쳐졌을 가능성을 고려하면, 이 수치는 2배로 증가해 약 $\frac{1}{3}$이 된다. 요컨대, 테이아가 지구와 동일한 화학적 조성을 가졌을 확률이 약 '$\frac{1}{3}$'이라는 이야기이다. 이것은 충분히 가능성이 있기 때문에 이전의 염려에도 불구하고, 지구 맨틀과 달 표면 암석의 비슷한 화학적 조성은 원래의 거대 충돌 시나리오와 일치한다.

우리는 지금 풍요의 딜레마에 직면했다. 즉, 주요 증거와 잘 일치하는 거대 충돌 가설을 여러 개 손에 쥐고 있는 상황이다. 어느 것이 옳은지는(만약 그중에 옳은 것이 있다면) 두고 봐야 할 일이다. 하지만 화학적 조성과 각운동량이 모두 관측 사실과 일치하려면, 큰 충돌체를 상정하는 것이 불가피해 보인다.

04 ── 시계 장치 우주
티티우스-보데의 법칙

하지만 건축가 주님이 이 공간을 텅 빈 채로
남겨두었을까? 절대 그럴 리가 없다.

― 요한 티티우스Johann Titius, 샤를 보네Charles Bonnet의
《자연에 대한 사색Contemplation de la Nature》중에서

뉴턴의《프린키피아》는 우주를 이해하는 하나의 방법으로서 수학
의 가치를 확립했다. 그것은 태양과 행성들이 현재의 배열대로 생겨
났다고 보는 시계 장치 우주 개념을 낳았다. 행성들은 아주 적절한
간격으로 떨어져 있어 서로 충돌하는 일 없이(심지어 가까이 다가가는
일도 없이) 원에 가까운 궤도를 그리며 태양 주위를 계속 돌았다. 모든
행성이 나머지 모든 행성을 중력으로 끌어당기기 때문에 모든 천체
는 약간 흔들리긴 했지만 그다지 중요한 변화는 일어나지 않았다. 이
견해는 태양계의太陽系儀라는 장치에 잘 담겨 있다. 이것은 막대에 꽂
힌 작은 행성들이 톱니바퀴의 힘으로 중심에 있는 태양 주위를 빙빙
도는 기계 장치이다. 자연은 거대한 태양계의였고, 중력은 전동 장치
역할을 했다.

수학을 잘 아는 천문학자들은 모든 것이 그렇게 간단한 게 아니라는 사실을 알았다. 행성들의 궤도는 정확한 원이 아니었고, 심지어 동일한 평면에 있지도 않았으며, 일부 흔들림은 그 규모가 상당히 컸다. 특히 태양계에서 가장 큰 두 행성인 목성과 토성은 장기간에 걸쳐 일종의 중력 전쟁을 벌이면서 서로를 궤도상의 정상 위치보다 앞서 가게 했다가 그다음에는 뒤서 가게 하는 일이 반복적으로 일어났다. 라플라스는 1785년 무렵에 이 현상을 설명했다. 두 거대 기체 행성은 5:2 공명에 가까운 상태에 있다. 즉, 목성이 태양 주위를 다섯 바퀴 도는 동안 토성은 두 바퀴를 돈다. 궤도를 도는 두 행성의 위치를 각도로 측정했을 때,

$$2 \times 목성의\ 각도 - 5 \times 토성의\ 각도$$

는 0에 가깝다. 하지만 라플라스가 설명한 것처럼 이것은 정확하게 0이 아니다. 대신에 이 차이는 천천히 변하면서 900년마다 완전한 원을 그리며 한 바퀴 돈다. 이 효과를 '큰 불일치'라 부르게 되었다.

라플라스는 그 상호 작용이 두 행성의 이심률이나 기울기에 큰 변화를 초래하지 않는다는 것을 증명했다. 이런 종류의 결과는 행성들의 현재 배열이 안정하다는 느낌을 주었다. 그것은 먼 미래에도 거의 같을 것이고, 과거에도 늘 그렇게 유지돼왔던 것으로 보였다.

하지만 그렇지 않다. 태양계에 대해 더 많은 것을 알수록 태양계는 시계 장치에서 점점 더 벗어나는 것으로 보였으며, 대신에 '대개는' 반듯한 행동을 보이지만 가끔은 완전히 미친 듯한 행동을 보이는 약간 기묘한 구조처럼 보였다. 놀랍게도 이 기묘한 회전은 뉴턴의

중력 법칙에 의문을 제기하지 않았다. 그것은 바로 중력 법칙의 '결과'로 생겨난 것이었다. 중력 법칙은 수학적으로 아주 깔끔한 단순성 그 자체이다. 하지만 그것이 초래하는 결과는 그렇지 않다.

✦

태양계의 기원을 이해하려면, 태양계가 어떻게 생겨났고, 다양한 천체들이 어떻게 배열돼 있는지 설명해야 한다. 얼핏 보기에 태양계의 천체들은 각자 아주 다양한 개성을 지닌 것처럼 보인다. 각자 나름의 특유한 속성을 지니고 있고, 차이점이 유사점을 능가하는 것처럼 보인다. 수성은 두 번 공전하는 동안 세 번 자전하는(3:2 자전-공전 공명) 뜨거운 암석 덩어리 행성이고, 금성은 산酸이 도처에 널려 있는 지옥 같은 세계로, 수억 년 전에 표면 전체가 다시 만들어졌다. 지구에는 바다와 산소와 생명이 있다. 화성은 얼어붙은 사막으로 뒤덮여 있고, 크레이터와 골짜기가 곳곳에 널려 있다. 목성은 거대 기체 행성으로, 색을 띤 기체들이 화려한 줄무늬를 만들어낸다. 토성은 덜 극적이긴 하지만 목성과 비슷한데, 이를 보완하려는 듯이 아주 멋진 고리들이 있다. 천왕성은 온순한 거대 얼음 행성으로, 자전 방향이 나머지 행성들과는 정반대이다. 해왕성 역시 거대 얼음 행성으로, 시속 2000km가 넘는 바람이 행성을 빙 두르며 강하게 불고 있다.

하지만 감질나게 질서의 존재를 암시하는 힌트도 있다. 여섯 행성의 궤도 거리를 천문단위로 나타내면 다음과 같다.

수성　0.39

금성　0.72

지구　1.00

화성　1.52

목성　5.20

토성　9.54

수들은 다소 불규칙한데, 혹시 어떤 패턴이 있지는 않을까 하고 자세히 들여다보아도 찾기는 어렵다. 그런데 1766년에 요한 티티우스Johann Titius가 이 수들에서 흥미로운 패턴을 발견하고는, 자신이 번역하던 샤를 보네의《자연에 대한 사색》에서 그 패턴을 다음과 같이 묘사했다.

태양과 토성 사이의 거리를 100단위로 나누어보라. 그러면 수성과 태양 사이의 거리는 4단위가 되고, 금성은 4+3=7단위, 지구는 4+6=10단위, 화성은 4+12=16단위가 될 것이다. 하지만 화성과 목성 사이에는 이 정확한 수열에서 벗어나는 지점이 있다. 화성 다음에는 4+24=28단위가 되는 공간이 있지만, 지금까지 이곳에서 행성이 발견된 적은 없다. …… 아직 탐사되지 않은 이 공간 다음에는 목성의 영향권이 4+48=52단위에 나타나며, 토성은 4+96=100단위에 나타난다.

요한 보데Johann Bode는 1772년에 자신의 저서《밤하늘의 별 입문서Anleitung zur Kenntniss des Gestirnten Himmels》에서 동일한 수열 패턴을 언급했는데, 개정판에서 그것을 티티우스가 발견한 것이라고 인정했다. 그럼에도 불구하고, 이것은 자주 보데의 법칙이라고 불린다. 지금은 이보다 더 나은 티티우스-보데의 법칙이라는 이름으로 통용되고 있다.

순전히 경험적인 이 규칙은 행성의 거리를 (일종의) 등비수열로 나타낸다. 원래 형태의 수열은 0, 3, 6, 12, 24, 48, 96, 192로 시작했는데, 두 번째 수 다음의 수는 모두 앞에 있는 수의 2배이다. 각각의 수에 4를 더하면 4, 7, 10, 16, 28, 52, 100이 된다. 하지만 이 수들을 모두 10으로 나누면, 태양계의 거리 측정 단위(AU)로 나타낼 수 있어 편리하다. 그러면 0.4, 0.7, 1, 1.6, 2.8, 5.2, 10이 된다. 이 수들은 행성들 사이의 간격과 놀랍게도 잘 일치한다. 다만 2.8에 해당하는 지점이 공백으로 남아 있었다. 티티우스는 이곳에 무엇이 있어야 하는지 자신이 안다고 생각했다. 앞의 인용에서 내가 말줄임표(……)로 대체한 부분은 다음과 같다.

하지만 건축가 주님이 이 공간을 텅 빈 채로 남겨두었을까? 절대 그럴 리가 없다. 그러니 이 공간을 아직 발견되지 않은 화성의 위성들이 차지하고 있다고 가정하자. 어쩌면 목성 주위에 아직 어떤 망원경으로도 발견되지 않은 더 작은 위성들이 있을 가능성도 있다.

우리는 화성의 위성들은 화성 근처에서 그리고 목성의 위성들은 목성 근처에서 발견되리라는 사실을 잘 알고 있으므로, 티티우스는 자신이 한 말에 약간 부끄러움을 느껴야 마땅하겠지만, '어떤' 천체가 그 공간에 있어야 한다는 주장은 옳았다. 하지만 1781년에 천왕성이 발견되면서 천왕성 역시 이 수열의 패턴에 딱 들어맞는다는 사

　　　　　　　　　　　　　　　우주를 계산하다

실이 확인되기 전까지는 아무도 그 말을 진지하게 여기지 않았다. 예측된 위치는 19.6이었는데, 천왕성의 실제 위치는 19.2였다.

이 성공에 고무된 천문학자들은 지구 궤도 반지름의 약 2.8배 위치에서 태양 주위를 도는 미발견 행성이 없는지 찾기 시작했다. 1801년 주세페 피아치Giuseppe Piazzi가 그런 천체를 하나 발견했는데, 아이러니하게도 체계적인 탐사 작업이 본격적으로 시작되기 직전에 발견했다. 그 천체에는 케레스Ceres라는 이름이 붙었는데, 자세한 이야기는 5장에서 다룰 것이다. 케레스는 화성보다 작았고 목성보다 훨씬 작았지만, 어쨌든 '그곳'에 있었다.

작은 크기를 보충하기라도 하려는 듯, 그곳에서 발견된 것은 케레스 하나에 그치지 않았다. 얼마 후 비슷한 거리에서 세 천체(팔라스, 유노, 베스타)가 추가로 발견되었다. 이것들이 맨 처음 발견된 네 소행성이었는데, 곧이어 소행성이 더 많이 발견되었다. 폭이 1km를 넘는 것은 약 200개, 폭이 100m를 넘는 것은 1억 5000만 개 이상이 알려져 있으며, 그보다 더 작은 것은 더 많이 있을 것으로 예상된다. 이것들이 모여 있는 지역을 소행성대라 부르는데, 화성 궤도와 목성 궤도 사이에서 납작한 고리 모양의 지역을 이루고 있다.

그 밖에도 작은 천체들이 태양계의 다른 곳에 존재하지만, 처음의 몇몇 발견은 행성들이 규칙적인 패턴으로 분포한다는 보데의 주장에 힘을 실어주었다. 그다음에 일어난 해왕성의 발견은 티티우스-보데의 법칙이 아니라, 천왕성의 궤도에서 발견된 이상한 움직임이 계기가 되었다. 하지만 티티우스-보데의 법칙이 예측한 해왕성의 위치는 38.8인데, 실제로 발견된 위치는 29.8~30.3으로 예측과 엇비슷하다고 볼 수도 있었다. 비록 좀 많이 벗어나는 값이긴 하지만, 그래도 용인할 만한 수준이라고 할 수 있다. 그다음에 명왕성이 발견되었다. 예측된 거리는 77.2였지만, 실제 거리는 29.7~48.9였다. 마침내 티티우스-보데의 '법칙'이 무너지고 말았다.

행성들의 궤도에서 볼 수 있는 또 다른 일반적 특징들도 명왕성에서는 나타나지 않았다. 명왕성은 아주 기이했다. 그 궤도는 이심률이 아주 클 뿐만 아니라 황도면에서 무려 17°나 기울어져 있다. 심지어 명왕성은 가끔 해왕성의 궤도 '안쪽'으로 들어오기까지 한다. 이와 같은 기묘한 특징들 때문에 얼마 전에 명왕성은 행성에서 왜행성으로 지위가 강등되었다. 이러한 변경을 부분적으로 보완하기 위해 케레스가 소행성에서 왜행성으로 격상되었다.

그동안의 성공과 실패에도 불구하고, 티티우스-보데의 법칙은 중요한 질문을 제기한다. 행성들의 간격에는 수학적 이유가 있을까? 혹은 원리적으로 행성들은 어떤 바람직한 패턴에 따라 늘어서 있는 것이 아닐까? 티티우스-보데의 법칙은 우연의 일치일까, 숨어 있는 패턴을 보여주는 징후일까, 아니면 두 가지가 섞인 것일까?

✦

첫 번째 단계는 티티우스-보데의 법칙을 살짝 변형해 더 일반적인 방식으로 표현하는 것이다. 원래의 형태는 기묘한 것이 포함돼 있는데, 바로 첫째 항에 0을 사용한 것이다. 제대로 된 등비수열을 만들려면, 이것은 1.5가 되어야 한다. 이렇게 되면 태양에서 수성까지의 거리는 0.55AU가 되어 덜 정확하지만, 전체 게임은 경험적이고 근사적인 것이므로, 수학이 제대로 성립하도록 1.5를 사용하는 게 더

우주를 계산하다

합리적이다. 이제 이 법칙을 간단한 공식으로 표현할 수 있다. 태양과 n번째 행성 사이의 거리를 천문단위로 나타내면 다음과 같다.

$$d = 0.075 \times 2^n + 0.4$$

이제 약간의 계산이 필요하다. 큰 척도에서 볼 때 0.4AU는 멀리 있는 행성들에게는 큰 의미가 없으므로, 그것을 없애고 간단히 $d = 0.075 \times 2^n$이라고 쓰기로 하자. 이것은 멱 법칙(한 수가 다른 수의 거듭제곱으로 표현되는 두 수의 함수적 관계)의 예이다. 멱 법칙은 일반적으로 $d = ab^n$의 형태로 표현되는데, 여기서 a와 b는 상수이다.

양변에 로그를 취하면 다음과 같다.

$$\log d = \log a + n \log b$$

n과 $\log d$를 좌표로 사용하면, 이 식은 기울기가 $\log b$이고 $\log a$에서 수직축과 만나는(즉, y절편이 $\log a$인) 직선을 나타낸다. 따라서 멱 법칙을 찾아내는 방법은 n에 대해 $\log d$의 '로그/로그 그래프'를 그리는 것이다. 만약 그 결과가 직선에 가깝다면 제대로 찾은 것이다. 사실, 거리 d 외에 다른 양에 대해서도 같은 방법을 쓸 수 있는데, 예컨대 별 주위를 도는 공전 주기나 질량에 대해서도 쓸 수 있다.

만약 이 방법을 케레스와 명왕성을 포함해 행성들의 거리에 사용한다면, 108쪽 왼쪽 그림을 얻는다. 티티우스-보데의 법칙에서 예상한 것처럼 직선에서 크게 벗어나지 않는다. 질량은 어떨까? 그 결과가 오른쪽 그림에 나와 있다. 이번에는 로그/로그 그래프의 모양이

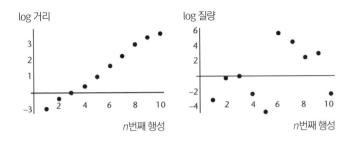

왼쪽: 행성의 거리를 로그/로그 그래프로 나타낸 결과는 직선에 가깝다.
오른쪽: 행성의 질량을 로그/로그 그래프로 나타낸 결과는 직선과 거리가 멀다.

아주 다르다. 직선은 물론이고, 그 밖의 어떤 패턴도 분명하게 드러나는 것이 없다.

공전 주기는 어떨까? 109쪽 왼쪽 그림을 보면 또다시 근사한 직선 모양이 나타난다. 하지만 이것은 전혀 놀라운 일이 아닌데, 케플러의 제3법칙은 공전 주기와 거리 사이에 멱 법칙이 성립한다고 말하기 때문이다. 좀더 멀리 나아가 천왕성의 주요 위성 5개를 살펴보면, 오른쪽과 같은 그림을 얻는다. 여기서도 멱 법칙이 나타난다.

✦

우연의 일치일까, 아니면 더 깊은 비밀이 숨어 있을까? 이에 대한 천문학자들의 의견은 갈린다. 잘해야 멱 법칙과 일치하는 간격이 나타나는 '경향'이 있는 것처럼 보인다. 이것은 보편적인 현상이 아니다.

합리적 설명이 존재할 가능성도 있다. 가장 그럴듯한 것은 행성들

우주를 계산하다

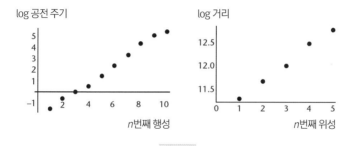

왼쪽: 행성의 공전 주기를 로그/로그 그래프로 나타낸 결과는 직선에 가깝다.
오른쪽: 천왕성 위성들의 거리를 로그/로그 그래프로 나타낸 결과는 직선에 가깝다.

로 이루어진 무작위적 계의 동역학이 공명에 크게 좌우된다는 개념에서 출발한다. 두 행성의 공전 주기가 단분수 관계를 이루는 사례들이 그렇다. 예를 들어 한 행성의 공전 주기가 다른 행성의 $\frac{3}{5}$, 즉 5:3 공명 관계를 이룰 수 있다.[1] 다른 천체들을 모두 무시하면, 이 두 행성은 규칙적인 간격마다 별에서 뻗어 나온 직선 위에 정렬하는데, 한 행성이 다섯 바퀴 회전하는 주기가 다른 행성이 세 바퀴 회전하는 주기와 완벽하게 일치하기 때문이다. 오랜 시간이 지나는 동안 그 결과로 생겨난 작은 교란이 누적되어 두 행성은 궤도가 변하는 경향이 나타날 것이다. 반면에 두 공전 주기의 비가 단분수가 아닌 경우에는 교란이 상쇄되는 경향이 있는데, 두 행성 사이에 작용하는 중력에 지배적인 방향성이 없기 때문이다.

이것은 모호한 주장에 불과한 게 아니다. 자세한 계산과 광범위한 수학 이론이 이를 뒷받침한다. 첫 번째 근사에서는 천체의 궤도가 타원으로 나타난다. 두 번째 단계의 근사에서는 타원에 세차 운동이 일어난다. 즉, 장축이 천천히 회전하는 것이다. 더 정확한 근사를 구하면, 천체의 운동을 나타내는 공식에서 우세한 항은 영년永年 공명에서 나온다. 영년 공명은 여러 천체의 궤도에 세차 운동이 일어나는 더 일반적인 형태의 공명 관계를 말한다.

공명하는 천체들이 정확하게 어떻게 움직이느냐 하는 것은 천체들의 위치와 속도뿐만 아니라 공전 주기의 비율에 달려 있지만, 그 결과가 그런 궤도들이 제거되는 것으로 나타날 때가 많다. 컴퓨터 시뮬레이션 결과는 무작위적 간격으로 위치한 행성들이 공명이 그 사이에 위치한 궤도들을 제거하는 바람에 티티우스-보데의 법칙과 대략 비슷한 관계를 만족하는 위치로 진화하는 경향이 있음을 시사한다. 하지만 이 모든 것은 다소 모호하다.

태양계에는 '미니' 태양계, 즉 많은 위성을 거느린 거대 행성이 여럿 있다. 목성의 가장 큰 세 위성 이오, 유로파, 가니메데의 공전 주기 비율은 $1 : 2 : 4$에 가까운데, 각각의 주기는 앞 행성의 2배에 해당한다(7장 참고). 네 번째 위성인 칼리스토의 공전 주기는 가니메데의 2배에 약간 못 미친다. 케플러의 제3법칙에 따라 궤도 반지름 사이에도 비슷한 관계가 성립하는데, 다만 여기서 승수는 2가 아니라 2의 $\frac{2}{3}$제곱, 즉 약 1.58로 대체해야 한다. 다시 말해서 각 위성의 궤도 반지름은 앞 위성의 약 1.58배라는 뜻이다. 이것은 공명이 궤도를 지우는 대신에 안정시키는 사례로, 여기서 그 비율은 티티우스-보데의 법칙에 나오는 2가 아니라 1.58이다. 하지만 이 간격들은 여전히 멱 법칙을 만족시킨다. 스탠리 더못Stanley Dermott이 1960년대에 지적한 것처럼,[2] 토성과 천왕성의 위성들에서도 같은 관계가 성립한다. 이 간격들을 '더못의 법칙Dermott's law'이라 부른다.

멱 법칙 간격들은 티티우스-보데의 법칙의 훌륭한 근사를 포함하

우주를 계산하다

는 더 일반적인 패턴이다. 1994년, 베랑제르 뒤브륄Bérengère Dubrulle 과 프랑수아 그라네르François Graner는 일반적인 원리 두 가지를 적용함으로써 붕괴하는 전형적인 태양 성운[3]에 대해 띠 법칙 간격들을 구했다. 두 원리는 대칭을 기반으로 한다. 구름은 선대칭이고, 물질 분포는 모든 측정 척도에서 거의 동일해 일종의 척도 대칭을 보여준다. 선대칭은 동역학적으로 이치에 맞는데, 비대칭적 구름은 시간이 지나면 분해되거나 더 대칭적으로 변하기 때문이다. 척도 대칭은 태양 성운 내부의 난류亂流처럼 행성 생성에 영향을 미치는 것으로 보이는 중요한 과정들에서 전형적으로 나타난다.

오늘날 우리는 태양계 너머의 세계를 볼 수 있다. 여기서는 대혼란이 펼쳐진다. 알려진 외계 행성들(다른 별 주위를 도는 행성들)의 궤도에는 온갖 종류의 간격이 나타나는데, 대부분은 태양계와 아주 다르다. 반면에 알려진 외계 행성들은 실제로 존재하는 외계 행성들을 불완전하게 대표하는 표본이다. 한 별 주위에서 행성이 하나만 알려진 경우가 많은데, 실제로는 여러 개가 존재할 가능성이 높다. 외계 행성을 탐지하는 방법들은 모항성에 가까운 궤도를 도는 큰 행성을 찾는 데 치중하고 있다.

많은 별들의 '전체' 행성계를 지도로 작성하기 전에는 외계 행성계의 모습을 정확하게 알 수 없을 것이다. 하지만 2013년에 티머시 보베어드Timothy Bovaird와 찰스 라인위버Charles Lineweaver는 행성이 적어도 4개 이상 있는 것으로 알려진 외계 행성계 69개를 살펴보았는데, 그중 66개에서 띠 법칙이 성립했다. 그들은 그 결과로 얻은 띠 법칙을 사용해 '잃어버린' 행성들을 잠정적으로 예측했다. 태양계에서 케레스를 찾은 것과 같은 방법을 외계 행성계에 적용한 것이다.

이런 식으로 예측한 행성 97개 중에서 지금까지 발견된 것은 5개에 불과하다. 작은 행성을 탐지하기가 어렵다는 사실을 감안한다 하더라도, 이 결과는 다소 실망스럽다.

이 모든 것은 다소 잠정적인 것이기 때문에, 과학자들은 행성계가 어떻게 조직되는지 설명할 수 있는 다른 원리들로 관심을 돌렸다. 이 원리들은 비선형 동역학의 미묘한 세부 내용에 기반을 두고 있으며, 그저 경험적인 것에 그치지 않는다. 하지만 그 패턴들은 수치적 성격이 덜 명확하다. 특히 마이클 델니츠Michael Dellnitz는 목성의 중력장이 나머지 행성들을 자연스러운 일련의 '관들'을 통해 상호 연결된 계로 배열한 것처럼 보인다는 사실을 수학적으로 보여주었다. 오직 수학적 특징을 통해서만 탐지할 수 있는 이 관들은 다른 행성들 사이를 잇는 자연스러운 저에너지 통로를 제공한다. 이 개념은 다루기에 더 자연스러운 10장에서 관련 문제들과 함께 논의할 것이다.

✦

우연의 일치이건 아니건, 티티우스-보데의 법칙은 일부 중요한 발견들에 영감을 제공했다.

맨눈으로 볼 수 있는 행성은 옛날부터 잘 알려진 수성, 금성, 화성, 목성, 토성, 이렇게 5개뿐이다. 예리함을 뽐내고 싶은 사람은 여기에 지구를 추가하려고 하겠지만, 우리가 한 번에 볼 수 있는 지구의 모습은 그중 아주 작은 부분에 불과하다. 망원경이 발명되자 천문학자들은 너무 희미해서 맨눈으로 볼 수 없었던 별들을 보게 되었고, 그와 함께 혜성과 성운, 위성도 보게 되었다. 그 당시 기술적 한계를 안

우주를 계산하다

고 연구하던 천문학자들은 새로운 천체를 발견하고서도 그것이 정확히 무엇인지 모를 때가 많았다.

1781년에 윌리엄 허셜William Herschel이 영국 배스의 자기 집 정원에서 망원경을 황소자리로 향했다가 황소자리 제타 근처에서 희미한 빛의 점을 발견했을 때, 바로 이 문제에 맞닥뜨렸다. 처음에 허셜은 그것을 "성운상 별 혹은 어쩌면 혜성"이라고 생각했다. 나흘 뒤, 허셜은 일기장에 "위치가 변했기 때문에 그것이 혜성이라는 사실을 알아냈다"라고 썼다. 그로부터 약 5주일 뒤, 허셜은 이 발견을 왕립학회에 보고하면서 여전히 그것을 혜성이라고 묘사했다. 만약 배율이 서로 다른 렌즈들을 사용해 별을 본다면, 아주 높은 배율로 보더라도 별은 여전히 점으로 보이지만, 새로 발견한 이 천체는 배율을 높이자 "행성들이 그러는 것처럼" 커져 보인다고 그는 언급했다. 그런데 혜성에서도 같은 현상이 일어나기 때문에 허셜은 자신이 발견한 것이 새로운 혜성이라고 확신했다.

더 많은 정보가 들어오면서 일부 천문학자들은 의견을 달리했는데, 그중에는 왕실 천문관이던 네빌 매스클린Nevil Maskelyne과 앤더스 렉셀Anders Lexell, 보데도 포함돼 있었다. 1783년 무렵에는 새로 발견된 천체가 행성이라는 데 모두의 의견이 일치했으므로, 새 행성에 이름을 붙여야 했다. 그전에 영국 왕 조지 3세는 왕실 가족이 허셜의 망원경을 볼 수 있도록 윈저 성에서 충분히 가까운 곳으로 이사하는 조건으로 허셜에게 연간 200파운드를 지급했다. 이 은혜에 보답하고 싶었던 허셜은 새 행성에 게오르기움 시두스Georgium Sidus, 즉 '조지의 별'이라는 이름을 붙이려고 했다. 하지만 보데는 그리스 신화에서 하늘의 신으로 나오는 우라노스의 라틴어 이름인 우라누스Uranus(우리말로는 천왕성)를 제안했고, 행성 이름 중에는 유일하게 로마 신이 아니라 그리스 신의 이름을 딴 것이라는 사실에도 불구하고, 결국 이 이름이 널리 받아들여졌다.

라플라스는 재빨리 1783년에 천왕성의 궤도를 계산했다. 공전 주기는 84년, 태양에서의 평균 거리는 약 19AU, 즉 약 30억 km였다. 천왕성의 궤도는 원에 가까웠지만 알려진 어떤 행성보다도 이심률이 컸는데, 궤도 반지름이 18AU에서 20AU 사이에 걸쳐 있었다. 시간이 지나면서 성능이 좋은 망원경 덕분에 자전 주기도 측정할 수 있었는데, 자전 주기는 17시간 14분이었고, 기묘하게도 다른 행성들과는 정반대 방향으로 돌았다. 자전축이 직각 이상의 각도로 기울어져 있어 황도면에 수직으로 서 있는 게 아니라 옆으로 누운 자세로 자전했다. 그 결과로 천왕성에서는 극단적인 밤과 낮을 경험하게 된다. 각각의 극은 42년 동안 낮이 계속되다가 그다음에는 42년 동안 밤이 이어진다. 한쪽 극에서 낮이 계속되는 동안 반대쪽 극은 어둠에 잠겨 있다.

분명히 천왕성에는 뭔가 이상한 점이 있다. 반면에 천왕성은 티티우스-보데의 법칙에 딱 들어맞는다.

일단 그 궤도가 알려지고, 과거의 관측 기록들을 새로운 행성과 비교하자, 과거에도 천왕성이 관측된 적이 있었지만 별이나 혜성으로 오인되었다는 사실이 밝혀졌다. 사실, 시력이 아주 좋은 사람이라면 맨눈으로도 천왕성을 간신히 볼 수 있는데, 기원전 128년에 그리스 천문학자 히파르코스Hipparchos가 작성한 성도와 그 후에 프톨레마이오스의 《알마게스트》에 실린 '별들' 중 하나일 가능성이 있다. 존 플램스티드John Flamsteed는 1690년에 천왕성을 여섯 번이나 보았지만 별이라고 생각하고서 황소자리 34번 별이라고 명명했다. 피에르 르모니에Pierre Lemonnier는 1750년부터 1769년까지 천왕성을 열두 번이나 관측했다. 천왕성은 행성이긴 하지만, 움직이는 속도가 너무 느려서 그 위치에 일어나는 변화를 알아채기가 쉽지 않다.

✦

지금까지 태양계의 이해에서 수학이 담당한 역할은 긴 일련의 관측 결과를 단순한 타원 궤도로 환원하는 식으로 주로 기술적記述的인 수준에 머물러 있었다. 이 수학에서 얻을 수 있는 유일한 예측은 장래의 하늘에서 행성의 위치를 예보하는 것이었다. 하지만 시간이 지나면서 충분히 많은 관측 자료가 축적되자, 갈수록 점점 더 천왕성이 엉뚱한 곳에 있는 것처럼 보이기 시작했다. 라플라스의 제자 알렉시 부바르Alexis Bouvard는 목성과 토성, 천왕성을 아주 정밀하게 많이 관측했고, 혜성을 8개나 발견했다. 그가 가지고 있던 목성과 토성의 운행표는 아주 정확한 것으로 드러났지만, 천왕성은 예측된 장소에서 점점 벗어났다. 부바르는 더 먼 곳에 있는 행성이 천왕성의 궤도에 섭동攝動을 일으킬 수 있다고 제안했다.

여기서 '섭동'은 '한 천체가 다른 천체에 영향을 미치는 것'을 뜻한다. 만약 그 효과를 이 새 행성의 궤도 때문에 생긴다고 보고 수학적으로 표현할 수 있다면, 그것을 거꾸로 계산하여 그 궤도를 알아낼 수 있을 것이다. 그러면 천문학자들은 어디를 찾아야 할지 알 것이고, 만약 그 예측이 사실에 근거한 것이라면, 그들은 새 행성을 발견할 것이다. 이 접근법에서 큰 장애물은 태양과 목성과 토성도 천왕성의 운동에 큰 영향을 미친다는 점이다. 아마도 나머지 태양계 천체들의 영향력은 무시해도 될 테지만, 그래도 고려해야 할 천체의 수가 5개나 된다. 삼체 문제를 푸는 공식조차 알려진 게 없는 형편이니, 오체 문제는 훨씬 어려울 수밖에 없다.

다행히도 그 당시 수학자들은 교묘하게 이 문제를 우회할 수 있는 방법을 이미 알고 있었다. 수학적으로 어떤 계의 섭동은 그 방정식들의 해에 변화를 가져오는 새로운 효과이다. 예를 들면, '진공 속에서' 중력의 영향을 받으면서 흔들리는 진자의 운동 문제는 그것을 우아하게 푸는 해가 있다. 진자는 동일한 진동을 영원히 계속 반복한다. 하지만 공기 저항이 있다면, 진자의 움직임에 저항력이 포함되도록 운동 방정식을 바꾸어야 한다. 이것이 진자 모형의 섭동인데, 이 섭동은 주기적 진동을 파괴한다. 대신에 진동은 점점 줄어들다가 결국 진자가 완전히 멈춰선다.

섭동은 더 복잡한 방정식들을 낳는데, 이 방정식들은 대개 풀기가 더 어렵다. 하지만 때로는 섭동 자체를 이용해 해가 어떻게 변할지 알아낼 수 있다. 그러려면 섭동이 일어나지 않은 해와 섭동이 일어난 해 사이의 '차이'를 나타내는 방정식을 얻어야 한다. 만약 섭동의 규모가 작다면, 방정식들에서 섭동보다 훨씬 작은 항들을 무시함으로써 이 차이에 가까운 값을 얻는 공식을 유도할 수 있다. 이 묘책은 방정식들을 명쾌하게 풀 수 있을 만큼 충분히 단순화시킨다. 그 결과로 얻는 해는 정확한 것은 아니지만, 실용적 목적으로는 충분히 훌륭할 때가 많다.

만약 천왕성이 유일한 행성이라면, 그 궤도는 완전한 타원일 것이다. 하지만 이 이상적인 궤도는 목성과 토성과 그 밖에 우리가 아는 태양계 천체들에 섭동을 받는다. 이들 중력장이 합쳐진 효과가 천왕성의 궤도를 변화시키고, 이 변화는 천왕성의 타원 궤도 요소들에 느린 변화를 초래한다. 훌륭한 근사에 따르면, 천왕성은 항상 '어떤' 타원을 따라 움직이지만, 항상 '동일한' 타원을 따라 움직이지는 않는다. 섭동이 그 모양과 기울기를 서서히 변화시킨다.

이런 식으로 섭동을 미치는 주요 천체들을 모두 고려한다면, 천왕성이 어떻게 움직일지 계산할 수 있다. 관측 결과는 천왕성이 실제로는 이 예측된 궤도를 따르지 않는 것으로 나타났다. 대신에 측정 가능한 방식으로 거기에서 점점 벗어난다. 그래서 여기에 미지의 행성 X가 미치는 가상의 섭동을 추가하고, 그 섭동 효과가 반영된 궤도를 계산한 뒤, 그것을 관측 결과와 비교해 행성 X의 궤도 요소를 알아낸다.

1843년, 존 애덤스John Adams는 놀라운 계산 능력을 발휘해 가설로만 존재하던 새 행성의 궤도 요소들을 계산했다. 1845년, 위르뱅 르베리에Urbain Le Verrier는 독자적으로 비슷한 계산을 했다. 애덤스는 자신의 예측 결과를 영국 왕실 천문관이던 조지 에어리George Airy에게 보내면서 예측된 장소에서 그 행성을 찾아보라고 요청했다. 에어리는 계산 중 일부 측면을 의심했는데(결국은 잘못된 의심으로 드러났지만), 애덤스는 에어리에게 확신을 심어주지 못했고, 결국 아무 일도 일어나지 않았다. 1846년, 르베리에는 자신의 예측 결과를 발표했지만, 이것 역시 별다른 관심을 끌지 못했다. 그러다가 에어리가 두 수학자가 내놓은 결과가 아주 비슷하다는 사실에 주목했다. 에어리는 케임브리지 천문대장이던 제임스 찰리스James Challis에게 새 행성을 찾아보라고 지시했지만, 찰리스는 아무것도 발견하지 못했다.

하지만 얼마 후 베를린 천문대장이던 요한 갈레Johann Galle가 르베리에가 예측한 위치에서 1°쯤 벗어난 곳에서, 그리고 애덤스가 예측한 위치에서 12°쯤 벗어난 곳에서 희미한 빛의 점을 발견했다. 훗날 찰리스는 자신이 이 새 행성을 실제로는 두 번이나 관측했지만, 최신 성도가 없었던 데다가 일을 대충 하는 버릇 때문에 그것을 간과하고 말았다는 사실을 알게 되었다. 갈레가 발견한 빛은 새로운 행성이었고, 나중에 해왕성Neptune이라는 이름이 붙었다. 해왕성의 발견은 천체역학이 거둔 개가였다. 이제 수학이 단지 알려진 행성의 궤도를 성문화하는 데 그치지 않고, 알려지지 않은 행성의 존재까지 드러내기 시작했다.

✦

이제 태양계에는 행성 8개와 점점 그 수가 빠르게 늘어나는 소행성(5장 참고)이 수없이 많이 있다는 사실이 밝혀졌다. 하지만 해왕성이 발견되기 이전부터 이미 부바르와 덴마크의 페테르 한센Peter Hansen을 포함한 일부 천문학자들은 새 행성 하나만으로는 천왕성의 움직임에 나타나는 이상을 충분히 설명할 수 없다고 확신했다. 대신에 이들은 그런 불일치는 새 행성이 '2'개 존재하는 증거라고 믿었다. 이 개념은 그 후 90년 동안 논란의 대상이 되었다.

퍼시벌 로웰Percival Lowell은 1894년에 애리조나 주 플래그스태프에 개인 천문대를 지었는데, 12년 뒤에 천왕성의 궤도에 나타나는 이상을 최종적으로 해결하겠다고 결심하고는 행성 XPlanet X라고 이름 붙인 탐사 계획을 시작했다. 여기서 X는 로마 숫자가 아니라(로마 숫자라면 아홉 번째 행성이니 IX라고 써야 옳다) 수학에서 사용하는 미지수를 나타낸다. 로웰은 화성에 '운하'가 있다는 주장을 펼쳤다가 과학적 명성에 큰 상처를 입은 적이 있었기 때문에 그것을 만회하길 원했는데, 새 행성의 발견이 그 목적에 아주 적합한 업적으로 보였다. 로웰은 수학적 방법을 사용해 이 가상의 행성이 있는 장소를 예측한 뒤 체계적인 탐사 작업에 돌입했지만 아무 성과도 얻지 못했다. 그는 1914년부터 1916년까지 다시 도전했지만 이번에도 아무 성과가 없었다.

한편 하버드대학교 천문대장이던 에드워드 피커링Edward Pickering도 독자적으로 이 행성의 위치를 예측했는데, 행성 O는 52AU의 거리에 있다는 결과를 얻었다. 그 무렵에 영국 천문학자 필립 코웰Philip Cowell은 이 모든 탐사 노력은 쓸데없는 짓이라고 선언했다. 그러면서 천왕성의 움직임에 나타나는 이상은 다른 이유들로 충분히 설명할 수 있다고 주장했다.

로웰은 1916년에 세상을 떠났다. 그의 아내와 천문대 사이에 벌어진 법적 분쟁 때문에 행성 X를 찾기 위한 노력은 1925년까지 중단되었는데, 그때 가서야 로웰의 동생 조지가 나서서 새 망원경을 만드는 비용을 댔다(조지를 로웰의 동생이라고 한 것은 저자의 실수로 보인다. 조지 퍼트넘George Putnam은 로웰의 조카이다 – 옮긴이). 클라이드 톰보Clyde Tombaugh는 밤하늘의 다양한 지역들을 2주일 간격으로 두 번씩 촬영하는 임무를 맡았다. 광학 장비로 두 사진을 비교할 때 그중에서 위치가 변한 것이 있으면, 깜박이면서 주의를 끌었다. 톰보는 불확실한 것이 있으면, 그것을 해결하기 위해 세 번째 사진도 찍었다. 1930년 초, 톰보는 쌍둥이자리의 한 지역을 살펴보다가 뭔가가 깜박이는 것을 보았다. 그것은 로웰이 이야기한 장소에서 6° 이내의 위치에 있어 그의 예측이 옳았던 것처럼 보였다. 그 천체가 새로운 행성으로 확인되자 과거의 관측 기록들을 다시 검토한 결과, 그 천체는 1915년에도 사진에 찍혔으나 아무도 그것이 행성이라는 사실을 알아채지 못했던 것으로 드러났다.

새로운 행성에는 명왕성Pluto이라는 이름이 붙었는데, 우연히도 첫 두 문자가 퍼시벌 로웰의 이니셜과 일치했다.

명왕성은 질량이 지구의 $\frac{1}{10}$에 불과해 예상한 것보다 훨씬 작았다. 이 사실은 로웰과 여러 사람들에게 명왕성의 존재를 예측하게 했던 천왕성의 궤도 이상을 설명할 수 없다는 걸 뜻한다. 1978년에 명왕성의 작은 질량이 확인되자, 일부 천문학자는 명왕성은 주의를 딴 데로 돌린 미끼였고 질량이 더 큰 미지의 행성이 어딘가에 있을 것이라고 믿고서 행성 X를 찾는 작업을 재개했다. 마일스 스탠디시Myles Standish가 1989년에 보이저호가 해왕성을 지나가면서 얻은 데이터를 사용해 해왕성의 질량을 정확하게 구하자, 천왕성의 궤도에 나타났던 이상은 싹 사라졌다. 로웰의 예측은 그저 운 좋은 우연의 일치에 불과한 것이었다.

명왕성은 아주 기묘하다. 그 궤도는 황도면에 대해 17°나 기울어져 있고, 이심률이 아주 커서 가끔 해왕성보다 태양에 더 가까워질 때도 있다. 하지만 두 행성이 충돌할 가능성은 전혀 없는데, 그 이유는 두 가지가 있다. 하나는 두 궤도면 사이의 각도이다. 두 궤도는 두 평면이 만나는 선에서만 교차한다. 그때조차도 두 행성은 이 선 위에 있는 동일한 점을 동시에 지나가야만 한다. 그리고 또 두 번째 이유가 있다. 명왕성은 해왕성과 2:3 공명 관계에 있다. 따라서 두 행성

우주를 계산하다

은 명왕성이 궤도를 두 바퀴 돌 때마다, 그리고 해왕성이 세 바퀴 돌 때마다, 즉 495년마다 본질적으로 동일한 움직임을 계속 반복한다. 두 행성은 과거에 충돌한 적이 없으므로, 미래에도 그런 일은 일어나지 않을 것이다. 적어도 태양계의 다른 천체들에 대규모 재배열이 일어나 이들의 평화로운 관계에 교란을 일으키지 않는 한.

✦

천문학자들은 태양계 바깥쪽에서 새로운 천체를 찾는 작업을 계속했다. 그들은 명왕성 주위에서 비교적 큰 위성인 카론을 발견했지만, 해왕성 궤도 너머에서 별다른 것을 발견하지 못하다가 1992년에 (15760) 1992 QB_1이라는 작은 천체를 발견했다. 이 천체는 그 존재가 아주 미미해 아직도 그 이름으로 불리지만('스마일리'라는 이름이 제안되었지만 이미 한 소행성에 붙은 이름이라 퇴짜를 맞았다), 해왕성 바깥 천체trans-Neptunian object, TNO 중 최초로 발견된 것이었는데, 이 천체 집단은 지금까지 1500개 이상이 발견되었다. 그중에는 명왕성보다는 작지만 상당히 큰 것도 일부 있다. 가장 큰 것은 에리스Eris이고, 그 뒤를 이어 마케마케Makemake, 하우메아Haumea, 2007 OR_{10}이 있다.

이 천체들은 모두 질량이 너무 작고 너무 먼 곳에 있어서 다른 천체에 미치는 중력 효과로부터 그 존재를 예측할 수 없으며, 사진 분석을 통해 발견되었다. 하지만 주목할 만한 수학적 특징이 일부 있는데, 다른 천체들이 '이들'에게 미치는 효과와 관련이 있다. 30~55AU 거리에 카이퍼대가 있는데, 이곳에 있는 천체들은 대부분 황도면 가까이에서 원에 가까운 궤도를 돌고 있다. 이들 해왕성 바깥 천체 중 일부는 해왕성과 공명하는 궤도를 돌고 있다. 2:3 공명 관계에 있는 천체들을 명왕성족plutinos이라 부르는데, 명왕성도 여기에 포함되기 때문이다. 한편, 1:2 공명(공전 주기가 해왕성의 2배인) 관계에 있는 천체들은 투티노족twotinos이라 부른다. 나머지는 전형적인 카이퍼대 천체들로, 큐비원족cubewanos이라 부른다.[4] 이들도 원에 가까운 궤도를 돌지만, 해왕성으로부터 눈에 띄는 섭동을 받지 않는다. 그보다 더 바깥쪽에는 산란 원반scattered disc이 있다. 이곳에서는 소행성 비슷한 천체들이 이심률이 큰 궤도를 도는데, 궤도가 황도면에 대해 큰 각도로 기울어져 있는 경우가 많다. 이 중에 에리스와 세드나Sedna 도 있다.

해왕성 바깥 천체가 점점 더 많이 발견되자, 일부 천문학자들은 명왕성은 행성이라고 부르면서 그보다 조금 더 큰 에리스는 행성이라고 부르지 않는 것은 불합리하다고 생각하기 시작했다. 아이러니하게도 나중에 뉴호라이즌스호가 보내온 사진들에 따르면, 에리스가 명왕성보다 약간 더 작다.[5] 하지만 해왕성 바깥 천체들을 행성으로 분류하면, 그중에는 소행성 케레스보다 작은 것도 나올 수밖에 없다. 결국 많은 격론 끝에 국제천문연맹은 명왕성의 지위를 왜행성으로 강등하고, 이 집단에 케레스와 하우메아, 마케마케, 에리스도 함께 집어넣었다. 관련 천체들을 이 두 집단에 욱여넣기 위해 '행성'과 '왜행성'의 정의도 다시 내렸다. 하지만 하우메아와 마케마케, 에리스가 실제로 그 정의에 들어맞는지는 아직 명확하지 않다. 또한 카이퍼대에는 왜행성이 수백 개 더, 그리고 산란 원반에는 최대 1만 개가 더 있을 것으로 추정된다.

새로운 과학적 묘책이 효과가 있다면, 비슷한 문제들에 그것을 시험해보는 게 합리적이다. 해왕성의 존재와 위치를 예측하는 데 사용된 섭동 방법은 아주 훌륭한 효과가 있었다. 명왕성의 존재와 위치를 예측하는 데 사용했을 때에도 잘 통하는 것처럼 보였지만, 결국 천문학자들은 명왕성이 너무 작아서 그것을 예측하는 근거로 사용했던 효과를 일으키지 못한다는 사실을 발견했다.

그리고 불칸Vulcan이라는 이름의 행성에 사용했을 때에는 처절한 실패를 맛보았다. 불칸은 〈스타트렉〉에서 스팍의 고향으로 나오는 행성이 아니다. 참고로 〈스타트렉〉의 작가 제임스 블리시James Blish는 불칸이 에리다누스강자리 A 40번 별 주위의 궤도를 돈다고 묘사했다. 여기서 말하는 불칸은 다소 평범한 별 주위를 도는 가상의 행성이다. 이 평범한 별은 SF 작가들 사이에서는 흔히 솔Sol로 불리는데, 더 친숙한 이름은 태양이다. 불칸은 우리에게 과학에 대해 여러 가지 교훈을 준다. 실수는 늘 일어날 수 있다는 명백한 교훈뿐만 아니라, 과거의 실수를 인식함으로써 같은 실수를 반복하는 것을 막을 수 있다는 더 일반적인 교훈도 준다. 불칸의 예측은 뉴턴 물리학을 개선하기 위한 방편으로 상대성 이론을 도입한 것과 관련이 있다. 하지만 자세한 이야기는 나중에 하기로 하자.

해왕성은 천왕성의 궤도에 나타나는 이상 때문에 발견되었다. 불칸은 수성 궤도에 나타나는 이상을 설명하기 위해 제안되었는데, 제안자는 다름 아닌 르베리에였고, 그것도 해왕성의 존재를 예측한 것보다 앞선 연구에서 제안했다. 1840년, 파리 천문대장 프랑수아 아라고Francois Arago는 뉴턴의 중력 법칙을 수성 궤도에 적용하고 싶어서 르베리에에게 필요한 계산을 맡겼다. 수성이 태양면을 통과할 때(이를 일면 통과 또는 태양면 통과라 부른다), 일면 통과가 시작되는 시간과 끝나는 시간을 관측함으로써 그 이론을 검증할 수 있었다. 수성의 일면 통과는 1843년에 일어났는데, 그 직전에 계산을 끝낸 르베리에는 일면 통과가 일어나는 시간과 끝나는 시간을 예측할 수 있었다. 하지만 실망스럽게도 관측 결과는 이론과 맞지 않았다. 그래서 르베리에는 제도판으로 돌아가 다수의 관측 결과와 열네 차례의 일면 통과 관측 결과를 바탕으로 더 정확한 모형을 만드는 데 착수했다. 그리고 1859년에 수성의 운동에서 사소하지만 이해할 수 없는 측면을 발견하고 그것을 발표했는데, 그걸로 자신이 처음에 저질렀던 실수를 설명할 수 있었다.

수성의 타원 궤도에서 태양에 가장 가까워지는 지점을 근일점近日點이라 부르는데, 이것은 잘 정의된 특징이다. 시간이 지나면 수성의 근일점은 먼('고정된') 별들을 배경으로 천천히 회전한다. 사실, 수성의 전체 궤도 자체가 태양을 초점으로 천천히 회전한다. 이 현상을 전문 용어로 세차 운동이라고 한다. 회전하는 궤도에 관한 뉴턴의 정리로 알려진 수학적 결과는[6] 이 효과가 다른 행성들에 의한 섭동의 결과라고 예측한다. 하지만 르베리에가 관측 결과를 이 정리에 대입했을 때, 그 결과로 나온 수치는 아주 약간의 차이가 있었다. 뉴턴의 이론은 수성의 근일점이 100년당 532″(초)의 규모로 세차 운동을 할 것이라고 예측했지만, 관측 결과는 575″였다. 뭔가 다른 요인이 100년당 추가로 43″의 세차 운동에 기여하고 있었다. 르베리에는 수성보다 태양에 더 가까운 궤도를 도는 미지의 행성이 그 원인이라고 제안하면서 로마 신화에 나오는 불의 신 이름을 따서 그 행성을 불칸이라고 불렀다.

그토록 아주 가까이에서 궤도를 도는 행성의 빛은 눈부시도록 밝은 태양의 빛에 압도될 가능성이 있기 때문에, 불칸을 실제로 관측할 수 있는 유일한 방법은 일면 통과가 일어날 때 관측하는 것뿐이다. 그 순간에 불칸은 아주 작은 검은색 점으로 보일 것이다. 얼마 후 프랑스 아마추어 천문인 에드몽 레스카르보Edmond Lescarbault가 그런 점을 발견했다고 발표했는데, 그것은 다른 속도로 움직였으므로 태양 흑점이 아니라고 주장했다. 르베리에는 1860년에 불칸을 발견했다고 발표했는데, 이 업적 덕분에 레지옹 도뇌르 훈장을 받았다.

르베리에와 레스카르보에게는 불행하게도 더 좋은 장비를 갖춘 천문학자 에마뉘엘 리에Emmanuel Liais 역시 브라질 정부의 지시를 받아 태양을 관측하고 있었는데, 그와 비슷한 것을 전혀 보지 못했다. 자신의 명성이 걸린 이 문제에서 리에는 그런 일면 통과가 전혀 일어나지 않았다고 선언했다. 논쟁이 가열되고 혼란에 빠졌다. 르베리에는 1877년에 죽는 순간까지도 자신이 새로운 행성을 발견했다고 믿었다. 르베리에의 지지가 사라지자 불칸 가설은 추진력을 잃었고, 얼마 후 단도직입적으로 레스카르보의 주장이 틀렸다는 쪽으로 의견이 모아졌다. 르베리에의 예측은 입증되지 않은 채 남았는데, 대체로 그의 예측을 의심하는 분위기가 강했다. 그리고 1915년에 아인슈타인이 일반 상대성 이론을 사용해 새로운 행성의 존재를 가정할 필요 없이 여분의 세차 42.98″를 설명함으로써 르베리에의 예측에 대한 관심은 완전히 사라졌다. 상대성 이론이 옳음이 입증되었고, 불칸은 쓰레기통으로 던져지고 말았다.

우리는 아직도 수성과 태양 사이에 아무 천체도 존재하지 않는지 확실히 알지 못한다. 다만 그런 천체가 있다면, 그것은 아주 작을 것이다. 헨리 코튼Henry Courten은 1970년에 일어난 일식 사진을 재분석하여 그런 천체를 적어도 7개 발견했다고 발표했다. 이 천체들의 궤도는 결정할 수 없었고, 이 주장의 진위는 확인되지 않았다. 하지만 불칸형 천체vulcanoid라는 이름이 붙은 이 천체들을 찾기 위한 노력은 계속되고 있다.[7]

05 ── 하늘의 경찰
소행성 발견 이야기

공룡은 우주 계획이 없었고, 그래서 지금 이 자리에 존재하면서 이 문제를 논의할 수 없다. 우리는 이곳에 존재하고, 이 문제에 대해 뭔가를 할 힘이 있다. 나는 소행성의 궤도를 비켜가게 할 힘을 가졌으면서도 그렇게 하지 않는 바람에 결국 멸종을 맞이한 은하의 수칫거리가 되고 싶지 않다.

—닐 디그래스 타이슨Neil deGrasse Tyson, 《스페이스 크로니클Space Chronicles》 중에서

용감한 자유의 전사들이 순수 에너지 광선을 발사하면서 추격하는 성간 전함 함대에 쫓기다가 소행성대로 들어가, 맨해튼만 한 크기의 바윗덩어리들이 서로 충돌하며 빗발치는 가운데 그 사이를 이리저리 곡예하듯이 비행하면서 숨을 곳을 찾는다. 뒤따르는 전함들은 작은 바위들을 레이저 광선으로 증발시키면서 그 파편에 수많이 부딪힌다. 도망가던 우주선은 교묘한 움직임으로 공중에서 빙그르르 원을 그리며 돌더니 한 크레이터 중심에 있는 깊은 동굴 속으로 들어간다. 그러나 문제는 이제 막 시작된 것이었으니……

이것은 스릴 넘치는 영화의 한 장면이다.

하지만 이것은 터무니없는 이야기이다. 우주 함대나 에너지 광선이나 은하 반군 일당이 그렇다는 게 아니다. 터널 끝에 숨어 있는 괴물 벌레도 아주 터무니없는 이야기는 아니다. 이런 것들은 언젠가 일어날 '수도' 있는 일이다. 문제는 빗발치는 바윗덩어리들이다. 이런 일은 현실에서 절대로 일어날 수 없다.

나는 이 모든 것이 잘못 선택한 은유 때문에 벌어진 일이라고 생각한다. 즉, 소행성이 모여 있는 이 지역을 소행성'대'라고 이름 붙인 것에서 비롯된 오해이다.

✦

먼 옛날 사람들이 알던 태양계에는 '대帶, belt'가 없었다. 대신에 틈이 있었다. 티티우스-보데의 법칙에 따르면, 화성과 목성 사이에는 행성이 있어야 했지만, 실제로는 그런 것이 발견되지 않았다. 만약 그런 행성이 있었더라면, 옛날 사람들이 그것을 놓쳤을 리 없고, 또 다른 신의 이름을 붙여주었을 것이다.

천왕성이 발견되자, 그것은 티티우스-보데의 법칙이 주장하는 수학적 패턴에 딱 들어맞았기 때문에, 천문학자들은 화성과 목성 사이의 틈을 채우는 천체도 있지 않을까 생각하고서 그것을 발견하려고 노력했다. 그리고 앞장에서 보았듯이 성공을 거두었다. 프란츠 크사버 폰 차흐Franz Xaver von Zach 남작은 1800년에 25명의 회원과 함께 연합천문학회를 세웠는데, 회원 중에는 매스클린과 샤를 메시에Charles Messier, 윌리엄 허셜, 하인리히 올베르스Heinrich Olbers도 포

우주를 계산하다

함돼 있었다. 이 집단은 무질서한 태양계를 말끔히 정리하려는 사명감이 넘쳤기 때문에 히멜슈폴리차이Himmelspolizei(하늘의 경찰)라 불리게 되었다. 각 관측자는 황도 중 15°씩의 구역을 배정받아 그곳에서 잃어버린 행성을 수색하는 임무를 수행했다.

이런 이야기에서 흔히 일어나는 일이지만, 체계적이고 조직적으로 야심만만하게 진행한 이 탐사 작업에 운 좋은 한 외부인이 찬물을 끼얹었다. 그 사람은 시칠리아 팔레르모 대학교의 천문학 교수 주세페 피아치Giuseppe Piazzi였다. 피아치는 행성을 찾으려 한 것이 아니라, '라카유La Caille의 목록에 실린 87번째 별'을 찾고 있었다. 1801년 초에 피아치는 자신이 찾던 그 별 근처에서 다른 빛의 점을 보았는데, 기존의 항성 목록에서는 이것과 일치하는 별을 찾을 수 없었다. 이 침입자를 계속 관측하던 피아치는 이 천체가 움직인다는 사실을 알아챘다. 그가 발견한 이 천체는 티티우스-보데의 법칙이 요구하는 바로 그 위치에 있었다. 피아치는 로마 신화에서 대지의 여신이자 시칠리아의 수호 여신이기도 한 여신의 이름을 따서 이 천체를 케레스라고 불렀다. 피아치는 처음에는 그것을 새로운 혜성이라고 생각했지만, 혜성의 특징인 코마를 볼 수 없었다. 그는 "혜성보다 더 나은 것이 아닐까 하는 생각이 여러 차례 떠올랐다"라고 썼다. 즉, 혹시 행성이 아닐까 하고 생각했던 것이다.

케레스는 행성의 기준에서 보면 다소 작은 편인데, 천문학자들은 하마터면 케레스를 다시 잃어버릴 뻔했다. 그 궤도에 대한 데이터가 거의 없었는데, 더 자세한 측정 데이터를 얻기 전에 지구의 움직임 때문에 지구에서 보이는 피아치의 시선 방향이 태양에 너무 가까이 다가가 그 희미한 빛이 눈부시게 밝은 햇빛에 묻히고 말았다. 천문학자들은 케레스가 몇 개월 뒤에 다시 나타날 것이라고 기대했지만, 관측이 너무 드문드문 이루어졌기 때문에 예상 위치가 매우 불확실했다. 그 힘든 탐색 작업을 처음부터 다시 하고 싶지 않았던 천문학자들은 과학계에 더 신뢰할 만한 예측을 제시해달라고 요청했다. 그 당시 대중에게는 그다지 알려지지 않았던 수학자 카를 프리드리히 가우스Carl Friedrich Gauss가 이 부름에 응했다. 가우스는 세 차례 이상의 관측 결과로부터 궤도를 유도하는 새 방법을 발명했는데, 오늘날 이것을 가우스 방법이라 부른다. 예측한 위치에서 $0.5°$ 이내의 위치에 케레스가 다시 나타나자, 가우스는 위대한 수학자라는 명성을 확실히 굳혔다. 1807년, 가우스는 괴팅겐대학교 천문학 교수이자 천문대장으로 임명되었고, 평생 동안 그 자리를 유지했다.

가우스는 케레스가 다시 나타날 장소를 예측하기 위해 중요한 수치 근사 방법을 여러 가지 발명했다. 그중에는 오늘날 우리가 고속 푸리에 변환fast Fourier transform이라 부르는 것도 있었는데, 이것은 1965년에 제임스 쿨리James Cooley와 존 튜키John Tukey가 재발견했다. 이 주제에 관해 가우스가 생각한 개념들은 그의 미발표 논문들 사이에서 발견되어 사후에 그의 논문 전집에 포함돼 발표되었다. 가우스는 기존의 기준점들 사이에 새로운 기준점들을 집어넣는 이 방법을 일종의 삼각 보간법으로 간주했다. 오늘날 이것은 의료용 스캐너와 디지털 카메라에 사용되는 신호 처리 과정에서 핵심 알고리듬을 이루고 있다. 이것은 수학의 위대한 힘을 보여준 사례였는데, 물리학자 유진 위그너Eugene Wigner는 이것을 '불합리한 효율성'이라고 불렀다.[1]

이 성공을 바탕으로 가우스는 큰 행성들에 섭동을 받는 작은 소행성의 운동에 관한 포괄적인 이론을 개발했는데, 이것은 1809년에 《태양 주위를 원뿔 곡선으로 움직이는 천체들의 운동에 관한 이론Theoria Motus Corporum Coelestium in Sectionibus Conicis Solem Ambientum》이라는 책에 실렸다. 이 연구에서 가우스는 1805년에 르장드르가 도입한 통계 방법을 다듬고 개선했는데, 이 방법은 오늘날 최소 제곱법(많은 측정값으로부터 참값에 가까운 값을 구하기 위하여 각 측정값 오차의 제곱의 합이 최소가 되는 것을 구하는 방법 – 옮긴이)이라 부른다. 가우스는 또한 이 개념은 자신이 1795년에 먼저 생각했지만 다만 (가우스에게 흔히 있는 일처럼) 발표를 하지 않았을 뿐이라고 말했다. 이 방법은 각자 임의의 오차를 지닌 일련의 측정값들로부터 더 정확한 값을 얻으려고 할 때 사용된다. 가장 간단한 형태의 방법에서는 전체 오차를 최소화하는 값을 선택한다. 더 정교한 형태들은 최선의 직선을 한 변수와 다른 변수의 관계에 관한 데이터와 일치시키거나, 많은 변수들에 대해 비슷한 문제들을 다루는 데 쓰인다. 통계학자들은 이런 방법들을 일상적으로 사용한다.

✦

케레스의 궤도 요소들을 확실하게 알아내 필요할 때마다 케레스를 찾을 수 있게 되자, 그곳에 케레스 혼자만 있는 게 아니라는 사실이 드러났다. 크기가 비슷하거나 더 작은 천체들이 비슷한 궤도를 돌고 있었다. 망원경의 성능이 좋을수록 이 천체들을 더 많이 볼 수 있었고, 그럴수록 볼 수 있는 천체들의 크기는 더 작아졌다.

1801년 후반에 하늘의 경찰 중 한 명인 올베르스가 그런 천체를 하나 발견해 팔라스Pallas라고 이름 붙였다. 그는 하나의 큰 행성 대신에 둘(혹은 그 이상)이 존재하는 이유에 대해 아주 천재적인 설명을 내놓았다. 이 궤도에는 원래 큰 행성 하나가 돌고 있었지만, 혜성과 충돌하거나 화산 분화로 인해 쪼개졌다는 것이다. 이 생각은 한동안 그럴듯해 보였는데, 점점 더 많은 '파편'들이 발견되었기 때문이다. 유노Juno(1804), 베스타Vesta(1807), 아스트라이아Astraea(1845), 헤베Hebe, 이리스Iris, 플로라Flora(1847), 메티스Metis(1848), 히게이아Hygeia(1849), 파르테노페Parthenope, 빅토리아Victoria, 에게리아Egeria(1850) 등이 속속 발견되었다.

베스타는 관측 조건이 아주 좋을 때면 가끔 맨눈으로도 볼 수 있다. 먼 옛날 사람들도 베스타를 보았을 가능성이 있다.

전통적으로 각각의 행성에는 고유한 기호가 붙는데, 그래서 처음에는 새로 발견된 이 천체들에도 신비로운 기호가 붙었다. 하지만 새 천체들이 계속 발견되자 이 체계를 유지하기가 너무 거추장스러워 더 따분한 것으로 대체되었고, 결국 오늘날의 것으로 정착되었다. 그 기본 체계는 '10 히게이아 1849'처럼 발견 순서를 나타내는 숫자와 이름 또는 잠정적 명칭, 발견 시기로 이루어져 있다.

성능이 아주 좋은 망원경으로 보면, 행성은 원반처럼 보인다. 그런데 새로 발견된 이 천체들은 너무 작아서 별처럼 점으로 보였다. 1802년, 허셜은 이 천체들에 붙일 잠정적인 이름을 제안했다.

이 천체들은 서로 구분할 수 없을 정도로 작은 별과 아주 닮았다. 별처럼 생겼다는 이 사실로부터 나는 이들을 Asteroid(원래 이 영어 단어의 뜻은 '별처럼 생긴 작은 천체'라는 뜻이지만, 우리말로는 그냥 '소행성'으로 번역한다 – 옮긴이)라고 부르고 싶다. 그 본질을 더 잘 표현하는 다른 이름이 나타난다면 얼마든지 바꿀 수 있는 여지를 남겨두고서 말이다.

한동안 많은 천문학자들은 이 천체들을 'planet(행성)'이나 'minor planet(소행성)'이라고 불렀지만, 결국에는 'asteroid'라는 단어가 널리 쓰이게 되었다.

올베르스의 이론은 시간의 검증을 이겨내지 못했다. 소행성들의 화학적 조성은 이들 모두가 하나의 큰 천체에서 나온 파편이라는 가설과 부합하지 않았으며, 이들의 질량을 모두 합쳐도 너무 작았다. 이들은 행성이 되려다 목성의 교란 때문에 실패하고 떠도는 우주 부스러기일 가능성이 더 높다. 이 지역에서 미행성체들 사이의 충돌은 다른 곳보다 더 흔하게 일어났고, 서로 합쳐지는 것보다 분해되는 일이 더 빠르게 일어났다. 이것은 1장에서 언급한 것처럼 목성이 태양쪽으로 이동한 것이 원인이 되어 일어났다.

진짜 문제는 목성이 아니라 공명 궤도에 있었다. 공명 궤도는 앞에서 언급했듯이 어느 궤도를 도는 한 천체의 주기가 다른 천체(여기서는 목성)의 주기와 단분수 관계를 이룰 때 생긴다. 그러면 두 천체는 처음 시작할 때와 정확하게 동일한 상대적 위치에 놓이게 되는 공전 주기를 갖게 된다. 이런 일이 '계속 반복되면서' 큰 교란이 발생한다. 만약 공전 주기의 비가 단분수가 아니라면, 교란 효과는 분산되어 사라진다. 정확하게 어떤 일이 일어나느냐 하는 것은 그 비에 달려 있지만, 주요 가능성은 두 가지가 있다. 그 궤도 근처에 소행성들의 분포가 집중돼 다른 곳들보다 소행성이 많이 존재하거나 그 궤도에서 소행성이 완전히 사라지는 것이다.

만약 목성이 동일한 궤도에 계속 머물렀다면, 이 과정은 결국 소행성들이 안정한 공명 궤도에 집중되고 불안정한 궤도를 피하는 것으로 안정되었을 것이다. 하지만 만약 목성이 움직이기 시작했다면(오늘날 천문학자들은 실제로 그랬다고 믿는다), 공명 지역들이 소행성대를 훑고 지나가면서 대혼란을 초래했을 것이다. 어떤 것이 안정한 공명으로 자리 잡기 전에 해당 궤도는 공명을 멈추고, 모든 것이 다시 교란되었을 것이다. 따라서 목성의 움직임은 소행성들을 마구 뒤흔들어놓아 그 동역학을 불규칙하게 만들고 충돌 가능성을 높였다. 안쪽 행성들은 미행성체들이 거대 행성들의 궤도 안쪽에서 합체되었음을 보여주는 증거인데, 한때 미행성체가 아주 많이 존재했음을 시사한다. 목성과 토성이 그런 것처럼 여러 거대 행성들은 서로에게 섭동을 일으켜 궤도를 변화시켰을 것이다. 궤도 변화는 공명 지역들을 쓸어버린다는 것을 의미하며, 가장 안쪽 궤도를 도는 거대 행성 궤도 바로 안쪽에 있던 미행성체들을 모조리 분해했을 것이다. 요컨대 안쪽 행성들과 거대 행성 둘 혹은 그 이상의 영향력이 합쳐지면 소행성이 생긴다.

✦

내가 아는 한, '소행성대asteroid belt'라는 용어를 누가 맨 먼저 사용했는지 정확하게 아는 사람은 아무도 없지만, 1850년에 엘리제 오테Elise Otté가 알렉산더 폰 훔볼트Alexander von Humboldt의 《코스모스Cosmos》를 번역하면서 유성우를 이야기하는 부분에서 사용했다는 것은 확실하다. 거기서 오테는 이것들 중 일부는 "아마도 지구 궤도를 가로질러가는 소행성들의 띠 중 일부를 이룰 것"이라고 번역했다. 로버트 만Robert Mann이 1852년에 쓴 《하늘의 지식 입문서A Guide to the Knowledge of The Heavens》에서는 "소행성들의 궤도는 넓은 공간의 띠에 위치한다"라고 기술했다. 실제로 그렇다. 아래 그림은 수성에서 목성까지 행성들의 궤도와 함께 주요 소행성들의 분포를 보여준다. 이 그림에서는 수천 개의 소행성이 흐릿하고 거대한 고리를 이루고 있다. 힐다군, 트로이군, 그리스군에 관한 이야기는 나중에 다시 하겠다.

영화 〈스타워즈〉에서(심지어 분명히 진실을 제대로 알고 있을 프로듀서

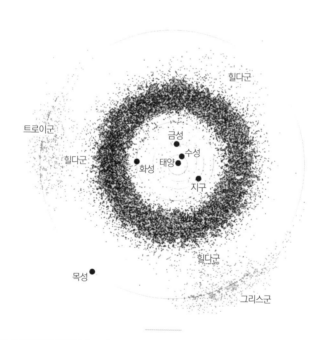

세 주요 소행성군인 힐다군, 트로이군, 그리스군과 함께 소행성대를 나타낸 그림. 목성을 고정된 위치에 표시하기 위해 회전 좌표계로 그렸다.

들이 만든 TV의 대중 과학 프로그램에서도) 소행성들을 으레 **빽빽한** 밀집 상태로 존재하면서 끊임없이 서로 충돌하는 바윗덩어리 집단으로 묘사하는 이유는 아마도 이 이미지 때문일 텐데, 거기다가 '대^帶'라는 용어도 이 이미지를 강화시키는 역할을 한다. 이것은 영화를 흥미진진하게 만드는 데에는 도움이 될지 몰라도 현실과는 동떨어진 그림이다. 그곳에 바윗덩어리가 많이 있는 것은 사실이지만, 어마어마하게 광대한 '공간'도 함께 있다. 간단한 계산을 해보면, 폭 100m인 소행성들 사이의 평균 거리는 약 6만 km이다. 이것은 대략 지구 지름의 5배에 해당한다.[2] 그러니 할리우드의 영화들에도 불구하고, 만약 여러분이 소행성대에 있다면, 수백 개의 바윗덩어리가 주변을 날아다니는 모습 같은 것은 절대로 볼 수 없다. 필시 아무것도 보지 못할 확률이 높다.

진짜 문제는 흐릿한 이미지에 있다. 다이어그램에서 많은 수의 점들로 표시한 소행성들은 **빽빽한** 점들의 고리를 이룬다. 그래서 우리는 현실에서도 소행성의 밀도가 아주 **빽빽할** 것이라는 느낌을 받는다. 하지만 이 그림에서 각각의 점은 폭이 약 300만 km에 이르는 공간 지역에 해당한다. 태양계의 나머지 특징들 역시 마찬가지이다. 카이퍼대는 이름과 달리 띠가 아니며, 오르트 구름도 실제로는 구름이 아니다. 둘 다 거의 텅 빈 공간에 가깝다. 하지만 그 '광활한' 공간 중 극히 적은 비율의 공간에는 정말로 아주 많은 수의 천체들(주로 암석과 얼음으로 이루어진)이 널려 있다. 이 두 지역은 나중에 더 자세히 다룰 것이다.

✦

우주를 계산하다

데이터에서 패턴을 찾는 것은 마술에 가까운 재주이지만, 수학적 방법이 도움을 줄 수 있다. 한 가지 기본 원리는 데이터를 제시하거나 그래프로 나타내는 방법에 따라 다른 특징들이 드러날 수 있다는 것이다.

앞에서의 그림은 소행성들이 소행성대 안에 비교적 균일하게 흩어져 있다고 시사한다. 점들의 고리는 어디서나 밀도가 거의 같아 보이며, 텅 빈 구멍은 보이지 않는다. 하지만 이번에도 그림은 우리를 오도할 수 있다. 이 그림은 너무 압축된 척도를 사용해 진짜 세부 모습을 보여주진 못하지만, 그래도 소행성들의 '위치'를 보여준다는 점이 중요하다. 흥미로운 구조(그리스군과 트로이군이라는 두 집단 외에)를 보려면 넓은 지역을 바라보아야 한다. 사실, 정말로 중요한 것은 공전 주기이지만, 공전 주기는 케플러의 제3법칙에 따라 거리와 연관이 있다.

1866년, 대니얼 커크우드Daniel Kirkwood라는 아마추어 천문인이 소행성대에서 틈을 발견했다. 더 정확하게 말하면 소행성은 태양으로부터 타원 궤도의 긴반지름에 해당하는 특정 거리에서 궤도를 도는 일이 드물다. 138쪽 그림은 특정 거리(2~3.5AU 거리에 위치한 소행성대의 중심 부분에 해당하는)에서 소행성의 수를 현대적이고 더 광범위하게 나타낸 것이다. 급격하게 푹 꺼진 부분, 즉 소행성의 수가 0에 가까워지는 지점이 세 군데 있는 것을 분명히 볼 수 있다. 또 하나는 3.3AU의 거리 부근에서 나타나지만, 이렇게 멀리 나아간 곳에서는 소행성이 훨씬 적게 존재하기 때문에 그렇게 분명한 것은 아니다. 이렇게 푹 꺼진 지점들을 커크우드 간극이라 부른다.

이 그림에서 커크우드 간극이 뚜렷하게 나타나지 않는 이유는 두

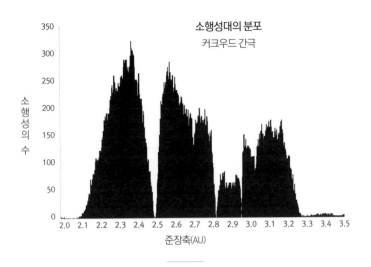

소행성대의 커크우드 간극과 이와 관련된 목성과의 공명.

가지가 있다. 소행성을 나타내는 픽셀은 그림 축척에 맞춰 나타낸 소행성의 크기에 비해 크며, '간극'은 위치로 나타나는 것이 아니라 거리로 나타난다. 각각의 소행성은 타원 궤도로 움직이며, 태양과의 거리는 궤도를 도는 동안 계속 변한다. 그래서 소행성은 간극들을 '가로질러가며', 간극 지역에 오래 머물지 않는다. 이 타원들의 장축은 많은 방향을 향한다. 이런 효과 때문에 간극들은 아주 흐릿해져서 그림에 나타나지 않는다. 하지만 거리로 나타내면 간극들이 즉각 분명히 드러난다.

커크우드는 이 간극들이 목성의 큰 중력장 때문에 생겼다고 주장했는데, 올바른 주장이었다. 목성의 중력장은 소행성대의 모든 소행성에 영향을 미치지만, 공명 궤도와 비공명 궤도 사이에는 큰 차이가 있다. 그림 왼쪽에서 아주 깊게 꺼진 부분은 소행성이 목성과 3:1 공명 관계에 있는 궤도 거리에 해당한다. 즉, 이 소행성은 목성이 태양 주위를 한 바퀴 돌 때 세 바퀴를 돈다. 이러한 정렬이 반복되면, 장기 간에 걸쳐 목성의 중력이 미치는 효과가 더 강해진다. 이 경우, 공명 은 소행성대에서 해당 지역들을 깨끗이 청소하는 효과를 나타낸다. 목성과 공명 관계에 있는 소행성들의 궤도는 더 길쭉해지고 카오스 적으로 변하다가 안쪽 행성들(주로 화성)의 궤도를 가로지르기까지 한다. 가끔 화성에 가까이 다가가다가 궤도가 더 크게 변해 임의의 방향으로 나아가기도 한다. 이 효과가 공명 근처 지역에서 소행성을 사라지게 함에 따라 이곳에 간극이 생겨나게 된다.

주요 간극들은 각각 다음 거리에 존재한다(괄호 속에 해당 공명을 함 께 표기했다). 2.06AU(4:1), 2.5AU(3:1), 2.82AU(5:2), 2.95AU(7:3), 3.27AU(2:1). 그리고 이보다 더 약하거나 폭이 좁은 간극들이 1.9AU(9:2), 2.25AU(7:2), 2.33AU(10:3), 2.71AU(8:3), 3.03AU(9:4), 3.08AU(11:5), 3.47AU(11:6), 3.7AU(5:3) 거리에 존재한다. 따라서 공명은 소행성들의 긴반지름 분포를 통제한다.

소행성대에는 간극뿐만 아니라 무리도 있다. 이 용어는 실제로 소 행성이 국지적으로 함께 모여 있는 무리를 말하는 게 아니라, 주어진 거리 근처에 소행성이 많이 모여 있는 지역을 가리킨다. 하지만 다음 에 우리는 진짜 소행성 무리 둘을 만나게 될 텐데, 그리스군과 트로 이군이 그것이다. 공명은 때로는 공명에 나타나는 수들과 그 밖의 다 양한 요인에 따라 간극 대신에 무리를 만들어낸다.[3]

✦

일반적인 삼체 문제(뉴턴의 중력 법칙에 따라 세 점 질량이 어떻게 움직이는가 하는 문제)는 수학적으로 풀기가 아주 어렵지만, 특별한 해에 초점을 맞춤으로써 유용한 결과를 일부 얻을 수 있다. 그중에서도 가장 중요한 것은 '$2\frac{1}{2}$체 문제'인데, 일종의 수학적 농담으로 붙인 이름이지만 나름의 중대한 의미를 지니고 있다. 이것은 두 물체가 0이 아닌 질량을 갖고 있지만, 세 번째 물체는 그 질량이 사실상 0이라고 봐도 무방할 정도로 작은 경우이다. 예를 들면, 지구와 달의 영향을 받으면서 움직이는 먼지 입자가 있다. 이 모형의 배후에 있는 기본 개념은 먼지 입자는 지구와 달의 중력에 반응하지만, 먼지 입자 자체는 너무 가벼워서 지구와 달에 사실상 아무런 힘도 미치지 않는다는 것이다. 뉴턴의 중력 법칙은 먼지 입자가 실제로는 아주 작은 힘을 미친다고 말하지만, 그 힘은 너무나도 작아서 이 모형에서 무시할 수 있다. 현실에서도 유의미한 카오스적 효과를 배제할 수 있을 만큼 시간 간격을 충분히 짧게 잡는다면, 작은 위성이나 소행성처럼 먼지 입자보다 훨씬 무거운 물체에도 이 모형을 적용할 수 있다.

　추가로 모형을 단순화하기 위한 조건이 있는데, 무거운 두 물체가 원 궤도로 움직인다는 것이다. 그러면 전체 문제를 회전 좌표계로 바꿀 수 있는데, 이 회전 좌표계를 기준으로 하면 큰 물체들은 고정된 평면에 정지한 채 놓여 있게 된다. 거대한 턴테이블이 있다고 상상해 보라. 지구와 달이 턴테이블에서 중심축을 지나는 직선 위에서 서로 정반대편에 놓여 있다. 지구의 질량은 달보다 약 80배 크다. 만약 달을 중심점에서 중심점과 지구 사이의 거리보다 80배 먼 거리에 놓는다면, 두 물체의 질량 중심은 중심점과 일치할 것이다. 이제 턴테이블이 지구와 달을 그 위에 싣고서 적절한 속도로 돌기 시작한다면,

지구와 달은 뉴턴의 중력 법칙과 일치하는 원 궤도를 돌 것이다. 턴테이블에 붙어 있는 좌표계에 대해 두 물체는 정지해 있지만, 두 물체는 회전을 '원심력'으로 경험한다. 원심력은 진짜 물리적 힘이 아니다. 원심력은 두 물체가 턴테이블에 들러붙어 있고, 직선으로 움직일 수 없기 때문에 나타난다. 하지만 원심력은 이 좌표계에서 두 물체의 동역학에 힘과 동일한 효과를 나타낸다. 이런 이유 때문에 원심력은 그 효과가 실제로 나타나는데도 흔히 '가상의 힘fictitious force'이라 부른다.

1765년, 오일러는 이런 모형에서 먼지 입자를 다른 두 천체와 동일한 직선 위에 놓이도록 붙임으로써 세 물체가 뉴턴의 중력 법칙과 일치하는 원 궤도로 움직이게 할 수 있음을 증명했다. 그 점에서 지구와 달이 미치는 중력은 먼지 입자가 경험하는 원심력과 정확하게 상쇄된다. 사실, 오일러는 그런 점을 3개 발견했다. 그중 하나는 오늘날 L_1이라 부르는데, 지구와 달 사이에 위치한다. L_2는 지구에서 봤을 때 달 뒤쪽에 위치하고, L_3는 달에서 봤을 때 지구 뒤쪽에 위치한다.

이 기호들에 E 대신에 L을 쓰는 이유는 1772년에 조제프-루이 라그랑주Joseph-Louis Lagrange가 먼지 입자가 존재할 수 있는 위치를 두 군데 더 발견했기 때문이다. 이것들은 지구와 달을 잇는 직선 위에 있지 않고, 지구와 달이 각각 하나의 꼭짓점을 이루는 두 정삼각형의 꼭짓점에 위치한다. 이 점들에서 먼지 입자는 지구와 달에 대해 상대적으로 정지한 상태로 머문다. 라그랑주점 L_4는 달에서 $60°$ 앞선 위치에 있고, L_5는 $60°$ 뒤처진 위치에 있다. 라그랑주는 어떤 두 물체에 대해서도 이런 점이 정확하게 5개 있음을 증명했다.

L_4와 L_5에 해당하는 궤도들은 일반적으로 나머지 두 물체와는 반

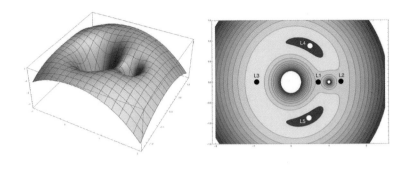

회전 좌표계에서 $2\frac{1}{2}$ 체 문제의 중력 지형. 왼쪽: 표면. 오른쪽: 그 등고선들.[4]

지름이 다르다. 하지만 두 물체 중 하나가 훨씬 무겁다면(예컨대 그 물체가 태양이고 다른 물체가 행성이라면), 공통 질량 중심과 더 무거운 물체가 거의 일치한다. 그러면 L_4와 L_5에 해당하는 궤도들은 질량이 작은 물체의 궤도와 거의 일치한다.

라그랑주점의 기하학은 먼지 입자의 에너지로부터 알아낼 수 있다. 이 에너지는 턴테이블과 함께 회전하는 먼지 입자의 운동 에너지와 지구와 달이 끌어당기는 힘에 해당하는 중력 위치 에너지로 이루어져 있다. 이 그림은 먼지 입자의 총 에너지를 두 가지로 보여준다. 하나는 그 높이가 총 에너지를 나타내는 구부러진 표면이고, 또 하나는 에너지가 같은 곳끼리 연결한 곡선들로 이루어진 등고선 체계이다. 이 표면을 일종의 중력 풍경으로 생각할 수 있다. 먼지 입자는 이 풍경에서 이리저리 돌아다니지만, 외부의 힘이 작용하지 않는 한, 에너지 보존 법칙에 따라 먼지 입자는 한 등고선 위에만 머물러야 한다. 좌우로 움직일 수는 있어도 위아래로 움직일 수는 없다.

만약 등고'선'이 단 하나의 점이라면, 먼지 입자는 평형 상태에 있

우주를 계산하다

을 것이다. 그래서 먼지 입자는 턴테이블에 대해 그것을 놓아두는 곳에 그대로 머물게 된다. 그런 점은 모두 5개가 있는데, 등고선 그림에 L_1~L_5로 표시돼 있다. L_1, L_2, L_3에서 표면은 안장과 같은 모양이다. 그래서 어떤 방향으로는 위쪽으로 굽어 있고, 어떤 방향으로는 아래쪽으로 굽어 있다. 이와는 대조적으로 L_4와 L_5는 에너지 풍경에서 봉우리에 해당한다. 중요한 차이점은 봉우리(그리고 여기에 나타나지 않은 골짜기)가 소규모의 닫힌 등고선들로 둘러싸여 있고, 등고선들이 봉우리 자체에 매우 가까이 위치한다는 점이다. 안장은 다르다. 안장점들 가까이에 있는 등고선들은 멀리 뻗어가며, 결국에는 닫힐지 모르지만 그전에 아주 멀리 여행한다.

만약 먼지 입자의 위치를 조금 이동시키면, 먼지 입자는 짧은 거리를 이동한 다음, 자리를 잡은 등고선이 어디이건 그것을 따라 움직인다. 안장의 경우, 그런 등고선들은 모두 먼지 입자를 원래 위치에서 아주 멀리 데려간다. 예를 들어, 만약 먼지 입자가 L_2에서 출발해 조금 오른쪽으로 이동한다면, 커다란 닫힌 등고선에 들어서게 되어 그것을 따라 반대편에 있는 L_3 바깥쪽을 지나면서 지구 주위를 한 바퀴 돌게 된다. 따라서 안장 평형은 '불안정'하다. 초기의 교란이 아주 크게 성장한다. 봉우리들과 골짜기들은 '안정'하다. 근처의 등고선들은 닫혀 있고, 가까이에 '머물러' 있다. 초기의 작은 교란은 작은 상태로 남아 있다. 하지만 먼지 입자는 더 이상 평형 상태가 아니다. 실제로 나타나는 운동은 닫힌 등고선 주위의 작은 진동과 턴테이블의 전체적인 회전이 합쳐진 것이다. 그런 운동을 올챙이 궤도tadpole orbit라 부른다. 요점은 먼지 입자가 봉우리 가까이에 머문다는 것이다.

(나는 여기서 작은 속임수를 썼는데, 그림은 속도가 아니라 위치를 보여주기 때문이다. 속도 변화는 실제 운동을 더 복잡하게 만들지만, 안정성이라는 결과는 그대로 유효하다. 9장 참고.)

라그랑주점은 중력 풍경의 특별한 특징으로, 우주 계획을 세울 때 이용할 수 있다. 1980년대에 우주 식민지에 대한 관심이 크게 고조된 적이 있다. 사람들이 살면서 식량을 재배하고 햇빛에서 얻은 에너지로 돌아가는 거대한 우주 인공 서식지 말이다. 사람들은 속이 텅 빈 원통 내부에서 살아갈 수 있는데, 원통은 그 축을 중심으로 회전하면서 원심력으로 인공 중력을 만들어낸다. 라그랑주점은 우주 식민지를 건설하기에 매력적인 장소인데, 평형 위치에 있기 때문이다. L_1, L_2, L_3에 위치한 불안정한 안장들 중 어느 한 곳이라 하더라도, 가끔 로켓 모터로 분사를 함으로써 서식지가 다른 곳으로 흘러가는 일을 막을 수 있다. 봉우리인 L_4와 L_5는 더욱 유리한데, 그런 수정을 할 필요조차 없기 때문이다.

✦

자연도 라그랑주점을 알고 있다고 말할 수 있는데, 오일러와 라그랑주가 자신들의 결과가 성립하도록 만들기 위해 고려했던 것과 아주 비슷한 배열이 실제로 존재한다는 의미에서 그렇다. 이 실제 사례들은 모형의 일부 조건을 위배할 때가 종종 있다. 예를 들면, 먼지 입자는 나머지 두 물체와 동일한 평면 위에 있지 않아도 된다. 라그랑주점의 주요 특징들은 비교적 강하며, 이상적인 모형과 상당히 비슷한 수준에 있는 것들에서도 성립한다.

우주를 계산하다

가장 눈길을 끄는 예는 목성인데, 트로이군과 그리스군으로 알려진 소행성군 식민지를 거느리고 있다. 아래 그림은 궤도를 도는 목성을 추적하는 회전 좌표계에서 특정 시간에 그린 것이다. 이 중에서 최초로 발견된 소행성인 588 아킬레우스(전체 소행성 중에서 588번째로 발견되어 이렇게 부른다. 앞의 숫자는 발견된 순서이고, 뒤의 이름은 고유명이다)는 막스 볼프Max Wolf가 1906년에 발견했다. 그리스군 3898과 트로이군 2049는 2014년에 발견되었다. 그리스군과 트로이군에서 폭이 1km가 넘는 소행성은 약 100만 개가 있는 것으로 추정된다. 그 이름들은 전통적인 방식에 따라 붙여졌다. 이들의 궤도 요소를 많이

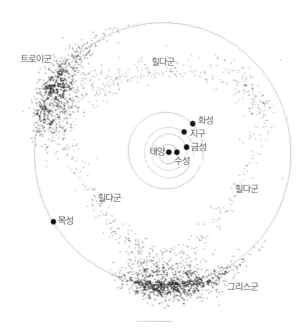

그리스군과 트로이군이 무리를 지어 모여 있는 모습. 힐다군은 L₄와 L₅를 두 꼭짓점으로 하는 흐릿한 정삼각형을 이루고 있다.

계산한 요한 팔리사Johann Palisa는 이 소행성들의 이름을 트로이 전쟁에 참여한 사람들의 이름을 따서 짓자고 제안했다. 그리스군에 속했던 인물들은 거의 다 L_4 근처에 위치하고, 트로이군에 속했던 인물들은 대부분 L_5 근처에 위치한다. 하지만 우연히 일어난 역사적 사고 때문에 그리스군이었던 파트로클로스는 트로이군에 있고, 트로이군이었던 헥토르는 그리스군에 둘러싸여 있다. 이 소행성들은 그림에서는 비교적 작은 무리들로 표시돼 있지만, 천문학자들은 이들의 수가 소행성대의 소행성만큼 많다고 생각한다.

그리스군은 목성과 거의 비슷한 궤도를 돌지만 목성보다 $60°$ 앞선 위치에서 궤도를 돌고, 트로이군은 목성보다 $60°$ 뒤처진 위치에서 궤도를 돈다. 앞에서 설명했듯이, 이 궤도들은 목성의 궤도와 동일하지 않으며, 그저 가까이 위치할 뿐이다. 게다가 동일 평면 위에 있는 원형 궤도들처럼 표현된 것은 현실과 다르다. 이들 중 많은 소행성의 궤도는 황도면에 대해 최대 $40°$까지 기울어져 있다. 이들 소행성군이 무리를 지은 채 유지되는 이유는 $2\frac{1}{2}$체 모형에서 L_4와 L_5가 안정하고, 실제 다체 동역학에서 목성의 큰 질량이 이들을 비교적 안정하게 유지하며, 다른 곳(주로 토성)에서 미치는 섭동이 비교적 작기 때문이다. 하지만 결국에는 이들 소행성군에 일부 소행성이 새로 들어오거나 나가는 일이 일어날 것이다.

비슷한 이유들 때문에 다른 행성들 역시 자기 나름의 트로이군(목성의 그리스군은 명예 트로이군으로 간주할 수 있다)을 거느릴 수 있을 것이라고 예상할 수 있다. 금성은 임시적인 트로이군 2013 ND_{15}를 거느리고 있다. 지구는 L_4 위치에 좀더 영구적인 트로이군 2010 TK_7이 있다. 화성은 5개, 천왕성은 1개, 해왕성은 적어도 12개(아마도 목성보다 많이, 어쩌면 10배나 많이)가 있다.

토성은 어떨까? 트로이군 소행성은 알려진 바가 없지만, 트로이군 위성은 2개가 있다(태양계에서 알려진 트로이군 위성은 이것들뿐이다). 토성의 위성인 테티스는 자신의 트로이군 위성 2개를 거느리고 있는데, 그 이름은 텔레스토와 칼립소이다. 토성의 또 다른 위성 디오네 역시 트로이군 위성인 헬레네와 폴리데우케스가 있다.

목성의 트로이군은 또 하나의 흥미로운 소행성군인 힐다군과 밀접한 관련이 있다. 힐다군은 목성과 3:2 공명 관계에 있고, L_4와 L_5, 그리고 목성 너머 정반대편의 목성 궤도상에 있는 점을 세 꼭짓점으로 하는, 대략 정삼각형 모양의 지역을 차지하는 회전 좌표계에 위치하고 있다. 힐다군은 트로이군과 목성에 대해 천천히 '회전'한다.[5] 대부분의 소행성들과 달리 힐다군의 궤도는 이심률이 크다. 프레드 프랭클린Fred Franklin은 현재의 궤도들은 처음에 목성이 현재보다 태양에서 10% 더 먼 거리에서 생겨났다가 안쪽으로 이동했음을 뒷받침하는 추가 증거를 제공한다고 주장했다.[6] 그 거리에서 원형 궤도를 돌던 소행성들은 목성이 안쪽으로 다가옴에 따라 그 궤도에서 사라지거나 궤도의 이심률이 아주 커졌을 것이다.[7]

06 ── 자기 자식들을 집어삼킨 행성

토성 고리의 비밀

토성은 하나의 별이 아니라 세 별이 합쳐진 것으로, 세 별은 거의 서로 닿아 있으면서 서로에 대해 변하거나 움직이지 않으며, 황도를 따라 일렬로 늘어서 있고, 가운데 있는 별이 양옆에 있는 별들보다 3배쯤 크며, oOo의 형태로 배열돼 있습니다.

─갈릴레오 갈릴레이, 1610년 7월 30일에 코시모 데 메디치에게 보낸 편지 중에서

갈릴레이가 맨 처음 망원경으로 토성을 보고 그 모습을 그린 그림은 다음 쪽 상단의 그림과 같은 모양이었다.

갈릴레이가 흥분을 감추지 못하고 후원자이던 코시모 데 메디치Cosimo de' Medici에게 보낸 편지에서 그 모습을 왜 oOo로 묘사했는지 여러분도 충분히 이해할 수 있을 것이다. 갈릴레이는 이 발견 소식을 케플러에게도 보냈지만, 그것을 그 당시 유행하던 애너그램anagram(단어나 문장을 구성하고 있는 문자의 순서를 바꾸어 다른 단어나 문장으로 만드는 것. 어구전철語句轉綴이라고도 한다 ─옮긴이)의 형태로 보냈다. 그 문장은 "smaismrmilmepoetaleumibunenugttauiras"였다.

　　　　　　　　　　　　　　우주를 계산하다

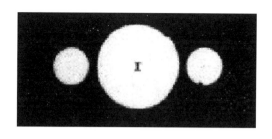

갈릴레이가 1610년에 그린 토성의 모습.

만약 나중에 누가 동일한 발견을 한다면, 갈릴레이는 이 문장의 뜻이 "Altissimum planetam tergeminum observavi(나는 가장 먼 행성이 3중의 형태를 하고 있는 것을 보았다)"라고 해독함으로써 자신이 먼저 발견했다고 주장할 수 있었다.

불행하게도 케플러는 그것을 "Salve umbistineum geminatum Martia proles"로 해독했는데, 그 뜻은 "환영하라, 이중의 손잡이, 화성의 아이들을"이었다. 즉, 화성에 위성이 2개 있다는 뜻으로 해석한 것이다. 그런데 케플러는 이미 이것을 예측하여, 목성에는 위성이 4개, 지구에는 1개가 있다는 사실을 근거로 화성에는 위성이 2개 있을 것이라고 보았다. 왜냐하면 1, 2, 4가 등비수열을 이루기 때문이었다. 그리고 아마도 토성에는 위성이 8개 있을 것이라고 생각했다. 그렇다면 금성에는 0.5개가 있을까? 가끔 케플러는 패턴을 발견하는 능력을 다소 억지스럽게 발휘했다. 하지만 그런 태도를 비웃고 싶은 충동은 일단 보류하지 않을 수 없는데, 놀랍게도 정말로 화성에는 위성이 2개 있기 때문이다. 그 이름은 포보스와 데이모스이다.

갈릴레이는 1616년에 토성을 다시 보았을 때, 자신이 초보적인

갈릴레이가 1616년에 그린 토성의 모습.

망원경의 흐릿한 상에 속아 3개의 원반으로 해석했던 것이 잘못이었다는 사실을 깨달았다. 하지만 토성의 모습은 여전히 아리송했다. 갈릴레이는 토성은 귀가 달린 것처럼 보인다고 썼다.

몇 년 뒤 토성을 다시 보았을 때, 귀이건 위성이건 혹은 그 밖의 무엇이건 그것들은 전혀 보이지 않았다. 갈릴레이는 반농담으로 토성이 자기 자식들을 먹어치운 것이 아닐까 하고 생각했다. 이것은 티탄인 크로노스가 자식 중 하나가 자신을 왕의 자리에서 끌어내릴 것이라는 예언에 겁을 먹고서 자식이 태어날 때마다 먹어치운 그리스 신화의 섬뜩한 이야기를 완곡하게 언급한 것이다. 로마 신화에서 크로노스에 해당하는 신은 사투르누스인데, 영어로는 새턴Saturn이니 곧 토성에 해당한다.

나중에 귀가 다시 나타나자, 갈릴레이의 궁금증은 더욱 커졌다.

물론 오늘날 우리는 갈릴레이의 관측 결과가 왜 그렇게 나왔는지 알고 있다. 토성은 거대한 원형 고리계로 둘러싸여 있다. 고리들은 황도면에 대해 기울어져 있어서 토성이 태양 주위를 도는 동안 가끔 우리는 고리들을 '정면'으로 바라보게 되는데, 이때 고리들은 토성보다 크게 보여 갈릴레이가 그림으로 묘사한 '귀'처럼 보인다. 그리고 가끔은 우리는 고리들을 측면에서 비스듬히 보게 되는데, 이때에는 갈릴레이가 사용한 것보다 성능이 훨씬 좋은 망원경을 사용하지 않는 한, 고리들이 완전히 사라진 것처럼 보인다.

이것만으로도 고리들이 토성에 비해 아주 가늘다는 사실을 알 수 있지만, 지금은 고리의 높이가 20m에 불과할 정도로 정말로 가늘다는 사실이 밝혀졌다. 대신에 그 지름은 36만 km나 된다. 만약 토성의 고리들이 피자 두께만큼 두껍다면, 그 크기는 스위스만 할 것이다. 갈릴레이는 이런 사실을 전혀 몰랐다. 하지만 토성이 기묘하고 신비하며 다른 행성들과 아주 다르다는 사실은 알았다.

✦

크리스티안 하위헌스Christiaan Huygens는 훨씬 성능이 좋은 망원경으로 관측했는데, 1655년에 토성이 "가늘고 납작하며 어디에도 닿아 있지 않으면서 황도에 대해 비스듬히 기울어진 고리로 둘러싸여" 있다고 썼다. 심지어 혹은 그림자도 보았는데, 고리 위에 비친 토성 그림자와 토성에 비친 고리 그림자를 모두 보았다. 이 그림자는 어떤 것이 어떤 것 앞에 있는지 보여줌으로써 토성과 고리의 3차원 기하학적 구조를 분명하게 보여주었다.

토성의 고리들은 모자챙처럼 고체로 이루어져 있을까, 아니면 수많은 작은 암석 또는 얼음 덩어리들로 이루어져 있을까? 만약 고체라면, 그 물질은 무엇으로 이루어져 있을까? 만약 고체가 아니라면, 왜 고리들은 단단한 것처럼 보이고, 그 모양이 변하지 않을까?

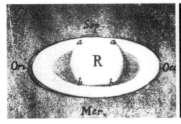

왼쪽: 훅이 1666년에 그린 토성의 모습. 그림자가 표시돼 있다.
오른쪽: 고리들 사이에 어두운 색으로 두드러지게 드러난 카시니 간극을 보여주는 오늘날의 사진.

그 답은 관측과 수학적 분석의 결합을 통해 조금씩 나왔다.

초기 관측자들은 하나의 넓은 고리를 보았다. 1675년, 조반니 카시니Giovanni Cassini는 더 나은 관측 결과를 얻었는데, 거기에는 전체 고리를 일련의 동심원 고리들로 나누는 원형 간극이 여러 개 나타나 있었다. 그중에서 가장 큰 간극을 카시니 간극이라 부른다. 가장 안쪽에 있는 고리가 B 고리이고, 가장 바깥쪽에 있는 고리가 A 고리이다. 카시니는 또한 A 고리 내부에 더 희미한 C 고리가 있다는 사실도 알아냈다. 이 발견들은 수수께끼를 더욱 오리무중으로 빠져들게 했지만, 최종적인 답을 향해 나아가는 길을 닦았다.

1787년, 라플라스는 폭이 넓은 고체 고리가 안고 있는 동역학적 문제를 지적했다. 케플러의 제3법칙은 행성 중심에서 더 멀리 있는 물체일수록 그 주위를 더 느리게 돈다고 말한다. 하지만 고체 고리는 안쪽 가장자리나 바깥쪽 가장자리나 동일한 각속도로 돈다. 따라서 바깥쪽 가장자리가 너무 빨리 움직이거나 안쪽 가장자리가 너무 느리게 움직이거나 혹은 두 가지 일이 다 일어나야 한다. 이러한 불일치는 고리 물질에 변형력을 유발하는데, 고리가 놀랍도록 튼튼한 물

우주를 계산하다

질로 만들어지지 않은 한, 결국 고리는 분해되고 말 것이다. 이 문제를 해결하기 위해 라플라스는 아주 우아한 답을 내놓았다. 그는 고리들이 폭이 좁은 많은 수의 작은 고리들로 이루어져 있으며, 하나의 작은 고리 안에 다음번 작은 고리가 밀착한 형태로 작은 고리들이 겹겹이 포개져 있다고 주장했다. 각각의 작은 고리는 고체이지만, 그 반지름이 커질수록 회전 속도는 줄어든다. 이것은 변형력 문제를 깨끗하게 피해갈 수 있는 묘책이었는데, 좁은 고리의 안쪽 가장자리와 바깥쪽 가장자리가 거의 같은 속도로 회전하기 때문이었다.

그러나 라플라스가 제시한 해결책은 우아하긴 했지만 잘못된 것이었다. 1859년, 수리물리학자 제임스 클러크 맥스웰James Clerk Maxwell은 회전하는 작은 고체 고리는 불안정하다는 사실을 증명했다. 라플라스는 서로 다른 속도로 회전하는 가장자리들 때문에 생기는 변형력 문제를 해결했지만, 이 변형력은 '층밀리기' 변형력(물체의 어떤 면에서 어긋남의 변형이 일어날 때 그 면에 평행인 방향으로 작용하여 원형을 지키려는 힘으로, 전단 응력이라고도 한다 - 옮긴이)이었다. 한 벌의 카드를 전체가 모여 있는 상태를 유지한 채 옆으로 밀 때 카드들 사이에 작용하는 힘 같은 것이 층밀리기 변형력의 예다. 하지만 다른 변형력도 작용할 수 있다(예컨대 카드를 구부리는 것처럼). 맥스웰은 작은 고체 고리의 경우, 외부 요인 때문에 생긴 아주 미소한 교란도 성장하면서 작은 고리를 물결치고 구부러지게 만들어 부서지게 한다는 것을 입증했다. 마른 스파게티 가닥이 그것을 구부리려고 하자마자 끊어지는 것처럼 말이다.

맥스웰은 토성의 고리들은 셀 수 없이 많은 작은 물체들로 이루어져 있고, 이들은 각자 독립적으로 원 궤도를 따라 자신에게 작용하는 중력에 수학적으로 부합하는 속도로 움직일 것이라고 추론했다(최근에 이런 종류의 단순화된 모형에서 일부 문제가 드러났는데, 자세한 것은 18장을 참고하라. 이것이 고리 모형들에 어떤 의미를 지니는지는 불확실하다. 추가 논의는 18장으로 미루고, 여기서는 종래의 결과만 이야기하려고 한다).

모든 것이 원 궤도로 움직이기 때문에 전체 구조는 회전 대칭이고, 따라서 어떤 입자의 속도는 중심으로부터의 거리에 따라 결정된다. 고리 물질의 질량이 토성 질량과 비교할 때 무시할 만하다고 가정한다면(실제로도 그런 것으로 드러났지만), 케플러의 제3법칙에서 간단한 공식이 나온다. 어떤 고리 입자의 속도는 29.4를 그 궤도 반지름(토성 궤도의 배수로 표시한)의 제곱근으로 나눈 값이고, 단위는 km/s이다.

혹은 고리들이 액체일 가능성도 있었다. 하지만 1874년에 위대한 여성 수학자 소피아 코발렙스카야Sofia Kovalevskaya가 액체 고리 역시 불안정하다는 것을 증명했다.

1895년 무렵에 가서 관측천문학자들의 평결이 나왔다. 토성의 고리들은 막대한 수의 작은 물체들로 이루어져 있었다. 추가 관측을 통해 더 희미한 부고리들이 여러 개 발견되었는데, 각각 D, E, F, G고리라고 상상력 넘치는(?) 이름이 붙었다. 이 고리들은 발견 순서대로 이름이 붙었고, 공간상의 순서는 토성으로부터 바깥쪽으로 늘어선 순으로 보면 DCBAFGE이다. 갈릴레이의 애너그램만큼 완전히 뒤죽박죽 뒤섞인 것은 아니지만, 그래도 혼란스럽기는 마찬가지이다.

✦

　　　　　　　　　　　　　　　　　　　　우주를 계산하다

어떤 군사 계획도 실제로 적과 맞닥뜨리는 순간, 살아남지 못한다. 어떤 천문학 이론도 더 나은 관측 결과와 맞닥뜨리는 순간, 살아남지 못한다.

1977년, NASA는 행성 탐사 계획의 일환으로 우주 탐사선 보이저 1호와 보이저 2호를 발사했다. 그 당시 태양계의 행성들은 우연히도 바깥쪽 행성들을 차례로 방문하기에 딱 좋게끔 배열돼 있었다. 보이저 1호는 목성과 토성을 방문했고, 보이저 2호는 천왕성과 해왕성 곁도 지나갔다. 두 보이저호는 여행을 계속해 태양권계면 너머의 지역으로 정의되고 태양풍의 영향이 거의 미치지 않는 성간 공간으로 나아갔다. '성간 공간'은 아주 약한 중력 말고는 태양의 영향력이 거의 미치지 않는 지역을 의미한다. 보이저 1호는 2012년에 이 전이대에 진입했고, 보이저 2호는 2016년에 진입했다. 두 탐사선은 지금도 계속 데이터를 보내오고 있다. 두 탐사선은 지금까지 시도한 것 중에서 가장 큰 성공을 거둔 우주 계획으로 평가받고 있다.

1980년 후반에 토성에 대한 우리의 생각을 확 바꿔놓는 사건이 일어났는데, 보이저 1호가 토성에 가장 가까이 다가가기 6주일 전에 고리들의 사진을 보내오기 시작한 것이다. 그 자세한 세부 모습은 이전에 한 번도 본 적이 없는 것이었는데, 수천 개는 아니더라도 수백 개의 분명한 고리들이 마치 오래된 축음기 음반에 새겨진 홈들처럼 촘촘하게 배열돼 있었다. 이것 자체는 크게 놀랄 만한 일이 아니었지만, 거기서 전혀 예상치도 못했고 처음에는 도저히 이해할 수 없었던 특징들이 발견되었다. 많은 이론가들은 고리계의 주요 특징들이 토성의 (알려진) 가장 안쪽 위성들과의 공명과 일치할 것이라고 예상했지만, 대체로는 그렇지 않았다. 그리고 카시니 간극은 텅 비어 있지

토성의 D, C, B, A, F고리(왼쪽부터 차례로)를 촬영한 사진. 2007년에 궤도 선회선 카시니호가 촬영한 것이다.

않았다. 그 안에 가느다란 고리가 적어도 4개나 있었다.

그 영상들을 연구한 과학자 중 한 명인 리치 테릴Rich Terrile은 전혀 예상치 못했던 것을 발견했다. 흐릿한 바퀴살처럼 생긴 어두운 그림자들이 회전하고 있었다. 이전에 고리들에서 이와 비슷한 것을 본 사람은 아무도 없었다. 고리들은 원 대칭도 아니었는데, 고리들의 반지름을 자세히 분석한 결과, 또 다른 수수께끼가 나타났다. 한 고리는 도저히 원이라고 볼 수 없었다.

보이저 1호보다 먼저 출발했지만 천왕성과 해왕성도 탐사하기 위해 더 천천히 나아가던 보이저 2호도 9개월 뒤에 토성을 지나가면서 이 사실을 확인했다. 점점 더 많은 정보가 들어올수록 새로운 수수께끼들이 나타났다. 꼬인 것처럼 보이는 고리, 기묘하게 꼬인 부분들이 있는 고리, 사이에 간극을 두고 별개의 호들로 이루어진 불완전한 고리 등이 발견되었다. 고리들 내부에서 이전에 관측된 적이 없는 토성의 위성들이 발견되었다. 보이저호가 사진을 보내오기 전에 지구의 천문학자들이 발견한 토성의 위성은 9개뿐이었다. 곧 그 수는 30개 이상으로 늘어났다. 지금은 62개까지 늘어났는데, 거기다가 고리들 내부에 존재하는 소위성이 100개 이상 있다. 현재 이들 위성 중 53개에 공식 이름이 붙어 있다. 토성 주위의 궤도를 도는 카시니호는 토성과 그 고리와 위성에 관한 데이터를 계속 보내오고 있다.

위성은 고리의 일부 특징을 설명해준다. 고리 입자들에 가장 큰 중력을 미치는 것은 토성 자신이다. 그다음으로 영향력이 큰 것은 여러 위성의 중력인데, 특히 가까이 있는 위성들의 영향력이 크다. 그래서 고리의 특징들은 '주요' 위성들과의 공명과 관련이 없는 것처럼 보이긴 하지만, 더 작지만 더 가까이 있는 위성들과 관련이 있을 것이라고 예상할 수 있다. 이 수학적 예측이 옳음을 두드러지게 입증하는 것은 A고리 가장 바깥 지역의 미세 구조이다. 사실상 모든 특징은 가까운 F고리의 양옆에 위치한(이 관계는 잠시 후에 자세히 다룰 것이다) 위성 판도라 및 프로메테우스와 공명하는 지점에 해당하는 거리에서 나타난다. 관련 공명들은 수학적 이유 때문에 연속적인 두 정수의 비로 일어난다(예컨대 28:27이라는 식으로).

다음 쪽의 다이어그램은 A고리의 바깥쪽 가장자리를 보여준다. 흰색 사선들은 입자 밀도가 평균보다 큰 지역들이다. 수직선들에는 각각의 궤도에 해당하는 공명이 표시돼 있다. 점선은 판도라와 일어나는 공명이고, 실선은 프로메테우스와 일어나는 공명이다. 눈에 잘 띄는 선들은 전부 다 공명 궤도에 해당한다. 다이어그램에는 또 다른 위성인 미마스와 8:5 공명에 해당하는 나선형 굽힘파bending wave, BW와 나선형 밀도파density wave, DW의 위치도 표시돼 있다.

✦

F고리는 폭이 아주 좁은데, 폭이 좁은 고리는 불안정해 그냥 내버려두면 서서히 폭이 넓어지기 때문에 이것은 수수께끼로 남아 있다.

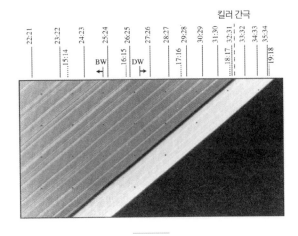

A고리의 바깥쪽 부분. 판도라(점선) 및 프로메테우스(실선)와 A고리 사이에 일어나는 공명과 관련된 특징들을 보여준다. 격자 모양의 점들은 이미지를 만드는 과정에서 추가된 것이다.

현재의 설명은 판도라와 프로메테우스와 관련이 있다고 말하지만 일부 특징들은 여전히 설명이 불만족스러운 상태로 남아 있다.

이 문제가 처음 불거진 것은 다른 행성인 천왕성 때문이었다. 얼마 전까지만 해도 태양계에서(혹은 그 밖의 어느 곳에서도) 고리계를 가진 행성은 토성뿐이라고 알려져 있었다. 그런데 1977년에 제임스 엘리엇James Elliot과 에드워드 더넘Edward Dunham, 제시카 밍크Jessica Mink는 망원경과 그 밖의 관측 장비를 갖춘 수송기인 카이퍼 항공 천문대에서 관측을 했다. 이들이 여기서 관측을 한 이유는 천왕성의 대기에 관해 더 상세한 정보를 얻기 위해서였다.

행성은 궤도를 도는 동안 가끔 별 앞을 지나가면서 그 빛 중 일부를 차단하는데, 이 현상을 엄폐occultation라 부른다. 별이 조금 어두워졌다가 밝아지는 동안 별빛을 측정해 그 광도 곡선을 분석함으로

우주를 계산하다

써(즉, 다양한 파장에서 빛의 양이 어떻게 변하는지 분석함으로써) 행성의 대기에 관한 정보를 얻을 수 있다. 1977년에 천왕성이 SAO 158687이라는 별을 엄폐하는 일이 일어났는데, 엘리엇과 더넘과 밍크가 관측하려고 했던 것이 바로 그것이다. 그 기술은 단지 행성의 대기에 관한 정보뿐만 아니라, 행성 주위의 궤도를 도는 모든 물체(만약 그것이 그 별을 엄폐한다면)에 관한 정보도 제공했다. 광도 곡선에서는 별이 훨씬 희미해지는 때인 엄폐 사건이 일어나기 전에 일련의 작은 깜박임이 5개 나타났고, 천왕성이 별을 지나간 뒤에도 앞서 나타난 것과 일치하는 일련의 깜박임이 나타났다. 그런 깜박임은 작은 위성 때문에 나타났을 수 있지만, 정확한 시간에 정확한 장소에 있어야만 했다—그것도 두 번이나. 반면에 고리는 별을 죽 훑고 지나가기 때문에 그런 우연의 일치가 없더라도 광도 곡선에 영향을 미칠 수 있다. 따라서 가장 합리적인 해석은 천왕성에 아주 가늘고 희미한 고리가 5개 있다는 것이었다.

두 보이저호가 천왕성을 지나가면서 천왕성의 고리를 직접 관측함으로써 이 가설이 옳다는 것이 확인되었다(지금은 천왕성에 고리가 13개 있는 것으로 알려졌다). 보이저호는 고리들의 폭이 고작 10km 정도밖에 되지 않는다는 사실도 밝혀냈다. 이것은 놀랍도록 좁은 것처럼 보이는데, 앞에서 말했듯이 폭이 좁은 고리는 불안정하여 시간이 지나면서 서서히 넓어지는 경향이 있기 때문이다. 이렇게 폭이 확대되는 메커니즘을 알면, 폭이 좁은 고리의 생애를 추정할 수 있다. 천왕성의 고리는 겨우 2500년만 지속되는 것으로 드러났다. 아마도 이 고리들은 2500년 이내의 시기에 만들어졌겠지만, 9개의 고리가 모두 짧은 시간 간격을 두고 생겨났다는 것은 믿기 어렵다. 고리를 안정시켜 폭이 확대되지 못하게 하는 다른 요인이 있을지도 모른다. 1979년, 페터 골드라이히Peter Goldreich와 스콧 트리메인Scott Tremaine[1]은 그것을 설명하기 위해 놀라운 메커니즘을 제안했는데, 양치기 위성shepherd moon이라는 개념이 그것이다.

문제의 좁은 고리가 우연히 작은 위성의 궤도 바로 안쪽에 자리 잡았다고 상상해보자. 케플러의 제3법칙에 따라 위성은 고리의 바깥쪽 가장자리보다 약간 더 느린 속도로 행성 주위를 돈다. 계산에 따르면, 이로 인해 고리 입자의 타원 궤도는 이심률이 약간 줄어들어 (즉, 궤도가 길쭉해지는 게 아니라 통통해지는 쪽으로 변해) 행성과의 최대 거리가 약간 줄어든다. 위성이 고리를 밀어내는 것처럼 보이지만, 사실은 이 효과는 중력이 고리 입자들의 속도를 늦추기 때문에 나타나는 것이다.

여기까지는 아주 그럴듯해 보이지만, 그런 위성은 그 고리의 나머지 부분도 교란하는데, 특히 안쪽 가장자리도 교란한다. 여기서 기발한 해결책이 등장하는데, 고리 바로 안쪽에서 궤도를 도는 위성을 하나 더 추가하는 것이다. 이 위성은 안쪽 가장자리에 비슷한 효과를 나타내지만, 고리보다 더 빨리 돌기 때문에 고리 입자들의 속도를 높이는 경향이 있다. 그래서 고리 입자들은 행성으로부터 멀어지는데, 이번에도 이 위성이 고리를 밀어내는 것처럼 보인다.

만약 얇은 고리가 두 작은 위성 사이에 끼이면, 이 효과들이 함께 작용해 고리를 두 위성의 궤도 사이에서 짜부라지게 만든다. 이것은 고리의 폭을 넓히려는 그 밖의 요인을 상쇄시킨다. 이런 위성들을 양치기 위성이라 부르는데, 마치 양치기가 양 떼를 안내하듯이 고리를 정해진 경로에서 이탈하지 못하게 하기 때문이다. '목양견 위성sheepdog moon'이 더 나은 직유일 수 있지만, 동사 'shepherd(안내하다)'는 이 위성들이 하는 일을 잘 묘사한다. 더 자세한 분석은 안쪽 위성 뒤를 따라가는 고리 부분과 바깥쪽 위성을 앞서가는 고리 부분에 잔물결이 생긴다는 것을 보여주지만, 이 잔물결은 고리 입자들 사이에 일어나는 충돌 때문에 잦아든다.

보이저 2호가 천왕성에 도착해 보낸 사진 중 하나는 천왕성의 ε고리가 오필리아와 코델리아라는 두 위성 궤도 사이에 딱 알맞게 자리 잡고 있음을 보여주었다(천왕성의 고리들은 그리스어 소문자로 이름이 붙어 있는데, ε는 엡실론이라고 읽는다). 골드라이히와 트리메인의 가설은 옳은 것으로 입증되었다. 여기에는 공명도 관여한다. 천왕성의 ε고리 바깥쪽 가장자리는 오필리아와 14 : 13 공명이 일어나는 지점에 해당하고, 안쪽 가장자리는 코델리아와 24 : 25 공명이 일어나는 지점에 해당한다.

토성의 F고리도 이와 비슷하게 판도라와 프로메테우스의 궤도 사이에 위치하는데, 이것은 양치기 위성의 두 번째 사례로 보인다. 하지만 여기에는 복잡한 사정이 있는데, F고리는 놀랍도록 역동적이기 때문이다. 보이저 1호가 1980년 11월에 촬영한 사진들은 F고리에 덩어리진 부분과 꼬인 부분, 그리고 돌돌 꼬인 부분이 있음을 보여준다. 1981년 8월에 보이저 2호가 지나갈 때에는 돌돌 꼬인 부분처럼 보이는 곳 하나 말고는 이런 특징들이 전혀 보이지 않았다. 그 사이에 다른 특징들이 사라진 것으로 보이는데, 이것은 몇 개월 사이에 F고리의 형태에 변화가 일어날 수 있음을 의미한다.

이것은 이러한 일시적인 동역학적 효과 역시 판도라와 프로메테우스 때문에 일어난다고 시사한다. 이 위성들이 가까이 다가오면서 생기는 파동은 완전히 사라지지 않으며, 다음번에 그 위성이 지나갈 때까지 그 흔적이 남아 있다. 이것은 고리의 동역학을 더 복잡하게 만들며, 좁은 고리가 양치기 위성들 때문에 그 자리에 머문다는 설명이 너무 단순하다는 것을 의미한다. 게다가 프로메테우스의 궤도는 판도라와 121:118 공명이 일어나기 때문에 카오스적이지만, F고리를 그 자리에 머물게 하는 데 기여하는 것은 프로메테우스뿐이다. 따라서 양치기 위성 이론은 F고리의 폭이 좁은 이유에 대해 일부 통찰을 제공하긴 하지만 완전한 설명은 아니다.

추가 증거가 있는데, F고리의 안쪽 가장자리와 바깥쪽 가장자리는 공명에 해당하지 않는다. 사실, F고리 근처에서 일어나는 가장 강한 공명은 완전히 다른 두 위성인 야누스와 에피메테우스와 연관이 있다. 이 두 위성은 기이한 행동을 보이는데, 공궤도co-orbital 공전을 한다. 이 용어는 문자 그대로 해석하면, '동일한 궤도를 공유'한다는 뜻인데, 어떤 의미에서는 그렇다고 볼 수 있다. 대부분의 시간 동안 한 위성은 다른 위성보다 수 킬로미터 더 긴 궤도를 돈다. 안쪽 위성이 더 빨리 움직이기 때문에, 두 위성이 모두 타원 궤도를 고수한다면 결국 충돌할 것이다. 대신에 두 위성은 상호 작용하면서 서로 '자리를 바꾼다'. 이런 일이 4년마다 한 번씩 일어난다. 따라서 안쪽 위성과 바깥쪽 위성이 둘 중 어느 쪽인지는 시기에 따라 달라진다.

이런 종류의 자리바꿈 현상은 케플러가 생각했던 말쑥한 타원과는 거리가 멀다. 타원 궤도가 나타나는 이유는 '이체' 동역학에서는 타원이 자연스러운 궤도이기 때문이다. 하지만 세 번째 물체가 들어오는 순간, 궤도들은 새로운 형태로 바뀐다. 여기서 세 번째 물체의 효과는 대부분 무시해도 될 정도로 작기 때문에, 각각의 위성은 제3자가 존재하지 않는 것처럼 타원 궤도를 따라 움직인다. 하지만 서로의 거리가 충분히 가까워지면, 이러한 근사는 성립하지 않는다. 그들 사이에 상호 작용이 일어나는데, 이 경우에는 서로의 주위를 빙 돌면서 상대방이 돌던 궤도로 진입한다. 각 위성의 진짜 궤도를 교대로 반복되는 두 타원으로(둘 사이를 잇는 짧은 경로와 함께) 묘사하는 것은 일리가 있다. 두 위성은 동일한 두 타원을 기반으로 한 궤도를 따라 움직인다. 다만 동시에 서로 다른 타원으로 진입하면서 궤도를 돈다.

✦

토성의 고리는 갈릴레이 시대부터 알려졌다. 다만 갈릴레이는 그 정체를 정확하게 몰랐다. 천왕성의 고리는 1979년에 알려졌다. 이제 우리는 목성과 해왕성에도 아주 희미한 고리계가 있다는 사실을 알고 있다. 토성의 위성인 레아도 주위에 아주 가느다란 고리계가 있을지 모른다.

게다가 더글러스 해밀턴Douglas Hamilton과 마이클 스크러츠키Michael Skrutskie는 2009년에 토성에서 엄청나게 거대하지만 아주 희미한 고리를 발견했다. 이것은 갈릴레이와 두 보이저호가 본 것들보다 훨씬 컸다. 이들이 이 고리를 보지 못한 한 가지 이유는 오직 적외선으로만 볼 수 있기 때문이다. 안쪽 가장자리는 토성에서 약 600만 km 거리에 있고, 바깥쪽 가장자리는 약 1800만 km 거리에 있다. 위성 포에베는 이 고리 내부에서 궤도를 돌고 있는데, 이 고리를 만드는 데 어떤 역할을 했을 가능성이 있다. 얼음과 먼지로 이루어진 이 고리는 아주 희박한데, 오랫동안 풀리지 않은 수수께끼를 푸는 데 도움을 줄지 모른다. 그 수수께끼는 위성 이아페투스의 반쪽이 왜 어두운가 하는 것이다. 이아페투스는 한쪽 면이 다른 쪽 면보다 더 밝은데, 카시니가 처음 이것을 발견한 1700년경부터 천문학자들 사이에서 수수께끼로 남아 있었다. 이 고리가 발견되고 나서 한 가지 설명이 제안되었는데, 이아페투스가 거대한 고리로부터 어두운 물질을 쓸어가기 때문이라는 것이다.

2015년, 매슈 켄워디Matthew Kenworthy와 에릭 마마젝Eric Mamajek은 J1407이라는 별 주위를 돌고 있는 외계 행성 주위에, 최근에 발견된 토성의 고리를 고려하더라도 토성의 코를 납작하게 만들 만한 고리계가 있다고 발표했다.[2] 이 발견은 천왕성의 고리와 마찬가지로 광도 곡선에 나타난 요동(외계 행성의 위치를 알아내는 주요 방법. 13장 참고)을 바탕으로 나왔다. 행성이 별 앞을 가로질러갈 때(일면 통과) 별빛이 약간 어두워진다. 이 경우에는 별빛이 2개월 간격으로 반복해서 어두워졌지만, 어두워지는 사건 자체는 아주 빠르게 일어났다. 그래서 여러 개의 고리를 가진 외계 행성이 그 별과 지구를 잇는 경로를 가로질러간 게 분명하다는 결론을 얻었다. 최선의 고리 모형에 따르면 고리의 수는 모두 37개이고, 반지름은 0.6AU(9000만 km)까지 뻗어 있다. 이 외계 행성은 아직까지 포착되지 않았지만, 목성보다 10~40배 더 무거울 것으로 추정된다. 고리계에 뚜렷하게 존재하는 간극은 외계 위성의 존재로 가장 간단하게 설명할 수 있는데, 그 크기 또한 추정할 수 있다.

2014년에 태양계에서 또 하나의 고리계가 발견되었는데, 전혀 생각지도 못하던 곳에서 발견되었다. (10199) 카리클로라는 켄타우루스 천체 주위에서 발견된 것이다.[3] 카리클로는 토성과 천왕성 사이에서 궤도를 도는데, 알려진 켄타우루스 천체 중에서 가장 크다. 이 고리는 카리클로가 여러 별을 어둡게 하는(전문 용어로는 엄폐하는) 사건들이 일어날 때, 광도 곡선에서 약간 어두워지는 곳이 두 군데 나타남으로써 발견되었다. 이 두 군데의 상대적 위치는 모두 동일한 타원에 가깝고 카리클로가 그 중심 가까이에 있는데, 이것은 가까이 위치한 두 고리가 비교적 원에 가까운 궤도를 돈다는 것을 시사한다. 한 고리는 반지름이 391km, 폭이 약 7km이고, 첫 번째 고리와 반지름이 405km인 두 번째 고리 사이에는 폭 9km의 간극이 있다.

고리계는 반복적으로 나타나기 때문에 우연한 사건이라고 볼 수 없다. 고리계는 어떻게 생겨나는 것일까? 주요 이론이 세 가지 있다. 첫째, 원래의 가스 원반이 뭉치면서 행성이 만들어질 때 생겨났을 수 있다. 둘째, 충돌로 부서진 위성의 잔해일지 모른다. 셋째, 로슈 한계Roche limit(위성이 모행성의 중력으로 인한 기조력에 파괴되지 않고 접근할 수 있는 한계)보다 더 가까이 다가간 위성의 잔해일지 모른다.

고리계가 생성되는 과정을 지켜보는 것은 불가능하다. 비록 켄워디와 마마젝의 발견은 그것이 가능함을 보여주지만, 이것이 우리에게 제공할 수 있는 최선의 결과는 순간의 모습을 보여주는 스냅 사진이다. 전체 과정을 보려면 수백 번의 생애를 보내야 가능할 것이다. 하지만 가상 시나리오들을 수학적으로 분석하여 예측을 하고, 그 것을 관측 결과와 비교해볼 수 있다. 이것은 하늘에서 화석을 찾는 것과 비슷하다. 각각의 '화석'은 과거에 일어난 사건에 대한 증거를 제공하지만, 그 증거를 해석할 가설이 필요하며, 그 가설의 결과를 이해하기 위해 수학적 시뮬레이션이나 추론이 필요하다. 정리가 있다면 더욱 좋겠지만.

07 — 코시모의 별들
위성의 궤도와 라플라스 공명

> 이 새로운 행성들에 이름을 붙이는 권리는 최초 발견자
> 인 나에게 있으므로, 그 시대의 가장 훌륭한 영웅들의
> 이름을 별들에 붙인 현자들의 선례를 따라 이 행성들에
> 가장 위대한 대공(토스카나 대공이던 코시모 2세 데 메디치)
> 의 이름을 붙이려고 한다.
>
> —갈릴레오 갈릴레이,《별의 전령 Sidereus Nuncius》

갈릴레이는 자신의 새로운 망원경으로 목성을 처음 보았을 때, 목
성 주위의 궤도를 도는 작은 빛의 점 4개를 발견했다. 즉, 목성 주위
에 위성들이 돌고 있었던 것이다. 이것은 천동설이 틀렸음을 보여주
는 직접적 증거였다. 그는 공책에 위성들의 위치를 스케치했다. 우리
는 더 자세한 관측 결과들을 모아 연결시킬 수 있기 때문에 이 위성
들이 움직이는 경로를 그릴 수 있다. 그렇게 하면 아름다운 사인 곡
선이 나타난다. 사인 곡선을 자연스럽게 얻는 방법은 균일하게 계속
되는 원운동을 측면에서 관찰하는 것이다. 그래서 갈릴레이는 코시
모의 별들이 목성 주위를 황도면 위에서 원 궤도로 돈다고 추론했다.

성능이 향상된 망원경들을 통해 태양계의 행성들에는 대부분 위성이 딸려 있는 것으로 밝혀졌다. 수성과 금성만 예외적으로 위성이 없다. 지구는 위성이 1개, 화성은 2개, 목성은 적어도 67개, 토성은 적어도 62개에 소위성이 수백 개, 천왕성은 27개, 해왕성은 14개, 명왕성은 5개가 있다. 위성들은 불규칙한 모양의 작은 암석에서부터 작은 행성만큼 크고 구형에 가까운 타원체에 이르기까지 크기와 모양이 다양하다. 그 표면은 주로 암석 또는 얼음이나 황, 메탄 얼음으로 이루어져 있다.

화성의 두 작은 위성 포보스와 데이모스는 화성의 하늘을 가로질러가는데, 포보스는 화성에 아주 가까이 붙어 있으며, 데이모스와 정반대 방향으로 궤도를 돈다. 두 위성은 아주 불규칙한 모양을 하고 있으며, 지나가던 소행성이 화성의 중력에 붙들려 위성이 된 것으로 보인다. 혹은 얼마 전에 두 물체가 살짝 부딪치면서 들러붙은 것으로 밝혀진 혜성 67P처럼 오리 모양을 한 소행성이 붙들린 것일지도 모른다. 만약 그렇다면, 화성에 붙들린 그 천체는 화성의 중력 때문에 다시 둘로 분리되어 각각 포보스와 데이모스가 되었을 것이다.

어떤 위성은 완전히 죽은 것처럼 보이는 반면, 어떤 위성은 활발한 활동을 보인다. 토성의 위성인 엔켈라두스는 500km 높이까지 치솟는 얼음 간헐천이 있다. 목성의 위성인 이오는 표면이 황으로 덮여 있으며, 로키와 펠레를 비롯해 활화산이 적어도 2개 있는데, 이 화산들에서 황 화합물이 분출된다. 따라서 지하에 액체 상태의 황이 엄청나게 고여 있는 것으로 보이며, 그것을 가열하는 에너지는 목성의 중력에서 나올 것이다. 토성의 위성인 타이탄에는 메탄 대기가 있는데, 그 밀도는 정상적으로 존재해야 하는 것보다 훨씬 높다. 해왕성의 위

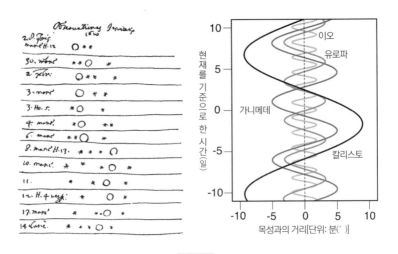

왼쪽: 갈릴레이가 작성한 위성들의 관측 기록.
오른쪽: 지구에서 본 목성 위성들의 위치. 그 위치 변화를 나타낸 그림은 사인 곡선을 이룬다.

성인 트리톤은 해왕성 주위를 다른 위성들과는 반대 방향으로 도는
데, 이것은 트리톤이 근처를 지나가다가 해왕성에 붙들려 위성이 되
었음을 시사한다. 트리톤은 나선을 그리면서 천천히 안쪽으로 다가
가는데, 36억 년 뒤에는 로슈 한계에 이르러 산산이 분해되고 말 것
이다.

큰 행성의 위성들 사이에 공명이 일어나는 경우가 많다. 예를 들
면, 유로파는 공전 주기가 이오의 2배이고, 가니메데는 유로파의 2배
여서 이오의 4배이다. 공명은 뉴턴의 중력 법칙을 따르는 물체들의
동역학에서 생겨난다. 고리계를 가진 행성은 위성들을 서서히 고리
가장자리에 고정시킨 뒤, 수도꼭지에서 뚝뚝 떨어지는 물처럼 위성
을 하나씩 '내뱉는다'. 이 과정에서는 수학적 규칙성이 나타난다.

수학적인 것을 포함해 다양한 맥락의 증거들은 여러 얼음 위성은

우주를 계산하다

소행성 이다(왼쪽)와 그 위성 다크틸(오른쪽).

지하에 기조력 때문에 녹아서 생긴 바다가 있다고 시사한다. 적어도 한 위성에는 지구의 모든 바닷물을 합친 것보다 더 많은 물이 있다. 액체 상태의 물이 존재하면, 단순한 지구형 생명체가 살 수 있는 서식지가 존재할 가능성이 있다(자세한 내용은 13장 참고). 그리고 타이탄은 그 특이한 화학적 특성 때문에 비非지구형 생명체가 살 수 있는 잠재적 서식지가 존재할 가능성이 있다.

소행성이 아주 작은 위성을 거느린 사례가 적어도 하나 있다. 다크틸이라는 아주 작은 위성이 소행성 이다 주위를 돌고 있다. 위성은 아주 흥미로운 존재로, 중력 모형을 만들고 온갖 종류의 과학적 추측을 마음껏 할 수 있는 놀이터를 제공한다. 그리고 위성들에 관한 이 모든 이야기는 갈릴레이와 코시모의 별들에서 시작된다.

✦

1612년, 코시모의 별들의 공전 주기를 알아낸 갈릴레이는 위성들의 운행표를 충분히 정확하게 작성한다면 그것이 하늘의 시계를 제공해 경도 문제를 해결할 수 있을 것이라고 제안했다. 그 당시 항해가들은 태양을 관측함으로써(비록 육분의처럼 정확한 관측 도구는 먼 훗날에 발명되지만) 배가 위치한 곳의 위도를 알 수 있었지만, 경도는 추측항법(이미 알고 있는 자리를 출발점으로 하고 그 후의 침로와 항정航程을 바탕으로 현재 배의 위치를 추산하면서 항해하는 방법 - 옮긴이)에 의존해 추정하는 수밖에 없었다. 현실에서 부닥치는 주요 문제는 파도에 흔들리는 갑판 위에서 정확하게 관측을 하는 것이었는데, 갈릴레이는 망원경을 안정시키는 장비 두 가지를 개발했다. 이 방법은 육지에서는 통했지만 바다에서는 통하지 않았다. 영국의 존 해리슨John Harrison이 일련의 아주 정확한 크로노미터를 만듦으로써 경도 문제를 해결했고, 그 공로를 인정받아 결국 1773년에 경도 문제에 내걸린 상금을 받았다.

목성의 위성들은 천상의 실험실 역할을 하면서 천문학자들에게 여러 천체들로 이루어진 계를 관찰할 기회를 주었다. 그들은 위성들의 운행표를 작성하고, 이론적으로 그 움직임을 설명하고 예측하려고 노력했다. 정확한 측정값을 얻는 한 가지 방법은 위성이 행성 표면을 가로질러가는 현상을 관측하는 것이었는데, 그것은 시작되는 시간과 끝나는 시간이 아주 잘 정의된 사건이었기 때문이다. 위성이 행성 뒤로 숨는 식蝕 역시 잘 정의된 사건이었다. 조반니 호디에르나Giovanni Hodierna가 1656년에 위성의 식에 대해 많은 이야기를 했고, 10여 년 뒤에 카시니는 두 위성이 같은 위치에 정렬한 것처럼 보이는 현상인 합合에 주목하면서 오랜 기간에 걸쳐 체계적인 관측을

우주를 계산하다

했다. 카시니는 규칙적이고 반복적인 궤도를 도는 위성들의 행성면 통과 시간이 일관되지 않은 것처럼 보인다는 사실에 놀랐다.

덴마크 천문학자 올레 뢰머Ole Rømer는 경도에 관한 갈릴레이의 제안을 받아들였고, 1671년에 프랑스 천문학자 장 피카르Jean Picard 와 함께 코펜하겐에서 가까운 우라니보르그(티코 브라헤가 벤 섬에 지은 천문대. '하늘의 도시'란 뜻이다 – 옮긴이)에서 이오의 식을 140차례 관측했다. 한편, 카시니도 파리에서 똑같은 관측을 했다. 이들은 식이 일어난 시간을 비교해 이 두 장소의 경도 차이를 계산했다. 카시니는 이미 관측 결과에 특이한 점이 나타난다는 사실을 눈치챘고, 이것이 빛의 유한한 속도 때문에 나타나는 게 아닐까 의심했다. 모든 관측 결과를 모아 분석하던 뢰머는 지구가 목성에 더 가까워지면 연속되는 두 식 사이의 시간이 더 짧아지고, 지구가 목성에서 멀어지면 더 길어진다는 사실을 발견했다. 1676년, 뢰머는 과학원에서 그 이유를 다음과 같이 밝혔다. "빛이 지구 궤도 반지름과 같은 거리를 [지나는 데에는] 10~11분이 걸리는 것으로 보인다." 이 값은 세밀한 기하학에 의존해 얻은 것이었지만, 관측 결과가 부정확했다. 오늘날 얻은 더 정확한 값은 8분 12초이다. 뢰머는 자신이 얻은 결과를 공식 논문으로는 발표하지 않았지만, 뢰머의 강연 내용을 한 무명 기자가 요약했다(부실하게). 과학자들은 1727년까지 빛의 속도가 유한하다는 사실을 받아들이지 않았다.

이러한 불규칙성에도 불구하고, 카시니는 안쪽 위성들인 이오와 유로파, 가니메데의 삼중 합(세 위성이 모두 동시에 일렬로 정렬하는 사건)은 결코 관측하지 못했는데, 그렇다면 이 사건이 일어나지 못하도록 막는 요인이 있는 게 분명했다. 이들의 공전 주기는 대략 1:2:4의

비를 이뤘고, 1743년에 스웨덴 스톡홀름천문대장이던 페르 바리엔틴Pehr Wargentin은 정확하게 재해석하면 이 관계가 놀랍도록 정확해진다는 것을 보여주었다. 바리엔틴은 위성들의 위치를 고정된 반지름에 대한 각도로 측정함으로써 놀라운 관계를 발견했다.

이오의 각도 − 3 × 유로파의 각도 + 2 × 가니메데의 각도 = $180°$

그의 관측에 따르면, 세 위성 궤도의 불규칙성에도 '불구하고', 이 등식은 장기간에 걸쳐 거의 정확하게 성립한다. 삼중 합이 일어나려면 세 각도가 일치해야 하지만, 만약 그렇게 된다면 등식의 좌변은 $180°$가 아니라 $0°$가 되고 만다. 따라서 이 관계가 성립하는 한, 삼중 합은 일어날 수 없다. 바리엔틴은 적어도 130만 년 안에는 그런 일이 일어나지 않을 것이라고 말했다.

이 등식은 또한 세 위성의 합이 특정 패턴에 따라 일어남을 말해주는데, 그것은 다음 순서대로 계속 반복되면서 일어난다.

유로파와 가니메데
이오와 가니메데
이오와 유로파
이오와 가니메데
이오와 유로파
이오와 가니메데

라플라스는 바리엔틴의 공식이 우연의 일치일 리가 없으며, 반드

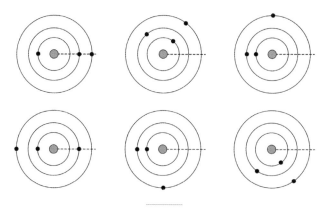

목성의 안쪽 궤도를 도는 세 위성인 이오와 유로파, 가니메데(안쪽에서부터 차례로) 사이에 연속적으로 일어나는 합.

시 동역학적 이유가 있을 것이라고 생각했다. 1784년, 라플라스는 뉴턴의 중력 법칙으로부터 그 공식을 유도했다. 이 계산은 오랜 시간이 지나면 이 각도들의 조합이 정확하게 180°로 유지되지 않는다는 것을 의미한다. 대신에 1° 미만의 한도 내에서 칭동한다(즉, 그 값에서 양쪽으로 천천히 진동한다). 이것은 삼중 합을 방지하기에 충분할 만큼 작은 값이다. 라플라스는 이 진동 주기가 2270일이라고 예측했다. 오늘날 관측 결과로 밝혀진 값은 2071일이니, 크게 빗나간 예측은 아니었다. 그의 업적을 기려 세 각도 사이의 관계를 라플라스 공명Laplace resonance이라 부른다. 라플라스가 거둔 이 성공은 뉴턴의 법칙이 옳음을 확인해주는 또 하나의 개가였다.

오늘날 우리는 위성들의 행성면 통과 시간이 왜 불규칙한지 그 이유를 알아냈다. 목성의 중력이 위성들의 타원 궤도에 세차(태양 주위를 도는 수성의 궤도에 일어나는 것과 같은)를 일으키기 때문에 근목점(목성에 가장 가까이 다가간 지점)이 아주 빠르게 변한다. 라플라스 공명 공식에서는 이 세차들이 상쇄되지만, 개개의 목성면 통과 사건에는 큰 영향을 미친다.

이와 비슷한 관계도 모두 라플라스 공명이라고 부른다. 물병자리에 있는 별 글리제 876은 외계 행성계를 거느리고 있는데, 이것은 1998년에 최초로 발견된 외계 행성계이다. 여기서 지금까지 발견된 행성은 4개인데, 그중 셋(글리제 876c, 글리제 876b, 글리제 876e)의 공전 주기는 각각 3만 8일, 6만 1116일, 1만 2426일로, 그 비율은 1 : 2 : 4에 가깝다. 2010년, 유지니오 리베라Eugenio Rivera와 그 동료들[1]은 이 경우에는 다음과 같은 관계가 성립한다는 것을 보여주었다.

$$876c의 각도 - 3 \times 876b의 각도 + 2 \times 876e의 각도 = 0°$$

하지만 이 값은 0°를 중심으로 최대 40°까지 아주 크게 칭동이 일어난다. 이제 이 조건에서는 삼중 합이 일어나는 게 가능한데, 가장 바깥쪽 행성이 한 번 공전할 때마다 삼중 합에 가까운 사건이 한 번씩 일어난다. 시뮬레이션 결과는 0° 부근의 칭동이 대략 10년을 주기로 카오스적으로 일어난다고 시사한다.

명왕성의 세 위성인 닉스와 스틱스, 히드라에서도 라플라스 공명 비슷한 것이 나타나지만, 이 경우에는 평균 자전 주기 비율이 18 : 22 : 33이고, 평균 공전 주기 비율은 11 : 9 : 6이다. 그리고 이 경우에는 다음과 같은 등식이 성립한다.

$$3 \times 스틱스 각도 - 5 \times 닉스 각도 + 2 \times 히드라 각도 = 180°$$

우주를 계산하다

목성의 위성들과 같은 이유로 여기서도 삼중 합은 불가능하다. 스틱스와 닉스의 합이 두 번 일어나는 동안 스틱스와 히드라의 합은 다섯 번, 닉스와 히드라의 합은 세 번 일어난다.

✦

유로파와 가니메데와 칼리스토는 모두 표면이 얼음으로 덮여 있다. 여러 갈래의 증거들은 세 위성 모두 얼음 아래에 액체 상태의 물로 이루어진 바다가 있다고 시사한다. 그런 바다가 있을 것으로 추정된 최초의 위성은 유로파였다. 얼음을 녹이려면 어떤 열원이 필요하다. 목성의 기조력이 유로파를 반복적으로 꽉 쥐어짜지만, 이오와 가니메데와의 공명 때문에 유로파는 궤도를 바꾸어 탈출하지 못한다. 기조력으로 인해 유로파의 핵이 가열되는데, 계산 결과에 따르면, 여기서 발생하는 열은 상당량의 얼음을 녹이기에 충분하다. 표면은 고체 얼음으로 덮여 있기 때문에 액체 상태의 물은 더 깊은 곳에 존재하는 게 분명한데, 아마도 두꺼운 구형 껍질을 형성하고 있을 것이다.

이를 뒷받침하는 추가 증거가 있는데, 표면은 크레이터 흔적이 거의 없고, 곳곳에 균열이 나 있다. 가장 그럴듯한 설명은 얼음이 두꺼운 층을 이루어 바다 위에 떠 있다는 것이다. 목성의 강한 자기장은 유로파에 약한 자기장을 유도하는데, 궤도 탐사선 갈릴레오호가 유로파의 자기장을 측정한 값을 바탕으로 수학적으로 분석한 결과에 따르면, 얼음 아래에 상당량의 전도성 물질이 있는 것으로 보인다. 데이터를 바탕으로 추정할 때 가장 가능성이 높은 물질은 짠물이다.

유로파의 표면에는 얼음이 매우 불규칙한 모습으로 뒤섞여 있는 장소인 '카오스 지형chaos terrain'이 많이 있다. 그중 하나는 코나마라 카오스인데, 수많은 얼음 뗏목이 깨어져서 이동해서 만들어진 것으로 보인다. 그 밖에도 아란 카오스, 무리아스 카오스, 나베스 카오스, 래스모어 카오스 등이 있다. 지구에서도 바다에 떠다니는 총빙叢氷(바다 위에 떠다니는 얼음이 모여서 언덕처럼 얼어붙은 것)이 녹기 시작할 때 이와 비슷한 것이 생겨난다. 2011년, 브리트니 슈미트Britney Schmidt가 이끄는 팀은 액체 상태의 물로 이루어진 렌즈상 호수 위에 떠 있는 빙상이 무너져 내릴 때 카오스 지형이 생긴다고 설명했다. 이 호수들은 바다 자체보다 표면에 더 가까이 위치하는데, 아마도 지표면에서 불과 3km 거리에 위치할 것이다.[2] 테라 마쿨라Thera Macula라는 이런 종류의 우묵한 지역 밑에는 오대호만큼 많은 물이 저장된 호수가 있다.

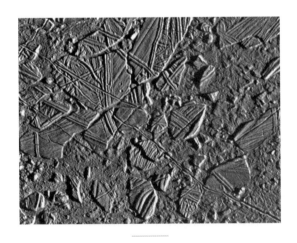

유로파 표면의 코나마라 카오스.

　　　　　　　　　　　　　　　　　우주를 계산하다

유로파의 렌즈상 호수들은 바다보다 표면에 더 가까운 곳에 있다. 현재 최선의 추정치에 따르면, 그런 호수들 외에 바깥쪽 얼음층의 두께는 약 10~30km이고, 바다의 깊이는 약 100km이다. 만약 이게 사실이라면, 유로파의 바다에는 지구의 모든 바닷물을 합친 것보다 2배나 많은 물이 있다.

비슷한 증거를 바탕으로 생각한다면, 가니메데와 칼리스토도 표면 아래에 바다가 있다. 가니메데의 바깥쪽 얼음층은 두께가 약 150km로 유로파보다 더 두껍고, 그 아래의 바다는 깊이가 약 100km이다. 칼리스토의 바다는 아마도 얼음 아래로 거의 같은 거리에 있는 것으로 보이고, 깊이는 50~200km이다. 이 모든 수치는 추정치이며, 암모니아의 존재와 같은 화학적 조성의 차이에 따라 실제 수치는 크게 변할 수 있다.

토성의 위성인 엔켈라두스는 표면의 평균 온도가 75K(약 -200°C)로 아주 춥다. 그래서 별다른 활동이 일어나지 않을 것으로 예상하기 쉽고, 천문학자들 역시 그렇게 예상했으나, 카시니호가 엔켈라두스에서 얼음 입자와 수증기, 염화나트륨으로 이루어진 거대한 간헐천이 수백 킬로미터 높이로 분출되는 모습을 포착했다. 이 물질 중 일부는 엔켈라두스를 완전히 탈출하는데, 그렇게 해서 염화나트륨을 6% 포함하고 있는 토성의 E고리에 물질을 보충하는 주요 공급원이 되는 것으로 보인다. 나머지는 표면으로 다시 떨어진다. 이 현상에 대한 가장 그럴듯한 설명은 지하에 짠물 바다가 있다는 것이었는데, 이것은 2015년에 7년 동안 크레이터들의 정확한 위치를 관측하면서 측정한 엔켈라두스의 방향에 일어난 미소한 흔들림(전문 용어로는 칭동) 데이터를 수학적 분석을 통해 확인한 것이었다.[3] 엔켈라두스의 칭동은 0.12°의 각도로 일어난다. 이것은 엔켈라두스의 핵과 얼음 표면이 단단하게 연결돼 있다고 보기에는 너무 크며, 북극해나 남극해처럼 제한적인 바다가 존재하는 대신에 전체가 연결된 하나의 바다가 존재할 가능성을 시사한다. 그 위에 떠 있는 얼음의 두께는 30~40km, 바다의 깊이는 10km(지구 바다의 평균 깊이보다 더 깊은)로 추정된다.

✦

토성의 위성 중 7개는 바깥쪽 주요 고리인 A고리의 가장자리 바로 바깥에서 궤도를 돈다. 아주 작은 이 위성들은 밀도도 아주 작은데, 이것은 속에 빈 곳이 있음을 시사한다. 여러 위성은 비행접시처럼 생겼고, 몇몇 위성은 여기저기에 반반한 표면이 널려 있다. 이들 위성의 이름은 판, 다프니스, 아틀라스, 프로메테우스, 판도라, 야누스, 에피메테우스이다.

2010년, 세바스티앙 샤르노즈Sébastian Charnoz, 쥘리앵 살몽Julien Salmon, 오렐리앙 크리다Aurélien Crida[4]는 고리가 그 가장자리에 존재하는 가상의 '시험 물체'와 함께 어떻게 진화하는지 분석했는데, 물질이 로슈 한계 밖으로 나갈 때 이 위성들이 고리들에서 튀어나왔다는 결론을 얻었다. 보통 로슈 한계는 그 안에서는 행성의 중력이 미치는 변형력으로 위성이 분해되는 거리로 정의하지만, 반대로 양치기 위성처럼 다른 메커니즘을 통해 안정되지 않는다면 그 밖에서는 고리가 불안정해지는 거리이기도 하다. 토성의 로슈 한계(14만±2000km)는 A고리의 가장자리(13만 6775km) 바로 밖에 위치한다. 판과 다프니스는 로슈 한계 바로 안쪽에 위치하고, 나머지 다섯 위성은 바로 바깥쪽에 위치한다.

천문학자들은 오래전부터 고리들과 이 위성들 사이에 어떤 관계가 있지 않나 의심해왔는데, 그 반지름 거리가 너무 가깝기 때문이었다. A고리는 야누스와의 7:6 공명에서 만들어진 경계가 아주 분명한데, 이 공명은 대부분의 고리 물질이 바깥으로 나가지 못하게 막는다. 이 공명은 일시적 현상인데, 고리들은 야누스를 바깥쪽으로 '밀어내는' 반면, 자신들은 각운동량을 보존하기 위해 약간 안쪽으로 움직인다. 야누스가 계속 바깥쪽으로 옮겨감에 따라 고리들은 로슈 한계를 지나 다시 바깥쪽으로 퍼져갈 수 있다.

분석 결과는 일부 고리 물질이 일시적으로 점성 확산—식탁 위의 시럽 덩어리가 천천히 퍼져나가 얇아지는 것처럼—을 통해 로슈 한계 밖으로 밀려나갈 수 있음을 보여주면서 이 견해를 지지한다. 이들은 시험 물체의 분석 모형을 고리들의 수리유체역학 모형과 결합하는 방법을 사용했다. 연속적인 점성 확산은 고리들이 작은 소위성들을 계속 내뱉게 만드는데, 이 소위성들의 궤도는 실제 궤도와 아주 비슷하다. 계산 결과는 이 소위성들이 고리들에서 나온 얼음 입자들의 집합체로, 자체 중력에 의해 느슨하게 들러붙어 있음을 시사하는데, 소위성들의 낮은 밀도와 기묘한 모양은 이것으로 설명할 수 있다.

이 결과는 또한 오랫동안 풀리지 않은 문제, 즉 고리들의 나이 문제에도 빛을 던져주었다. 한 이론은 고리들이 붕괴하는 태양 성운에서 토성과 거의 같은 시기에 생겼다고 주장한다. 하지만 야누스 같은 소위성은 A고리에서 바깥쪽으로 밀려나 현재 궤도까지 흘러가는 데 겨우 1억 년밖에 걸리지 않는다. 이것은 다른 이론이 옳을 가능성을 시사하는데, 수천만 년 전에 더 큰 위성이 로슈 한계 안쪽을 지나가면서 분해되었을 때 고리들과 이 소위성들이 함께 생겨났다는 이론이 그것이다. 시뮬레이션에서는 이 시기가 100만~1000만 년 전으로 줄어들었다. 이 논문 저자들은 "토성의 고리들은 비교적 최근인 10^6~10^7년 전에 태양계에서 미니 원시 행성 원반처럼 강착이 활발하게 일어나던 마지막 장소일지 모른다"라고 말한다.

우주를 계산하다

08 — 혜성은 어디에서 날아오는가

혜성의 기원

> 어부가 충분히 긴 낚싯대를 들고 태양 표면에 서서 아무 방향으로나 낚싯줄을 던져도 혜성을 한가득 낚을 수 있을 것이라고 확실히 말할 수 있다.
>
> ─쥘 베른, 《혜성에 올라타다Off on a Comet》(원제는 '헥토르 세르바닥Hector Servadac') 중에서

셰익스피어의 《줄리어스 시저Julius Caesar》 2막 2장에서 칼푸르니아Calpurnia는 "거지가 죽을 때에는 혜성이 비치지 않지만, 군주가 죽을 때에는 하늘이 활활 타오르지요"라고 말하면서 시저의 죽음을 예언한다. 셰익스피어의 작품에서 혜성은 모두 다섯 번 나오는데, 그중 셋은 혜성이 재앙의 전조라는 오래된 믿음을 반영하고 있다.

이 기묘한 수수께끼의 천체는 밝게 빛나는 구부러진 꼬리를 길게 끌면서 밤하늘에 갑자기 나타나 별들을 배경으로 천천히 움직이다가 다시 사라진다. 혜성은 예고 없이 찾아오는 침입자로, 하늘에서 정상적으로 일어나는 사건들의 패턴에 들어맞지 않는다. 그러니 사람들의 지혜가 충분히 밝지 못하고, 사제와 무당이 자신의 영향력을

강화하려고 애쓰던 시절에 혜성을 신들이 보낸 전령으로 해석한 것도 무리가 아니다. 그리고 보편적으로 그 메시지는 불길한 것이라고 여겼다. 자연 재해는 늘 일어났기 때문에 그렇게 믿고 싶다면 주변에서 그것을 확인시켜줄 증거를 찾기란 그렇게 어려운 일이 아니었다. 2007년에 나타난 혜성 맥노트는 40년 동안 나타난 혜성 중 가장 밝은 것이었다. 이것은 2007~2008년에 닥친 금융 위기를 예고한 것이 틀림없다. 자, 보았는가? 이런 식으로 갖다 맞추는 것은 아무나 다 할 수 있다.

사제들은 혜성이 왜 나타나는지 안다고 주장했지만, 그들도 철학자들도 혜성이 어디에 있는지는 몰랐다. 혜성은 별과 행성처럼 천상의 천체일까? 아니면 구름 같은 기상 현상일까? 얼핏 보면 구름과 닮은 점이 많았다. 혜성은 별이나 행성처럼 경계가 선명하지 않고 흐릿했다. 하지만 혜성은 갑자기 나타났다가 사라진다는 점만 빼고는 행성과 비슷한 움직임을 보였다. 결국 이 논란은 과학적 증거를 통해 해결되었다. 천문학자 티코 브라헤가 정밀한 측정을 통해 1577년 대혜성의 거리를 계산함으로써 그것이 달보다 더 먼 거리에 있음을 보여주었다. 구름은 달을 가릴 수 있지만 달은 구름을 가리지 못하므로, 혜성은 천상에 존재하는 천체임이 분명했다.

✦

1705년 무렵에 에드먼드 핼리는 한 걸음 더 나아가 적어도 한 혜성은 우리의 밤하늘을 정기적으로 방문한다는 사실을 보여주었다. 혜성은 행성처럼 태양 주위의 궤도를 돈다. 혜성이 사라지는 것처럼

1577년 프라하 상공에 나타난 대혜성. 이리 다시츠슈키(Jiri Daschitzky)의 판화.

보이는 것은 보이지 않을 만큼 먼 곳으로 나아갔기 때문이고, 태양에 충분히 가까이 다가오면 다시 나타난다. 혜성은 왜 꼬리가 길게 생겨 났다가 다시 없어질까? 핼리는 그 답을 확실히 밝혀내지 못했지만, 태양에 가까이 다가오는 것과 관계가 있는 게 분명했다.

혜성 문제에서 핼리가 보여준 통찰은 케플러가 발견하고 뉴턴이 더 일반적으로 재해석한 수학적 패턴으로부터 도출한 최초의 위대 한 천문학적 발견 중 하나였다. 행성들이 타원 궤도를 그리며 움직 인다면 혜성 역시 그러지 않을까 하고 핼리는 생각했다. 만약 그렇다 면 혜성의 운동은 주기성을 띠게 될 것이고, 같은 혜성이 일정한 시 간 간격마다 반복적으로 지구의 하늘에 돌아올 것이다. 뉴턴의 중력 법칙은 이것을 약간 변형시켜 기술한다: 그 운동은 '거의' 주기적으 로 일어나지만, 다른 행성들, 특히 거대 행성인 목성과 토성의 중력 은 혜성이 돌아오는 시간을 앞당기거나 늦출 것이다.

이 이론을 검증하기 위해 핼리는 과거의 혜성 목격 기록들을 조사하기 시작했다. 갈릴레이가 망원경을 발명하기 전에는 맨눈으로 볼 수 있는 혜성만 목격되고 기록되었다. 그중 일부는 예외적으로 밝았고 인상적인 꼬리를 길게 끌었다. 독일 천문학자 페트루스 아피아누스Petrus Apianus가 1531년에 그런 혜성을 하나 목격했다. 케플러도 1607년에 그런 혜성을 보았고, 핼리가 살던 시대인 1682년에도 비슷한 혜성이 나타났다. 이 사건들 사이의 간격은 76년과 75년이었다. 그렇다면 이 세 건의 목격담에 나타난 혜성은 '동일한' 것이 아닐까? 핼리는 그럴 것이라고 확신하고서 그 혜성이 1758년에 다시 돌아올 것이라고 예측했다.

그의 예측은 옳았다. 1758년 크리스마스에 독일의 아마추어 천문인 요한 팔리치Johann Palitzsch가 하늘에서 희미한 얼룩이 나타난 것을 보았는데, 이윽고 거기서 특징적인 꼬리가 발달했다. 그 무렵에 프랑스의 세 수학자 알렉시 클레로Alexis Clairaut, 조제프 랄랑드Joseph Lalande, 니콜-렌 르포트Nicole-Reine Lepaute는 더 정확한 계산을 통해 혜성이 태양에 가장 가까이 다가가는 날을 4월 13일로 수정했다. 실제 날짜는 그보다 한 달 더 앞섰는데, 목성과 토성의 중력으로 인한 섭동 때문에 혜성이 돌아오는 날이 618일이나 늦어진 것이다(이 부분은 저자가 자료를 잘못 이해했거나 설명이 부족한 것으로 보인다. 사실은 핼리가 예측한 날짜는 1758년이 아니라 1757년이었다. 목성과 토성의 중력을 감안해 혜성이 돌아오는 날짜를 정확하게 예측하는 것은 쉬운 일이 아닌데, 세 프랑스 수학자는 그 복잡하고 번거로운 계산을 한 끝에 핼리가 예측한 날짜보다 618일 늦은 1759년 4월에야 혜성을 볼 수 있을 것이라고 예측했다. 실제로 핼리 혜성이 근일점을 통과한 것은 1759년 3월이었다 - 옮긴이).

핼리는 자신의 예측이 입증되기 전에 세상을 떠났다. 오늘날 우리가 핼리 혜성(1759년에 그의 이름을 따서 붙인 이름)이라고 부르는 혜성은 행성 이외에 태양 주위의 궤도를 도는 것으로 밝혀진 최초의 천체였다. 옛날의 기록과 오늘날 과거의 궤도를 계산한 것을 비교하면, 핼리 혜성의 목격 사례는 기원전 240년에 중국에서 목격한 사건까지 거슬러 올라간다. 그다음에는 기원전 164년에 나타난 것이 바빌로니아의 점토판에 기록돼 있다. 그 후로도 중국인은 기원전 87년, 기원전 12년, 기원후 66년, 141년…… 등에 걸쳐 핼리 혜성을 목격한 기록을 남겼다. 핼리가 핼리 혜성이 다시 돌아오리라고 예측한 것은 천체역학의 수학적 이론을 바탕으로 나온 최초의 진정한 천문학적 예측 중 하나였다.

✦

혜성은 단지 난해한 천문학 퍼즐에 불과한 것이 아니다. 프롤로그에서 나는 혜성과 관련이 있으면서 훨씬 영향력이 큰 이론을 언급했다. 지난 수십 년 동안 혜성은 지구에 바다가 어떻게 생겨났는지 설명할 때 가장 가능성이 높은 후보로 꼽혔다. 혜성은 주로 얼음으로 이루어져 있다. 혜성에 꼬리가 발달하는 것도 태양에 가까워지면서 얼음이 '승화', 즉 고체가 액체 상태를 거치지 않고 곧바로 기체로 변하기 때문이다. 초기 지구에 많은 혜성이 충돌했다는 정황 증거가 충분히 있는데, 그렇게 충돌한 혜성의 얼음에서 녹은 물이 바다가 되었을 것이다. 물은 지각을 이루는 암석의 분자 구조 속으로도 들어갔는데, 실제로 암석에도 상당량의 물이 포함돼 있다.

지구에서 물은 생명이 살아가는 데 꼭 필요하기 때문에, 혜성을 제대로 이해하는 것은 우리 자신에게 중요한 정보를 알려줄 잠재력이 있다. 알렉산더 포프Alexander Pope가 1734년에 쓴 시 〈인간론An Essay on Man〉에는 "인류를 제대로 연구하려면 인간 자체를 연구해야 한다The proper study of mankind is Man"라는 기억할 만한 구절이 나온다. 하지만 이 시의 정신적, 윤리적 의도까지 깊이 파고들지 않더라도, 인류에 대한 연구는 모두 인류 자체뿐만 아니라 인류를 둘러싼 맥락까지 포함해야 한다. 그 맥락은 전체 우주이다. 따라서 포프의 금언에도 불구하고, 인류를 제대로 연구하려면 '모든 것'을 연구해야 한다.

오늘날 천문학자들은 혜성 5253개의 목록을 작성했다. 혜성은 크게 장주기 혜성과 단주기 혜성의 두 종류로 나눌 수 있다. 장주기 혜성은 공전 주기가 200년 이상인 혜성으로, 그 궤도는 태양계 바깥쪽 지역까지 멀리 뻗어 있다. 단주기 혜성은 공전 주기가 200년 미만인 혜성으로, 태양에 더 가까운 궤도를 돌며, 여전히 타원이긴 하지만 더 둥근 궤도를 돈다. 핼리 혜성은 공전 주기가 75년이므로 단주기 혜성이다. 쌍곡선 궤도를 따라 움직이는 혜성도 일부 있다. 쌍곡선은 고대 그리스 기하학자들이 발견한 원뿔 곡선 중 하나라고 이미 앞에서 언급한 적이 있다. 쌍곡선은 타원과 달리 폐곡선이 아니다. 쌍곡선 궤도로 움직이는 천체는 아주 멀리서 날아와 태양을 돈 뒤에 태양과 충돌하지 않는다면 다시 우주 공간으로 멀어져 다시는 나타나지 않는다.

쌍곡선 궤도는 이 혜성들이 성간 공간에서 태양을 향해 날아온다고 시사하지만, 이제 천문학자들은 그중 대부분 혹은 어쩌면 전부 다가 원래 아주 멀리서 닫힌 궤도를 돌다가 목성의 중력에 섭동을 받아 쌍곡선 궤도로 바뀌었다고 생각한다. 타원과 쌍곡선 궤도는 천체의 에너지에 따라 갈린다. 에너지가 임계값보다 작으면, 궤도는 닫힌 타원이 된다. 그리고 임계값보다 크면, 궤도는 쌍곡선이 된다. 임계값과 같으면, 포물선이 된다. 아주 큰 타원 궤도를 도는 혜성은 목성에서 받은 섭동의 영향으로 추가 에너지를 얻어 임계값을 넘어설 수 있다. 바깥쪽 행성과 근접 조우를 할 때, 새총 효과slingshot effect를 통해 추가로 에너지를 얻을 수 있다. 이 경우에 혜성은 행성의 에너지 중 일부를 빼앗아가지만, 행성은 질량이 아주 커서 표도 나지 않는다. 이런 식으로 혜성의 궤도가 쌍곡선으로 변할 수 있다.

포물선 궤도는 현실적으로 불가능한데, 에너지가 임계값에 아슬아슬하게 걸쳐진 채 유지되어야 하기 때문이다. 하지만 바로 이 이유 때문에 포물선은 혜성의 궤도 요소들을 계산하는 첫 단계로 흔히 사용된다. 포물선은 타원과 쌍곡선 둘 다에 가깝다.

✦

그렇다면 헤드라인을 장식한 단주기 혜성 이야기로 다시 돌아가보자. 그 혜성은 바로 67P/추류모프-게라시멘코로, 발견자인 클림 추류모프Klim Churyumov와 스베틀라나 게라시멘코Svetlana Gerasimenko의 이름을 딴 것이다. 이 혜성은 6년 반마다 한 번씩 태양 주위를 돈다. 지금까지 67P는 태양 주위를 한가롭게 돌아다니다가 태양에 가까워지면 가열된 수증기 제트를 분출하던 평범한 혜성이었는데, 천문학자들이 이 혜성에 관심을 갖기 시작하면서 마침내 무인 탐사선 로제타호를 보내게 되었다. 로제타호가 목표물에 접근하자, 67P는 우주 고무 오리처럼 생긴 것으로 드러났다. 둥근 덩어리 2개가 좁은 목을 통해 붙어 있었다. 처음에는 이러한 모양이 둥근 물체 2개가 아주 느리게 들러붙어서 생긴 것인지, 한 물체가 침식이 일어나 좁은 목 부분이 생긴 것인지 확실히 알 수 있는 사람이 아무도 없었다.

2015년 후반에 67P의 자세한 상에 천재적인 수학을 적용함으로써 이 문제가 해결되었다. 67P의 지형은 얼핏 보기에는 삐죽삐죽한 절벽들과 편평한 분지 지역들이 무작위로 뒤섞여 있어 무질서하고 불규칙해 보이지만, 표면의 세부 특징들은 그 기원에 대해 단서를 제공한다. 양파 껍질을 무작위로 벗기면서 조각들을 잘라낸다고 상상해보라. 표면과 평행하게 얇은 조각들을 떼어낸 곳에는 편평한 지역이 남을 것이고, 깊게 파인 조각을 떼어낸 곳에는 겹겹의 층들이 드러날 것이다. 혜성의 편평한 분지 지역은 얇은 조각이 떨어져 나간 곳과 비슷하며, 절벽과 그 밖의 지역에서는 층층이 쌓인 얼음층이 드러난 경우가 많다. 예컨대 16쪽 사진을 보면, 위쪽과 중앙 오른쪽에서 얼음층들을 볼 수 있고, 편평한 지역도 많이 있다.

천문학자들은 초기 태양계에서 혜성이 처음 생겨났을 때 강착을 통해 성장했다고 생각한다. 그래서 양파처럼 얼음층이 겹겹이 쌓이게 되었다. 따라서 67P 사진들에서 드러나는 지질학적 구조들이 이 이론과 일치하는가라는 질문을 던질 수 있고, 만약 일치한다면 그 지질학적 특징을 바탕으로 혜성의 역사를 재구성할 수 있다.

이탈리아의 마테오 마시로니Matteo Massironi와 공동 연구자들은 2015년에 이 과제에 도전했다.[1] 이들이 얻은 결과는 오리 모양이 부

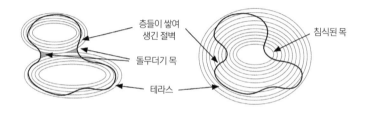

67P의 구조를 설명하는 두 경쟁 시나리오. 왼쪽: 충돌설. 오른쪽: 침식설.

드러운 충돌을 통해 만들어졌다는 이론을 강하게 뒷받침한다. 기본 개념은 얼음층의 지질학적 구조로부터 혜성의 역사를 추론할 수 있다는 것이다. 사진들을 대충 살펴보면, 두 물체가 합쳐졌다는 이론이 더 그럴듯해 보이지만, 마시로니 팀은 3차원 기하학과 통계학, 혜성의 중력장에 대한 수학적 모형을 사용해 더 세밀한 수학적 분석 작업을 했다. 이 팀은 관찰된 혜성 표면 모양의 수학적 표상을 가지고 시작해 테라스(편평한 지역)나 케스타cuesta(한쪽이 비교적 가파르고 다른 쪽이 완만한 대지臺地 – 옮긴이)처럼 관찰된 층들과 각각 관련이 있는 지

테라스와 케스타와 가장 잘 들어맞는 평면들을 나타낸 그림. 왼쪽: 충돌설. 오른쪽: 침식설.
실제 계산은 가장 잘 일치하는 것에 대한 통계적 측정값들을 사용해 3차원에서 실행했고, 103개의 평면을 사용했다.

질학적 특징에 가장 잘 일치하는 평면 103개의 위치와 방향을 먼저 알아냈다. 그들은 이 평면들이 각각의 엽 주위에서는 잘 들어맞지만, 엽들이 연결된 장소인 목 부분에서는 들어맞지 않는다는 사실을 발견했다. 이것은 서로 만나서 들러붙기 전에 각각의 엽이 성장하면서 양파 같은 층들이 생겨났음을 시사한다.

얼음층들은 생겨날 때 중력의 국지적 방향과 대략 수직을 이루었다. 이것은 추가 물질이 '아래로' 떨어진다는 말을 전문적으로 바꾸어 말할 때 쓰는 표현이다. 따라서 추가 확인을 위해 이 팀은 두 가지 가설 각각에 대해 혜성의 중력장을 계산했고, 통계적 방법을 사용해 얼음층들이 충돌 모형과 더 잘 일치한다는 것을 보여주었다.

67P는 주로 얼음으로 이루어져 있는데도 캄캄한 밤처럼 어두운 색이고, 수천 개의 암석이 충돌한 자국이 있다. 필라이호는 오리 머리 부분에 어렵게 착륙했는데, 결국 이 착륙은 일시적인 것이 되고 말았다. 착륙은 의도한 대로 일어나지 않았다. 필라이호에 실린 장비 중에는 소형 로켓 모터, 나사산이 있는 대못, 작살, 태양 전지판이 포함돼 있었다. 원래 계획은 부드럽게 착륙한 뒤, 로켓을 분사해 착륙선을 혜성 표면에 들러붙게 하고, 작살로 혜성을 찔러 로켓이 꺼진 뒤에도 착륙선이 표면에 붙어 있게 하고, 대못들을 빙빙 돌리면서 표면에 찔러 넣어 착륙선을 그곳에 계속 머물게 하고, 태양 전지판을 사용해 햇빛에서 에너지를 얻는 것이었다. 계획은 좋았으나…… 로켓은 분사에 실패했고, 작살은 꽂히는 데 실패했으며, 나사는 대못을 고정시키지 못했고, 그 결과로 태양 전지판은 결국 깊은 그림자 속에 갇혀 햇빛을 전혀 이용하지 못했다.

화제가 된 '완벽한 삼점 착륙(두 무릎과 코로)'에도 불구하고, 필라이호는 중요한 데이터를 보내오면서 과학적 목표를 대부분 달성했다. 67P가 태양에 더 가까워짐에 따라 햇빛이 더 강해지면서 필라이호가 잠에서 깨어나 추가로 더 많은 데이터를 보내올지도 모른다는 일말의 기대가 있었다. 필라이호는 잠깐 동안 유럽우주기구와 다시 연결되었다가 통신이 중단되었는데, 아마도 혜성의 활동 증가로 손상을 입었을 것이다. 전력이 동나기 전에 필라이호는 혜성 표면이 검은 먼지로 뒤덮인 얼음이라는 사실을 확인했다. 앞에서 말했듯이 필라이호는 얼음에 포함된 중수소 비율이 지구의 바다보다 더 높다는 측정 결과도 보내왔다. 이 사실은 바닷물 중 대부분이 태양계 생성 초기에 혜성들이 공급한 물로 이루어졌다는 가설에 심각한 의문을 던진다.

필라이호가 보내온 데이터를 바탕으로 일어난 천재적인 연구가 추가로 유용한 정보를 제공했다. 예를 들면, 필라이호의 착륙 지지대가 어떻게 압축되었는지 수학적으로 분석한 결과는 67P가 여러 곳에 단단한 지각이 있지만, 다른 곳들에서는 표면이 더 부드럽다는 사실을 보여주었다. 로제타호가 촬영한 사진들에는 착륙선이 맨 먼저 혜성에 충돌한 장소에 남긴 자국 3개가 포함돼 있는데, 충분히 깊이 파인 흔적은 그곳 물질이 비교적 무르다는 것을 보여준다. 필라이호에 탑재된 망치로는 필라이호가 정지한 지점의 얼음을 뚫을 수가 없었는데, 따라서 그곳 표면은 단단한 것이 분명하다. 한편, 67P 중 상당 부분은 구멍이 숭숭 뚫린 상태인데, 내부 중 $\frac{3}{4}$은 텅 빈 공간이다.

필라이호는 흥미로운 화학적 특징에 관한 정보도 일부 보내왔다. 간단한 유기 화합물(유기 화합물은 탄소를 기반으로 한 화합물로, 지구의 생명체는 유기 화합물을 바탕으로 만들어졌다) 여러 종류와 더 복잡한 유기 화합물인 폴리옥시메틸렌(아마도 더 단순한 분자인 폼알데하이드로부터 햇빛의 작용으로 만들어진)이 발견되었다. 천문학자들은 로제타호가 보내온 한 가지 화학적 발견에 깜짝 놀랐는데, 혜성을 둘러싼 가스 구름에서 상당히 많은 양의 산소 분자가 발견된 것이다.[2] 이들은 너무 놀란 나머지 처음에는 실수일 거라고 생각했다. 태양계의 기원에 관한 종래의 가설들에서는 산소가 가열되어 다른 원소들과 반응하면서 이산화탄소 같은 화합물을 만들었기 때문에 더 이상 순수한 산소 형태로는 존재하지 않았을 것이라고 보았다. 하지만 이 발견에 따르면, 초기 태양계는 이전에 생각했던 것만큼 격렬한 활동이 일어나지 않았던 것이 틀림없고, 그래서 고체 산소 알갱이들이 천천히 쌓이면서 화합물이 되는 운명을 피한 것으로 보인다.

이것은 배회하는 행성들과 충돌하는 미행성체처럼 태양계가 탄생할 때 일어났던 것으로 생각되는 더 극적인 사건들과 모순되지 않지만, 성장이 느리고 부드럽게 진행되는 가운데 그런 사건들이 이따금씩 비교적 드물게 일어났음을 시사한다.

✦

혜성은 어디에서 날아올까?

장주기 혜성은 현재 궤도를 영원히 고수할 수 없다. 혜성은 태양계를 지나가는 동안 다른 천체와 충돌하거나 근접 조우를 통해 멀리 우주로 내던져져 다시는 돌아오지 못하게 될 위험이 있다. 그럴 확률은 낮지만, 수백만 번이나 궤도를 돌다 보면 그런 재앙을 만날 위험이 높아진다. 게다가 혜성은 태양에 가까이 다가갈 때마다 얼음이

　　　　　　　　　　　　　　　　　우주를 계산하다

승화하면서 질량을 잃어 점점 축소된다. 그래서 오랜 시간이 지나면, 혜성은 녹아서 사라진다.

1932년, 에스토니아 천문학자 에른스트 외픽Ernst Öpik은 한 가지 탈출구를 제안했다. 태양계 바깥쪽 영역에 얼음 미행성체들이 아주 많이 있어 혜성을 공급하는 역할을 한다는 것이다. 네덜란드 천문학자 얀 오르트Jan Oort도 1950년에 독자적으로 같은 생각을 했다. 가끔 이 얼음 물체 중 하나가 아마도 다른 물체와 충돌할 뻔한 사건이나 카오스적 중력 섭동의 결과로 이곳에서 이탈한다. 그러면 궤도가 변해 태양을 향해 나아가게 되고, 태양에 가까워지면서 가열되어 혜성의 특징인 코마와 꼬리가 발달한다. 오르트는 이 메커니즘을 수학적으로 아주 자세하게 연구했는데, 지금은 그의 연구 업적을 기려 혜성의 핵을 공급하는 물체들이 모여 있는 이 지역을 오르트 구름이라 부른다(소행성대를 설명할 때 이야기한 것처럼 이 이름을 문자 그대로 받아들이면 곤란하다. 오르트 구름은 매우 희박한 구름이니까).

오르트 구름은 약 5000AU에서 5만 AU(0.03~0.79광년)에 이르는 광대한 지역에 걸쳐 뻗어 있는 것으로 보인다. 2만 AU 거리까지 뻗어 있는 안쪽 구름은 대략 황도면과 일치하는 원환체 모양을 하고 있고, 바깥쪽의 헤일로는 구형 껍질이다. 바깥쪽 헤일로에는 폭이 1km 이상 되는 물체가 수조 개나 있고, 안쪽 구름에는 그보다 약 100배나 많이 있다. 오르트 구름의 전체 질량은 지구의 약 5배에 이른다. 이 구조는 직접 관측된 적이 없지만, 이론적 계산을 통해 추론할 수 있다.

시뮬레이션과 그 밖의 증거는 오르트 구름이 국지적 원시 행성 원반이 붕괴하기 시작하면서 태양계가 만들어질 때 생겨났다고 시사한다. 우리는 앞에서 그 결과로 생겨난 미행성체들이 원래는 태양에 더 가까이 위치하고 있었는데, 거대한 행성들 때문에 바깥쪽 지역으로 내던져졌다는 증거에 대해 이야기한 적이 있다. 오르트 구름은 태양계가 생성되고 남은 찌꺼기가 모여 있는 곳일지도 모른다. 아니면 두 별의 중력장이 상쇄되는 경계선 부근인 그곳에 늘 존재했던 물질을 더 많이 끌어들이기 위해 태양과 이웃 별 사이에 벌어진 경쟁의 산물일지도 모른다. 혹은 2010년에 해럴드 레비슨Harold Levison과 공동 연구자들이 제안한 것처럼, 태양이 근방에 있는 200여 개의 별로 이루어진 항성 집단의 원시 행성 원반에서 부스러기들을 훔친 결과일지도 모른다.

만약 방출설이 옳다면, 오르트 구름 천체들의 처음 궤도는 아주 길고 가느다란 타원이었을 것이다. 하지만 이 천체들은 대부분 오르트 구름 내에 머물기 때문에, 지금은 궤도가 훨씬 불룩해져 거의 원형에 가까워졌다. 궤도가 불룩해진 것은 가까운 별들과의 상호 작용과 은하계의 기조력(우리은하 전체가 미치는 중력 효과) 때문인 것으로 보인다.

✦

단주기 혜성은 사정이 다른데, 그 기원도 장주기 혜성과 다르게 카이퍼대와 산란 원반에서 생겨나는 것으로 보인다.

명왕성이 발견되었을 때, 그 크기가 상당히 작은 것으로 드러나자, 많은 천문학자들은 명왕성이 또 하나의 케레스(수천 개의 천체를 포함한 거대한 띠에서 발견된 최초의 새 천체)가 아닐까 의심했다. 그중 한 사람(최초로 그런 주장을 펼친 사람은 아니지만)은 케네스 에지워스Kenneth Edgeworth로, 1943년에 해왕성 너머의 태양계 바깥쪽 지역이 원시 가스 구름의 응축으로 생겨날 때, 물질의 밀도가 충분히 크지 않아 큰 행성을 만들지 못했다고 주장했다. 그는 또한 이 물체들을 혜성의 잠재적 공급원으로 간주했다.

1951년, 제러드 카이퍼Gerard Kuiper는 태양계 생성 초기에 작은 물체들이 모인 원반이 그 지역에 생겨났다고 주장했지만, 명왕성이 지구와 비슷한 크기였다고 생각해(그 당시 많은 사람들이 그랬던 것처럼) 명왕성이 원반을 교란시켜 그 물체들을 뿔뿔이 흩어지게 했다고 보았다. 나중에 그런 원반이 지금도 존재하는 것으로 드러나자, 이 지역을 카이퍼대라고 부르게 되었는데, 카이퍼로서는 자신이 그 존재를 예측하지 '않은' 지역에 이름이 붙었기 때문에 마냥 즐겁지만은 않은 영예였다.

이 지역에서 개별적인 천체가 여럿 발견되었다. 그런 해왕성 바깥 천체TNO는 이미 앞에서 소개한 바 있다. 카이퍼대의 존재 문제에 확실한 매듭을 지은 것은 이번에도 혜성이었다. 1980년, 훌리오 페르난데스Julio Fernández는 단주기 혜성들을 대상으로 통계적 연구를 했다. 이들이 모두 다 오르트 구름에서 왔다고 보기에는 그 수가 너무 많았다. 오르트 구름에서 날아오는 혜성 600개 가운데 599개는 장주기 혜성이 되고, 오직 하나만 거대 행성의 중력에 붙들려 단주기 혜성으로 궤도가 변해야 했다. 아마도 태양으로부터 35AU에서 50AU 사이의 거리에 얼음 천체들이 많이 모여 있는 곳이 있을 것이라고 페르난데스는 말했다. 마틴 덩컨Martin Duncan, 톰 퀸Tom Quinn, 스콧 트리메인이 1988년에 한 일련의 시뮬레이션 결과는 페르난데스의 주장을 강하게 지지했는데, 이들은 또한 단주기 혜성의 궤도가 황도면 가까이에 머물러 있는 반면, 장주기 혜성은 아무 방향에서나 제멋대로 날아온다고 지적했다. 결국 이 제안은 '카이퍼대'라는 이름과 함께 받아들여졌다. 일부 천문학자들은 '에지워스-카이퍼대'라는 이름을 선호하는 반면, 어떤 천문학자들은 어느 이름도 인정하지 않는다.

카이퍼대의 기원은 안개 속에 싸여 있다. 초기 태양계를 시뮬레이션한 결과들은 앞에서 언급한 바 있는 시나리오, 즉 네 거대 행성이 오늘날과는 다른 순서로 생겨났다가 이동하면서 미행성체들을 사방으로 흩뜨렸다는 시나리오를 시사한다. 원시 카이퍼대에 있던 물체 중 대부분은 멀리 밀려났지만, 100개 중 1개는 제자리에 머물렀다. 오르트 구름 안쪽 지역처럼 카이퍼대는 흐릿한 원환체를 이루고 있다.

카이퍼대의 물질 분포는 균일하지 않다. 이곳의 물질 분포는 소행성대처럼 공명 때문에 변형이 일어났는데, 이번의 공명 상대는 해왕성이다. 약 50AU 거리에 카이퍼대 천체의 수가 갑자기 급감하는 지점인 카이퍼대 절벽이 나타난다. 그 이유는 아직 설명되지 않았는데, 파트릭 리아카와Patryk Lyakawa는 발견되지 않은 큰 천체 때문이 아닐까 생각한다. 만약 이게 사실이라면, 이 천체야말로 진정한 행성 X인 셈이다.

산란 원반은 더욱 불가사의한 존재인데, 알려진 정보가 더 적다. 산란 원반은 카이퍼대와 살짝 겹치지만 약 100AU 거리까지 더 멀리 뻗어 있으며, 황도면에서 크게 기울어져 있다. 산란 원반에 존재하는 천체들은 아주 길쭉한 타원 궤도를 돌며, 경로가 바뀌어 태양계 안쪽으로 들어오는 경우가 많다. 여기서 이들은 한동안 켄타우루스 천체centaur로 머물다가 다시 궤도가 바뀌어 단주기 혜성으로 변한다. 켄타우루스 천체는 목성과 해왕성 궤도 사이에서 황도를 가로지르는 궤도를 도는 천체를 말한다. 켄타우루스 천체는 수백만 년 동안만 지속되는데, 폭이 1km 이상인 것은 4만 5000개 정도 있는 것으로 추정된다. 단주기 혜성 중 대다수는 카이퍼대보다는 산란 원반에서 날아오는 것으로 보인다.

✦

1993년, 캐럴린 슈메이커Carolyn Shoemaker와 유진 슈메이커Eugene Shoemaker, 데이비드 레비David Levy가 새로운 혜성을 발견했는데, 나중에 이 혜성에는 슈메이커-레비 9라는 이름이 붙었다. 특이하게도 이 혜성은 목성에 붙들려 그 주위를 돌고 있었다. 궤도 분석 결과, 목성에 붙들린 사건은 그보다 20~30년 전에 일어난 것으로 드러났다. 슈메이커-레비 9는 두 가지 점에서 아주 특이했다. 우선 행성 주위

1994년 5월 17일에 관측한 슈메이커-레비 9.

의 궤도를 도는 혜성으로는 처음 발견된 것이었고, 또 많은 파편으로 쪼개진 것처럼 보였다.

그 궤도를 시뮬레이션했더니 그 이유가 밝혀졌다. 역산한 결과, 슈메이커-레비 9는 1992년에 목성의 로슈 한계 안쪽으로 들어온 게 분명했다. 그러자 목성의 기조력에 슈메이커-레비 9는 산산조각나 일렬로 늘어선 20여 개의 파편이 되었다. 슈메이커-레비 9는 1960~1970년 무렵에 목성의 중력에 붙들렸고, 이 근접 조우로 인해 궤도가 길고 가늘게 변했다.

미래의 궤도를 시뮬레이션했더니, 다음번에 목성에 근접하는 1994년 7월에 목성에 충돌할 것이라는 예측 결과가 나왔다. 천문학자들은 천체가 충돌하는 사건을 직접 본 적이 없었기 때문에 이 발견은 큰 흥분을 자아내었다. 충돌은 목성의 대기를 뒤흔들어 평소에 두꺼운 구름에 가려져 있는 더 깊은 층들에 대해 더 많은 정보를 알려줄 것으로 기대되었다. 막상 그때가 되자 충돌은 예상보다 훨씬 극적으로 일어났고, 목성에 일련의 거대한 흉터를 남겼는데, 이것들은 천천히 사라지기까지 몇 달 동안 관측되었다. 모두 21번의 충돌 사건이 목격되었다. 가장 큰 충돌에서는 지구에 존재하는 핵무기를 모두 한꺼번에 폭발시킨 것보다 600배나 많은 에너지가 나왔다.

이 충돌 사건은 과학자들에게 목성에 관해 새로운 사실을 많이 알려주었다. 하나는 목성이 담당하는 천체 진공청소기 역할이다. 슈메이커-레비 9는 목성 주위의 궤도를 도는 것으로 관측된 유일한 혜성이었을지 몰라도, 현재의 궤도를 분석한 결과에 따르면, 과거에 최소한 5개의 혜성이 더 있었던 것으로 보인다. 그런 혜성 포획 사건은 모두 일시적인 것에 그쳤다. 이 혜성들은 다시 태양에 재포획되거나

어두운 점들은 슈메이커-레비 9의 파편들이 충돌한 장소들이다.

결국에는 다른 천체와 충돌했다. 칼리스토에 있는 일련의 크레이터 13개와 가니메데에 있는 3개는 혜성이 가끔은 목성이 아닌 다른 천체하고도 충돌한다는 것을 시사한다. 이 모든 증거를 종합해보면, 목성은 혜성과 그 밖의 우주 부스러기를 붙들었다가 충돌함으로써 청소한다는 사실을 알 수 있다. 인간의 기준에서 보면 그런 사건은 아주 희귀하게 일어나지만, 우주적 시간 척도에서는 빈번하게 일어난다. 폭이 1.6km 이상인 혜성이 목성과 충돌하는 사건은 약 6000년마다 한 번씩 일어나며, 작은 혜성의 충돌 사건은 더 자주 일어난다.

목성의 청소부 역할 덕분에 안쪽 행성들은 혜성이나 소행성과 충돌할 위험에서 벗어나는데, 이 때문에 피터 워드Peter Ward와 도널드 브라운리Donald Brownlee는 《희귀한 지구Rare Earth》[3]에서 목성 같은 큰 행성이 안쪽 세계들을 생명이 살기에 더 좋은 곳으로 만들어준다고 주장했다. 그런데 이 유혹적인 추론에는 유감스럽지만, 목성은 소행성대의 소행성들을 교란시켜 안쪽 행성들과 충돌하게 만드는 역할도 한다. 만약 목성이 조금만 더 작았더라면, 전체적인 효과는 지구의 생명에게는 매우 해로운 것이 되었을 것이다.[4] 현재 크기로도 지구의 생명에게 미치는 전체적인 효과는 별로 유의미한 이익이 없는 것으로 보인다. 《희귀한 지구》는 어쨌든 충돌에 대해 양면적 태도를 보인다. 목성을 혜성의 충돌로부터 우리를 구해주는 구세주로 칭송하는 한편으로, 소행성들을 날려 보내 생태계를 뒤흔들고 더 빠른 진화를 촉진하는 경향을 칭찬한다.

슈메이커-레비 9는 많은 미국 의원에게 혜성 충돌이 초래할 엄청난 재앙을 깊이 인식시켰다. 목성에 남은 가장 큰 충돌 흔적은 거의 지구와 같은 크기였다. 현재의 기술이나 예견 가능한 미래의 기술로는 이런 규모의 충돌로부터 우리를 보호할 수 있는 방법이 없지만, 이 사건은 그 대신에 우리에게 혜성이건 소행성이건 사전 경고를 충분히 한다면, 충돌을 막을 수도 있는, 규모가 더 작은 충돌 사건에 초점을 맞추게 했다. 의회는 신속하게 NASA에 폭이 1km가 넘는 지구 근접 소행성들의 목록을 작성하라고 지시했다. 지금까지 872개가 발견되었는데, 그중 153개는 지구에 충돌할 잠재력이 있다. 추정에 따르면, 그 밖에도 아직 발견되진 않았지만 70여 개가 더 존재하는 것으로 보인다.

09 ── 우주의 카오스
카오스 동역학

"이건 매우 비정상이에요."
―〈에어플레인 2〉 중에서

명왕성의 위성들은 불안정하게 흔들린다.

명왕성에는 위성이 5개 있다. 카론은 구형이고, 주천체에 비해 특이하게 큰 반면, 닉스와 히드라, 케르베로스, 스틱스는 작고 불규칙하게 생긴 덩어리이다. 카론과 명왕성은 조석 고정이 일어나 항상 서로 같은 면을 바라보고 있다. 나머지 위성들은 그렇지 않다. 2015년, 허블 망원경은 닉스와 히드라에 반사돼 나오는 빛에서 비정상적인 변이를 관측했다. 천문학자들은 회전하는 물체에 관한 수학적 모형을 사용해 이 두 위성이 이리저리 돈다는, 하지만 규칙적인 방식으로 돌지는 않는다는 사실을 알아냈다. 그 움직임은 카오스적으로 일어난다.[1]

수학에서 '카오스적chaotic'이라는 단어는 그저 '불규칙하고 예측 불가능한' 것을 뜻하는 유행어가 아니다. 이 단어는 '결정론적' 카오스를 의미하는데, 완전히 규칙적인 법칙으로부터 겉보기에 불규칙한 행동처럼 보이는 결과가 나오는 것을 말한다. 이것은 역설적인 것처럼 들릴 수 있지만, 이 조합은 불가피할 때가 많다. 카오스는 무작위적인 것처럼 보이지만(그리고 어떤 측면에서는 무작위적이지만), 매일 아침 해가 뜨는 것처럼 규칙적이고 예측 가능한 행동을 낳는 수학 법칙들에서 파생한다.

허블 망원경으로 더 자세히 측정한 결과는 스틱스와 케르베로스 역시 카오스적으로 회전한다는 것을 시사한다. 뉴호라이즌스호가 명왕성을 방문해 수행한 임무 중 하나는 이 이론을 입증하는 것이었다. 뉴호라이즌스호는 16개월 동안 데이터를 지구로 보내기로 돼 있었다.

불안정하게 흔들리는 명왕성의 위성들은 우주의 카오스 동역학에 관한 속보를 전해주지만, 천문학자들은 아주 작은 위성들에 관한 세부 사실에서부터 태양계의 장기적 미래에 이르기까지 우주의 카오스를 보여주는 예를 많이 발견했다. 토성의 위성인 히페리온은 또 하나의 카오스적 공중제비를 보여주는 천체이다(이런 행동이 포착된 최초의 위성이기도 하다). 지구의 자전축은 $23.4°$의 기울기를 비교적 안정적으로 유지하고 있어 규칙적인 계절 변화를 가져다주지만, 화성의 자전축 기울기는 카오스적으로 변한다. 수성과 금성도 한때 그랬지만 태양의 조석 효과 때문에 안정되었다.

카오스와 소행성대의 3:1 커크우드 간극은 연관 관계가 있다. 목성은 이 지역에 있는 소행성을 제멋대로 태양계 곳곳으로 날려 보내면서 청소한다. 일부 소행성은 화성 궤도를 가로질러가는데, 화성의 중력에 영향을 받아 다시 방향이 바뀔 수 있다. 공룡이 최후를 맞이한 사건도 이렇게 일어났을지 모른다. 목성의 트로이군 소행성들은 아마도 카오스 동역학의 결과로 그곳에 붙들렸을 것이다. 카오스 동역학은 심지어 천문학자들에게 소행성 가족의 나이를 추정하는 방법도 제공했다.

태양계는 거대한 시계 장치 기계이기는커녕 행성들을 상대로 룰렛 게임을 벌인다. 이를 시사하는 최초의 단서는 1988년에 제리 서스먼Gerry Sussman과 잭 위즈덤Jack Wisdom이 발견했는데, 명왕성의 궤도 요소들이 다른 행성들이 미치는 중력의 영향으로 불규칙하게 변한다는 사실이 그것이다. 1년 뒤, 위즈덤과 라스카르는 지구의 궤도 역시 비록 경미하긴 하지만 카오스적이라는 사실을 보여주었다. 궤도 자체는 큰 변화가 없지만, 궤도상에서 지구의 장기적 위치(예컨대 앞으로 1억 년 후의 위치)는 예측할 수 없다.

서스먼과 위즈덤은 또한 안쪽 행성들이 없다면, 목성과 토성, 천왕성, 해왕성도 장기적으로 카오스적 행동을 나타내리라는 사실을 보여주었다. 이 바깥쪽 행성들은 나머지 모든 행성들에 큰 영향을 미치기 때문에 태양계에서 일어나는 카오스의 주요 원인이다. 하지만 카오스는 태양계에만 나타나는 게 아니다. 계산에 따르면, 먼 별들 주위를 도는 많은 외계 행성들도 카오스적 궤도를 도는 것으로 보인다. 천체물리학적 카오스도 존재한다. 일부 별에서 나오는 빛의 양은 카오스적으로 변한다.[2] 비록 천문학자들은 모형을 만들 때 은하 안에서 움직이는 별들의 궤도를 대개 원으로 나타내지만(12장 참고), 별들의 움직임도 카오스적일지 모른다.

카오스는 우주를 지배하는 것처럼 보인다. 하지만 천문학자들은 카오스의 주요 원인이 단순한 정수 비로 표현되는 공명 궤도라는 사실을 자주 발견했다. 3 : 1 커크우드 간극처럼 말이다. 반면에 카오스는 패턴을 만들어내는 원인이기도 하다. 12장에서 보게 되겠지만, 은하들의 나선 모양 팔들을 그 예로 볼 수 있다.

질서는 카오스를 만들어내고, 카오스는 질서를 만들어낸다.

✦

무작위 계는 기억이 없다. 주사위[3]를 두 번 던질 때, 먼저 나온 수는 두 번째에 어떤 수가 나올지에 대해 아무것도 알려주지 않는다. 그것은 먼젓번과 같은 수일 수도 있고 다른 수일 수도 있다. 6이 오랫동안 나오지 않았으니 '평균의 법칙'에 따라 이번에 6이 나올 확률이 더 높다고 이야기하는 사람의 말은 믿지 마라. 그런 법칙은 없다. 공정한 주사위라면 결국에는 6이 나오는 비율이 $\frac{1}{6}$에 아주 가까워지는 건 사실이지만, 그것은 모든 편차를 압도할 정도로 시행 횟수가 아주 많을 때 일어나는 것이지, 주사위가 갑자기 이론적 평균이 가리키는 곳으로 가야겠다고 마음먹어서 일어나는 일이 아니다.[4]

이와는 대조적으로 카오스 계는 일종의 단기 기억을 갖고 있다. 지금 일어나는 일은 잠시 후의 미래에 일어날 일에 대해 힌트를 준다. 아이러니하게도 만약 주사위가 카오스적이라면, 오랫동안 6이 나오지 않은 사건은 아마도 조만간 일어나지 '않을' 것이라는 증거가 된다.[5] 카오스 계는 그 행동에 비슷한 반복이 아주 많이 일어나며, 그래서 과거는 가까운 미래를 예측하는 데 합리적인 길잡이 역할을 한다—절대로 확실한 것은 아니지만.

이런 종류의 예측이 유효한 시간을 예측 지평선(전문 용어로는 랴푸노프 시간Lyapunov time)이라 부른다. 카오스 동역학계의 현재 상태를

우주를 계산하다

더 정확하게 알수록 예측 지평선은 더 길어진다—하지만 예측 지평선은 측정의 정확도가 높아지는 것보다 훨씬 느리게 증가한다. 아무리 정확하게 안다 하더라도, 현재 상태에 대한 약간의 오차는 결국 아주 크게 불어나 예측을 압도하게 된다. 이런 행동은 기상학자 에드워드 로렌츠Edward Lorenz가 단순한 날씨 모형에서 발견했는데, 기상 예보관들이 사용하는 더 복잡한 날씨 모형들에서도 마찬가지로 나타난다. 대기의 운동은 무작위적 요소가 전혀 없는 특정 수학 법칙들을 따르지만, 불과 며칠 후의 기상 예보도 얼마나 믿을 수 없는지 우리는 잘 안다.

이것이 바로 나비 한 마리가 날갯짓을 한 번 한 것이 한 달 뒤에 지구 반대편 지역에 허리케인을 초래할 수 있다는 로렌츠의 유명한 (그리고 많은 오해를 낳은) 나비 효과이다.[6]

말도 안 되는 소리라고 생각하더라도 나는 여러분을 책망하진 않겠다. 나비 효과는 실제로 존재하지만, 아주 특별한 의미에서만 그렇다. 오해를 낳는 주요 원인은 '초래한다'는 단어에 있다. 나비의 날갯짓에 담긴 그 작은 에너지가 허리케인의 엄청난 에너지를 만들어낼 수 있다는 이야기는 사실 믿기 어렵다. 실제로도 그렇지 않다. 허리케인의 에너지가 나비의 날갯짓에서 나오는 것은 아니다. 그 에너지는 다른 곳에서 재분배된 것인데, 날갯짓이 기상계의 나머지 부분들과 상호 작용한 결과로 그런 일이 일어난다.

날갯짓이 일어난 후 여분의 허리케인 외에는 이전과 정확하게 똑같은 날씨가 계속된다. 대신에 전 세계적으로 전체 날씨 패턴이 변한다. 처음에는 변화 규모가 작지만 그것은 점점 커진다. 에너지가 커지는 게 아니라, 그런 일이 없었더라면 일어났을 상황과의 '차이'가 커진다. 그리고 그 차이는 급속도로 커지고 예측 불가능하게 변한다. 만약 그 나비가 2초 뒤에 날개를 퍼덕였더라면, 대신에 필리핀에 토네이도를 '초래'하고 그 역작용으로 시베리아에 눈폭풍을 일으켰을지도 모른다. 혹은 대신에 사하라에 한 달 동안 안정된 날씨를 가져왔을 수도 있다.

수학자들은 이 효과를 '초기 조건에 민감한 의존성'이라 부른다. 카오스 계에서는 입력에 아주 미소한 차이가 나더라도 출력에 큰 차이를 초래할 수 있다. 이 효과는 실재하며, 매우 보편적으로 일어난다. 예를 들면 반죽을 이길 때 성분들이 고루 섞이는 이유도 이 때문이다. 반죽을 잡아 늘일 때마다 가까이 있던 밀가루 알갱이들이 더 멀어진다. 그러고 나서 주방에서 벗어나지 않도록 반죽을 다시 접으면, 멀어졌던 알갱이들이 다시 가까이에 위치할 수 있다(혹은 그렇지 않을 수도 있다). 국지적 늘어남과 접힘이 결합하여 카오스를 만들어낸다.

이것은 그냥 은유에 불과한 것이 아니다. 카오스 동역학을 만들어내는 수학적 기본 메커니즘을 일상 언어로 표현한 것이다. 대기는 수학적으로 반죽과 같다. 날씨를 지배하는 물리 법칙들은 국지적 대기의 상태를 '잡아 늘이지만', 대기는 행성을 벗어나지 못하므로 그 상태는 다시 자신을 향해 '접히게' 된다. 따라서 '만약' 처음에 날갯짓이 '있는' 상태와 '없는' 상태를 유일한 차이점으로 하여 지구의 날씨를 두 번 나타나게 한다면, 그 결과로 나타나는 행동은 기하급수적으로 달라질 것이다. 날씨는 여전히 날씨처럼 보이겠지만, 그것은 서로 아주 다른 날씨일 것이다.

현실에서 우리는 실제 날씨를 약간 다른 조건으로 두 번 나타나게 할 수 없지만, 실제 대기물리학을 반영한 모형들을 사용하는 기상 예보에서는 실제로 이런 일이 일어난다. 현재의 날씨 상태를 나타내는 수치들에 아주 작은 변화를 주어 미래 상태를 예측하는 방정식에 입력하면, 예보에 아주 큰 변화가 일어난다. 예를 들어 한 시뮬레이션에서 런던이 고기압 지역이라면, 다른 시뮬레이션에서는 저기압 지역으로 바꿀 수 있다. 이 성가신 효과를 우회하기 위해 현재 기상학자들이 사용하는 방법은 초기 조건에 무작위로 미소한 변화를 주어 많은 시뮬레이션을 해보고, 그 결과를 사용해 각각의 예측 확률이 어느 정도 될지 계량화하는 것이다. "천둥과 번개를 동반한 비가 쏟아질 확률이 20%"라고 하는 것은 바로 이런 의미이다.

현실에서는 적절하게 훈련시킨 나비를 사용해 허리케인을 일으키는 것은 불가능한데, 날갯짓의 효과를 예측하는 것 역시 동일한 예측 지평선이라는 제약이 따르기 때문이다. 그럼에도 불구하고, 심장 박동과 같은 다른 맥락에서는 이런 종류의 '카오스 제어'가 원하는 동역학적 행동을 향해 나아가도록 효율적인 길을 제공할 수 있다. 10장에서 우리는 우주 탐사 임무라는 맥락에서 천문학 분야의 예를 여럿 살펴볼 것이다.

✦

그래도 믿음이 가지 않는가? 최근에 초기 태양계에 관한 한 가지 발견이 이 점을 뚜렷하게 부각시켰다. 천상의 어떤 절대자가 한 기체 분자가 더 있다는 것 말고는 정확하게 동일한 조건에서 태양계를 다시 탄생하게 할 수 있다고 가정해보자. 그렇게 해서 탄생한 오늘날의 태양계는 지금의 태양계와는 얼마나 다를까?

여러분은 별로 차이가 없을 것이라고 생각할지 모른다. 하지만 나비 효과를 잊어서는 안 된다. 수학자들은 기체 속에서 서로 충돌하며 이리저리 돌아다니는 분자들은 카오스적이라는 사실을 증명했으므로, 붕괴하는 가스 구름 역시 비록 엄밀히 따지면 그 세부적인 내용은 다르더라도 카오스적이라는 사실은 별로 놀라운 일이 아닐 것이다. 이를 알아보기 위해 폴커 호프만Volker Hoffmann과 공동 연구자들은 미행성체를 2000개 포함한 단계에서 가스 원반의 동역학을 시뮬레이션하면서 충돌로 인해 미행성체들이 어떻게 결합해 행성으로 성장하는지 추적했다.[7] 그리고 그 결과를 각자 서로 다른 궤도를 가진 두 거대 기체 행성을 포함한 시뮬레이션과 비교했다. 이 세 가지 시나리오 각각에 대해 초기 조건을 조금씩 변화시키면서 열두 번씩 시뮬레이션해보았다. 시뮬레이션을 한 번 하는 데에는 슈퍼컴퓨터로 약 한 달이 걸렸다.

그들은 예상했던 대로 미행성체들의 충돌이 카오스적이라는 사실을 발견했다. 나비 효과가 극적으로 나타났다. 한 미행성체의 초기 위치를 단 1mm만 바꾸어도 완전히 다른 행성계가 나타났다. 이 결과를 바탕으로 호프만은 막 태어나는 태양계의 정확한 모형(만약 그런 게 가능하다면)에 기체 분자를 단 하나만 추가해도 그 결과에 아주 큰 변화가 일어나 지구가 생기지 않을 수도 있다고 생각한다.

그러니 시계 장치 우주 같은 것은 설 자리가 없다.

이런 상황에서는 우리가 존재할 가능성이 무에 가깝다는 생각에 사로잡혀 신의 섭리를 들먹이기 전에 이 계산의 다른 측면을 고려할 필요가 있다. 각각의 시행은 크기와 궤도가 제각각 다른 행성들을 낳

우주를 계산하다

지만, 각각의 시나리오에서 나타나는 '전체' 태양계는 서로 아주 비슷하다. 거대 기체 행성이 전혀 없다면, 암석 행성이 약 11개 생기는데, 대부분은 지구보다 작다. 거대 기체 행성이 있으면(더 현실적인 모형), 암석 행성이 4개 생기는데, 그 질량은 지구의 절반부터 지구보다 조금 더 큰 것까지 분포한다. 이것은 현재의 태양계와 아주 비슷하다. 비록 나비 효과가 궤도 요소들을 바꾸긴 하지만, 전반적인 구조는 이전과 거의 동일하다.

날씨 모형에서도 똑같은 일이 일어난다. '날갯짓'이 한 번 일어나면, 전 세계의 날씨는 그런 일이 일어나지 않았을 경우와 다르지만 그래도 그것은 여전히 '날씨'이다. 갑자기 액체 질소 홍수가 밀어닥친다거나 거대한 개구리들이 하늘에서 쏟아지진 않는다. 따라서 비록 초기의 가스 구름이 아주 약간 달랐더라도 태양계가 '정확하게' 현재의 형태로 만들어지진 않았겠지만, 그래도 지금의 태양계와 아주 비슷한 것이 진화했을 가능성이 매우 높다.

예측 지평선은 가끔 천체들로 이루어진 카오스 계의 나이를 추정하는 데 사용할 수 있는데, 그 계가 얼마나 빨리 해체되어 확산되는지를 지배하기 때문이다. 소행성 가족들이 그 예이다. 이 가족들을 확인할 수 있는 이유는 그 구성원들의 궤도 요소가 서로 아주 비슷하기 때문이다. 각각의 소행성 가족은 과거의 어느 시점에 하나의 큰 천체가 분해돼 생긴 것으로 보인다. 1994년, 안드레아 밀라니Andrea Milani와 파올로 파리넬라Paolo Farinella는 이 방법을 사용해 베리타스 소행성 가족의 나이가 많아야 5000만 년이라는 사실을 알아냈다.[8] 이 소행성 가족은 소행성 490 베리타스와 관련이 있는 소행성들이 촘촘하게 모여 있는 집단으로, 소행성대 바깥쪽, 그리고 목성과 2:1

공명이 일어나는 궤도 바로 안쪽에 위치하고 있다. 이들은 계산을 통해 이 가족에 속한 두 소행성이 카오스적 성격이 아주 강한 궤도를 돈다는 것을 보여주었는데, 이것은 목성과 일시적으로 21:10 공명을 통해 만들어진 것이다. 예측 지평선은 이 두 소행성이 5000만 년 이상 서로 가까이 머물러 있었을 리가 없다고 말해주며, 다른 증거는 이 둘이 베리타스 소행성 가족의 최초 구성원임을 시사한다.

✦

결정론적 카오스의 존재를 처음 알아채고 이것이 왜 나타나는지 그 이유를 조금이라도 짐작한 사람은 프랑스의 위대한 수학자 앙리 푸앵카레Henri Poincaré였다. 푸앵카레는 노르웨이와 스웨덴의 국왕이던 오스카르 2세가 상금을 내건 수학 문제를 풀려고 애쓰고 있었다. 그것은 뉴턴의 중력 법칙과 관련된 n체 문제의 해를 구하는 것이었다. 응시 규칙에는 어떤 종류의 해를 원하는지 명시돼 있었다. 케플러의 타원 같은 공식은 안 되었는데, 그런 것은 존재하지 않는다는 걸 모두가 알고 있었기 때문이다. 대신에 "각 점의 좌표를 한 변수의 [무한]급수로 나타낸 것"을 원했는데, 또한 그것은 "알려진 시간 함수이면서 모든 값에 대해 그 급수가 균일하게 수렴해야 했다".

푸앵카레는 이 문제를 푸는 것은 근본적으로 불가능하다는 사실을 발견했는데, 심지어 아주 제한적인 조건에서조차 삼체 문제를 풀 수 없었다. 그는 궤도들이 오늘날 우리가 '카오스적'이라 부르는 것이 될 수 있음을 보여줌으로써 이것을 증명했다.

물체의 수에 상관없이 풀어야 하는 일반 문제는 푸앵카레도 도저히 풀 수 없었다. 푸앵카레는 $n = 3$인 경우를 다루었다. 사실, 그는 내가 5장에서 $2\frac{1}{2}$체 문제라고 부른 것에 집중했다. 두 물체는 예를 들어 행성과 그 위성이라고 하고, 절반의 물체는 먼지 알갱이라고 하자. 먼지 알갱이는 너무나도 가벼워서 나머지 두 물체의 중력장에 반응은 하지만, 그 자신은 '두 물체'에 사실상 아무 영향도 미치지 못한다. 이 모형에서는 무거운 두 물체에 적용되는 완벽하게 규칙적인 이체 동역학과 먼지 입자의 매우 불규칙적인 행동의 아름다운 조합이 나온다. 아이러니하게도 먼지 입자를 미친 듯이 행동하게 만드는 것은 무거운 물체들의 규칙적인 행동이다.

'카오스'라는 단어는 3개 이상인 천체의 궤도가 무작위적이고 아무 구조가 없고 예측 불가능하고 규칙이 없는 것처럼 들리게 만든다. 실제로 먼지 입자는 타원의 호에 가까운 부드러운 경로를 따라 빙빙 돌지만, 타원의 모양이 분명한 패턴 없이 끊임없이 변한다. 푸앵카레는 우연히도 주기 궤도에 가까워진 먼지 입자의 동역학을 생각할 때 카오스의 가능성에 맞닥뜨렸다. 그가 예상한 것은 궤도 선회선이 달 주위를 빙빙 돌고, 달이 지구 주위를 돌고, 지구가 태양 주위를 도는 것처럼(모두 서로 다른 공전 주기로) 주기가 제각각 다른 주기적 운동들의 복잡한 조합이었다. 하지만 응시 규칙에 명시되었듯이, 그 답은 단 3개가 아니라 무한히 많은 주기 운동이 합쳐진 '급수'가 될 것으로 예상되었다.

푸앵카레는 그런 급수를 발견했다. 그렇다면 어떻게 해서 카오스가 나타나는 것일까? 급수의 결과로 나타나는 게 아니라, 전체 개념에 포함된 결함 때문에 나타난다. 규칙에서는 그 급수가 '수렴'해야 한다고 명시돼 있었다. 이것은 무한의 합이 의미 있는 것이 되려면 충족시켜야 하는 수학적 조건이다. 이것은 본질적으로 항을 더 많이 포함시킬수록 급수의 합이 특정 값에 점점 가까이 다가가야 한다는 뜻이다. 푸앵카레는 혹시 있을지도 모를 함정에 빠지지 않으려고 애쓰다가 자신의 급수가 수렴하지 않는다는 사실을 깨달았다. 처음에 그것은 특정 수에 점점 가까이 다가가는 것처럼 보였지만, 그러다가 그 수에서 점점 더 멀어지기 시작했다. 이런 행동은 '점근'급수의 특징이다. 점근급수는 실용적 목적에 유용할 때가 있지만, 여기서는 진정한 해를 얻는 걸 막는 장애물이 있다는 것을 시사했다.

그 장애물이 무엇인지 알아내기 위해 푸앵카레는 공식과 급수를 버리고 기하학을 사용했다. 그는 위치와 속도를 모두 고려했는데, 따라서 142쪽 그림에서 등고선은 곡선이 아니라 실제로는 3차원 물체들이다. 이것은 문제를 더 복잡하게 만들었다. 푸앵카레는 특정 주기 궤도 근처에서 가능한 모든 궤도들의 기하학적 배열을 생각하다가 많은 궤도들은 매우 심하게 얽히고 불규칙할 수밖에 없다는 사실을 깨달았다. 그 이유는 특별한 한 쌍의 곡선에 있었는데, 이것은 근처의 궤도들이 어떻게 주기 궤도에 다가가는지 거기서 멀어지는지 잘 보여주었다. 만약 이 곡선들이 어느 점에서 서로 교차한다면, 동역학의 수학적 기본 특징들(주어진 초기 조건에 대한 미분방정식 해의 유일성)에 따라 이것은 무한히 많은 점에서 교차하여 뒤엉킨 그물을 만든다는 것을 의미한다. 얼마 후 《천체역학의 새로운 방법Les Méthodes Nouvelles de la Mécanique Celeste》에서 푸앵카레는 그 기하학을 다음과 같이 설명했다.

무한히 촘촘한 그물눈들로 이루어진 일종의 격자 구조이자 천이자

망이다. 두 곡선은 각자 자신을 지나가지 않아야 하지만, 그 천의 모든 그물눈을 무한히 많이 가로지르도록 아주 복잡한 방법으로 자신 위에 겹쳐져야 한다. 이 그림을 본다면 누구나 그 복잡성에 큰 충격을 받을 텐데, 나는 그것을 감히 그릴 시도조차 할 생각이 없다.

오늘날 우리는 이 그림을 호모클리닉 엉킴homoclinic tangle이라 부른다. 여기서 '호모클리닉'(그 자신의 평형점으로 합류하는 궤도를 일컫는 전문 용어)이라는 단어는 무시해도 좋으니, 더 중요한 의미를 지닌 '엉킴'이라는 단어에 초점을 맞추도록 하라. 다음 쪽 그림은 간단한 유사체로 그 기하학을 설명한다.

아이러니하게도 푸앵카레는 하마터면 이 놀라운 발견을 놓칠 뻔했다. 수학사학자 준 배로-그린June Barrow-Green은 오슬로의 미타그-레플레르연구소에서 문서를 조사하다가 푸앵카레가 상을 받으면서 발표한 연구 논문이 그가 제출했던 것과 같은 것이 아니라는 사실을 발견했다.[9] 시상식이 끝난 뒤 공식 논문이 인쇄되었지만 아직 배포되지 않았을 때, 푸앵카레는 자신이 한 가지 실수를 저질렀음을 발견했다. 즉, 카오스 궤도들을 간과한 것이었다. 그래서 그 논문을 철회하고 자신이 비용을 지불해 조용히 '공식' 논문을 개정했다.

✦

사람들이 푸앵카레의 새로운 개념을 이해하기까지는 시간이 좀 걸렸다. 다음의 큰 진전은 1913년에 일어났는데, 미국 수학자 조지 버코프George Birkhoff가 '마지막 기하학 정리'를 증명했다. 이것은 푸앵카레가 적절한 상황에서 주기 궤도가 나타나는 것을 추론하는 데 사용한 추측이지만 증명되지 않은 채 남아 있던 것이었다. 오늘날에는 이 결과를 푸앵카레-버코프 고정점 정리라 부른다.

수학자들과 그 밖의 과학자들은 지금부터 50여 년 전에야 카오스를 제대로 인식하게 되었다. 미국 수학자 스티븐 스메일Stephen Smale은 다른 동역학 분야에서 같은 문제를 맞닥뜨린 뒤, 버코프의 뒤를 따라 호모클리닉 엉킴의 기하학을 더 깊이 연구했다. 그는 거의 동일한 기하학적 구조를 가진 동역학계를 만들어냈는데, 스메일 편자Smale horseshoe라 부르는 이것은 분석하기가 훨씬 쉽다. 이 계는 정사각형으로 시작해 그것을 길고 가느다란 직사각형으로 펼쳐 둥글게 접어서 편자 모양으로 만든 뒤, 원래 정사각형 위에 올려놓는다. 이 변환을 반복하는 것은 반죽을 빚는 것과 비슷하며, 동일한 카오스적 결과를 낳는다. 편자 기하학을 사용하면, 이 계가 완전히 결

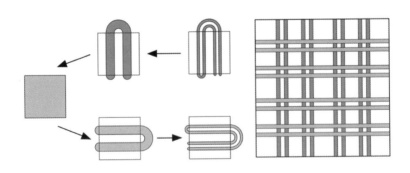

왼쪽: 스메일 편자. 정사각형을 반복적으로 접어 일련의 수평 줄무늬를 만들어낸다. 시간을 거꾸로 돌려 그것을 펼치면, 이것들이 비슷한 모양의 수직 줄무늬로 변한다. 오른쪽: 두 집단의 줄무늬가 교차하면 호모클리닉 엉킴이 생긴다. 그 동역학(반복적으로 접는 과정을 통해 얻어지는)은 엉킴에서 점들을 겉보기에는 무작위적인 방식으로 마구 돌아다니게 만든다. 완전한 엉킴에는 무한히 많은 선들이 포함된다.

정론적인데도 불구하고 카오스적이며, 어떤 면에서는 동전을 무작위로 던지는 것과 비슷한 행동을 보인다는 사실을 엄밀하게 증명할 수 있다.

카오스 동역학의 범위와 풍부함이 분명히 드러나자, 이에 대한 흥분된 반응이 언론의 큰 관심을 받게 되었는데, 언론 매체는 이 전체 분야를 '카오스 이론chaos theory'이라 불렀다. 사실, 이 주제는 훨씬 중요한 수학 분야인 비선형 동역학의 일부(물론 중요하고 흥미로운 일부)이다.

✦

명왕성의 위성들이 보이는 기이한 행동은 우주에서 나타나는 카오스의 한 예에 지나지 않는다. 2015년, 마크 쇼월터Mark Showalter와 더글러스 해밀턴Douglas Hamilton은 기묘한 움직임을 보이는 명왕성의 위성들에 관한 허블 망원경의 관측 결과를 뒷받침하는 수학적 분석을 발표했다.[10] 기본 개념은 푸앵카레의 분석에서 명왕성과 카론이 주천체처럼 행동하고, 훨씬 작은 나머지 위성들은 먼지 입자처럼 행동한다는 것이다. 하지만 이들은 점 입자가 아니라 럭비공처럼 혹은 심지어 감자처럼 생겼기 때문에, 이들의 무질서한 운동이 카오스적 공중제비로 나타나는 것이다. 이들의 궤도와 어느 시간에 위성들이 그 궤도들에서 위치하는 장소 역시 카오스적이다. 즉, 오직 통계학적으로만 예측할 수 있다. 각각의 위성이 향하는 방향은 예측하기가 더 어렵다.

공중제비를 하는 모습이 발견된 최초의 천체는 명왕성의 위성들이 아니다. 그 영예는 토성의 히페리온에게 돌아가는데, 그 당시에는 공중제비를 하는 위성은 히페리온뿐이라고 생각했다. 1984년, 히페리온은 위즈덤, 스탠턴 필Stanton Peale, 프랑수아 미냐르François Mignard의 주의를 끌었다.[11] 태양계의 거의 모든 위성은 두 범주 중 하나로 분류할 수 있다. 첫 번째 범주에 속한 위성은 자전축이 모행성과의 조석 상호 작용을 통해 크게 변형되어 항상 서로 같은 면을 마주 보고 있다. 즉, 1:1 자전-공전 공명 관계에 있는데, 다른 말로는 동주기 자전synchronous rotation이라고 한다. 두 번째 범주에 속한 위성들은 상호 작용이 거의 일어나지 않아 아직도 처음에 생겨났던 때와 비슷한 속도로 자전하고 있다. 히페리온과 이아페투스는 예외이다. 이론에 따르면, 이들은 결국 처음의 회전력을 대부분 잃고 자전 주기가 공전 주기와 동기화되겠지만, 오랜 시간(약 10억 년)이 지나야 그렇게 될 것이다.

그럼에도 불구하고, 이아페투스는 이미 동기화된 자전 양상을 보이고 있다. 히페리온만이 더 흥미로운 행동을 하는 것으로 보인다. 질문은 그것이 무엇이냐 하는 것이다.

위즈덤과 그 동료들은 히페리온에 관한 데이터를 카오스의 이론적 기준, 즉 공명 중첩 조건과 비교해보았다. 여기서 히페리온의 궤도가 그 자전과 카오스적으로 상호 작용을 해야 한다는 예측이 나왔는데, 이 예측은 운동 방정식들의 해를 구함으로써 확인되었다. 히페리온의 동역학에서 카오스는 주로 불규칙적인 공중제비로 나타난다. 궤도 자체는 미친 듯이 변하지 않는다. 그것은 마치 미식축구공이 육상 경기 트랙에서 오직 한 레인만 고수하면서 예측할 수 없는 방식으로 데굴데굴 굴러가는 것과 비슷하다.

1984년 당시에 명왕성의 위성은 1978년에 발견된 카론 하나뿐인 걸로 알려져 있었는데, 카론의 정확한 자전 속도를 아무도 측정할 수 없었다. 나머지 네 위성은 2005년부터 2012년 사이에 발견되었다. 다섯 위성은 모두 아주 좁은 지역에 모여 있는데, 이들은 모두 태양 계 생성 초기에 처음에는 더 큰 천체였다가 명왕성과 충돌해 부서지 면서 생긴 것으로 보인다(달의 생성을 설명하는 거대 충돌 가설의 미니 버 전). 카론은 크고 둥글며, 명왕성과 1:1 공명의 조석 고정이 일어나 지구에서 볼 때 달이 그렇듯이 항상 같은 면을 명왕성으로 향하고 있다. 하지만 지구와 달리 명왕성도 항상 같은 면을 카론으로 향하고 있다. 조석 고정과 둥근 모양은 카오스적 공중제비를 막는다. 나머지 네 위성은 작고 불규칙하게 생겼고, 지금은 히페리온처럼 카오스적 공중제비를 한다고 알려졌다.

명왕성의 수비학數秘學은 1:1 공명에서 그치지 않는다. 스틱스와 닉스, 케르베로스, 히드라는 카론과 대략 1:3, 1:4, 1:5, 1:6 공전 공 명 관계에 있다. 즉, 이들의 공전 주기는 각각 카론보다 대략 3, 4, 5, 6배 더 길다. 하지만 이 수치는 평균일 뿐이다. 실제 공전 주기는 명 왕성 주위를 한 번 돌 때마다 크게 변한다.

그렇다 하더라도 천문학적 관점에서 보면 이 모든 것은 아주 질서 정연해 보인다. 질서는 카오스를 낳을 수 있기 때문에, 동일한 계 안 에서 질서와 카오스가 동시에 나타나는 것은 흔한 일이다. 어떤 면에 서는 질서 정연하지만, 다른 면에서는 카오스적이다.

✦

카오스와 태양계의 장기 동역학을 연구하는 두 주요 연구 집단은 위즈덤과 라스카르가 이끌고 있다. 1993년, 두 집단은 일주일 간격으로 새로운 우주적 맥락에서 카오스를 기술하는 논문을 발표했는데, 행성들의 자전축 기울기를 다룬 것이었다.

1장에서 우리는 강체가 자신의 한가운데를 지나가면서 순간적으로 정지한 선인 자전축을 중심으로 회전한다는 것을 보았다. 자전축은 시간이 지나면서 이동할 수 있지만, 단기적으로는 거의 고정돼 있다. 따라서 물체는 자전축이 중심 굴대 역할을 하면서 팽이처럼 돈다. 행성은 구에 가깝기 때문에 자전축을 중심으로 아주 규칙적인 속도로 도는데, 그 속도는 수백 년이 지나도 변하지 않을 것처럼 보인다. 특히 자전축과 황도면 사이의 각도(전문 용어로는 황도 경사각obliquity이라고도 부르지만, 일반적으로 자전축 기울기라고 부른다)는 일정하게 유지된다. 지구의 자전축 기울기는 $23.4°$이다.

하지만 우리는 겉모습에 쉽게 속아넘어간다. 기원전 160년 무렵에 히파르코스는 분점의 세차 효과를 발견했다. 프톨레마이오스는 《알마게스트》에서 히파르코스가 밤하늘에서 스피카(처녀자리 알파별)와 다른 별들의 위치를 관측했다고 썼다. 그보다 앞서 같은 관측을 한 사람이 두 명 있었는데, 아리스틸로스Aristillos는 기원전 280년경에, 티모카리스Timocharis는 기원전 300년경에 그런 관측을 했다. 프톨레마이오스는 이들의 관측 데이터를 비교하여 추분점(밤낮의 길이가 똑같을 때)에서 관측할 때 스피카가 $2°$쯤 이동했다고 결론 내렸다. 그리고 분점들이 황도를 따라 100년에 약 $1°$씩 이동하며, 3만 6000년 뒤에는 처음의 출발점으로 되돌아갈 것이라고 추론했다.

오늘날 우리는 프톨레마이오스의 추론이 옳다는 사실을 알며, 또 왜 옳은지 그 이유도 안다. 회전하는 물체에는 세차 운동이 나타난다. 즉, 자전축이 가리키는 방향이 천천히 변하면서 자전축 끝부분이 원을 그린다. 팽이는 자주 이런 행동을 보인다. 라그랑주까지 거슬러 올라가는 수학은 세차 운동을 특정 종류의 대칭(똑같은 2개의 관성축)을 가진 물체에 나타나는 전형적인 동역학이라고 설명한다. 행성은 회전하는 타원체라고 볼 수 있으므로 이 조건을 만족한다. 지구의 자전축은 2만 5772년을 주기로 세차 운동을 한다. 이것은 우리 눈에 보이는 밤하늘에 영향을 미친다. 현재 큰곰자리에 있는 북극성은 자전축과 일치하며, 그래서 밤하늘에 고정돼 있는 것처럼 보이는 반면, 나머지 별들은 북극성을 중심으로 도는 것처럼 보인다. 실제로 도는 것은 지구이다. 하지만 5000년 전의 고대 이집트에서 봤을 때에는 북극성이 원을 그리며 돌았고, 대신에 희미한 별 바튼 알 투반(용자리 파이별)이 고정돼 있었다. 내가 이 시기를 선택한 이유는 하늘의 북극 가까이에 밝은 별이 있느냐 없느냐 하는 것은 순전히 운에 달렸는데, 대부분은 없을 때가 많기 때문이다.

행성의 자전축이 세차 운동을 하더라도 자전축 기울기는 변하지 않는다. 계절은 천천히 이동하지만 그 변화가 너무나도 느리게 일어나기 때문에 히파르코스에 필적할 만한 사람만이 눈치챌 수 있고, 그마저도 이전 세대들의 도움이 있을 때에만 가능하다. 행성 위의 주어진 장소에서 계절 변화는 이전과 거의 차이가 없는 것처럼 느껴지지만, 계절이 시작되고 끝나는 시기가 아주 느리게 변한다. 라스카르 팀과 위즈덤 팀은 화성은 사정이 다르다는 사실을 발견했다. 화성의 자전축도 변하는데, 일부 원인은 공전 궤도의 변화에 있다. 만약 자전축의 세차 운동이 어떤 가변적인 궤도 요소 주기와 공명한다면, 자전축의 기울기가 변할 수 있다. 두 집단은 화성의 동역학을 분석함으로써 이것이 어떤 효과를 나타내는지 계산했다.

위즈덤의 계산은 화성의 자전축 기울기가 11°와 49° 사이에서 카오스적으로 변한다는 것을 보여주었다. 약 10만 년에 걸쳐 20°나 변할 수 있고, 그 정도 속도로 그 정도 범위에서 카오스적으로 진동한다. 900만 년 전에는 자전축 기울기가 30°와 47° 사이에서 변했고, 이런 양상은 400만 년 전까지 계속되다가 돌연히 15°와 35° 사이의 범위로 변했다. 이들의 계산에는 일반 상대성 이론의 효과들도 포함시켰는데, 이 문제에서는 이 효과가 중요한 역할을 하기 때문이다. 이런 효과들이 없다면, 이들의 모형에서는 이런 전환이 일어나지 않는다. 전환이 일어나는 이유는(아마도 여러분은 짐작했겠지만) 한 자전-공전 공명에서 벗어나기 때문이다.

라스카르 팀은 다른 모형을 사용했는데, 상대론적 효과는 없지만 그 동역학을 더 정확하게 나타낸 것으로 더 긴 시간에 걸쳐 검토했다. 이들은 화성에 대해 비슷한 결과를 얻었지만, 더 긴 시간에 걸쳐 자전축 기울기가 더 넓은 범위인 0°와 60° 사이에서 변한다는 사실을 발견했다.

그들은 수성과 금성, 지구도 검토했다. 오늘날 수성은 자전 주기가 58일로 아주 느리게 자전하며, 태양 주위를 한 바퀴 도는 데에는 88일이 걸린다(3:2 자전-공전 공명). 아마도 태양과의 조력 상호 작용이 처음의 자전 속도를 늦춰 이렇게 된 것으로 보인다. 라스카르 팀은 처음에 수성은 19시간마다 한 번씩 자전했다고 계산했다. 수성이 현재 상태에 이르기 전에 자전축 기울기는 0°와 100° 사이에서 변했고, 그 범위를 대부분 지나가는 데에는 약 100만 년이 걸렸다. 특히 수성의 극점이 태양을 향한 시기도 있었다.

금성은 천문학자들에게 한 가지 수수께끼를 던지는데, 회전하는 물체의 각도를 나타내는 통상적인 규칙에 따르면 그 자전축 기울기가 177°(사실상 거꾸로 뒤집힌 상태)이기 때문이다. 이것은 금성이 다른 행성들과는 반대 방향으로 아주 느리게 자전하는 결과를 낳는다(자전 주기는 243일). 이 '역행' 운동의 원인은 밝혀지지 않았지만, 1980년대에는 태양계의 기원까지 거슬러 올라가는 원초적인 것이라고 생각했다. 하지만 라스카르의 분석은 그렇지 않다는 것을 시사한다. 금성의 원래 자전 주기는 겨우 13시간이었던 것으로 추정된다. 이렇게 가정하면, 모형은 금성의 자전축 기울기가 처음에 카오스적으로 변했으며, 90°에 이르렀을 때에는 카오스적 상태 대신에 안정적으로 변했음을 보여준다. 그리고 그 상태에서 천천히 현재 상태로 진화했을 수 있다.

지구에 대한 결과는 흥미롭게도 이와 다르다. 지구의 자전축 기울기는 아주 안정하여 겨우 1° 이내에서 변한다. 그 원인은 특이하게 큰 달에 있는 것으로 보인다. 만약 달이 없다면, 지구의 자전축 기울기는 0°와 85° 사이에서 변할 것이다. 이런 지구에서는 기후 조건이 아주 달라질 것이다. 적도 지역은 따뜻하고 극 지역은 추운 대신에 지역에 따라 완전히 다른 온도 범위가 나타날 것이다. 이것은 날씨 패턴에도 영향을 미칠 것이다.

일부 과학자들은 달이 없었더라면 기후에 카오스적 변화가 일어나 지구에서 생명이, 특히 복잡한 생명이 진화하기가 훨씬 힘들었을 거라고 주장했다. 하지만 생명은 바다에서 진화했다. 그리고 나서 약 5억 년 전까지는 육지에 상륙하지 못했다. 해양 생물은 기후 변화에 큰 영향을 받지 않을 것이다. 달이 없을 경우에 일어날 기후 변화는 천문학적 시간 척도에서는 아주 빠르지만 육상 동물의 시간 척도에서는 느리기 때문에, 육상 동물은 기후가 변하는 동안 적당한 곳으로 이주할 수 있을 것이다. 진화는 대체로 큰 지장을 받지 않고 진행될 것이다. 심지어 적응 압력이 강해짐에 따라 그 속도가 더 빨라질지도 모른다.

✦

실제로 일어나 지구의 생명에 미친 천문학적 효과는 실제로 일어나지 않은 가상의 천문학적 효과보다 훨씬 흥미롭다. 가장 유명한 것은 공룡을 멸종시킨 소행성이다. 혹은 소행성이 아니라 혜성이었을까? 그리고 여기에는 대규모 화산 분화처럼 다른 요인들도 관여했을까?

공룡은 중생대 트라이아스기인 약 2억 3100만 년 전에 처음 나타나 백악기 말기인 6500만 년 전에 사라졌다. 그동안 공룡은 바다와 육지를 통틀어 가장 번성한 척추동물이었다. 이에 비해 '현생' 인류는 나타난 지 겨우 200만 년밖에 되지 않았다. 하지만 공룡은 종이 아주 많기 때문에 단순히 이렇게 비교하는 것은 약간 부당한 측면이 있다. 개개의 종은 대부분 겨우 수백만 년밖에 살지 못했다.

화석 기록을 보면, 공룡은 지질학적 기준에서는 아주 급작스럽게 사라졌다. 공룡과 함께 모사사우루스, 플레시오사우루스, 암모나이트, 많은 조류, 대부분의 유대류, 전체 플랑크톤 종 중 약 절반, 많은 어류와 성게와 해면동물과 고둥도 사라졌다. 이 'K/T 멸종'은 지구의 역사에서 엄청나게 많은 종이 지질학적 기준에서는 눈 깜짝할 사이에 사라진 대여섯 번의 대멸종 사건 중 하나이다.[12] 하지만 공룡은 후손을 일부 남기는 데 성공했는데, 조류는 쥐라기에 살던 수각류 공룡에서 진화했다. 공룡 시대가 끝날 무렵, 공룡은 몸집이 제법 큰 포유류와 공존했는데, 주요 경쟁자이던 공룡이 무대에서 사라지자 포유류가 급속하게 진화하면서 번창하게 되었다.

고생물학자들 사이에서는 K/T 멸종의 주요 원인이 소행성 또는 혜성 충돌이라는 데 대체로 의견이 일치한다. 이 충돌은 멕시코의 유카탄 반도 앞바다에 지울 수 없는 흔적을 남겼는데, 칙술루브 충돌구가 그것이다. 이것이 유일한 원인이었는지는 아직도 논란이 되고 있는데, 이것 말고도 그럴듯한 원인이 적어도 한 가지 더 있기 때문이다. 그것은 바로 대규모 화산 분화로, 이때 엄청난 양의 독성 가스가 대기로 분출되었을 것이다. 이 화산 분화에서 분출된 마그마가 굳어 만들어진 것이 인도의 거대한 용암 대지인 데칸 트랩Deccan Traps이다. 트랩이라는 단어는 '계단'을 뜻하는 스웨덴어에서 왔는데, 현무암층들은 침식을 겪으면서 계단 모양을 형성하는 경향이 있기 때문이다. 어쩌면 기후 변화나 해수면 변화도 공룡의 멸종에 한몫을 했을 수 있다. 하지만 여전히 소행성 충돌이 가장 유력한 용의자로 남아 있으며, 이를 부정하려는 시도가 여러 번 있었지만 새로운 증거들이 나오면서 번번이 실패하고 말았다.

예를 들면, 데칸 트랩 가설의 큰 문제는 데칸 트랩이 무려 80만 년이라는 긴 시간에 걸쳐 생겨났다는 점이다. K/T 멸종은 그보다 훨씬 빠르게 일어났다. 2013년, 폴 렌Paul Renne은 아르곤-아르곤 연대 측정법(물질에 들어 있는 아르곤 동위원소들의 비율을 비교해 연대를 측정하는 방법)을 사용해 충돌이 일어난 시기를 6604만 3000년±1만 1000년 전으로 정밀하게 측정했다. 공룡의 멸종은 여기서 3만 3000년 이내의 시기에 일어난 것으로 보인다. 만약 이 측정이 옳다면, 그 시기는 우연의 일치라고 보기에는 아주 가까운 것처럼 보인다. 하지만 다른 원인들이 전 세계의 생태계를 크게 압박하고 있던 중에 충돌이 최후의 한 방이 되었을 가능성도 충분히 있다. 실제로 2015년에 마크 리처즈Mark Richards가 이끄는 지구물리학자 팀은 충돌 직후에 데카 트랩에서 분출된 용암의 양이 2배로 늘어났음을 명백하게 보여주는 증거를 발견했다.[13] 이것은 더 오래된 가설에 무게를 실어주는데, 충돌로 지구 전체에 큰 충격파가 퍼졌다는 가설이 그것이다. 퍼져나간 충격파는 칙술루브와 대척점에 있는 지역으로 집중되었는데, 그 지역은 우연하게도 데칸 트랩에서 아주 가깝다.

천문학자들은 충돌체가 혜성인지 소행성인지, 그리고 그것이 어디서 날아왔는지 알아내려고 노력해왔다. 2007년, 윌리엄 보트키William Bottke와 여러 천문학자[14]는 화학적 유사성을 분석한 결과를 발표했는데, 그 충돌체가 밥티스티나족Baptistina family이라는 소행성 집단에서 날아왔으며, 이 소행성 집단은 약 1억 6000만 년 전에 큰 소행성이 쪼개져서 생겼다고 주장했다. 하지만 이 집단에 속한 소행성 중 적어도 하나는 나머지 소행성들과 화학적 조성이 다르며, 2011년에 큰 소행성이 쪼개진 시기는 8000만 년 전으로 수정되었는데, 그렇다면 그때부터 충돌이 일어나기까지 시간 간격이 충분히 길지 않다.

✦

확실하게 밝혀진 것 중 하나는 어떻게 카오스가 소행성을 소행성대에서 벗어나게 해 결국 지구에 충돌하게 만드는가 하는 것이다. 그 범인은 목성인데, 화성도 한몫 거든다.

5장에서 소행성대에 간극들(소행성들이 비교적 적게 존재하는 지역)이 있으며, 이 간극들은 목성과 공명하는 궤도들에 해당한다고 했던 이야기를 떠올려보라. 1983년, 위즈덤은 그런 궤도에서 소행성을 벗어나게 만드는 수학적 메커니즘을 이해하기 위해 3:1 커크우드 간극의 생성을 자세히 연구했다. 수학자들과 물리학자들은 공명과 카오스 사이에 밀접한 관련이 있다는 사실을 이미 발견했다. 공명의 핵심은 주기 궤도인데, 소행성이 정수로 떨어지는 횟수만큼 공전하는 동안 목성도 정수로 떨어지는 횟수만큼 공전한다. 이 두 수가 공명의 특성을 나타내는데, 앞의 예에서는 그 수가 3과 1이다. 하지만 이런 궤도는 결국 변하게 되는데, 다른 천체가 소행성에 섭동을 일으키기 때문이다. 여기서 질문은 어떻게 그런 일이 일어나느냐 하는 것이다.

20세기 중엽에 세 수학자(안드레이 콜모고로프Andrei Kolmogorov, 블라디미르 아르놀트Vladimir Arnold, 위르겐 모저Jürgen Moser)가 이 질문에 대해 각각 부분적인 답을 얻었는데, 이것들을 종합한 것을 KAM 정리라 부른다. 이 정리에 따르면, 주기 궤도 근처에 있는 궤도들은 두 종류가 있다. 일부 궤도들은 준주기 궤도인데, 원래 궤도 주위를 규칙적인 방식으로 나선을 그리며 돈다. 나머지 궤도들은 카오스적이다. 게다가 이 두 종류의 궤도들은 정교한 방식으로 서로 겹치지 않게 자리 잡고 있다. 준주기 궤도들은 주기 궤도를 빙 두르고 있는 관들 주위를 나선을 그리며 돈다. 이런 관들의 수는 무한히 많다. 관들 사이에는 더 복잡한 관들이 나선 궤도들 주위에서 나선을 그리며 돈다.

이들 사이에는 다시 더 복잡한 관들이 '그것들' 주위에서 나선을 그리며 돌며, 이런 단계가 계속 이어진다('준주기'가 의미하는 것이 바로 이것이다). 카오스적 궤도들은 이 모든 나선들과 그 주변의 나선들 사이에 있는 복잡한 간극을 채우며, 푸앵카레의 호모클리닉 엉킴으로 정의된다.

아주 복잡한 이 구조를 가장 쉽게 시각화하는 방법은 푸앵카레의 트릭을 빌려와 그 단면을 바라보는 것이다. 초기의 주기 궤도는 중심점에 해당하고, 준주기 관들의 단면은 폐곡선이며, 이들 사이의 어두운 지역들은 카오스적 궤도의 자국이다. 이런 궤도는 어두운 지역의 일부 점을 지나 원래의 주기 궤도 근처를 모두 돌다가 두 번째 점(첫 번째 점과의 관계는 무작위적인)에서 그 단면에 부딪친다. 여기서 관찰할 수 있는 것은 주정뱅이의 걸음걸이를 보여주는 소행성이 아니다. 그것은 한 궤도와 다음 궤도의 궤도 요소들이 카오스적으로 변하는 소행성이다.

3:1 커크우드 간극에 대한 계산을 구체적으로 하기 위해 위즈덤은 그 동역학을 모형으로 만드는 방법을 새로 발명했다. 그것은 연속되는 궤도들이 단면에 부딪치는 방식과 일치하는 공식이었다. 해당 궤도에 대한 미분방정식을 푸는 대신에 그냥 공식을 적용하기만 하면 된다. 이 결과는 카오스적 궤도가 나타난다는 것을 확인해주고, 그것이 어떤 모습인지 세부적인 내용을 제공한다. 가장 흥미로운 궤도들의 경우, 대략적인 타원의 이심률이 갑자기 훨씬 더 커진다. 따라서 원에 어느 정도 가까운 궤도, 어쩌면 불룩한 타원 궤도는 길고 가느다란 타원으로 변한다. 사실, 화성 궤도를 가로질러갈 만큼 충분히 길게 늘어난다. 이런 일이 계속되기 때문에 그 궤도가 화성에 가

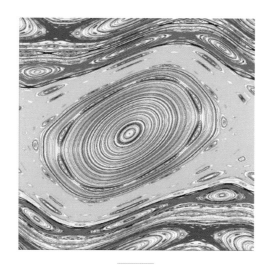

KAM 정리에 따라 수치적으로 계산한 주기 궤도 근처 궤도들의 단면.

까워져서 새총 효과에 섭동을 받을 가능성이 충분히 있다. 그 결과로 소행성은 멀리 내던져질 것이다―어디로건. 위즈덤은 이 메커니즘으로 목성이 3:1 커크우드 간극을 청소했다고 주장했다. 이를 확인하기 위해 위즈덤은 그 간극 근처에 있는 소행성들의 궤도 요소들을 도표로 그린 후, 이 모형의 카오스 영역과 비교해보았다. 그러자 거의 완벽에 가깝게 일치했다.

기본적으로 3:1 커크우드 간극에서 궤도를 돌려고 시도하는 소행성은 카오스에 뒤흔들려 화성으로 밀려가고, 그러면 화성은 소행성을 걷어차 다른 데로 보낸다. 목성이 코너킥을 차고, 화성이 골을 넣는다. 그리고 가끔…… 진짜로 아주 가끔…… 화성이 그것을 우리가 있는 쪽으로 차 보낸다. 그리고 화성이 걷어찬 그것이 우연히 정확하

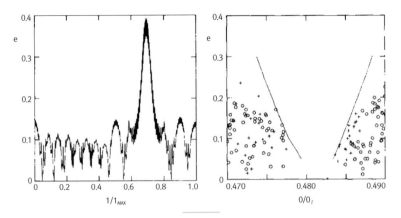

왼쪽: 이심률의 급등(수직축). 수평축은 시간이다. 오른쪽: 카오스 영역의 바깥쪽 가장자리(실선)와 소행성들의 궤도 요소(점선과 십자). 수직축은 이심률이고, 수평축은 목성의 긴반지름과 비교한 긴반지름이다.

게 표적에 꽂힌다.

화성이 1점을 얻고, 골을 먹은 공룡은 멸종한다.

10 ── 행성 간 슈퍼고속도로

호만 타원과 라그랑주점

우주 여행은 완전히 실없는 소리이다.

―리처드 울리Richard Woolley, 왕실 천문관, 1956년

통찰력이 뛰어난 과학자들과 공학자들이 사람을 달에 보내는 계획을 진지하게 생각하기 시작했을 때, 맨 먼저 해결해야 할 문제 중하나는 최선의 경로를 찾는 것이었다. '최선'은 많은 의미를 지닌다. 이 경우에 충족시켜야 할 조건은 빠른 궤적인데, 취약한 우주 비행사들이 진공 우주에서 보내는 시간을 최소화하고, 로켓 엔진의 작동 실패 가능성을 고려해 엔진 분사를 켰다 껐다 하는 횟수를 최소한으로 줄여야 하기 때문이다.

아폴로 11호가 달에 두 우주 비행사를 착륙시켰을 때, 그 궤적은이 두 가지 사항을 충족시켰다. 첫째, 우주선을 지구 저궤도로 올려보내 모든 것이 여전히 제대로 작동하는지 확인했다. 그러고 나서 단한 번의 엔진 분사로 우주선을 곧장 달로 향하게 했다. 달에 가까워지자, 몇 차례 더 분사를 함으로써 속도를 늦춰 우주선을 달 궤도에진입시켰다. 그러고 나서 착륙선이 달 표면으로 내려갔고, 그중 상단

부는 며칠 뒤에 우주 비행사들과 함께 모선으로 돌아왔다. 그러고 나서 달 착륙선은 떼어내 버리고, 우주 비행사들은 또 한 번의 엔진 분사로 달 궤도를 벗어나 지구로 돌아왔다. 여기서 이들은 전체 임무 중에서 가장 위험한 단계에 맞닥뜨렸다. 이들은 지구 대기와의 마찰을 브레이크로 사용해 사령선의 속도를 충분히 늦춘 뒤에 마침내 낙하산을 펼치고 착륙할 수 있었다.

한동안 이런 종류의 궤적이 대부분의 우주 임무에 사용되었다. 그런 궤적 중 가장 단순한 형태를 호만 타원Hohmann ellipse이라 부른다(호만 타원은 호만 전이 궤도 또는 호만 궤도라 부르기도 하는데, 같은 평면에서 서로 다른 두 원 궤도를 이동하는 데 쓰이는 타원 궤도를 말한다-옮긴이). 호만 타원이 최적의 궤적으로 사용된 것은 충분히 그럴 만한 이유가 있다. 호만 타원은 같은 양의 로켓 연료를 사용할 때 대부분의 대체 궤적보다 더 빠르다. 하지만 여러 차례의 우주 임무를 통해 경험이 쌓이자, 공학자들은 다른 종류의 임무는 요구 조건이 다르다는 사실을 깨닫게 되었다. 특히 기계나 보급품을 보낼 때에는 속도가 그다지 중요하지 않다.

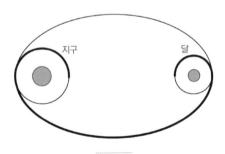

호만 타원. 굵은 선이 호만 전이 궤도를 나타낸다.

우주를 계산하다

1961년까지만 해도 우주 임무 설계자들은 호만 타원이 최적의 궤적이라고 확신하고서 행성의 중력장을 여분의 추진력으로 극복해야 하는 장애물로 간주했다. 그때 마이클 마이노비치Michael Minovitch가 시뮬레이션을 통해 새총 효과를 발견했다.[1] 그리고 나서 수십 년 사이에 다체 궤도에 관한 수학에서 나온 새로운 개념들에서, 달 착륙에 사용한 것과 아주 다른 궤적을 택하면 우주선이 훨씬 적은 연료를 사용해 목적지까지 갈 수 있다는 발견이 나왔다. 그 대가는 시간이 훨씬 많이 걸리고, 더 복잡한 일련의 로켓 추진이 필요할 수도 있다는 점이었다. 하지만 오늘날의 로켓 엔진은 훨씬 신뢰할 만하고, 고장 가능성을 크게 증가시키는 일 없이 반복적으로 분사할 수 있다.

공학자들은 지구와 최종 목적지만 고려하는 대신에 우주선의 궤적에 영향을 미칠 수 있는 모든 천체들을 고려하기 시작했다. 이들의 중력장이 합쳐져 일종의 에너지 풍경을 만들어내는데, 이것은 라그랑주점과 그리스군과 트로이군 소행성들을 다룰 때 나왔던 은유이다. 우주선은 사실상 이 에너지 풍경의 등고선 주위를 배회한다. 한 가지 다른 점은 천체가 움직임에 따라 풍경이 변한다는 점이다. 또한 가지는 위치뿐만 아니라 속도도 중요한 역할을 하기 때문에, 수학적으로 이것은 통상적인 3차원이 아니라 많은 차원의 풍경이라는 점이다. 세 번째 다른 점은 카오스가 핵심 역할을 한다는 점이다. 나비효과를 이용해 작은 원인들로부터 큰 결과를 얻어낼 수 있다.

이 개념들은 실제 우주 임무에 사용되었다. 이것은 태양계에 보이지 않게 행성들을 연결하는 수학적 관들의 네트워크가 있다는 것을 의미하는데, 이것은 아주 효율적인 경로를 제공하는 행성 간 슈퍼고속도로 체계이다.[2] 이 관들을 지배하는 동역학은 심지어 행성들 사이

행성 간 슈퍼고속도로를 화가가 상상하여 그린 것. 리본은 관을 따라 나아갈 수 있는 궤적을 나타내며, 잘록한 지점은 라그랑주점을 나타낸다.

의 간격이 왜 그만큼 벌어져 있는지 설명할 수 있을지 모르는데, 이것은 티티우스–보데의 법칙을 현대적으로 더 발전시킨 것이라고 할 수 있다.

✦

로제타호 탐사 임무는 우주 탐사선의 궤적을 설계하는 새로운 방법

우주를 계산하다

의 예를 보여준다. 이것은 나비 효과를 이용하진 않지만, 상상력이 뛰어난 계획이 태양계 중력 풍경의 자연적 특징을 활용함으로써 처음에 불가능해 보이던 결과를 어떻게 낳을 수 있는지 보여준다. 로제타호의 임무는 기술적으로 어려움이 많았는데, 표적의 거리와 속도 때문에 특히 그랬다. 착륙 당시에 67P 혜성은 지구로부터 4억 8000만 km 거리에서 시속 5만 km 이상의 속도로 움직이고 있었다. 이것은 제트 여객기보다 60배나 빠른 속도이다. 현재 로켓공학의 한계 때문에 달 착륙에 사용한 것과 같은, 조준과 동시에 곧장 출발하는 방법을 쓸 수가 없었다.

충분한 속도로 지구 궤도를 탈출하는 것은 어려울 뿐만 아니라 비용도 많이 들지만, 가능하긴 하다. 실제로 명왕성으로 향한 뉴호라이즌스호는 직항 경로를 택했다. 도중에 목성에서 속도를 추가로 높이는 힘을 약간 빌리긴 했지만, 그것이 없었더라도 시간이 좀 더 걸릴 뿐 명왕성까지 갈 수 있었다. 큰 문제는 속도를 다시 늦추는 것인데, 이것은 애쓸 필요조차 없이 해결되었다. 지금까지 발사된 우주 탐사선 중 가장 빨랐던 뉴호라이즌스호는 고체 연료 부스터가 5개 달린 아주 강력한 로켓을 사용했고, 거기에 추가로 지구를 떠날 때 가속을 위한 마지막 단의 로켓까지 있었다. 또 추진이 끝난 부스터와 로켓은 떼어내 버렸다. 계속 끌고 가기에는 너무 무거운 데다가 이미 연료도 텅 비어 아무 쓸모가 없었기 때문이다. 명왕성에 도착한 뉴호라이즌스호는 아주 빠른 속도로 명왕성계를 질주하면서 하루 만에 주요 과학적 관측 임무를 모두 수행해야 했다. 그동안은 너무 바빠서 지구와 교신할 시간조차 없었는데, 이 때문에 지상 관제 센터의 과학자들과 담당자들은 뉴호라이즌스호가 명왕성 접근에서 살아남았는지 알 때까지 초조하게 기다려야 했다. 먼지 알갱이 하나와 충돌하더라도 치명적인 손상을 입을 가능성이 있었기 때문이다.

이와는 대조적으로 로제타호는 67P와 랑데부한 뒤, 태양에 다가가는 동안 이 혜성과 '함께 움직이면서' 계속 관측했다. 로제타호는 필라이호를 67P 표면에 착륙시켜야 했다. 로제타호는 혜성에 대해 거의 정지한 상태에 있어야 했지만, 67P는 약 5억 km 거리에서 시속 5만 5000km라는 엄청난 속도로 움직이고 있었다. 그래서 로제타호의 궤적은 속도를 높여 날아가다가 결국에는 혜성과 동일한 궤도로 움직이도록 설계해야 했다. 적절한 궤적을 찾는 것도 어려웠지만, 적절한 혜성을 찾는 것 역시 그에 못지않게 어려웠다.

결국 로제타호는 멀리 빙 둘러가는 간접 경로[3]를 선택했는데, 무엇보다도 지구 가까이로 '세 차례'나 돌아오는 경로를 포함하고 있었다. 이것은 런던에서 뉴욕으로 가려고 하는데, 먼저 런던과 모스크바 사이를 여러 차례 왔다 갔다 한 다음에 목적지로 향하는 것과 비슷하다. 하지만 도시들은 지구에 대해 정지하고 있는 반면 행성들은 그렇지 않은데, 이것이 아주 큰 차이를 빚어낸다. 로제타호는 완전히 엉뚱한 방향처럼 보이는 곳으로 나아가는 것으로 장대한 여행을 시작했다. 로제타호는 혜성이 화성 궤도 밖의 먼 곳에 있는데도 그 반대 방향인 태양을 '향해' 나아갔다(똑바로 태양을 향해 나아갔다는 말은 아니다. 단지 태양과의 거리가 더 짧아졌다는 의미에서 이렇게 표현했을 뿐이다). 로제타호의 궤도는 태양을 빙 돌아 지구 가까이 돌아온 다음, 거기서 방향을 홱 바꾸어 화성을 향해 나아갔다. 그리고 거기서 다시 방향을 홱 바꾸어 두 번째로 지구에 다가왔고, 여기서 또다시 방향을 바꾸어 화성 궤도 바깥쪽을 향해 나아갔다. 이제 혜성은 태양 반대편에 있고, 로제타호보다 태양에 더 가까운 곳에 있었다. 지구에 세 번째로 다가간 뒤에 로제타호는 다시 바깥쪽으로 방향을 틀어 날아가면서 태양에서 멀어져가는 혜성을 쫓아갔다. 마침내 로제타호는 혜성과 랑데부하는 데 성공했다.

왜 이토록 복잡한 경로를 택했을까? 유럽우주기구는 그냥 로켓을 혜성에 조준한 뒤에 발사하지 않았다. 그렇게 하려면 엄청나게 많은 연료가 필요했을 것이고, 또 로제타호가 그곳에 도착했을 때에는 혜성은 다른 곳으로 가고 없었을 것이다. 대신에 로제타호는 태양과 지구, 화성을 비롯해 기타 관련 천체들의 중력을 고려해 세밀하게 안무를 짠 우주 댄스를 추었다. 뉴턴의 중력 법칙을 바탕으로 계산한 그 경로는 연료의 효율성을 극대화하는 방향으로 설계되었다. 지구와 화성을 스쳐 지나갈 때마다 로제타호는 행성의 중력에서 공짜 추진력을 얻었다. 가끔 소형 추진 로켓 네 대에서 나오는 소규모 분사가 로제타호를 경로에서 이탈하지 않게 해주었다. 연료를 아낀 대가는 시간이었는데, 목적지에 도착하기까지 10년이나 걸렸다. 하지만 그 대가를 치르지 않았더라면, 이 탐사 임무는 비용이 너무 많이 들어 애초에 시작하지도 못했을 것이다.

여러 차례 빙빙 돌고 안쪽으로 들어왔다가 바깥쪽으로 나가길 반복하면서 행성과 위성에서 적절한 추진력을 얻는 이런 종류의 궤적은 시간이 중요하지 않은 우주 임무에서 상식적인 것이 되었다. 만약 탐사선이 궤도를 도는 행성 뒤쪽으로 가까이 지나간다면, 새총 효과를 통해 행성의 에너지 일부를 빼앗아올 수 있다. 이로 인해 행성의 속도가 '느려지긴' 하지만, 그 정도는 아주 민감한 장비로도 관측할 수 없을 만큼 작다. 이 덕분에 탐사선은 로켓 연료를 소비하지 않고도 추진력을 얻어 속도가 빨라진다.

하지만 언제나 그렇듯이 악마는 디테일에 숨어 있다. 그런 궤적을 설계하려면, 공학자들은 모든 관련 천체들의 움직임을 예측할 수 있어야 하고, 탐사선을 예정된 목적지로 보내기 위해 전체 여정을 한 치의 오차도 없이 정확하게 짜야 한다. 그래서 우주 임무 설계는 계산과 마술의 결합체이다. 모든 것은 우주 탐사에서 거의 언급조차 되지 않지만, 그것이 없으면 어떤 것도 이룰 수 없는 인간 활동 영역에 달려 있다. 언론이 '컴퓨터 모형'이나 '알고리듬'을 언급하기 시작하면, 이 표현들이 정말로 의미하는 것은 '수학'이지만, 그들이 이 단어를 언급하기가 너무 두렵거나 그것이 여러분을 두렵게 하리라고 생각해 피한다고 짐작해도 된다. 사람들이 복잡한 수학적 디테일에 골머리를 앓게 하지 않으려는 배려는 충분히 이해가 가지만, 그것이 전혀 존재하지 않는 양 행동하는 것은 인간의 가장 강력한 사고 방식 중 하나를 심각하게 훼손하는 것이다.

✦

로제타호가 사용한 주요 동역학적 마술은 새총 효과였다. 로제타호는 행성들과의 반복적인 조우를 제외한다면 사실상 일련의 호만 타원들을 따라 나아갔다. 로제타호는 67P 주위의 궤도를 도는 대신에 태양 주위를 도는 근처의 타원 경로를 따라 움직였다. 하지만 여기에는 게임의 판도를 확 바꿔놓는 훨씬 흥미로운 트릭이 있는데, 이것은 우주 임무의 궤적을 설계하는 데 혁명을 가져왔다. 놀랍게도 이것은 카오스에 기초한다.

9장에서 설명했듯이 카오스는 단순히 무작위적이거나 불규칙한 행동을 근사하게 부르는 이름이 아니다. 카오스적 행동은 무작위적이고 불규칙해 보이지만, 실제로는 분명히 결정론적인 숨어 있는 규칙 체계의 지배를 받는다. 천체의 경우, 이 규칙은 운동의 법칙과 중력의 법칙이다. 얼핏 보기에는 이 규칙들은 큰 도움이 되지 않는데, 카오스적 운동은 장기적 예측이 불가능하다는 것을 의미하기 때문이다. 예측 지평선이라는 것이 존재하는데, 그것을 넘어서면 모든 예측은 현재 상태를 측정하는 과정에서 불가피하게 발생하는 미소한 오차들에 압도되고 만다. 그 지평선을 넘어서면, 모든 것이 무효가 되고 만다. 따라서 카오스는 어느 모로 보나 나쁜 것으로 보인다.

'카오스 이론'에 대한 초기의 비판 중 하나는 카오스는 예측 불가능하기 때문에 자연을 이해하려고 노력하는 인간에게 어려움을 야기한다는 것이었다. 모든 것을 더 힘들게 만든다면, 그런 이론이 무슨 쓸모가 있단 말인가? 그것은 단순히 쓸모가 없는 것보다 더 나쁘다. 이런 주장을 하는 사람들은 따라서 자연은 기적적으로 카오스를 피하는 방법이 있고, 그럼으로써 우리를 구출할 수 있다고 상상하는 것처럼 보였다. 즉, 만약 우리가 어떤 계들이 예측 불가능하다는 사실을 '알아채지' 못했다면, 예측이 가능할 것이라고 믿는 것 같았다.

하지만 세계는 이런 식으로 굴러가지 않는다. 세계는 인간에게 도움을 주어야겠다는 충동을 전혀 느끼지 않는다. 과학 이론의 역할은 우리가 자연을 이해하도록 돕는 것이다. 보편적인 부산물로 자연을 제어하는 능력이 향상되지만, 그것이 주목표는 아니다. 예를 들면, 우리는 지구의 핵이 용융 상태의 철로 이루어져 있다는 사실을 알며, 따라서 자동 터널 굴착기가 있다 하더라도 우리는 그곳에 갈 수 없다. 그렇다면 그 얼마나 쓸데없는 이론이란 말인가! 아무 의미도 없는 이론이 아닌가! 다만…… 그것은 사실이다. 그리고 실제로 이 이론은 유용하기도 하다. 이것은 우주에서 날아오는 복사를 비켜가게 함으로써 우리가 무사히 살아가게 해주는 지구 자기장을 설명하는데 도움을 준다.

마찬가지로 카오스 이론의 핵심은 자연계에 카오스가 '존재'한다는 것이다. 적절하고 보편적인 상황에서 카오스는 과학 혁명을 시작하게 한 주기적 타원 궤도 같은 아름답고 단순한 패턴과 마찬가지로 자연 법칙에서 나온 불가피한 결과이다. 카오스는 자연계에 존재하기 때문에 우리는 거기에 익숙해져야 한다. 카오스 이론으로 우리가 할 수 있는 일이 규칙을 기반으로 한 계에서 불규칙한 행동을 기대해야 한다고 사람들에게 경고하는 것뿐이라 하더라도, 그것은 알아야 할 가치가 충분히 있다. 카오스 이론은 불규칙성의 원인이 따로 있다고 생각하고서 존재하지도 않는 외부의 영향을 찾으려는 헛된 노력을 멈추게 해준다.

사실, '카오스 이론'에서는 훨씬 유용한 결과를 얻을 수 있다. 카오스는 규칙으로부터 나타나기 때문에, 카오스를 이용해 그 규칙을 추론하고 검증할 수 있을 뿐만 아니라 그 규칙으로부터 중요한 사실을 추론할 수 있다. 자연은 카오스적으로 행동할 때가 많기 때문에, 카오스가 어떻게 작용하는지 이해하는 게 좋다. 그런데 사실은 이보다 훨씬 더 긍정적인 면이 있다. 카오스는 나비 효과 때문에 우리에게 좋은 것이 될 수 있다. 초기의 작은 차이가 나중에 큰 변화를 초래한다. 그것을 거꾸로 뒤집어보자. 우리가 허리케인을 일으키길 원한다고 가정해보자. 어마어마한 과제처럼 들린다. 하지만 테리 프래

쳇Terry Pratchett이 《흥미진진한 시대Interesting Times》에서 지적한 것처럼 우리는 그저 적절한 나비를 찾은 뒤…… '날갯짓'을 하도록 만들기만 하면 된다.

이것은 장애물로 작용하는 카오스가 아니라 아주 효율적인 형태의 제어로 작용하는 카오스이다. 만약 나비 효과를 역설계할 수 있다면, 아주 작은 노력으로 카오스 계를 새로운 상태로 나아가게 할 수 있을 것이다. 손가락 하나를 까닥이는 것만으로 정부를 전복시키고 전쟁을 일어나게 할 수 있다. 말도 안 되는 소리라고? 물론 그렇게 들릴 수 있지만, 사라예보를 떠올려보라. 만약 적절한 상황만 마련된다면, 방아쇠를 당기는 손가락 하나만 있으면 충분하다.[4]

천문학에서 다체 문제는 카오스적이다. 이 상황에서 나비 효과를 잘 활용하면, 추진 연료를 거의 쓰지 않고도 우주 탐사선의 방향을 바꿀 수 있다. 예를 들면, 거의 수명이 다한 달 탐사선을 달 주위의 그 사망 궤도에서 끄집어내 혜성을 관측하는 임무를 주어 딴 데로 보낼 수도 있다. 이것 역시 말도 안 되는 소리처럼 들리지만, 원리적으로 나비 효과는 그것을 충분히 해낼 수 있다.

난관은 없을까? (그런 건 항상 존재한다. 공짜 점심 같은 건 없으니까.)

바로 적절한 나비를 찾는 것이 난관이다.

✦

호만 타원은 지구 궤도를 표적 세계 주위의 궤도와 연결시키는데, 이것을 약간 수정하면 유인 우주 탐사 임무에 아주 좋은 선택이 될 수 있다. 만약 사멸할 수 있는 물체(사람)를 수송한다면, 목적지에 되도록 빨리 도착할 필요가 있다. 하지만 시간이 중요하지 않다면, 시간은 더 오래 걸리지만 연료를 절약하는 대체 경로들이 있다. 나비 효과를 활용하려면, 카오스의 원천이 필요하다. 호만 타원은 서로 다른 이체 궤도(타원과 원) 3개의 결합으로 이루어져 있으며, 탐사선이 한 궤도에서 다른 궤도로 옮겨가려면 추진 연료로부터 추진력을 얻어야 한다. 하지만 이체 문제에는 카오스가 존재하지 않는다. 궤도의 카오스는 어디서 발견할 수 있을까? 삼체 문제에서 발견할 수 있다. 그렇다면 '삼체' 궤도들을 잘 결합하는 방법을 생각하면 된다. 만약 도움이 된다면 이체 궤도들도 포함시킬 수 있지만, 이 궤도들에만 국한해 생각할 필요는 없다.

1960년대 후반에 찰스 콘리Charles Conley와 리처드 맥게히Richard McGehee는 그런 경로는 한 관이 다른 관 안에 들어 있는 일련의 관들로 둘러싸여 있다고 지적했다. 각각의 관은 특정 속도에 해당한다. 최적 속도에서 멀어질수록 관의 폭이 넓어진다. 주어진 관의 표면에서 전체 에너지는 일정하다. 이것은 단순한 개념이지만 놀라운 결과를 낳는다. 연료 효율적 방식으로 다른 세계를 방문하려면, 관을 통해 가면 된다.

행성과 위성, 소행성, 혜성은 관들의 네트워크로 연결돼 있다. 관들은 늘 거기에 존재했지만, 오직 수학적 눈으로만 볼 수 있고, 그 벽은 에너지 수준이다. 만약 끊임없이 변하면서 행성들이 움직이는 방식을 제어하는 중력장 풍경을 시각화할 수 있다면, 우리는 행성들과 함께 빙빙 돌면서 느리고 장중한 중력의 춤을 추는 그 관들을 볼 수 있을 것이다. 하지만 이제 우리는 그 춤을 예측하는 게 불가능할 수 있다는 사실을 안다.

우주를 계산하다

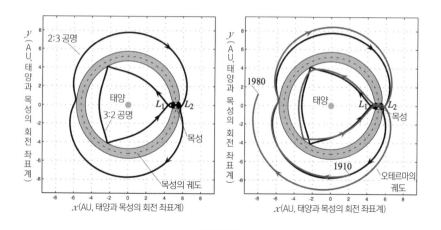

왼쪽: 오테르마의 궤도에 대한 중력 풍경. 목성과 3:2 공명을 이룬 주기 궤도를 보여준다.
오른쪽: 1910년부터 1980년까지 오테르마 혜성의 실제 궤도.

 예를 들어, 제멋대로 행동하는 오테르마 혜성을 살펴보자. 100년 전에 오테르마의 궤도는 목성 궤도 밖으로 멀리 벗어나 있었다. 그러다가 근접 조우 사건이 일어난 뒤, 그 궤도가 목성 궤도 안쪽으로 바뀌었다. 그랬다가 다시 바깥쪽으로 바뀌었다. 오테르마는 수십 년마다 궤도를 계속 바꿀 것이다. 하지만 오테르마의 이런 행동은 뉴턴의 법칙에서 벗어나는 것이 아니라 그것을 따르는 것이다. 오테르마의 궤도는 목성 가까이에서 만나는 두 관 내부에 위치한다. 한 관은 목성의 궤도 안쪽에 위치하고, 다른 관은 바깥쪽에 위치한다. 두 관이 만나는 지점에서 혜성은 목성과 태양의 중력에서 발생하는 카오스적 효과에 따라 관을 옮기거나 옮기지 않는다. 하지만 일단 한 관 안으로 들어가면, 오테르마는 교차점으로 돌아갈 때까지 그 관 안에 머문다. 선로 위로만 달려야 하지만, 누가 전철기轉轍機(차량을 다른 선로

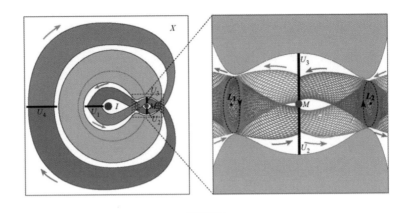

왼쪽: 오테르마의 관 체계. 오른쪽: 경로가 바뀌는 지역을 확대한 모습.

로 옮길 수 있도록 선로가 갈리는 곳에 설치한 장치)를 조작하면 다른 선로로 옮겨가 경로를 바꿀 수 있는 기차와 비슷하다. 이렇게 오테르마는 자신의 여정을 바꿀 자유가 약간 있지만, 그 자유의 폭은 그렇게 크지 않다.

✦

빅토리아 시대에 철도를 건설하던 사람들은 풍경의 자연스러운 특징을 활용해야 할 필요성을 알아챘다. 철도가 골짜기를 지나갈 때에는 등고선을 따라 건설했고, 산을 지나갈 때에는 기차가 산꼭대기를 넘어가는 수고를 피하기 위해 터널을 뚫었다. 중력을 거스르고 언덕을 오르려면, 에너지를 비용으로 지불해야 한다. 이 비용은 연료 소비 증가로 나타나고, 이것은 돈으로 직결된다. 행성 간 여행도 마

우주를 계산하다

찬가지이지만, 행성들이 움직임에 따라 에너지 풍경도 변한다. 기차의 위치는 단 두 차원으로 나타낼 수 있지만, 행성 간 여행에는 더 많은 차원이 관여한다. 이 차원들은 위치와 속도라는 두 가지 물리량을 나타낸다. 우주선은 2차원이 아니라 6차원의 수학적 풍경 속에서 나아간다. 관들과 그 교차점들은 태양계 중력장 풍경의 특징이다.

자연 풍경에는 언덕과 골짜기가 있다. 언덕을 올라가려면 에너지가 들지만, 골짜기 아래쪽으로 내려갈 때에는 에너지를 얻을 수 있다. 여기서는 두 종류의 에너지가 작용한다. 해발 고도가 기차의 위치 에너지를 결정하는데, 위치 에너지의 근원은 중력에 있다. 또 하나는 속력에 해당하는 운동 에너지이다. 기차가 언덕 아래쪽으로 굴러 내려가면서 가속될 때, 기차가 가진 위치 에너지가 운동 에너지로 전환된다. 언덕을 올라갈 때에는 정반대의 일이 일어난다. 전체 에너지는 일정하므로, 이 움직임은 에너지 풍경에서 등고선을 따라 일어난다. 하지만 기차는 세 번째 종류의 에너지원이 있는데, 바로 연료이다. 기차는 디젤유를 태우거나 전기 에너지를 사용해 가파른 곳을 올라가거나 속력을 높여 자연스러운 자유 항주 궤적에서 벗어날 수 있다. 어느 순간이건 총 에너지는 똑같아야 하지만, 그 밖의 모든 것은 절충이 가능하다.

우주선의 경우도 이와 비슷하다. 태양과 행성들과 나머지 천체들의 중력장은 위치 에너지를 제공한다. 우주선의 속력은 운동 에너지에 해당한다. 마음대로 켜거나 끌 수 있는 우주선의 원동력은 추가 에너지원이다. 에너지는 이 풍경에서 고도 역할을 하고, 우주선이 나아가는 경로는 일종의 등고선인데, 같은 등고선에서는 전체 에너지가 동일하게 유지된다. 중요한 사실이 하나 있는데, 반드시 하나의 등고선을 고집하지 않아도 된다. 연료를 약간 태워 언덕 '위쪽'이건 '아래쪽'이건 다른 등고선으로 옮겨갈 수 있다.

그 비결은 적절한 장소에서 시도하는 데 있다. 빅토리아 시대의 철도 공학자들은 자연 풍경에 산봉우리, 골짜기 바닥, 고갯길의 안장 모양 기하학을 비롯해 눈길을 끄는 특징들이 있다는 사실을 잘 알고 있었다. 이 특징들은 중요한데, 전체 등고선 기하학에서 일종의 뼈대를 이루고 있기 때문이다. 예를 들면, 산봉우리 근처에서 등고선들은 폐곡선을 이룬다. 위치 에너지는 산봉우리에서 국지적 최댓값에 이르고, 골짜기 바닥에서는 국지적 최솟값에 이른다. 고갯길은 두 가지 특징이 합쳐져 있으며(어느 방향으로는 최댓값, 다른 방향으로는 최솟값), 최소한의 노력으로 산을 지나가게 해준다.

마찬가지로 태양계의 에너지 풍경도 눈길을 끄는 특징들이 있다. 가장 두드러진 특징은 중력 우물 바닥에 위치한 태양과 행성들과 위성들이다. 이에 못지않게 중요하지만 눈에 덜 띄는 특징은 에너지 풍경에서 언덕 꼭대기와 골짜기 바닥과 고갯길에 해당하는 곳들이다. 이 특징들은 전체 기하학을 만들어내며, 관들을 만들어내는 것은 바로 이 기하학이다. 중력 우물 외에 에너지 풍경에서 가장 유명한 특징은 라그랑주점이다.

1985년 무렵에 에드워드 벨브루노Edward Belbruno는 그 당시 퍼지 경계 이론fuzzy boundary theory이라 부르던 것을 도입함으로써 우주 계획 설계 분야에서 카오스 동역학을 사용하는 길을 열었다. 벨브루노는 관들을 카오스와 결합하면, 한 세계에서 다른 세계로 가는 새로운 에너지 효율적 경로를 제공할 수 있다는 사실을 알아챘다. 그 경로는 삼체계에서 자연 궤도들에 해당하는 부분들로 만들어지는데,

이 부분들은 라그랑주점과 같은 새로운 특징을 지니고 있다. 이 부분들을 찾는 한 가지 방법은 가운데에서 시작하여 바깥쪽으로 찾아나가는 것이다. 지구와 달 사이의 지구/달 L_1 지점에 있는 우주선을 상상해보라. 우주선에 살짝 미는 힘을 가하면, 우주선은 위치 에너지를 잃으면서 운동 에너지를 얻어 '언덕 아래쪽'으로 움직이기 시작한다. 어떤 방식으로 밀면, 우주선은 지구 쪽으로 향해 결국 지구 주위의 궤도를 돌게 된다. 다른 방식으로 밀면, 우주선이 달 쪽으로 향해 달 주위의 궤도를 돌게 된다. L_1에서 지구로 향하는 경로를 반대로 되돌리고 L_1에서 달로 향하는 적절한 경로를 덧붙이면, 아주 효율적으로 지구에서 달로 갈 수 있는 궤적(L_1에 교차점이 있는)을 얻는다.

마침 L_1은 경로를 약간 변경하기에 아주 좋은 장소이다. L_1 근처에서 우주선의 자연적인 동역학은 카오스적이므로, 위치나 속력을 아주 조금만 변화시켜도 궤적에 큰 변화를 가져올 수 있다. 카오스를 이용함으로써 비록 시간이 많이 걸릴 가능성은 있어도 연료 효율적 방식으로 우주선의 방향을 바꾸어 다른 목적지로 보낼 수 있다.

관을 이용하는 방법은 1985년에 거의 죽은 상태에 있던 ISEE-3(국제 태양-지구 탐사선 3호)의 방향을 바꾸어 자코비니-지너 혜성과 랑데부하게 하는 데 처음 사용되었다. 1990년, 벨브루노는 일본우주항공연구개발기구와 접촉해, 그들이 쏘아 올려 임무를 완료하고 연료가 거의 바닥난 탐사선 히텐호에 대해 의견을 나누었다. 그리고 히텐호를 일시적으로 달 궤도에 머물게 했다가 L_4와 L_5 지점으로 보내 그곳에 붙들린 먼지 입자를 조사하는 임무를 수행하게 할 수 있는 궤적을 제시했다. 그 후 이 방법은 제네시스호에게 태양풍 입자 표본을 채집하게 하는 데에도 사용되었다.[5]

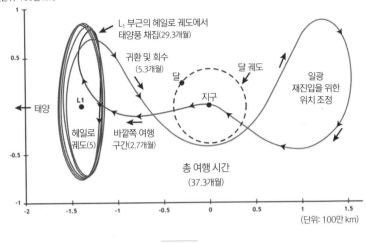

(단위: 100만 km)

L₁ 부근의 헤일로 궤도에서
태양풍 채집(29.3개월)

귀환 및 회수
(5.3개월)

달   달 궤도

지구

일광
재진입을 위한
위치 조정

태양

L1

헤일로
궤도(5)

바깥쪽 여행
구간(2.7개월)

총 여행 시간
(37.3개월)

(단위: 100만 km)

제너시스호의 궤적

　

이 방법을 계속 반복하고 비슷한 종류의 방법을 찾고자 했던 수학자들과 공학자들은 이 방법이 효과가 있는 진짜 이유를 이해하려고 노력했다. 그들은 에너지 풍경에서 고갯길에 해당하는 특별한 장소들에 주목했다. 이것들은 여행자가 반드시 지나가야 하는 '병목'을 만들어냈다. '안쪽으로 향하는' 특정 경로들과 '바깥쪽으로 향하는' 특정 경로들이 있는데, 이것은 고갯길을 통과하는 자연 경로와 비슷하다. 안쪽으로 향하는 경로와 바깥쪽으로 향하는 경로를 정확하게 따라가려면, 정확한 속력으로 달려야 한다. 하지만 만약 속력이 조금 다르더라도 이 경로들 가까이에 머물 수 있다. 효율적인 우주 임무 계획을 짜려면, 어느 관들이 적절한지 판단해야 한다. 우주선을 먼저 안쪽으로 향하는 관을 따라 나아가게 한 뒤에 라그랑주점에 이르면 재빨리 엔진을 가동하여 바깥쪽으로 향하는 관을 따라 나아가도록

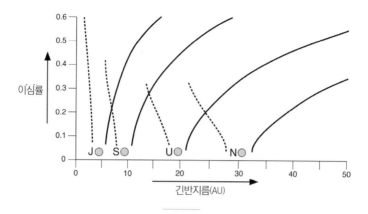

바깥쪽 행성들(J는 목성, S는 토성, U는 천왕성, N은 해왕성을 나타낸다)로 갈 수 있는, L_1(점선)과 L_2(실선) 지점과 연결된 저에너지 경로들. 안쪽 행성들을 위한 경로들은 너무 작아서 이 척도의 그림에서는 보이지 않는다. 주변의 관들이 만나는 지점인 교차점들은 저에너지 전이 궤도로 진입하는 전환점을 제공한다.

우주선의 방향을 바꾸어야 한다. 그러면 또 다른 안쪽으로 향하는 관에 진입하고…… 이런 식으로 계속 같은 과정이 반복된다.

2000년, 왕상 쿤Wang-Sang Koon과 마틴 로Martin Lo, 제럴드 마스든Jerrold Marsden, 세인 로스Shane Ross는 관들을 사용해 목성 위성들을 여행하는 경로를 설계했는데, 가니메데 근처에서 중력의 추진력을 얻고 관 여행을 통해 유로파까지 가는 과정이 포함돼 있었다. 이보다 에너지가 덜 드는 더 복잡한 경로에는 칼리스토도 포함돼 있다. 이 여행 방법은 목성과 세 위성, 그리고 우주선이 포함된 오체 동역학을 사용한다.

2002년, 로와 로스는 태양계 행성들의 L_1과 L_2 지점들로 들어가고 나오는 에너지 풍경의 자연 경로들을 계산했는데, 이 경로들이 서로 교차한다는 사실을 발견했다. 위의 그림은 푸앵카레 단면에서 이 경로들을 보여준다. 토성(S)에서 나온 점선은 목성(J)에서 나온 실선과 교차하면서 두 행성 사이에 저에너지 전이 궤도를 제공한다. 다른 교차점들도 마찬가지이다. 따라서 해왕성에서 출발한 우주선은 각 행성의 L_1과 L_2 지점들 사이에서 경로를 바꿈으로써 천왕성으로, 그다음에는 토성으로, 그다음에는 목성으로 효율적으로 전이할 수 있다. 태양계 안쪽까지 이 과정을 단계별로 계속 이어가거나 반대로 바깥쪽으로 나아갈 수 있다. 이것이 행성 간 슈퍼고속도로의 수학적 뼈대이다.

2005년, 미하엘 델니츠Michael Dellnitz와 올리퍼 융게Oliver Junge, 마르쿠스 포스트Marcus Post, 비앙카 티레Bianca Thiere는 관들을 사용해 지구에서 금성으로 가는 에너지 효율적 임무 계획을 짰다. 주요 관은 태양/지구 L_1 지점과 태양/금성 L_2 지점을 잇는다. 이 경로를 여행하는 데에는 저추력 엔진을 사용할 수 있기 때문에, 필요한 연료는 유럽우주기구가 보낸 금성 탐사선 비너스 익스프레스호의 임무에 필요한 것에 비해 $\frac{1}{3}$에 지나지 않는다. 다만 여행 시간이 150일에서 약 650일로 늘어나는 대가를 치러야 한다.

관의 영향력은 여기서 그치지 않을 수도 있다. 델니츠는 목성을 각각의 안쪽 행성들과 연결하는 자연스러운 관들의 계를 발견했다. 이것은 태양계의 지배적인 행성인 목성이 하늘의 중앙역 역할을 한다는 것을 시사한다. 이 관들은 안쪽 행성들 간의 간격을 결정함으로써 전체 태양계의 생성을 조직했을지도 모른다. 이것이 티티우스-보데의 법칙을 설명하거나 지지하는 것은 아니다. 대신에 행성계의 진정한 조직 원리는 비선형 동역학의 미묘한 패턴들에서 나온다는 것을 보여준다.

11 — 거대한 불덩어리

분광학과 별의 진화

우리는 행성들의 형태와 거리, 크기, 움직임을 결정할 수 있을지는 몰라도, 그 화학적 조성에 대해서는 아무 것도 알아낼 수 없다.

— 오귀스트 콩트Auguste Comte, 《실증철학 강의Cours de Philosophie Positive》

많은 사실이 밝혀진 지금 콩트를 조롱하긴 쉽지만, 1835년 당시에는 별은 말할 것도 없고 행성이 무엇으로 이루어졌는지 우리가 알아낼 수 있으리라고는 결코 상상할 수 없었다. 위의 인용문에서는 '행성'을 언급했지만, 콩트는 다른 곳에서 별의 화학적 성분을 알아내는 것은 훨씬 더 어려울 것이라고 말했다. 요지는 과학이 발견할 수 있는 지식에는 한계가 있다는 것이었다.

명성 높은 학자들이 무엇이 불가능하다고 선언할 때 흔히 그런 것처럼 콩트가 말하고자 한 더 깊은 뜻은 옳지만, 그는 완전히 잘못된 예를 들었다. 아이러니하게도 별의 화학적 조성은, 비록 수천 광년 밖에 있는 별이라 하더라도, 이제 관측하기 가장 쉬운 특성 중 하나가 되었다. 세부적인 것까지 아주 자세히 요구하지 않는다면, 수백만 광년 밖에 있는 은하의 화학적 조성도 알 수 있다. 심지어 별빛을 반사해 빛나는 행성의 대기에 대해서도 많은 것을 알 수 있다.

별은 화학적 조성뿐만 아니라 많은 질문을 던진다. 별은 무엇이며, 어떻게 빛을 내고, 어떻게 진화하며, 얼마나 먼 거리에 있을까? 비록 오늘날의 기술로 별 내부에 터널을 뚫는 것은 말할 것도 없고, 별을 방문하는 것은 사실상 불가능하지만, 과학자들은 관측 결과를 수학적 모형과 결합하여 이 모든 질문에 자세한 답을 알아냈다.

✦

콩트가 든 예가 틀렸다는 것을 보여준 발견은 우연히 일어났다. 요제프 프라운호퍼Joseph Fraunhofer는 유리 제조공의 도제로 일을 시작했다가 작업장이 무너지는 바람에 목숨을 잃을 뻔했다. 바이에른의 선제후 막시밀리안 4세 요제프는 구조대를 조직해 갇힌 사람들을 구했는데, 이 젊은이에게 매력을 느껴 그의 교육을 후원했다. 프라운호퍼는 광학 기구용 유리를 제조하는 전문가가 되었고, 결국에는 베네딕트보이에른에 있던 광학연구소 소장이 되었다. 그는 고품질 망원경과 현미경을 만들었지만, 가장 큰 영향력을 떨친 과학적 업적은 1814년에 발명한 분광기였다.

뉴턴은 역학과 중력뿐만 아니라 광학 연구도 했는데, 프리즘이 백색광을 구성 성분의 색깔들로 쪼갠다는 사실을 발견했다. 빛을 쪼개는 또 한 가지 방법은 회절 격자(회절발)를 사용하는 것인데, 회절 격자는 편평한 표면에 일정한 간격으로 선들을 촘촘하게 새겨놓은 것

우주를 계산하다

이다. 회절 격자에 반사된 광파들은 서로 간섭을 일으킨다. 광파의 기하학에 따르면, 주어진 파장(혹은 진동수. 진동수는 빛의 속도를 파장으로 나눈 값이다)의 빛은 특정 각도들에서 가장 강하게 반사된다. 그곳에서는 파장의 마루들이 일치하므로, 서로 보강되어 반사되는 빛의 세기가 강해진다. 이와는 반대로 한 파동의 마루가 다른 파동의 골과 만나 파동들이 상쇄 간섭을 일으키는 각도들에서는 빛이 전혀 반사되지 않는다. 프라운호퍼는 프리즘과 회절 격자와 망원경을 결합해 빛을 그 구성 성분들로 쪼개 그 파장들을 아주 정확하게 측정할 수 있는 기구를 만들었다.

프라운호퍼가 처음 발견한 사실 중 하나는 불에서 나오는 빛이 특징적인 주황색 색조를 지니고 있다는 것이었다. 태양이 기본적으로 불덩어리일까 아닐까 궁금했던 그는 분광기를 태양으로 향해 그 파장의 빛을 찾아보려고 했다. 대신에 뉴턴이 그랬던 것처럼 온갖 색으로 가득 찬 완전한 스펙트럼을 보았지만, 그의 측정 장비는 아주 정밀해서 많은 파장에서 불가사의한 암선까지 보여주었다. 그보다 앞서 윌리엄 울러스턴William Wollaston이 이러한 암선을 6개쯤 발견한 적이 있었다. 프라운호퍼는 결국 모두 합쳐서 574개의 암선을 발견했다.

1859년 무렵에 독일의 물리학자인 구스타프 키르히호프Gustav Kirchhoff와 분젠 버너의 발명으로 유명한 화학자 로베르트 분젠Robert Bunsen은 이 암선들이 나타나는 이유는 다양한 원소의 원자들이 특정 파장의 빛을 흡수하기 때문임을 입증했다. 분젠 버너는 실험실에서 이 파장들을 측정하기 위해 발명되었다. 예컨대 칼륨 원소의 파장들을 알고 있는데, 태양의 스펙트럼에서 칼륨에 해당하는 선들에 암선이 나타난다면, 태양의 대기에 칼륨이 포함돼 있는 게 틀림없다. 프라운호퍼는 이 방법을 시리우스에 적용해 최초의 항성 스펙트럼을 얻었다. 다른 별들도 조사하면서 프라운호퍼는 별에 따라 제각각 스펙트럼이 다르다는 사실을 발견했다. 이것은 아주 중요한 발견이었는데, 이 방법으로 별들의 구성 성분을 알아낼 수 있을 뿐만 아니라, 별마다 구성 성분이 다르다는 것을 알려주었기 때문이다.

이로써 새로운 천문학 분야인 항성분광학이 탄생했다.

스펙트럼선을 만드는 주요 메커니즘은 두 가지가 있다. 원자는 특정 파장의 빛을 흡수해 흡수선을 만들거나 그 빛을 방출해 방출선을 만들 수 있다. 나트륨 가로등에서 나오는 특유의 노란색 빛은 나트륨의 방출선이다. 키르히호프와 분젠은 때로는 함께 때로는 각자 연구하면서 이 기술을 사용해 세슘과 루비듐이라는 새로운 원소 두 종을 발견했다. 얼마 후 프랑스 천문학자 쥘 장센Jules Janssen과 영국 천문학자 노먼 로키어Norman Lockyer는 그때까지 지구에서 한 번도 발견

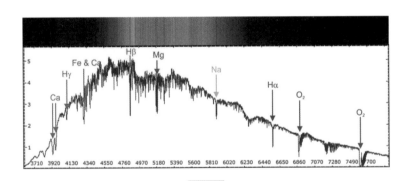

별의 스펙트럼. 위: 분광기로 본 스펙트럼. 아래: 각 파장에서의 빛의 밝기. 각각의 흡수선이 나타내는 원소는 왼쪽부터 차례로 칼슘, 수소 감마, 철과 칼슘, 수소 베타, 마그네슘, 나트륨, 수소 알파, 산소, 산소이다.

우주를 계산하다

된 적이 없는 원소를 발견하는 개가를 올렸다.

✦

　1868년, 장센은 태양 채층의 화학적 성분을 발견하길 기대하면서 인도에서 일식을 관측하고 있었다. 채층은 태양 대기를 이루는 한 층으로, 눈에 보이는 층인 광구 바로 위에 위치하고 있다. 채층은 아주 희미하여 개기 일식 때에만 관측할 수 있는데, 불그스름한 색으로 나타난다. 광구는 흡수선을 만들어내지만, 채층은 방출선을 만들어낸다. 장센은 587.49나노미터 파장에서 아주 밝은 노란색 방출선(따라서 광구에서 나온 게 분명한)을 발견했고, 그것이 나트륨에 해당하는 방출선이라고 생각했다. 얼마 후, 로키어는 그것을 D_3 스펙트럼선이라고 불렀는데, 나트륨은 비슷한 파장 지역에 D_1과 D_2라는 스펙트럼선 2개가 있었기 때문이다. 하지만 나트륨은 D_3 파장에서는 스펙트럼선이 없기 때문에, 이 스펙트럼선은 나트륨에 해당하는 것이 아니었다.

　사실, 알려진 원소 중에는 그런 스펙트럼선을 가진 것이 없었다. 로키어는 그때까지 알려지지 않은 원소를 발견했다는 사실을 알아챘다. 로키어는 화학자 에드워드 프랭클랜드Edward Frankland와 함께 그 원소에 헬륨helium이라는 이름을 붙였는데, '태양'이라는 뜻의 그리스어 헬리오스helios에서 딴 이름이었다. 1882년에 루이지 팔미에리Luigi Palmieri가 지구에서 D_3 스펙트럼선을 발견했는데, 베수비오 산의 화산 용암 시료에서 그것을 발견했다. 7년 뒤, 윌리엄 램지William Ramsay는 우라늄과 함께 '희토류' 원소를 여럿 포함하고 있는 클리바이트 광석에 산을 가해 헬륨 표본을 얻는 데 성공했다. 헬륨은 실온에서는 기체 상태로 존재하는 것으로 드러났다.

지금까지 이 이야기는 회절에 관한 수학적 이론 빼고는 대부분 화학에 관한 것이었다. 하지만 여기서 이야기는 예상치 못한 반전을 맞이해 입자물리학 중에서도 매우 수학적인 영역으로 들어선다. 1907년, 어니스트 러더퍼드Ernest Rutherford와 토머스 로이즈Thomas Royds는 방사성 물질에서 나오는 알파 입자를 연구하고 있었다. 알파 입자의 정체를 알아내기 위해 그들은 알파 입자를 아무것도 들어 있지 않은 진공 유리관 속에 가두었다. 알파 입자는 유리관 벽을 통과해 지나갔지만, 에너지를 잃어 다시 밖으로 나오지 못했다. 유리관 속에 든 내용물의 스펙트럼에는 강한 D_3 선이 나타났다. 알파 입자의 정체는 헬륨의 원자핵으로 밝혀졌다.

긴 이야기를 간단하게 정리하면, 이 과학자들의 공동 노력으로 우주에서 수소 다음으로 가장 흔한 원소가 발견되었다. 하지만 '이곳'에서는 헬륨이 흔한 원소가 아니다. 우리는 대부분의 헬륨을 천연가스를 증류해 얻는다. 헬륨은 기상 관측 기구, 저온물리학, MRI 등 과학적으로 중요한 용도가 많다. 그리고 누가 그 방법을 찾아내기만 한다면, 값싸고 비교적 안전한 형태의 에너지를 만들어내는 핵융합로의 연료로 쓰일 잠재력도 있다. 그런데 우리는 이 소중한 원소를 어디에 낭비하고 있을까? 어린이를 위한 파티용 풍선을 만드는 데 낭비한다.

우주에 있는 헬륨은 대부분 별과 성간 가스 구름에 존재한다. 그 이유는 헬륨이 빅뱅의 초기 단계에 만들어졌고, 또 별 내부에서 일어나는 핵융합 반응의 주요 산물이기 때문이다. 태양에서 헬륨이 발견되는 이유는 헬륨이 많은 수소와 그 밖에 소량으로 존재하는 여러 원소와 함께 태양의 구성 성분일 뿐만 아니라, 태양이 수소로부터 헬륨을 '만들기' 때문이다.

수소 원자는 양성자 1개와 전자 1개로 이루어져 있다. 헬륨 원자는 양성자 2개와 중성자 2개, 전자 2개로 이루어져 있다. 알파 입자는 헬륨 원자에서 전자가 없는 상태이다. 별에서는 원자에서 전자가 떨어져 나가 원자핵과 전자가 각각 따로 돌아다니며, 핵반응에는 원자핵만이 관여한다. 온도가 1400만 K나 되는 태양 중심부에서는 수소 원자핵 4개(즉, 양성자 4개)가 어마어마한 중력에 짓눌려 서로 들러붙으면서 알파 입자와 양전자 2개와 중성미자 2개와 많은 에너지를 만들어낸다. 양전자와 중성미자는 양성자 2개를 중성자 2개로 변하게 한다. 더 깊은 차원에서는 양성자와 중성자의 구성 입자인 쿼크까지 고려해야 하지만, 우리의 목적을 위해서는 이 정도 설명만으로 충분하리라 본다. '수소폭탄'도 이와 비슷한 반응에서 나오는 막대한 에너지를 이용해 엄청난 폭발력을 지니는데, 다만 이 인공 핵융합 반응은 보통 수소가 아니라 수소의 동위원소인 중수소와 삼중수소를 연료로 사용한다.

✦

새로운 과학 분야의 초기 발전 단계는 나비 채집과 비슷하다. 잡을 수 있는 것은 모두 다 잡아 표본을 합리적인 방식으로 분류하려고 노력한다. 분광학자들은 별들의 스펙트럼을 측정해 그에 따라 별들을 분류했다. 1866년, 안젤로 세키Angelo Secchi는 이렇게 얻은 스펙트럼으로 별들을 대략 별들의 지배적인 색에 따라 흰색과 파란색 집단, 노란색 집단, 주황색과 빨간색 집단의 세 집단으로 분류했다. 나중에 세키는 두 집단을 더 추가했다.

1880년 무렵부터 피커링은 별들의 스펙트럼을 조사하기 시작해 1890년에 그 결과를 발표했다. 후속 분류 작업 중 대부분은 윌리어미나 플레밍Williamina Fleming이 했는데, A부터 Q까지의 알파벳 문자를 사용한 세키의 시스템을 개선했다. 그 후 복잡한 일련의 개정 작업을 거친 뒤 O, B, A, F, G, K, M형을 사용하는 현재의 모건-키넌 체계가 자리를 잡았다. O형 별이 표면 온도가 가장 높고, M형 별이 가장 낮다. 각 집단은 다시 0부터 9까지의 숫자를 사용해 더 작은 집단들로 분류되는데, 숫자가 커질수록 온도는 더 낮아진다. 또 하나의 핵심 변수는 별의 밝기, 즉 초당 방출되는 전체 복사량으로 정의되는 모든 파장에서의 고유 '밝기'이다.[1] 별들에는 대부분 로마 숫자로 표기된 광도 계급도 매겨졌는데, 따라서 이 체계는 대략 온도와 밝기에 해당하는 두 가지 매개변수가 있다.

예를 들어, O형 별은 표면 온도가 3만 K 이상이고, 파란색으로 빛나며, 질량은 태양의 16배 이상이고, 스펙트럼에 약한 수소선이 나타나며, 아주 드물게 존재한다. G형 별은 표면 온도가 5200~6000K이고, 옅은 노란색으로 빛나며, 질량은 태양의 0.8~1.04배이고, 스펙트럼에 약한 수소선이 나타나며, 알려진 별들 중 약 8%를 차지한다. G2형인 태양도 이 집단에 포함돼 있다. M형 별은 표면 온도가 2400~3700K이고, 주황색을 띤 빨간색으로 빛나며, 질량은 태양의 0.08~0.45배이고, 스펙트럼에 수소선이 아주 약하게 나타나며, 알려진 별들 중 약 76%를 차지한다.

별의 밝기는 별의 크기와 상관관계가 있는데, 각각의 광도 계급에는 극대거성에서부터 초거성, 거성, 준거성, 왜성(혹은 주계열성), 준왜성까지 이름이 붙어 있다. 따라서 어떤 별을 청색거성이나 적색왜성 등으로 부를 수 있다.

별들의 온도와 밝기를 그래프 위에 나타내보면, 무작위로 분포한 점들로 나타나지 않는다. Z를 좌우로 뒤집은 것과 비슷한 모양으로 나타난다. 이것을 헤르츠스프룽-러셀도, 줄여서 H-R도라 부르는데, 1910년에 아이나르 헤르츠스프룽Ejnar Hertzsprung과 헨리 러셀Henry Russell이 도입했다. 가장 눈길을 끄는 특징은 오른쪽 윗부분에 모여 있는 밝고 온도가 낮은 거성들과 초거성들, 왼쪽 위의 뜨겁고 밝은 별들부터 오른쪽 아래의 차갑고 희미한 별들까지 대각선 방향으로

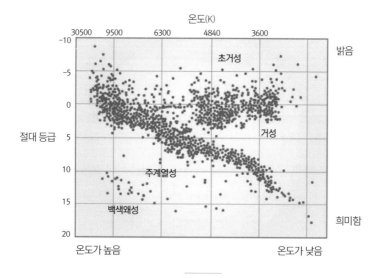

헤르츠스프룽-러셀도. 절대 등급은 광도와 상관관계가 있는데, -10등급은 아주 밝고, +20등급은 아주 희미하다.

뻗어 있는 '주계열성' 집단, 왼쪽 아랫부분에 드문드문 모여 있는 뜨거운 희미한 백색왜성 집단이다.

별의 스펙트럼 연구는 과학자들이 그것을 이용해 별이 빛과 그 밖의 복사를 어떻게 만들어내는지 연구하기 시작하면서 나비 채집 수준을 넘어서게 되었다. 과학자들은 별이 단순히 거대한 모닥불이 아니라는 사실을 금방 깨달았다. 만약 에너지가 보통 화학 반응에서 나온다면, 태양은 오래전에 다 타 재가 되고 말았을 것이다. H-R도는 또한 별이 오른쪽 윗부분에서 좌우가 뒤집힌 Z 모양을 따라 왼쪽 아랫부분으로 진화한다는 것을 시사했다. 그것은 일리가 있어 보였다. 별은 거성으로 태어나 크기가 줄어들면서 왜성으로 변해가며, 주계열성을 따라 진화하다가 준거성이 되는 것으로 보였다. 별은 크기가 줄면서 중력 에너지를 복사로 전환하는데, 켈빈-헬름홀츠 메커니즘이라 부르는 과정을 통해 그런 일이 일어난다. 이 이론으로부터 1920년대의 천문학자들은 태양의 나이가 약 1000만 년이라는 결론을 얻었는데, 그 바람에 태양의 나이가 그보다 훨씬 오래되었다고 확신하던 지질학자들과 진화생물학자들의 분노를 샀다.

천문학자들은 1930년대가 되어서야 물러섰는데, 별이 중력 붕괴가 아니라 핵반응에서 대부분의 에너지를 얻으며, 앞서 주장했던 별의 진화 경로가 틀렸다는 사실을 깨달았기 때문이다. 그리고 천체물리학이라는 새로운 과학 분야가 탄생했다. 천체물리학은 별이 탄생한 순간부터 죽는 순간까지 별의 동역학과 진화를 정교한 수학적 모형을 사용해 분석한다. 이 모형들에 쓰이는 주요 요소들은 핵물리학과 열역학에서 나온다.

1장에서 우리는 거대한 원시 가스 구름이 자체 중력을 못 이기고 붕괴하면서 별이 생겨나는 과정을 보았다. 거기서 우리는 그 동역학에 초점을 맞춰 살펴보았지만, 핵반응은 새로운 세부 내용을 더해준다. 중력 붕괴에서는 중력 에너지가 나오고, 이 에너지로 가열된 가스가 원시별을 만드는데, 원시별은 뜨거운 가스로 이루어진 회전 타원체이다. 주요 구성 성분은 수소이다. 온도가 1000만 K에 이르면, 수소 원자핵(양성자)들이 융합하기 시작해 중수소와 헬륨을 만든다. 초기 질량이 태양의 0.08배보다 작은 원시별은 이 정도로 뜨거운 온도에 이르지 못하므로, 결국 진정한 별이 되지 못하고 갈색왜성이 되고 만다. 갈색왜성은 대개 중수소 융합(중수소 연소라고도 하며, 중수소 원자핵과 양성자가 융합하여 헬륨-3 원자핵을 만드는 반응이다. 두 양성자가 융합해 생긴 중수소가 또 다른 양성자와 융합하는 양성자-양성자 연쇄 반응의 두 번째 단계로 일어나지만, 원시 중수소로부터 반응이 일어나기도 한다. 온도가 100만 K 이상일 때 일어나며, 이 반응의 결과로 온도가 그 이상으로 크게 오르지는 않는다 - 옮긴이)에서 나오는 빛으로 희미하게 빛나다가 점점 어두워진다.

환하게 빛날 만큼 충분히 뜨거운 별은 양성자-양성자 연쇄 반응으로 핵융합 반응을 시작한다. 먼저 두 양성자가 융합해 이중양성자diproton(헬륨-2) 1개와 광자 1개를 만든다. 그러면 이중양성자의 한 양성자가 양전자와 중성미자를 방출하면서 중성자로 변한다. 이제 중수소 원자핵이 생겼다. 이 단계는 비록 상대적으로 느리긴 하지만, 소량의 에너지를 방출한다. 양전자는 전자와 충돌하여 상쇄되면서 광자 2개를 만드는 동시에 약간 더 많은 에너지가 나온다. 약 4초 뒤, 중수소 원자핵이 또 다른 양성자와 융합해 헬륨-3을 만든다. 여기서 상당히 더 많은 에너지가 나온다.

이 단계에서는 세 가지 선택지가 있다. 주요 경로는 헬륨-3 원자핵 2개가 융합해 일반적인 헬륨인 헬륨-4와 함께 수소 원자핵 2개와 더 많은 에너지를 만드는 것이다. 태양에서는 전체 핵융합 반응 중 86%가 이 경로로 일어난다. 두 번째 경로는 베릴륨 원자핵을 만드는 것인데, 베릴륨은 리튬으로 변해 수소와 융합해 헬륨을 만든다. 이 과정에서 다양한 입자들이 만들어진다. 태양에서는 전체 핵융합 반응 중 14%가 이 경로로 일어난다. 세 번째 경로는 베릴륨 원자핵과 붕소 원자핵이 관여하며, 태양에서는 전체 핵융합 반응 중 0.11%가 이 경로로 일어난다. 이론적으로는 네 번째 경로도 있는데, 헬륨-3이 수소와 융합해 곧장 헬륨-4가 되는 방법이다. 하지만 이 경로는 아주 드물게 일어나기 때문에 관측된 바가 없다.

천체물리학자들은 이 반응들을 다음과 같은 반응식으로 나타낸다.

$$_1^2D + {}_1^2H \rightarrow {}_2^3He + \gamma + 5.49 \text{ MeV}$$

여기서 D는 중수소, H는 수소, He는 헬륨을 나타내며, 위 첨자는 중성자 수, 아래 첨자는 양성자 수, γ는 광자를 나타내며, MeV(메가전자볼트)는 에너지 단위이다. 이 반응식을 소개한 이유는 여러분이 이 과정을 자세히 이해하길 원해서가 아니라, 그것을 자세히 이해할 '수' 있으며, 이 과정을 분명한 수학적 구조로 기술할 수 있음을 보여주기 위해서이다.

앞에서 별의 온도와 광도를 결합한 특성이 H-R도를 가로지르며 이동하는 방식으로 별이 진화한다는 이론을 소개했다. 이 개념에는 몇 가지 장점이 있지만, 원래의 세부 내용은 잘못된 것이었으며, 종류가 다른 별들은 서로 다른 경로를 따라 진화한다—대체로 처음에 생각한 것과는 정반대 방향으로.[2] 별이 태어나면 H-R도의 주계열성 중 어느 자리에 위치하게 된다. 그 위치는 별의 질량에 따라 달라지는데, 질량은 별의 밝기와 온도를 결정한다. 별의 동역학을 좌우하는 주요 힘은 별을 수축시키는 중력과 수소 핵융합 반응에서 발생해 별을 팽창시키는 복사압이다. 안정적인 피드백 사이클이 이 힘들을 서로 맞서게 해 평형 상태에 이르게 한다. 만약 중력이 이기기 시작하면, 별이 수축하면서 온도가 더 높아지고, 그러면 복사압이 높아져 평형을 회복하게 된다. 반대로 복사압이 이기기 시작하면, 별이 팽창하면서 온도가 내려가게 되고, 그러면 복사압이 낮아져 다시 평형을 되찾게 된다.

이렇게 평형을 유지하는 메커니즘은 연료가 바닥나기 시작할 때까지 계속된다. 연료가 바닥날 때까지는 천천히 연소하는 적색왜성은 수천억 년이 걸리고, 태양 같은 별은 약 100억 년이 걸리고, 뜨겁고 무거운 O형 별은 수백만 년이 걸린다. 그런 단계에 이르면, 중력이 압도하기 시작하면서 별의 중심핵이 수축한다. 그러면 두 가지 일이 일어날 수 있다. 중심핵의 온도가 충분히 높아져 헬륨 핵융합 반응이 시작되거나 중심핵의 물질이 축퇴 물질(원자핵들이 꼼짝달싹도 못할 정도로 아주 빽빽하게 밀집된 상태)이 되어 중력 붕괴에 맞선다. 어떤 일이 일어나느냐 하는 것은 별의 질량에 따라 결정된다. 그 다양한 진화 과정은 몇 가지 사례로 분류할 수 있다.

별의 질량이 태양의 $\frac{1}{10}$보다 작다면 6조~12조 년 동안 주계열성으로 머물다가 결국 백색왜성이 된다.

태양과 같은 질량으로 시작한 별은 중심핵은 비활성 헬륨으로 가득 차고, 그 주위를 수소 연소가 일어나는 껍질층이 둘러싼 상태로 변한다. 그러면 별은 크게 팽창하면서 바깥층이 식어 적색왜성이 된다. 중심핵은 축퇴 물질이 될 때까지 중력 붕괴가 일어난다. 중력 붕괴에서 많은 에너지가 나와 주위의 층들을 가열하는데, 그 열은 복사 대신에 대류를 통해 바깥쪽으로 전달된다. 그러면 가스가 요동치면서 중심핵에서 표면 쪽으로 흘러나왔다가 다시 안쪽으로 가라앉는다. 약 10억 년이 지나면, 축퇴 헬륨 중심핵은 아주 뜨거워져서 헬륨 원자핵이 융합해 탄소를 만드는 핵융합 반응이 일어나는데, 중간 과정에서 수명이 아주 짧은 베릴륨이 생성된다. 여기서 별은 다른 변수에 따라 점근거성으로 진화할 수 있다. 이런 종류의 별 중 일부는 맥동하며(즉, 팽창과 수축을 반복하며), 온도 역시 오르락내리락한다. 그러다가 결국 식어서 백색왜성이 된다.

태양은 약 50억 년 뒤에 적색거성이 될 것이다. 그때가 되면 수성과 금성은 크게 팽창한 태양에 집어삼켜지고 말 것이다. 지구는 아마도 태양 표면보다는 바깥쪽에 위치하겠지만, 기조력과 채층과의 마찰 때문에 공전 속도가 느려질 것이다. 그러다가 결국 지구 역시 태양에 집어삼켜지고 말 것이다. 이 사건이 인류의 장기적 미래에 영향을 미치지는 않을 것으로 보이는데, 한 종의 평균 존속 기간은 수백만 년에 불과하기 때문이다.

태양보다 훨씬 거대해서 질량이 아주 큰 별은 중심핵에 축퇴가 일어나기 전에 헬륨 핵융합 반응이 시작되며, 결국은 초신성 폭발이 일어난다. 질량이 태양보다 40배 이상 큰 별은 복사압을 통해 대부분의 물질을 방출하고는 아주 뜨거운 상태로 남아 있으면서 중심핵의 주요 원소가 주기율표에서 번호가 점점 높아지는 순서대로 교체되는 일련의 핵융합 반응이 일어난다. 중심핵은 안에서부터 철, 규소, 산소, 네온, 탄소, 헬륨, 수소로 이룬 층들이 동심구를 이루며 차례로 쌓인다. 이 별의 중심핵은 백색왜성이나 흑색왜성으로 최후를 맞이할 수 있다. 흑색왜성은 백색왜성이 에너지를 너무 많이 잃어 더 이상 빛을 내지 않는 별을 말한다. 아니면 질량이 충분히 큰 축퇴 중심핵이 중성자별로 변하거나 더 극단적인 경우에는 블랙홀로 변할 수 있다(14장 참고).

여기서도 자세한 내용은 중요하지 않으며, 가능한 진화 시나리오들은 수많은 가지들이 있는 아주 복잡한 것이지만, 아주 간략하게 소개하는 것으로 그쳤다. 천체물리학자들이 사용하는 수학적 모형들은 가능성의 범위와 가능성이 생겨나는 질서와 그것을 낳는 조건을 지배한다. 온갖 크기와 온도와 색을 가진 별은 그 종류가 아주 다양하지만, 그 기원은 모두 같다. 수소 원자핵이 융합해 헬륨을 만드는 핵융합 반응이 그 출발점이며, 여기서 생겨난 복사압과 중력의 경쟁으로 평형 상태를 유지한다.

이 이야기를 관통하는 공통의 실마리는 핵융합 반응이 어떻게 단순한 수소 원자핵을 헬륨, 베릴륨, 리튬, 붕소 등의 더 복잡한 원자핵들로 전환시키느냐 하는 것이다.

이것은 별이 중요한 이유를 또 한 가지 제공한다.

✦

조니 미첼Joni Mitchell은 "우리는 별의 먼지라네"라고 노래했다. 이것은 상투적인 구절이지만, 상투적인 구절에 진실이 담겨 있는 경우가 많다. 그보다 앞서 아서 에딩턴Arthur Eddington은 〈뉴욕 타임스 매거진〉에서 같은 말을 했다. "우리는 우연히 차가워진 별의 물질 조각, 일이 잘못된 별의 물질 조각이다." 이 말을 음악에 맞춰 읊조려 보라.

빅뱅 이론에 따르면, 초기 우주에서 유일한 원소(의 원자핵)는 수소였다. 우주가 탄생하고 나서 10초에서 20분 사이에 빅뱅의 핵합성에서 앞에서 설명한 핵융합 반응을 통해 헬륨-4와 함께 소량의 중수소, 헬륨-3, 리튬-7이 만들어졌다. 수명이 짧은 방사성 삼중수소와 베릴륨-7도 나타났지만 금방 붕괴했다.

가스 구름을 만들 만큼 풍부하게 존재한 것은 수소뿐이었고, 가스 구름은 붕괴하여 원시별이 만들어졌으며, 그다음에 별이 만들어졌다. 별 내부의 핵융합로에서 더 많은 원소들이 만들어졌다. 1920년에 에딩턴은 별은 수소가 헬륨으로 바뀌는 핵융합 반응을 통해 에너지를 얻는다고 주장했다. 1939년, 한스 베테Hans Bethe는 별에서 일어나는 양성자-양성자 연쇄 반응과 그 밖의 핵반응을 연구하여 에딩턴의 이론 뼈대에 살을 붙였다. 1940년대 초에 조지 가모프George Gamow는 거의 모든 원소가 빅뱅 때 생겨났다고 주장했다.

1946년, 프레드 호일Fred Hoyle은 수소를 넘어서는 모든 것의 원천은 빅뱅 자체가 아니라, 그 이후에 별 내부에서 일어나는 핵반응이라고 주장했다. 그는 철까지 이르는 모든 원소들의 핵융합 반응 경로를 길게 분석한 연구 결과를 발표했다.[3] 은하의 나이가 많을수록 거기서 만들어진 원소들이 더 풍부하다. 1957년, 마거릿 버비지Margaret Burbidge와 제프리 버비지Geoffrey Burbidge, 윌리엄 파울러William

우주를 계산하다

Fowler, 호일은 〈별에서 일어나는 원소들의 합성〉이라는 제목의 논문을 발표했다.[4] 일반적으로 B²FH라 부르는 이 유명한 논문은 가장 중요한 핵융합 반응 과정들을 정리함으로써 항성 핵합성 이론(이 논문을 재미있게 부르는 별명)의 기초가 되었다. 얼마 후 천체물리학자들은 설득력 있는 설명을 내놓았고, 그 이론을 바탕으로 우리은하에 존재하는 원소들의 비율을 예측했는데, 그것은 관측 결과와 (대부분) 일치했다.

당시 그 이야기는 철에서 멈췄는데, 철은 규소(원자 번호 14번)로부터 시작하는 일련의 핵융합 반응인 규소 연소 과정을 통해 생겨날 수 있는 원자핵 중 가장 무거운 것이었기 때문이다. 헬륨과 반복적인 핵융합을 통해 칼슘(원자 번호 20번)이 생겨나며, 계속 이어 타이타늄(원자 번호 22번, 전 용어는 티탄), 크로뮴(원자 번호 24번, 전 용어는 크롬), 철(원자 번호 26번), 니켈(원자 번호 28번)의 불안정한 동위원소들이 생겨난다. 니켈의 동위원소인 니켈-56은 추가 진전을 막는 장벽인데, 여기서 헬륨이 하나 더 추가되는 핵융합 반응 단계는 나오는 에너지보다 들어가는 에너지가 더 많기 때문이다. 그리고 니켈-56은 붕괴하여 방사성 원소인 코발트-56이 되고, 이것은 다시 붕괴하여 안정한 철-56이 된다.

철보다 더 무거운 원소를 만들려면, 우주는 다른 방법을 발명해야 했다.

그것은 바로 초신성이다.

초신성은 폭발하는 별이다. 신성은 초신성보다 에너지 규모가 작은 형태의 폭발이 일어나는 별인데, 그 이야기는 우리의 주제에서 벗어나는 것이다. 케플러는 1604년에 신성을 목격했는데, 우리은하에

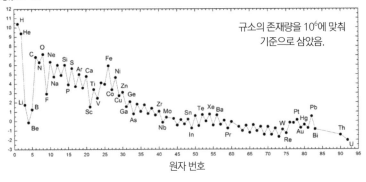

log$_{10}$ (존재량)

규소의 존재량을 10^6에 맞춰
기준으로 삼았음.

원자 번호

태양계 내 화학 원소들의 존재량 추정치. 수직 좌표는 로그 값으로 나타냈기 때문에, 실제 요동은
그래프에서 보는 것보다 훨씬 크다.

서 일어난 것으로는 가장 마지막으로 목격된 것이었다. 다만 더 최근
에 일어난 두 신성의 흔적이 발견된 적은 있다. 기본적으로 초신성은
어마어마한 규모로 일어나는 핵폭탄 폭발인데, 초신성 폭발이 일어
날 때 방출되는 빛은 한 은하 전체를 압도할 정도로 강하다. 초신성
이 방출하는 복사는 태양이 평생 동안 방출하는 양만큼 많다. 초신성
폭발이 일어나는 원인은 두 가지가 있다. 하나는 백색왜성이 동반성
(짝별)의 물질을 집어삼킴으로써 더 뜨거워지면서 탄소 핵융합 반응
에 불이 붙는 경우이다. 핵융합 반응이 '폭주' 상태로 내달려 별이 폭
발할 수 있다. 또 하나는 아주 무거운 별의 중심핵이 붕괴하면서 이
때 방출된 에너지가 대규모 폭발을 일으킬 수 있다.

어느 쪽이든, 별은 광속의 0.1배에 이르는 빠른 속도로 산산조각
나면서 큰 충격파가 발생한다. 충격파에 가스와 먼지가 실려 바깥쪽
으로 점점 팽창해가는 껍질이 생기는데, 이것이 초신성의 잔해이다.

266

주기율표에서 철보다 원자 번호가 더 큰 원소들은 바로 이 과정에서 생겨나며, 또 이 과정을 통해 은하 내에서 아주 먼 곳까지 퍼져간다.

앞에서 우리은하에 존재하는 원소들의 비율을 예측한 것이 관측 결과와 '대부분' 일치한다고 말했다. 명백한 예외는 리튬이다. 리튬-7의 실제 존재량은 이론이 예측한 것의 $\frac{1}{3}$에 지나지 않는 반면, 리튬-6은 약 1000배나 많이 존재한다. 일부 과학자들은 이것이 사소한 불일치에 불과하며, 리튬이 만들어진 새로운 경로나 새로운 시나리오를 발견하면 바로잡힐 것이라고 생각한다. 하지만 다른 사람들은 이것을 심각한 문제로 간주하며, 어쩌면 표준 빅뱅 이론을 뛰어넘는 새로운 물리학이 필요할지도 모른다고 생각한다.

세 번째 가능성도 있다. 리튬-7이 더 많이 존재하지만 우리가 탐지할 수 없는 곳에 존재할 가능성이다. 2006년, 안드레아스 코른Andreas Korn과 공동 연구자들은 대마젤란은하의 일반적인 지역인 구상 성단 NGC 6397에 존재하는 리튬의 양은 빅뱅 이론의 핵합성이 예측한 것만큼 많다고 보고했다.[5] 우리은하 헤일로의 별들에서 리튬-7이 부족한 것(예측치의 약 $\frac{1}{4}$)처럼 보이는 이유는 이 별들에서는 격렬한 대류로 리튬-7이 더 깊은 층들로 이동해 탐지되지 않기 때문일지 모른다고 주장했다.

리튬 불일치에 대한 반응은 빅뱅 이론의 핵합성 예측에 잠재적 문제를 제기한다. 다양한 원소들의 존재량을 계산한다고 생각해보자. 대개의 경우 가장 흔한 핵반응들로 실제 존재량과 크게 다르지 않은 양을 예측함으로써 실제로 일어난 일들 중 많은 것을 설명할 수 있을 것이다. 이제 불일치에 대해 생각해보자. 황이 너무 적다고? 음, 그렇다면 황을 만드는 새로운 경로를 찾아보지 뭐. 그렇게 해서 새로운 경로를 찾아내 이제 수치가 일치하는 것처럼 보이면, 황 문제는 해결되었다고 여기고 이제 아연 문제로 옮겨간다. 하지만 우리는 황을 만드는 새로운 경로가 더 있지는 않은지 더 이상 찾아볼 생각을 하지 않는다. 나는 누가 이런 종류의 일을 일부러 해야 한다고 주장하는 것은 아니다. 하지만 이것과 같은 선택적 보고는 자연스럽게 일어나는 일이며, 실제로 다른 과학 영역에서 일어났다. 아마도 불일치가 일어나는 사례는 리튬뿐만이 아닐 것이다. 존재 비율이 너무 작은 사례들에 초점을 맞춤으로써 우리는 추가 계산을 통해 존재 비율이 너무 커질 수 있는 사례들을 놓치고 있는지도 모른다.

수학적 모형에 과도하게 의존하는 별들의 또 한 가지 특징은 그 자세한 구조이다. 대부분의 별들은 진화 도중의 어느 단계를 일련의 동심구 껍질들로 묘사할 수 있다. 각각의 껍질은 나름의 특정 조성을 갖고 있으며, 적절한 핵반응을 통해 '연소'한다. 일부 껍질은 전자기 복사에 투명하여 바깥쪽으로 열을 내보낸다. 하지만 일부 껍질은 그렇지 않아 열은 대류를 통해 전달된다. 이러한 구조적 특징은 별의 진화와 화학 원소들이 합성되는 방식과 밀접한 관계가 있다.

✦

호일은 너무 적은 비율 문제를 해결하는 과정에서 유명한 예측을 내놓았다. 호일은 탄소의 존재량을 계산했는데, 그 값은 실제로 존재하는 탄소의 양보다 훨씬 적었다. 하지만 '우리'는 탄소를 핵심 성분으로 삼아 존재한다. 우리는 별의 먼지이기 때문에, 별들은 호일의 계산이 알려주는 것보다 탄소를 훨씬 많이 만드는 게 분명했다. 그래

우주를 계산하다

서 호일은 탄소 원자핵에 지금까지 알려지지 않은 공명이 존재하여 탄소 생성을 훨씬 쉽게 만든다고 예측했다.[6] 그러고 나서 호일이 예측한 장소와 대략 비슷한 곳에서 그 공명이 발견되었다. 이것은 우리의 존재 자체가 우주를 구속한다는 인류 원리(인간 중심 원리라고도 함)의 승리로 흔히 거론된다.

이 이야기의 비판적 분석은 핵물리학에 기반을 두고 있다. 탄소 합성의 자연적 경로는 적색거성에서 일어나는 삼중 알파 과정이다. 헬륨-4는 양성자 2개와 중성자 2개로 이루어져 있다. 탄소의 주요 동위원소는 양성자 6개와 중성자 6개로 이루어져 있다. 따라서 헬륨 원자핵(알파 입자) 3개가 융합하면 탄소를 만들 수 있다. 이론적으로는 아주 그럴듯하다. 하지만 헬륨 원자핵 2개가 충돌하는 일은 자주 일어나지만, 탄소가 만들어지려면 두 헬륨 원자핵이 충돌하는 바로 그 순간에 세 번째 헬륨 원자핵이 충돌해야 한다. 별에서 삼중 충돌이 일어나는 경우는 아주 드물기 때문에, 탄소는 이런 경로를 통해 만들어질 수 없다. 대신에 헬륨 원자핵 2개가 융합해 베릴륨-8을 만들고, 여기에 세 번째 헬륨 원자핵이 융합해 탄소를 만든다. 그런데 불행하게도 베릴륨-8은 10^{-16}초 만에 붕괴하기 때문에, 세 번째 헬륨 원자핵에게는 기회의 창이 아주 좁다. 이 두 단계 방법으로는 탄소를 충분히 많이 만들 수 없다.

다만…… 탄소의 에너지가 베릴륨-8과 헬륨 원자핵의 에너지를 합친 것과 아주 가깝지 않다면 말이다. 베릴륨-8과 헬륨 원자핵이 일시적으로 합쳐진 상태는 핵공명이라고 부르는 현상이다. 이 현상을 바탕으로 호일은 그 당시에 알려지지 않은 탄소의 상태를 예측했는데, 가장 낮은 에너지 상태보다 높은 7.6MeV의 에너지를 가진 것이다. 몇 년 뒤, 7.6549MeV의 에너지를 가진 상태가 발견되었다. 하지만 베릴륨-8과 헬륨의 에너지를 합치면 7.3667MeV이므로, 새로 발견된 탄소의 상태는 에너지가 다소 지나치게 많았다.

그것은 어디에서 나온 것일까? 그것은 적색거성의 온도가 공급한 에너지와 거의 같다.

이것은 '미세 조정' 가설을 옹호하는 사람들이 아주 좋아하는 사례 중 하나이다. 미세 조정 가설은 우주가 생물이 살아가기에 알맞도록 아주 정교하게 미세 조정되어 있다는 개념이다. 이것에 대해서는 19장에서 다시 자세히 다루기로 하겠다. 어쨌든 요지는 탄소가 없으면, 우리는 여기에 존재하지 않으리란 것이다. 하지만 그렇게 많은 탄소를 만들려면 별과 핵공명을 미세 조정하는 것이 필요한데, 그것은 기본 물리학에 좌우된다. 훗날 호일은 이 개념을 더 자세히 설명했다.[7]

초월적인 계산 능력을 가진 지성이 탄소 원자의 성질을 설계한 게 분명하다. 그렇지 않다면, 순전히 자연의 맹목적인 힘만으로 우리가 그런 원자를 발견할 확률은 극히 희박할 것이다. 상식적인 해석에 따르면, 초지성적 존재가 화학과 생물학뿐만 아니라 물리학을 만지작거렸으며, 자연에는 내세울 만한 맹목적인 힘이 존재하지 않는다.

이것은 실로 놀라운 이야기로 들리는데, 사실 순전히 우연의 일치로 그런 일이 일어났을 리가 없다. 실제로도 그렇지 않다. 하지만 그 이유는 미세 조정 가설이 틀렸음을 말해준다. 모든 별은 각자 자동 온도조절장치가 있는데, 이것은 온도와 반응이 알맞은 상태를 유지하도록 서로를 조절하는 음성 피드백 고리이다. 삼중 알파 과정에서 '미세 조정된' 공명은 석탄을 태우기에 딱 알맞은 온도에 있는 석탄 난로보다 더 놀라울 게 없다. 석탄 난로는 바로 그런 일을 하도록 만들어졌으니까. 사실, 이것은 땅에 닿을 만큼 딱 알맞은 길이를 갖고 있는 우리 다리보다도 더 놀라울 게 없다. 이것 역시 근육과 중력에 작용하는 피드백 고리이다.

호일이 자신의 예측을 인간 존재와 결부시켜 묘사한 것은 부적절한 행동이었다. 진짜 핵심은 '우주'에 탄소가 너무 적게 존재한다는 것이다. 물론 적색거성과 원자핵이 존재하고, 이것들이 수소로부터 탄소를 만들고, 일부 탄소가 결국에는 우리 몸을 이룬다는 사실은 여전히 경이로운 일이다. 하지만 이것들은 서로 다른 문제들이다. 우주는 끝없이 풍부하고 복잡하며, 온갖 종류의 경이로운 일들이 일어난다. 하지만 우리는 결과를 원인과 혼동하지 말아야 하며, 우주의 목적이 인간을 만드는 것이라고 함부로 단정해서는 안 된다.

내가 이 이야기(미세 조정 가설을 과장하는 태도를 불쾌하게 여긴 것은 빼고)를 언급한 한 가지 이유는 별에서 탄소가 만들어지는 새 방법이 발견됨으로써 전체 이야기가 부적절한 것이 되었기 때문이다. 2001년, 에릭 파이겔슨Eric Feigelson과 공동 연구자들은 오리온성운에서 젊은 별 31개를 발견했다. 이 별들은 모두 태양과 비슷한 크기이지만, 매우 활동적이어서 태양 플레어보다 100배나 강한 X선 플레어를 약 100배나 더 자주 내뿜고 있다. 이 X선 플레어 속의 양성자들은 에너지가 충분히 강해서 별 주위의 먼지 원반에서 온갖 종류의 무거운 원소들을 만들 수 있다. 그러니 초신성 폭발이 없어도 무거운 원소들을 만들 수 있다. 이것은 탄소를 포함해 화학 원소들의 기원에 관한 계산을 수정할 필요가 있음을 시사한다. 도저히 일어날 것 같지 않은 효과들이 우리의 상상력 부족 때문에 나타날 수 있다. 만약 좀 더 깊이 연구한다면, 딱 맞는 것으로 보이던 비율이 변할지도 모른다.

✦

그리스 철학자들의 눈에는 완벽한 형태를 가진 구형의 태양은 천상의 기하학을 완벽하게 구현하는 대상으로 보였다. 하지만 옛날의 중국 천문 관측자들은 안개 속에서 태양을 볼 때 여기저기 반점이 있다는 사실을 발견했다. 케플러는 1607년에 태양에서 점 하나를 발견했지만, 일면 통과 중인 수성일 거라고 생각했다. 1611년, 요하네스 파브리키우스Johannes Fabricius는 〈태양에서 관찰된 점들과 이 점들이 태양과 함께 자전하는 것처럼 보이는 움직임에 관한 서술De Maculis in Sole Observatis, et Apparente earum cum Sole Conversione, Narratio〉이라는 제목의 소논문을 발표했는데, 제목만으로도 어떤 내용을 썼는지 다 전달된다. 1612년, 갈릴레이는 태양에서 불규칙적인 흑점들을 발견하고 그것을 그림으로 묘사했는데, 이를 통해 흑점들이 움직이는 것을 보여줌으로써 태양이 자전한다는 파브리키우스의 주장이 옳음을 확인했다. 태양 흑점이 존재한다는 사실이 밝혀지자, 태양이 완전무결한 존재라는 오랜 믿음이 무너졌고, 태양 흑점을 최초로 발견한 사람이 누구냐를 놓고 열띤 논쟁이 벌어졌다.

태양 흑점의 수는 해마다 변하지만 비교적 규칙적인 패턴이 있는데, 흑점이 거의 하나도 없는 상태에서 1년에 100개 정도까지 나타나는 상태로 변하는 일이 11년을 주기로 나타난다. 1645년부터

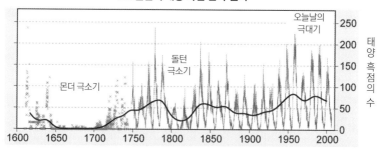

태양 흑점 수의 변화.

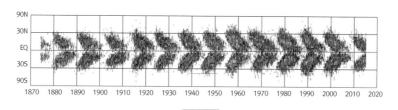

위도별로 나타낸 태양 흑점.

1715년까지의 시기에는 이 패턴이 무너져 흑점이 거의 하나도 나타나지 않았다. 이 시기를 몬더 극소기Maunder minimum라 부른다.

태양 흑점 활동과 기후 사이에 연관 관계가 있을지 모르지만, 설사 그렇다 하더라도 그 관계는 약할 것이다. 몬더 극소기는 오랫동안 유럽의 평균 기온이 예외적으로 낮았던 소빙하기의 중간 시기와 일치한다. 그 후에 태양 흑점 활동이 주춤했던 돌턴 극소기Dalton minimum(1790~1830)에도 '여름이 없는 해'로 유명한 1816년을 포함해 똑같은 일이 벌어졌지만, 그해의 낮은 기온은 인도네시아 숨바와 섬의 탐보라 화산이 크게 폭발한 것이 원인이었다. 소빙하기는 부분적으로는 활발한 화산 활동에서 비롯되었을 가능성이 있다.[8] 스푀러 극소기Spörer minimum(1460~1550)는 또 하나의 추운 시기와 연결된다. 한동안 낮은 기온이 계속되었다는 증거는 나이테에 포함된 탄소-14의 비율로 알 수 있는데, 이것은 태양 활동과 밀접한 관련이 있다. 물론 그 당시에는 태양 흑점 관측이 제대로 이루어지지 않았다.

흑점의 수뿐만 아니라 흑점이 나타나는 위도를 시간 경과에 따라 그래프 위에 표시하면, 나비 같은 모양의 흥미로운 패턴이 나타난다. 극에 가까운 지점에서 흑점이 나타나는 것으로 한 주기가 시작되며, 수가 최댓값에 다가갈수록 흑점들은 점점 적도에 더 가까운 지점으로 옮겨가는 것처럼 보인다. 1908년, 조지 헤일George Hale은 태양 흑점의 활동을 아주 강한 태양 자기장과 연결 지음으로써 이 수수께끼를 푸는 첫걸음을 내디뎠다. 호러스 배브콕Horace Babcock은 태양의 흑점 주기를 태양 다이너모의 주기적 역전과 연결 지음으로써 가장 바깥쪽 층들에서 일어나는 태양 자기장의 동역학 모형을 만들었다.[9] 배브콕의 이론에서는 완전한 주기는 22년 동안 계속되며, 정확하게 그 중간 시기에 자기장의 남북 역전이 일어난다고 주장했다.

흑점은 주변 지역과 비교해 상대적으로 어둡게 보일 뿐이다. 흑점의 온도는 약 4000K인 반면, 그 주변의 가스는 5800K이다. 흑점은 과열된 태양 플라스마에 일어나는 자기 폭풍과 비슷하다. 그 수학은 자기 플라스마를 연구하는 분야인 자기유체동역학이 지배하는데, 이것은 물론 아주 복잡하다. 흑점은 태양 깊숙한 곳에서 발생하는 원통 모양의 자속磁束(자기력선 다발) 윗면에 해당하는 것으로 보인다.

태양 자기장의 일반적인 형태는 막대자석과 비슷한 쌍극자로, 북극(N극)과 남극(S극)이 있고, 한쪽 끝에서 반대쪽 끝으로 자기력선들이 뻗어 있다. 양극은 자전축과 나란히 늘어서 있는데, 태양 흑점 주기가 정상적으로 진행될 때에는 11년마다 한 번씩 극성이 뒤바뀐다. 그래서 태양의 '북반구'에 위치한 자극은 한동안 자북극이었다가 그 다음에는 자남극으로 변한다. 흑점은 서로 연결된 쌍을 지어 나타나는 경향이 있으며, 그와 함께 동서 방향을 향한 막대자석과 같은 자기장을 가진다. 가장 먼저 나타나는 흑점은 주 자기장에서 가장 가까운 극과 같은 극성을 가지고, 그 뒤를 따라 나타나는 두 번째 흑점은 반대 극성을 가진다.

태양 자기장의 원인인 태양 다이너모는 태양 바깥 대기층 20만 km 지역에서 일어나는 대류성 사이클론이 태양의 자전 방식(적도에서는 더 빠르게, 극에서는 더 느리게)과 합쳐져서 생겨난 결과물이다. 자기장은 플라스마 속에 '갇혀' 있어 플라스마와 함께 이동하는 경향이 있으므로, 적도에서 직각 방향으로 양극을 잇던 자기력선의 초기 위치는 적도 지역의 자기장들이 극 지역의 자기장들보다 더 앞서 나가면서 구부러지기 시작한다. 그 결과로 자기력선들이 비틀어지고, 반대 극성의 자기장들이 뒤엉키게 된다. 태양의 자전으로 자기력선이 점점 더 심하게 구부러지는데, 그 변형력이 임계점에 이르면 원통들이 동그랗게 말리면서 표면에 닿게 된다. 자기력선들이 길게 늘어나고, 관련 흑점들은 극 쪽으로 이동한다. 뒤따르던 흑점이 극에 먼저 도착하게 되는데, 이 흑점은 반대의 극성을 갖고 있기 때문에 (이와 비슷한 사건이 많이 일어나 일조하기도 하지만) 태양 자기장을 역전시키는 원인

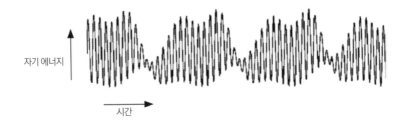

자기 에너지

시간

단순한 태양 다이너모 모형에서의 쌍극자장과 사극자장. 진폭이 증가와 감소를 반복하면서 전체 에너지가 진동한다.

이 된다. 자기장 역전과 함께 주기가 처음부터 다시 반복된다.

몬더 극소기를 설명하는 한 이론은 태양의 쌍극자장을 사극자장 (막대자석 2개를 나란히 놓은 것과 같은 형태)으로 보완한다.[10] 만약 사극자 역전 주기가 쌍극자 역전 주기와 아주 약간만 차이가 있다면, 이 둘은 서로 아주 가깝지만 똑같지는 않은 두 음정처럼 '울린다'. 그 결과로 한 주기 동안 그 자기장의 평균 크기에 장주기 진동이 나타나고, 그 진동이 잦아들면 어느 곳에서도 흑점이 거의 나타나지 않는다. 게다가 사극자장은 두 반구에 반대 극성들이 나타나면서 한 반구에서는 쌍극자장을 보강하고, 다른 반구에서는 쌍극자장을 상쇄한다. 그 결과로 나타나는 극소수 흑점은 모두 동일한 반구에서만 나타나는데, 몬더 극소기 때 바로 그런 일이 일어났다. 흑점이 있을 수 있는 다른 별들에서도 같은 효과가 간접적으로 관측되었다.

광구 위로 치솟는 자기력선은 홍염(채층에서 코로나 속으로 고리 모양을 이루며 높이 치솟아 오르는 뜨거운 가스 덩어리)을 만들어낼 수 있다. 홍염 고리는 끊어졌다가 다시 연결될 수 있는데, 이 때문에 플라스마와 자기력선이 태양풍에 실려 우주 공간으로 빠져나갈 수 있다. 이것은

우주를 계산하다

태양 플레어의 원인이 되는데, 태양 플레어가 일어나면 지구에서는 통신에 장애가 생기고, 전력 공급망과 인공위성이 손상을 입을 수 있다. 태양 플레어에 뒤이어 엄청난 양의 물질이 코로나corona(태양 대기의 가장 바깥층에 있는 얇은 가스층. 맨눈으로는 개기 일식 때에만 볼 수 있다)에서 방출되는 현상이 일어날 수 있는데, 이를 코로나 대량 방출이라 한다.

✦

기본적인 질문 중 하나는 별이 얼마나 먼 곳에 있느냐 하는 것이다. 수십 광년보다 더 먼 거리에 있는 별들의 경우, 우리에게 그 답을 알려준 것은 바로 천체물리학이었다. 다만 처음에 그 답을 알려준 주요 관측은 경험적인 것이었다. 헨리에타 레비트Henrietta Leavitt는 표준 촛불을 발견했고, 별의 거리를 재는 척도를 확립했다.

기원전 6세기에 그리스의 철학자이자 수학자인 탈레스Thales는 피라미드와 자신의 그림자 길이를 잰 뒤 기하학을 사용해 피라미드의 높이를 추정했다. 피라미드의 실제 높이 대 그 그림자 길이의 비는 탈레스의 키 대 그 그림자 길이의 비와 같다. 이 길이들 중 세 가지는 쉽게 잴 수 있으므로, 계산을 통해 네 번째 길이를 알 수 있다. 이 천재적인 방법은 삼각법의 간단한 예를 보여준다. 삼각형에 관한 기하학은 각과 변의 관계를 기술한다. 아랍 천문학자들은 도구 제작을 위해 이 개념을 발전시켰는데, 중세 에스파냐에서 측량에 사용되면서 현실적인 응용 분야를 찾았다. 거리는 재기가 어려운데, 도중에 장애물이 있는 경우가 많기 때문이다. 하지만 각도는 재기가 쉽다. 멀리 있는 물체의 방향을 측정하는 데에는 막대 하나와 실 약간만 있으면 되고, 망원 조준기가 있으면 더욱 좋다. 우선 알려진 기선基線(삼각 측량에서 기준이 되는 선)을 측정하는 것부터 시작한다. 그러고 나서 양 끝 지점에서 특정 지점까지의 각도를 측정한 뒤, 그 지점까지의 거리를 계산한다. 이제 우리는 알려진 길이를 두 가지 더 얻었으므로, 이 과정을 반복하여 지도로 작성하길 원하는 지역을 삼각 측량하면서 이미 측정한 단 하나의 기선으로부터 그 모든 거리를 계산한다.

에라토스테네스Eratosthenes는 우물 속을 들여다보면서 기하학을 사용해 지구의 크기를 계산한 것으로 유명하다. 그는 정오에 알렉산드리아와 시에네(현재의 아스완)에서 태양의 고도를 쟀고, 낙타가 한 도시에서 다른 도시로 이동하는 데 걸린 시간을 바탕으로 두 도시 사이의 거리를 계산했다. 지구의 크기를 알면, 서로 다른 두 장소에서 달을 관측하여 달까지의 거리를 추정할 수 있다. 그리고 그 값을 이용해 태양까지의 거리도 계산할 수 있다.

어떻게? 기원전 150년경에 그리스 천문학자 히파르코스는 달의 위상이 정확하게 반달이 될 때, 달과 태양을 잇는 선이 지구와 달을 잇는 선과 직각이 된다는 사실을 깨달았다. 이 기선(지구와 달 사이의 거리)과 지구-태양을 잇는 선 사이의 각도를 재면, 태양까지의 거리를 계산할 수 있다. 히파르코스가 계산한 값은 300만 km였는데, 실제 거리는 1억 5000만 km이므로 턱없이 작은 값이다. 이렇게 큰 차이가 난 이유는, 그 각도가 실제로는 직각에 아주 가까운 값인데, 히파르코스는 87°로 측정했기 때문이다. 더 나은 측정 장비를 사용하면 더 정확한 값을 얻을 수 있다.

이렇게 단순한 요소로 시작해 복잡한 체계를 구축해가는 과정은 여기서 한 단계 더 나아갔다. 이번에는 지구 궤도를 기선으로 삼아 별까지의 거리를 계산할 수 있다. 지구는 6개월에 공전 궤도의 절반을 돈다. 천문학자들은 '연주 시차年周視差'를 지구 공전 궤도의 양 끝 지점에서 별을 바라본 두 시선視線이 이루는 각도의 절반으로 정의한다. 별의 거리는 대략 연주 시차에 비례하며, 1″(초)의 연주 시차는 3.26광년에 해당한다. 이 거리 단위를 파섹parsec(parallax arcsecond)이라 부르는데, 많은 천문학자는 이 이유 때문에 광년보다 파섹 단위를 선호한다.

영국 천문학자 제임스 브래들리James Bradley는 1729년에 한 별의 연주 시차를 측정하려고 애썼지만, 장비가 충분히 훌륭하지 않았다. 1838년, 독일 천문학자 프리드리히 베셀Friedrich Bessel은 프라운호퍼의 태양의(새롭게 설계해 감도가 아주 높은 망원경으로, 프라운호퍼 사후에 인도되었다)를 사용해 백조자리 61번 별을 관측했다. 베셀이 측정한 연주 시차는 0.77″였는데, 이것은 10km 밖에 있는 테니스공의 폭만큼 작은 각도이다. 이 각도를 바탕으로 계산한 별의 거리는 11.4광년으로, 오늘날 구한 값과 아주 가까웠다. 이것은 약 100조 km에 해당하는 거리로, 우리가 사는 세계가 우리를 둘러싼 우주에 비해 얼마나 미미한지 깨닫게 해준다.

인류의 지위 강등은 여기서 끝나지 않았다. 대부분의 별들은, 심지어 우리은하 안에 있는 별들조차, 시차를 측정하는 것이 불가능한데, 이것은 이 별들이 백조자리 61번 별보다 훨씬 먼 거리에 있음을 의미한다. 하지만 시차를 관측할 수 없다면 삼각법도 무용지물이다. 우주 탐사선이 더 긴 기선을 제공할 수는 있지만, 더 먼 별과 은하에 필요한 만큼 아주 긴 기선을 제공하진 못한다. 천문학자들이 우주의 거리 사다리에서 더 높이 올라가려면, 획기적인 방법을 생각해내야 했다.

✦

하지만 가능한 것을 가지고 시작해야 한다. 별에서 쉽게 관찰할 수 있는 한 가지 특징은 겉보기 밝기(실시 등급)이다. 겉보기 밝기를 결정하는 요인은 두 가지가 있다. 하나는 그 별의 실제 밝기(절대 등급)이고, 또 하나는 거리이다. 밝기는 중력과 마찬가지로 거리의 제곱에 반비례해 약해진다. 만약 어떤 별이 실제 밝기가 백조자리 61번 별과 같은데 겉보기 밝기는 백조자리 61번 별의 $\frac{1}{9}$이라면, 이 별은 백조자리 61번 별보다 3배 먼 거리에 있는 게 분명하다.

불행하게도 실제 밝기는 별의 종류와 크기, 그리고 그 내부에서 일어나는 핵반응의 종류에 따라 달라진다. 겉보기 밝기를 사용하는 법이 제대로 효과를 보려면 '표준 촛불'이 필요하다. 즉, 실제 밝기가 알려져 있거나 얼마나 먼 거리에 있는지 '모르더라도', 그것을 추론할 수 있는 종류의 별이 필요하다. 이때, 레비트가 나타났다. 1920년대에 피커링은 레비트를 인간 '컴퓨터'로 고용해 하버드대학교천문대가 수집한 사진 건판들에서 별들의 밝기를 측정하고 분류하는 반복적이고 지루한 작업을 시켰다.

대부분의 별들은 늘 겉보기 밝기가 동일하게 유지되지만, 밝기가 변하는 별이 일부 있어 자연히 천문학자들 사이에서 특별한 관심의 대상이 되었다. 이 별들의 겉보기 밝기는 일정한 주기적 패턴에 따

우주를 계산하다

라 밝아졌다가 어두워지기를 반복했다. 레비트는 이러한 변광성들을 특별히 연구했다. 밝기가 변하는 주요 원인은 두 가지가 있다. 많은 별들은 두 별이 공통 질량 중심 주위의 궤도를 도는 쌍성이다. 만약 지구가 이 공전 궤도면과 일치하는 위치에 놓인다면, 두 별은 규칙적인 시간 간격마다 서로의 앞을 지나가게 될 것이다. 그런 일이 일어날 때 식蝕 현상이 일어나게 된다. 즉, 한 별이 다른 별 앞을 지나가면서 일시적으로 그 별에서 나오는 빛을 가로막는 것이다. 이러한 '식쌍성'은 주기적으로 밝기가 변하는 변광성인데, 관측되는 밝기가 변하는 양상을 보고 식별할 수 있다. 밝기가 일정하게 유지되다가 가끔 아주 짧게 밝기가 변한다. 식쌍성은 표준 촛불로서는 아무 쓸모가 없다.

하지만 표준 촛불로 사용할 수 있는 또 다른 종류의 변광성이 있다. 이것은 핵반응에서 방출되는 에너지가 주기적으로 요동쳐 동일한 광도 변화 패턴이 계속 반복되는 종류의 변광성이다. 이러한 맥동 변광성도 쉽게 식별할 수 있는데, 광도 변화가 갑작스러운 깜박임으

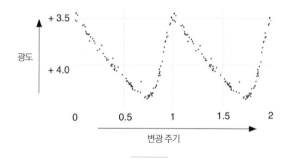

관측된 케페우스자리 델타의 광도 곡선.

로 나타나지 않기 때문이다.

레비트는 세페이드 변광성(케페우스형 변광성이라고도 함. 세페이드는 영어식 이름임)이라는 특별한 종류의 맥동 변광성을 연구하고 있었다. 세페이드 변광성은 케페우스자리 델타에서 처음 발견되어 이런 이름이 붙었다. 레비트는 기발한 통계적 방법을 사용해 더 어두운 세페이드 변광성일수록 변광 주기가 더 길다는 사실을 발견했다. 일부 세페이드 변광성은 연주 시차를 측정할 수 있을 만큼 충분히 가까운 거리에 있었기 때문에 레비트는 그 거리를 계산할 수 있었다. 그리고 이 결과로부터 이 별들의 실제 밝기(절대 광도)를 계산할 수 있었다. 이 결과를 바탕으로 변광 주기와 절대 광도 사이의 관계를 나타내는 공식을 사용해 모든 세페이드 변광성의 거리까지 알아낼 수 있었다.

세페이드 변광성은 오랫동안 애타게 찾던 표준 촛불이었다. 이와 연관된 척도(별의 겉보기 밝기가 거리에 따라 어떻게 변하는지를 나타내는 공식)와 함께 사용함으로써 우리는 우주의 거리 사다리를 또 한 걸음 위로 올라갈 수 있었다. 한 걸음 올라갈 때마다 관측과 이론, 수학적 추론(계산, 기하학, 통계학, 광학, 천체물리학 등)을 모두 합친 노력이 필요했다. 하지만 마지막 한 걸음(정말로 거대한 한 걸음)이 아직 남아 있었다.

12 ── 거대한 하늘의 강

은하의 구조와 나선팔

저기, 저 은하수를 보라. 하얗게 빛나기 때문에 사람들
이 젖의 길이라 부르는.

— 제프리 초서Geoffrey Chaucer, 《영예의 집The House of Fame》

가끔 켜는 횃불이나 모닥불 외에는 가로등이라고는 일절 없던 옛
날에는 하늘의 경이로운 특징 중 하나를 못 보고 지나치기 어려웠다.
하지만 오늘날에는 인공 조명이 거의 없는 지역에서 살거나 그곳을
찾아가야만 이것을 볼 수 있다. 밤하늘에는 별들의 밝은 빛이 도처에
점처럼 흩어져 있지만, 불규칙한 모양의 널따란 빛의 띠가 전체 하
늘을 가로지르면서 지나가는데, 이것은 빛나는 점들이 모여 있는 것
이라기보다는 하나의 강처럼 보인다. 실제로 고대 이집트인은 은하
수를 나일 강에 대응하는 하늘의 강이라고 보았다. 오늘날에도 은하
수는 영어로 '젖의 길'이라는 뜻으로 '밀키 웨이Milky Way'라고 불리
는데, 은하수의 불가사의한 형태를 반영한 이름이다. 천문학자들은
은하수를 만들어낸 우주적 구조를 영어로 '갤럭시Galaxy'라고 부르
는데, 고대 그리스어 갈락시아스galaxias('젖의')와 키클로스 갈락티코

웨스트버지니아주 서밋 호 상공의 은하수.

스kyklos galaktikos('젖의 원')에서 유래한 단어이다.

하늘을 가로지르는 이 젖빛 얼룩이 거대한 별들의 띠이며, 너무나도 먼 곳에 있어 우리 눈으로 이것을 개개의 점들로 구별할 수 없다는 사실을 천문학자들이 알아채기까지는 수천 년이 걸렸다. 이 띠는 실제로는 옆 방향에서 보면 렌즈 모양의 원반이며, 우리가 사는 지구와 태양계도 그 안에 들어 있다.

천문학자들은 점점 더 성능이 좋은 망원경으로 하늘을 탐사하다가 희미하게 빛나는 얼룩들을 더 발견했는데, 이것들은 분명히 별과는 달랐다. 그중 몇 개는 시력이 좋으면 맨눈으로도 볼 수 있다. 10세

우주를 계산하다

왼쪽: 측면에서 바라본 은하의 모습. 불룩하게 솟은 중앙 팽대부가 눈길을 끈다. 오른쪽: 화가가 우리은하의 모습을 상상해 그린 모습.

기에 페르시아 천문학자 압드 알라흐만 알수피Abd al-Rahman al-Sufi 는 안드로메다은하를 작은 구름처럼 생겼다고 묘사했고, 964년에는 《붙박이별에 관한 책》에 대마젤라운(지금은 대마젤란은하라고 함)을 포함시켰다. 처음에 서양 천문학자들은 이 희미하고 어렴풋하게 빛나는 얼룩들을 '성운nebula'이라고 불렀다.

지금은 이들을 은하라고 부른다. 우리 태양계를 포함한 은하는 우리은하라 부른다. 은하는 별들로 이루어진 큰 구조 중에서는 가장 수가 많은 집단이다. 많은 은하에서는 나선팔이라는 놀라운 패턴을 볼 수 있는데, 그 기원이 무엇인지는 아직도 논란이 많다. 은하는 도처에 아주 많이 존재하는데도 불구하고, 우리가 완전히 이해하지 못하는 특징이 많다.

1744년, 프랑스 천문학자 샤를 메시에는 최초로 체계적인 성운 목록을 만들었다. 초판에는 45개가 포함되었는데, 1781년판에는 103개로 늘어났다. 발표 직후에 메시에와 그의 조수 피에르 메생Pierre Méchain은 7개를 더 발견했다. 메시에는 안드로메다자리에서 특별히 눈길을 끄는 성운을 발견했다. 이 성운은 M31이라 불리게 되었는데, 그의 목록에 31번째로 실린 성운이었기 때문이다.

하지만 어떤 천체를 목록에 싣는 것과 그것을 제대로 이해하는 것은 전혀 별개의 문제이다. 도대체 성운의 정체는 무엇일까?

이미 기원전 400년 무렵에 그리스 철학자 데모크리토스Democritos가 은하수는 작은 별들로 이루어진 띠일지 모른다고 주장했다. 그는 또한 물질이 보이지 않는 원자 입자로 이루어졌다는 개념도 내놓았다. 은하수에 관한 데모크리토스의 가설은 1750년에 토머스 라이트Thomas Wright가 《우주에 관한 독창적인 이론 또는 새로운 가설An Original Theory or New Hypothesis of the Universe》을 출판할 때까지 대체로 잊힌 상태에 있었다. 라이트는 은하수가 별들로 이루어진 원반이며, 너무 먼 거리에 있어 개개의 별들을 구별할 수 없다는 주장을 되살렸다. 또 성운 역시 이와 비슷한 구조일지 모른다고 생각했다. 1755년, 철학자 이마누엘 칸트는 성운을 '섬우주'라고 부르면서 이 구름 같은 얼룩이 수많은 별들로 이루어져 있고, 은하수의 별들보다 훨씬 더 먼 곳에 있다고 주장했다.

1783년부터 1802년까지 윌리엄 허셜은 성운을 2500개 더 발견했다. 1845년, 로스 경Lord Rosse은 엄청나게 큰 자신의 새 망원경으

우주를 계산하다

로 몇몇 성운에서 개별적인 빛의 점을 보았는데, 이것은 라이트와 칸트의 주장을 뒷받침하는 최초의 유의미한 증거였다. 하지만 이 주장은 놀랍게도 논란에 휩싸였다. 이 흐릿한 빛의 얼룩들이 우리은하와 별개의 존재인가 아닌가(사실은 우리은하가 전체 우주인가 아닌가) 하는 문제는 1920년까지도 확실하게 해결되지 않은 상태로 남아 있었는데, 그해에 할로 섀플리Harlow Shapley와 히버 커티스Heber Curtis가 스미스소니언박물관에서 대논쟁을 벌였다.

섀플리는 우리은하가 전체 우주라고 생각했다. 그는 만약 M31이 우리은하와 같은 은하라면 약 1억 광년 거리에 있다는 이야기가 되는데, 이렇게 먼 거리에 천체가 존재한다는 것은 도저히 믿을 수 없다고 주장했다. 아드리안 판 마넨Adriaan van Maanen은 이를 지지하면서 바람개비은하가 회전하는 것을 자신이 관측했다고 주장했다. 그리고 만약 바람개비은하가 커티스의 이론이 예측하는 것처럼 먼 곳에 있다면, 그 은하 중 일부는 빛의 속도보다 더 빨리 움직인다는 결론에 도달한다고 덧붙였다. 그리고 M31에서 발견된 신성이 최후의 일격을 가했는데, 폭발하는 별 하나가 일시적으로 성운 전체보다 더 많은 빛을 방출했다. 한 별이 수백만 개의 별이 모인 전체 집단보다 더 밝은 빛을 낸다는 것은 말이 되지 않는 것으로 보였다.

1924년에 허블이 마침내 이 논쟁을 마무리 지었는데, 레비트의 표준 촛불이 큰 도움을 주었다. 1924년, 허블은 그 당시 세상에서 가장 성능이 뛰어난 후커 망원경을 사용해 M31에서 세페이드 변광성들을 관측했다. 레비트의 거리-광도 관계를 사용해 허블은 이 별들이 100만 광년 거리에 있다는 사실을 알아냈다. 이것은 M31이 우리은하 밖에 있다는 것을 의미했다. 섀플리를 비롯해 여러 천문학자는 허블에게 말도 안 되는 결과를 발표하지 말라고 설득했지만, 허블은 흔들리지 않았다. 처음에는 〈뉴욕 타임스〉에 발표했고, 그러고 나서 연구 논문으로도 발표했다. 나중에 판 마넨의 주장이 틀렸고, 새플리의 신성은 실제로는 은하 전체보다 더 많은 빛을 뿜어낸 초신성이었던 것으로 밝혀졌다.

추가 발견들을 통해 세페이드 변광성의 이야기는 더 복잡한 것으로 드러났다. 월터 바데Walter Baade는 각자 다른 주기-광도 관계를 가진 두 종류의 세페이드 변광성(전형적인 I형 세페이드 변광성과 II형 세페이드 변광성)을 구분함으로써 M31이 허블이 말한 것보다 훨씬 더 먼 곳에 있음을 밝혔다. 현재의 계산에 따르면, M31은 250만 광년 거리에 있다.

✦

허블은 은하에 특별한 관심을 기울였고, 그 모양을 바탕으로 은하 분류 체계를 만들었는데, 은하들을 크게 네 집단으로 나누었다. 타원 은하, 나선 은하, 막대 나선 은하, 불규칙 은하가 그것이다. 특히 나선 은하는 흥미로운 수학적 문제를 제기하는데, 거대한 규모에서 중력의 법칙이 낳는 결과를 보여주기 때문이다. 그리고 그 결과로 나타나는 것도 그에 못지않게 거대한 패턴이다. 밤하늘에서 별들은 무작위로 흩어져 있는 것처럼 보이지만, 충분히 많은 별들을 모아놓고 보면 불가사의할 정도로 규칙적인 모양을 하고 있다.

허블은 이러한 수학적 문제들에 답하지는 않았지만, 그는 이 전체 주제에 대한 논의를 시작하게 한 장본인이다. 단순하면서도 큰 영향

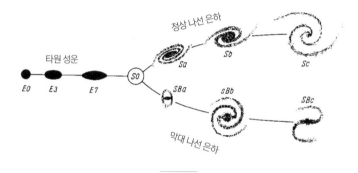

정상 나선 은하

타원 성운

Sa　Sb　Sc

E0　E3　E7　S0

SBa　SBb　SBc

막대 나선 은하

소리굽쇠처럼 생긴 허블의 은하 분류 체계. 불규칙 은하는 생략되었다.

력을 떨친 허블의 한 가지 업적은 은하들의 모양을 소리굽쇠처럼 생긴 다이어그램으로 분류한 것이다. 그리고 각각의 모양에 기호를 붙여 구분했다. 타원 은하는 E0~E7으로, 나선 은하는 Sa, Sb, Sc로, 막대 나선 은하는 SBa, SBb, SBc로 분류했다. 허블의 분류 체계는 경험적인 것이었다. 즉, 어떤 자세한 이론이나 측정 체계를 바탕으로 한 것이 아니었다. 하지만 과학 분야 중에는 경험적 분류에서 시작된 것이 많다(대표적인 예로는 지질학과 유전학을 들 수 있다). 잘 조직된 명단을 얻으면, 제각각 다른 사례들을 함께 묶을 수 있는 방법을 찾게 된다.

천문학자들은 한동안 이 다이어그램이 은하들의 장기적 진화를 보여주는 것이 아닐까 하고 생각했다. 별들이 빽빽하게 모인 타원 집단에서 시작해 별들이 점점 흩어져가면서 질량과 지름, 회전 속도 등의 요인에 따라 나선이나 막대 나선 모양이 발달한다고 보았다. 그러다가 나선 은하는 꼬인 형태가 점점 더 느슨해지면서 분명한 구조

중 많은 것이 사라지고 불규칙 은하가 되는 것 같았다. 이것은 아주 매력적인 생각이었는데, 이와 유사한 H-R도(별의 스펙트럼형과 밝기에 따라 별들을 배열한 다이어그램)도 별의 진화를 어느 정도 보여주기 때문이다. 하지만 허블의 체계는 가능한 은하 형태들의 목록에 지나지 않으며, 은하들은 그렇게 말쑥한 방식으로 진화하지 않는 것으로 보인다.

✦

별다른 특징이 없이 둥그렇게 무리지어 모여 있는 타원 은하에 비해 나선 은하와 막대 나선 은하의 수학적 규칙성이 눈길을 끈다. 나선 은하는 왜 그토록 많을까? 그중 약 절반에서 발견되는 중앙의 막대 형태는 어떻게 생겨날까? 여러분은 이러한 질문들은 답하기가 비교적 쉬울 것이라고 생각할지 모르겠다. 수학적 모형을 만든 뒤, 그 답을 구하면서(아마도 컴퓨터에서 시뮬레이션을 통해) 어떤 일이 일어나는지 살펴보기만 하면 될 것 같다. 은하를 이루는 별들은 상당히 희박하게 흩어져 있고, 광속에 가까운 속도로 움직이지 않기 때문에, 뉴턴의 중력 법칙으로 충분히 정확하게 계산할 수 있다.

이런 종류의 이론들은 많이 연구되었다. 결정적인 설명은 아직 나오지 않았지만, 나머지 이론들보다 관측 결과와 더 잘 일치하는 이론이 몇 가지 있다. 불과 50년 전만 해도 대부분의 천문학자들은 나선 형태가 자기장 때문에 생겨난다고 생각했지만, 오늘날 우리는 그러기에는 자기장이 너무 약하다는 사실을 알고 있다. 지금은 나선 형태는 주로 중력 때문에 생겨난다는 데 대체로 의견의 일치가 이루어지고 있다. 정확하게 어떤 과정을 거쳐 그런 일이 일어나는가 하는 것은 또 다른 문제이다.

광범위한 지지를 받은 최초의 이론 중 하나는 1925년에 스웨덴 천문학자 베르틸 린드블라드Bertil Lindblad가 내놓았는데, 특별한 종류의 공명을 바탕으로 한 것이었다. 린드블라드는 푸앵카레와 마찬가지로 회전하는 중력 풍경에서 거의 원형에 가까운 궤도를 도는 입자를 고려했다. 첫 번째 근사에서 입자는 특정 자연 진동수를 가지고 원에 대해 상대적으로 들어갔다 나왔다 하길 반복한다. 린드블라드 공명은 이 진동수가 중력 풍경에서 연속적인 마루를 만나는 지점의 진동수와 정수 비 관계에 있을 때 생겨난다.

린드블라드는 나선 은하의 팔이 영구적인 구조가 될 수 없다는 사실을 깨달았다. 은하 내에서 별들이 어떻게 움직이는지 보여주는 일반적인 모형에서 별들의 속력은 반지름 거리에 따라 달라진다. 만약 같은 별들이 항상 한 나선팔에 머문다면, 그 나선팔은 시계태엽을 지나치게 감는 것처럼 점점 더 촘촘하게 감길 것이다. 우리는 나선팔이 이렇게 점점 촘촘하게 감기는지 볼 수 있을 만큼 한 은하를 수백만 년 동안 관찰할 수 없다. 우주에는 은하가 아주 많이 있지만 그중에서 나선팔이 지나치게 감긴 것은 단 하나도 없다. 린드블라드는 나선팔들에서 별들이 반복적으로 재생된다고 주장했다.

1964년, 치아-치아오 린Chia-Chiao Lin(중국어로는 林家翹)과 프랭크 슈Frank Shu는 나선팔이 별들이 일시적으로 많이 쌓인 밀도파라고 주장했다. 밀도파는 나아가면서 새로운 별들을 집어삼키고 이전에 삼킨 별들을 뒤에 남기는데, 마치 바다에서 파도가 수백 킬로미터를 이동하지만 물을 전혀 싣고 가지 않는 것과 같다(육지에 가까워져 물이

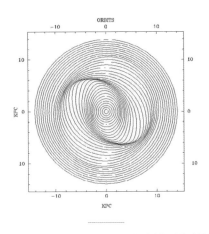

타원 궤도를 도는 별들이 나선 밀도파를 만드는 방법. 이것은 막대 나선 은하의 경우이다.

높이 쌓이면서 높은 파도를 이루어 해변을 덮치기 전까지는). 파도가 지나가는 동안 물은 그저 그 자리에서 빙글빙글 돌 뿐이다. 린드블라드와 페르 올로프 린드블라드Per Olof Lindblad는 이 개념을 받아들여 더 발전시켰다. 그리고 린드블라드 공명이 이러한 밀도파를 만들어낼 수 있는 것으로 드러났다.

이것의 대안으로 나온 주요 이론은 나선팔이 성간 매질의 밀도파라고 주장하는데, 성간 매질에 물질이 쌓인 장소에서 밀도가 충분히 높아지면 별이 탄생한다. 두 메커니즘을 결합한 설명도 충분히 가능하다.

✦

나선팔 생성에 관한 이 이론들은 50년 이상 위세를 떨쳤다. 하지

우주를 계산하다

화로자리 은하단에 있는 막대 나선 은하 NGC 1365.

만 최근에 일어난 수학적 진전은 아주 다른 이야기를 시사한다. 핵심 증거물은 막대 나선 은하이다. 막대 나선 은하는 상징적인 나선팔 외에 한가운데를 직선으로 가로지르는 막대 구조도 있다. 전형적인 예는 NGC 1365이다.

은하 동역학에 다가가는 한 가지 방법은 각각의 별이 나머지 모든 별의 중력에 반응해 어떻게 움직이는지 모형을 만들어 큰 n값에 대해 n체 시뮬레이션을 하는 것이다. 이 방법을 현실적으로 적용하려면 수천억 개의 천체를 고려해야 하는데, 그 계산을 하기가 사실상 불가능하므로 대신에 더 단순한 모형들을 사용한다. 그중 하나는 나선팔의 규칙적 패턴에 설명을 제시한다. 역설적으로 나선팔은 카오스 때문에 생겨난다.

만약 '카오스'가 '무작위성'을 근사하게 부르는 이름이라고 생각한다면, 규칙적 패턴으로 어떻게 카오스를 설명할 수 있는지 이해하기 어렵다. 이 설명이 가능한 이유는 앞에서 보았듯이 실제로는 카오스가 무작위적인 것이 아니기 때문이다. 카오스는 결정론적 규칙의 결과로 나타난다. 어떤 의미에서 이 규칙은 카오스의 근원을 이루는 숨겨진 패턴이다. 막대 나선 은하에서 개개의 별들은 카오스적이지만, 별들이 움직이더라도 은하는 전체적으로 나선 형태를 유지한다. 별들이 나선팔의 집중된 지역에서 벗어나면, 새로운 별들이 그 자리를 메운다. 카오스 동역학에 패턴이 숨어 있을 가능성은, 어떤 패턴이 있는 결과에는 그와 비슷하게 어떤 패턴이 있는 원인이 있을 것이라고 생각하는 과학자들에게 경각심을 불러일으킨다.

1970년대 후반에 조지 콘토풀로스George Contopoulos와 공동 연구자들은 강체처럼 회전하는 중앙 막대를 가정하고, 중앙 막대의 회전에 휘말려 움직이는 나선팔 별들의 동역학을 결정하기 위해 n체 모형을 사용해 막대 나선 은하 모형을 만들었다. 이 모형은 막대 형태를 하나의 가정으로 포함시키지만, 관찰되는 모양이 충분히 근거가 있는 것임을 보여준다. 1996년, 데이비드 코프먼David Kaufmann과 콘토풀로스는 막대 끝에서 떨어져 나가는 것처럼 보이는 나선팔 안쪽 부분이 카오스적 궤도를 도는 별들로 유지된다는 사실을 발견했다. 중앙 부분, 특히 막대는 강체처럼 회전한다. 이 효과를 동시 회전이라 부른다. 나선팔 안쪽 부분을 이루는 별들은 소위 '뜨거운 집단'에 속하는데, 이 별들은 중앙 지역을 카오스적으로 들어갔다 나왔다 하며 배회한다. 나선팔 바깥쪽 부분은 더 규칙적인 궤도를 도는 별들로 이루어져 있다.

회전하는 막대의 중력 풍경은 푸앵카레의 $2\frac{1}{2}$체 문제와 아주 비

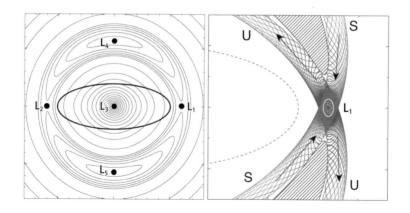

왼쪽: 회전하는 막대의 라그랑주점들. 오른쪽: L_1 부근의 안정한(S) 다양체와 불안정한(U) 다양체.

슷하지만 그 기하학은 다르다. 라그랑주점(막대와 함께 회전하는 기준 좌표계에서 먼지 입자가 정지 상태로 멈춰 있는 장소)은 여전히 5개가 있지만, 여기서는 배열 방식이 달라 십자 모양을 이룬다. 하지만 이 모형은 이제 약 15만 개의 먼지 입자(다른 별들)를 포함하며, 먼지 입자들은 막대에는 힘을 미치지 않지만 서로에게는 힘을 미친다. 수학적으로 이것은 제자리에 고정된 채 회전하는 중력 풍경에서 일어나는 15만 체 시뮬레이션이다.

라그랑주점 중 L_3와 L_4, L_5 3개는 안정하다. 나머지 2개인 L_1과 L_2는 불안정한 안장이며, 타원으로 묘사된 막대 끝부분에 더 가까이 위치한다. 여기서 비선형 동역학을 잠깐 살펴볼 필요가 있다. 안장 형태의 평형은 특별한 다차원 표면 두 종류와 관련이 있는데, 이것들을 각각 안정 다양체stable manifold와 불안정 다양체unstable manifold라 부른다(다양체多樣體는 위상수학과 기하학에서 국소적으로 유클리드 공간으로 간주할 수 있는 위상 공간을 말함 – 옮긴이). 이 이름들은 전통적인 것이지만 혼동을 초래할 가능성이 있다. 이 이름들은 관련 궤도가 안정하거나 불안정하다는 것을 의미하지 않는다. 단지 이 표면들을 정의하는 흐름의 방향을 가리킬 뿐이다. 안정 다양체에 놓인 먼지 입자는 마치 끌리는 힘을 받는 듯이 안장점을 향해 다가간다. 그리고 불안정 다양체에 놓인 먼지 입자는 마치 밀리는 힘을 받는 듯이 안장점에서 멀어져간다. 그 밖의 다른 장소에 놓인 먼지 입자는 두 종류의 운동이 결합된 경로를 따라 움직인다. 푸앵카레는 바로 이 표면들을 검토하다가 $2\frac{1}{2}$체 문제에서 카오스를 처음 발견했다. 이 표면들은 호모클리닉 엉킴에서 교차한다.

이 문제에서 중요한 것이 위치라면, 안정 다양체와 불안정 다양체는 안장점에서 교차하는 곡선이 된다. L_1과 L_2 근처의 등고선들은 오른쪽 그림에서 확대해 나타냈듯이 십자 모양의 간극을 남긴다. 이 곡선들은 간극의 중심 부분을 지나간다. 하지만 천문학적 궤도들은 위치뿐만 아니라 속도도 포함한다. 이 양들은 함께 '위상 공간'이라는 다차원 공간을 결정한다. 여기서는 위치를 나타내는 두 차원(그림에 직접 묘사된 것처럼)을 속도를 나타내는 두 차원으로 보강해야 한다. 그 위상 공간은 '4'차원이며, 안정 다양체와 불안정 다양체는 2차원 표면들인데, 오른쪽 그림에서 화살표로 표시된 관들로 나타나 있다. S는 안정 다양체를, U는 불안정 다양체를 나타낸다.

이 관들이 만나는 지점에서 이것들은 동시 회전 지역과 그 바깥 지역을 잇는 관문 역할을 한다. 별들은 이들과 함께 화살표로 표시된 방향을 따라 들어가거나 나갈 수 있고, 교차 지점에서 카오스적으로 관을 바꿔 탈 수 있다. 따라서 어떤 별들은 동시 회전 지역 내부에서 나와 이 관문을 통과한 뒤, 오른쪽 아래에 U로 표시된 관을 따라 흘러나갈 수 있다. 여기서 '고착성$_{\text{stickiness}}$'이라 부르는 현상이 일어난다. 비록 그 동역학은 카오스적이지만, 이 관문을 통해 빠져나가는 별들은 오랫동안 불안정 다양체 가까이에서 머문다—어쩌면 우주의 나이보다 더 오래. 종합하면, 별들은 L_1 가까이에서 밖으로 빠져나온 뒤, 불안정 다양체에서 바깥쪽으로 향하는 가지를 따라 이동하는데, 여기서는 시계 방향으로 돌게 된다. 은하에서 $180°$ 반대편에 있는 L_2에서도 같은 일이 일어나며, 여기서도 흐름은 시계 방향으로 돈다.

결국 이 별들 중 다수는 동시 회전 지역으로 되돌아가며, 모든 것이 처음부터 다시 시작된다. 비록 카오스 때문에 규칙적인 시간 간격으로 일어나진 않지만 말이다. 그래서 우리는 전체 구조가 꾸준히 회전하는 동안 막대 양 끝에서 어떤 각도를 이루며 뻗어 나오는 한 쌍의 나선팔을 보게 된다. 개개의 별은 나선팔의 고정된 장소에 머물러 있지 않는다. 이 별들은 빙글빙글 도는 회전 폭죽에서 튀어나오는 불꽃과 비슷하다. 다만 튀어나온 불꽃이 결국은 중앙으로 되돌아가 다시 튀어나오며, 그 경로가 카오스적으로 변한다는 점이 다르다.

298쪽의 상단의 왼쪽 그림은 이 모형의 n체 시뮬레이션 중 전형적인 순간에 배열된 별들의 위치를 보여준다. 두 나선팔과 중앙의 막대가 두드러져 보인다. 오른쪽 그림은 이에 상응하는 불안정 다양체를 보여주는데, 왼쪽 그림에서 가장 밀도가 높은 지역들과 일치한다. 그 아래 그림은 은하 중 어떤 부분들이 규칙적 궤도와 카오스적 궤도의 다양한 집단에 속한 별들로 채워져 있는지 보여준다. 충분히 예상할 수 있듯이, 규칙적 궤도는 동시 회전 지역에 국한돼 있다. 카오

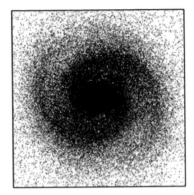
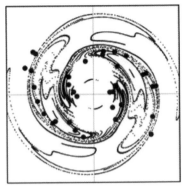

왼쪽: n체 계를 은하면에 투영한 모습.
오른쪽: L_1과 L_2에서 뻗어 나오는 불안정 불변 다양체의 나선 패턴.

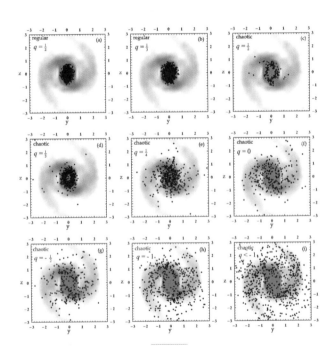

규칙적 궤도와 카오스적 궤도 집단에 각각 속한 입자들의 순간적 위치(검은 점)를 회전면에서 은하의 뼈대(회색 배경) 위에 겹친 것.

스적 궤도도 이곳에 생기지만, 나선팔이 있는 장소인 그 바깥 지역에 많이 생긴다.

이 이론을 292쪽 그림에 나온 일련의 비틀린 타원들과 비교해볼 만한 가치가 있다. 타원들은 어떤 패턴이 나타나도록 하기 위해 어떤 패턴을 집어넣는다. 하지만 실제 n체 동역학은 타원 궤도를 낳지 않는데, 모든 물체가 서로 섭동을 일으키기 때문이다. 따라서 제안된 패턴은 근거 있는 패턴을 그럴듯하게 근사한 것이라면 모를까, 실제로는 성립할 수 없는 것이다. 카오스적 모형은 중앙 막대를 명시적인 가정으로 포함시키지만, 나머지 모든 것은 진짜 n체 동역학에서 나타난다. 우리가 얻는 것은 카오스이지만, 카오스가 만들어내는 나선 패턴도 얻는다. 이것은 수학을 제대로 하기만 한다면, 패턴 문제는 저절로 해결된다는 교훈을 준다. 패턴을 인위적으로 강요하면, 터무니없는 결과를 얻을 위험을 감수하게 된다.

막대 나선 은하에서 나선팔의 생성에 고착성 카오스가 어떤 역할을 한다는 것이 추가로 확인되었다. 이것은 이런 은하들에서 보편적으로 존재하는 별들의 고리들(매우 규칙적인 형태를 지닌)로 나타나며, 이 고리들은 쌍으로 겹쳐서 나타날 때가 많다. 이번에도 기본 개념은 이런 은하들에서 고착성 카오스가 많은 별들을 막대 양 끝에 위치한 라그랑주점 L_1과 L_1의 불안정 다양체에 맞춰 늘어서게 한다는 것이다. 이번에는 안정 다양체들도 고려해야 하는데, 별들은 이곳을 따라 관문으로 돌아가 중심부로 되돌아간다. 이것들 역시 고착성을 지니고 있다.

다음 쪽 그림의 맨 윗줄은 전형적인 고리 은하의 네 가지 예를 보여준다. 둘째 줄은 나선과 고리 구조를 강조해 표현한 그림들이다.

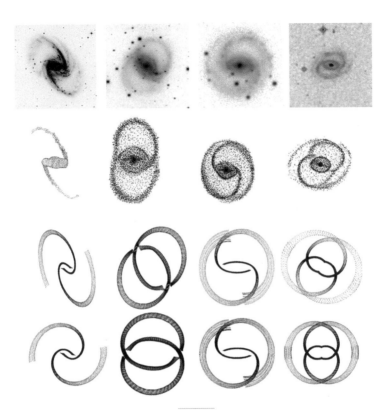

고리와 나선팔 형태들. 맨 윗줄: 네 은하 NGC 1365, NGC 2665, ESO 325-28, ESO 507-16. 둘째 줄: 나선과 고리 구조를 강조하면서 이 은하들을 도식적으로 나타낸 그림. 셋째 줄: 비슷한 형태의 안정/불안정 다양체 계산을 관찰된 은하 또는 도식적 그림과 대략 같은 방법으로 투영한 예. 넷째 줄: x축을 따라 막대가 뻗어 있는 이 다양체들을 정면에서 바라본 모습.

셋째 줄은 수학적 모형에서 일치하는 예들을 보여준다. 넷째 줄은 이 것들을 비스듬한 각도 대신에 정면에서 바라본 모습이다.

✦

　　　　　　　　　　　　　　　　　　　　　우주를 계산하다

분광기를 사용하면 은하 내에서 별이 얼마나 빨리 움직이는지 알 수 있다. 천문학자들이 그렇게 해서 별들의 속도를 측정했을 때, 그 결과는 매우 불가사의했다. 이 수수께끼가 해결된 전말은 14장에서 다루기로 하고, 여기서는 그 수수께끼가 어떻게 생겨났는지만 살펴보기로 하자.

천문학자들은 은하의 회전 속도를 도플러 효과를 사용해 측정한다. 만약 움직이는 광원이 특정 파장의 빛을 방출한다면, 그 파장은 광원의 속도에 따라 변한다. 음파에서도 같은 효과가 나타나는데, 대표적인 예는 앰뷸런스가 우리 앞을 지나가 멀어져갈 때, 그 사이렌 소리의 음이 낮아지는 것이다. 물리학자 크리스티안 도플러Christian Doppler는 1842년에 쌍성에 관한 논문에서 뉴턴 물리학을 사용해 이 효과를 분석했다. 상대론적 버전의 물리학을 사용한 예측에서는 기본 행동은 동일하지만 양적인 차이가 나타난다. 빛은 물론 많은 파장으로 이루어져 있지만, 분광기를 사용해 분석하면 스펙트럼에서 특정 파장들이 암선으로 나타난다. 광원이 움직이면 이 선들이 일정한 비율로 이동하는데, 이동한 정도를 측정함으로써 광원의 속도를 간단히 계산할 수 있다.

은하의 경우, 이 목적을 위해 사용하는 표준적인 스펙트럼선은 수소 알파선이다. 정지하고 있는 광원의 경우, 이 스펙트럼선은 가시 스펙트럼의 빨간색 부분에 자리 잡고 있는데, 수소 원자 속에서 전자가 세 번째로 낮은 에너지 준위에서 두 번째로 낮은 에너지 준위로 이동할 때 나타난다. 수소는 우주에서 가장 흔한 원소이므로, 수소 알파선은 두드러지게 나타나는 경우가 흔하다.

심지어 은하 중심에서 서로 다른 거리들에서 회전 속도를 측정하는 것도 가능하다(그 은하가 '너무' 먼 곳에 있지 않다면). 이 측정값들로부터 은하의 회전 곡선을 얻을 수 있는데, 회전 속도를 좌우하는 것은 중심으로부터의 거리뿐만이 아닌 것으로 드러났다. 대략적으로 은하는 일련의 동심원들처럼 움직이는데, 각각의 동심원은 강체처럼 회전하지만 제각각 회전 속도가 다를 수 있다. 이것은 라플라스의 토성 고리 모형(6장 참고)을 떠올리게 한다.

이 모형에서는 뉴턴의 법칙들이 핵심 수학적 증거물을 제공하는데, 어떤 반지름에서의 회전 속도와 그 반지름 내부의 총질량의 관계를 나타내는 공식이 그것이다(별은 광속에 비해 아주 느리게 움직이기 때문에 상대론적 보정은 일반적으로 불필요하다고 간주된다). 이 공식은 주어진 반지름까지 계산한 은하의 전체 질량은 그 반지름에 그 거리에 있는 별들의 회전 속도의 제곱을 곱하고 중력 상수로 나눈 값이라고 말한다.[1] 이 공식은 주어진 반지름에서 회전 속도를 나타내도록 바꾸어 쓸 수 있다. 이것은 반지름에다가 그 반지름 안에 존재하는 전체 질량의 제곱근과 중력 상수를 곱한 값과 같다. 어떤 버전이건 이 공식은 케플러의 회전 곡선 방정식이라 부르는데, 케플러의 법칙에서 직접 유도할 수 있기 때문이다.

질량 분포를 직접 측정하기는 어렵지만, 그것과 상관없이 할 수 있는 예측이 하나 있다. 그것은 반지름이 충분히 클 때 회전 곡선이 어떤 양상을 보이느냐 하는 것이다. 반지름이 일단 관측된 은하의 반지름에 다가가면, 그 반지름 안에 든 전체 질량은 거의 일정한 값을 유지하는데, 은하 전체 질량과 같아진다. 따라서 반지름이 충분히 크다면, 회전 속도는 반지름의 제곱근에 반비례한다. 303쪽의 왼쪽 그림은 이 공식을 나타내는 그래프인데, 반지름이 커질수록 0을 향해

우주를 계산하다

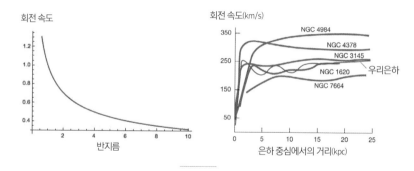

왼쪽: 뉴턴의 법칙이 예측하는 회전 곡선. 오른쪽: 여섯 은하에서 관측된 회전 곡선.

다가간다.

이와 비교하기 위해 오른쪽 그림은 실제로 관측된 여섯 은하(그중 하나는 우리은하)의 회전 곡선을 보여준다. 회전 속도는 감소하는 대신에 증가하다가 대체로 일정한 값을 유지한다.

세상에 이럴 수가!

13 — 외계 세계들
외계 행성 탐사

외계인 천문학자들은 지구를 40억 년 이상 관찰하고서
도 전파 신호를 전혀 탐지하지 못했을 수 있다. 지구는
거주 가능한 세계의 전형인데도 불구하고 말이다.

—세스 쇼스탁Seth Shostak, 《클링온 세계들Klingon Worlds》

　우주에 수많은 행성이 존재한다는 사실은 SF 작가들 사이에서는
오랫동안 확고한 신념으로 통해왔다. 이러한 믿음이 생겨난 주원인
은 SF 이야기를 흥미롭게 이끌어가기 위해 필요했기 때문이다. 흥미
진진한 이야기가 펼쳐지는 장소로 외계 행성만큼 좋은 곳도 없다. 하
지만 외계 행성의 존재는 늘 과학적으로도 타당했다. 온갖 모양과 크
기의 물체들이 우주 도처에 엄청나게 많이 존재한다는 사실을 감안
한다면, 당연히 행성도 아주 많이 존재할 것이다.

　이미 16세기에 조르다노 브루노Giordano Bruno는 별들은 먼 곳에
존재하는 태양들이고, 태양처럼 행성들을 거느리고 있으며, 심지어
그런 행성들에 생명이 살고 있을지도 모른다고 주장했다. 가톨릭교
회에 눈엣가시 같은 존재였던 브루노는 결국 이단으로 몰려 화형을

당하고 말았다. 뉴턴은 《프린키피아》 말미에서 "만약 항성들이 [태양계와] 비슷한 계들의 중심이라면, 모두 비슷한 설계에 따라 만들어져 있을 것이다……"라고 썼다.

우주에서 행성이 있는 별은 태양밖에 없다고 주장한 과학자들도 있었다. 하지만 전문가들의 견해는 항상 외계 행성이 무수히 존재한다는 쪽으로 기울었다. 행성 생성을 설명하는 최선의 이론은 거대한 가스 구름이 붕괴하면서 중심 별이 탄생하는 것과 동시에 행성들이 생겨났으며, 그런 가스 구름은 아주 많이 존재한다는 것이다. 큰 물체(별)는 적어도 5000경(=5×10^{19}) 개가 있고, 작은 물체(먼지 입자)는 훨씬 더 많이 존재한다. 그런데 만약 특정 중간 범위의 물체가 존재할 수 없다고 한다면 아주 이상할 것이다. 게다가 그 범위가 전형적인 행성의 크기와 일치한다면 더욱 이상할 것이다.

✦

간접적 논증이 아무리 그럴듯하다 하더라도 이를 뒷받침하는 직접적 증거가 없는 게 문제였다. 얼마 전까지만 해도 다른 별 주위에 행성이 있다는 사실을 뒷받침하는 관측 증거는 전혀 없었다. 1952년, 오토 스트루베Otto Struve는 외계 행성을 탐지하는 실용적 방법을 제안했지만, 그 제안은 40년이 지난 뒤에야 실현되었다. 1장에서 우리는 지구와 달이 춤을 추는 뚱뚱한 남자와 어린아이처럼 행동한다는 것을 보았다. 어린아이는 뚱뚱한 남자 주위를 빙빙 도는 반면, 뚱뚱한 남자는 자기 발을 중심으로 돌 뿐이다. 별 주위를 도는 행성도 마찬가지이다. 가벼운 행성은 큰 타원을 그리며 도는 반면, 크고 무거

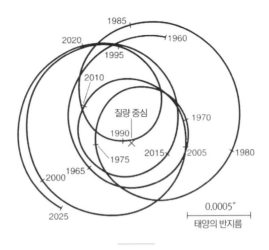

1960~2025년 태양계의 질량 중심에 대한 태양의 움직임.

운 별은 약간 흔들리기만 할 뿐이다.

스트루베는 분광기를 사용해 별의 흔들림을 탐지해보라고 제안했다. 도플러 효과 때문에 별의 미소한 움직임은 그 스펙트럼선에 약간의 위치 이동을 초래한다. 이동 정도로부터 별의 속도를 알 수 있다. 우리는 뚱뚱한 남자의 몸이 흔들리는 정도를 보고서 그 주위를 도는 아이의 존재를 추정할 수 있다. 이 방법은 행성이 여럿 있는 경우에도 효과가 있다. 그래도 별은 여전히 흔들리지만 좀 더 복잡한 방식으로 흔들린다. 위 그림은 태양이 어떻게 흔들리는지 보여준다. 대부분의 움직임은 목성 때문에 일어나지만, 다른 행성들도 영향을 미친다. 전체적인 움직임의 범위는 태양 반지름의 약 3배에 이른다.

1992년에 알렉산데르 볼시찬Aleksander Wolszczan과 데일 프레일Dale Frail은 도플러 분광학을 이용하는 스트루베의 방법으로 최초

우주를 계산하다

로 외계 행성의 존재를 확인했다. 주천체는 펄서라는 기묘한 종류의 천체였다. 펄서는 아주 빠른 간격으로 규칙적인 전파 펄스를 방출한다. 지금은 그 정체가 빠르게 회전하는 중성자별로 밝혀졌는데, 중성자별은 대부분의 물질이 중성자로 이루어져 있기 때문에 이런 이름이 붙었다. 볼시찬과 프레일은 전파천문학을 사용해 펄서 PSR 1257+12가 방출한 펄스에서 미소한 변동을 분석했고, 적어도 행성 2개가 그 주위를 돌고 있다는 결론을 얻었다. 두 행성은 펄서의 자전에 아주 작은 영향을 미쳐 펄스 방출 시간에 미소한 변화를 초래했다. 이들의 연구 결과는 1994년에 확인되었으며, 세 번째 행성이 존재한다는 사실도 밝혀졌다.

펄서는 다소 기이한 천체인데, 정상적인 별에 대해 중요한 사실을 아무것도 알려주지 않는다. 하지만 펄서도 자신의 비밀을 털어놓기 시작했다. 1995년, 미셸 마요르Michel Mayor와 디디에 켈로즈Didier Queloz는 태양과 스펙트럼형(G형)이 같은 페가수스자리 51번 별 주위를 도는 외계 행성을 발견했다. 나중에 이 두 집단보다 앞서 외계 행성을 발견한 사람들이 있었다는 사실이 드러났다. 1988년에 브루스 캠벨Bruce Campbell과 고든 워커Gordon Walker, 스티븐슨 양Stephenson Yang은 케페우스자리 감마가 수상하게 흔들린다는 사실을 알아챘다. 이들이 얻은 결과는 탐지 가능한 한계선상에 있었기 때문에 외계 행성을 발견했다고 확실하게 주장할 수 없었는데, 몇 년 지나지 않아 더 많은 증거가 나오면서 천문학자들은 이들이 외계 행성을 발견했다고 인정하게 되었다. 그 존재는 2003년에 최종적으로 확인되었다.

지금까지 발견된 외계 행성은 2000개가 넘는다―현재(2016년 6월

1일)까지 2560개의 행성계에서 3422개의 행성이 발견되었으며, 그 중에서 행성이 1개 이상 있는 행성계는 582개이다. 거기다가 확인을 기다리는 후보가 수천 개 더 있다. 하지만 외계 행성의 단서로 생각되었던 것이 재검토 결과 다른 천체로 밝혀지는 일이 가끔 있고, 새로운 후보가 추가되는 일도 있어서 이 수치는 올라갈 수도 있지만 내려갈 수도 있다. 2012년에 가장 가까운 항성 중 하나인 켄타우루스자리 알파에 크기는 지구만 하지만 온도는 훨씬 높은 행성이 하나 있다고 발표되었다.[1] 켄타우루스자리 알파 Bb로 명명된 이 행성은 지금은 실제로 존재하지 않으며, 데이터 분석의 인공적 산물로 보인다.[2] 하지만 같은 별 주위에서 또 다른 잠재적 외계 행성 켄타우루스자리 알파 Bc가 탐지되었다. 39광년 거리에 있는 적색왜성 글리제 1132는 분명히 행성이 있는 것으로 밝혀졌는데, GJ 1132b로 명명된 이 행성은 크기가 지구와 비슷하고(비록 너무 뜨거워서 액체 상태의 물이 존재할 수는 없지만) 그 대기를 관측할 수 있을 만큼 거리가 가까워서 천문학자들 사이에 큰 흥분을 자아냈다.[3] 수십 광년 이내의 거리에 있는 외계 행성도 많다. 행성이라는 관점에서 볼 때, 우리는 혼자가 아니다.

처음에 관측할 수 있었던 행성은 '뜨거운 목성형 행성', 즉 모항성에 아주 가까이 위치하고 질량이 아주 큰 행성뿐이었다. 이 사실은 저 밖에 존재하는 행성의 종류에 대해 편향된 인상을 심어주는 경향이 있었다. 하지만 탐지 기술의 감도가 아주 빠르게 높아지면서 이제 지구만 한 크기의 행성도 탐지할 수 있게 되었다. 또한 분광학을 이용해 외계 행성에 대기나 물이 있는지 없는지도 파악하기 시작했다. 통계적 증거는 우리은하 전체에(그리고 사실은 우주 전체에) 행성계가

우주를 계산하다

보편적으로 존재하며, 태양 비슷한 별 주위에서 지구와 비슷한 궤도를 도는 지구형 행성[4]도 비록 낮은 비율이긴 하지만 수십억 개나 존재한다고 시사한다.

✦

외계 행성을 발견하는 방법은 그 밖에도 최소한 열 가지는 더 있다. 하나는 직접 그 상을 포착하는 것이다. 아주 성능이 좋은 망원경으로 별을 관측하면서 그 주위를 도는 행성을 발견하는 방법이다. 이것은 서치라이트의 강렬한 불빛 속에서 성냥불을 찾으려고 하는 것과 비슷하지만, 별 자체의 빛을 제거하는 최신 마스킹 기술을 사용하면 가끔 가능할 때가 있다. 가장 흔히 쓰는 방법은 항성면 통과를 이용해 외계 행성의 존재를 알아내는 것이다. 지구에서 볼 때 행성이 항성 원반을 지나가는 일이 일어나면, 행성이 별빛의 전체 방출량 중 일부를 가리게 된다. 그래서 광도 곡선에 특징적인 감소 부분이 나타

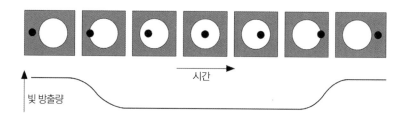

항성면 통과가 일어날 때 별빛의 방출량이 어떻게 감소하는지 보여주는 단순한 모형. 별이 모든 지점에서 동일한 양의 빛을 방출하고, 행성이 자신이 가린 빛을 전부 다 차단한다고 가정하면, 행성 전체가 빛을 가리는 동안 광도 곡선은 수평선을 그릴 것이다. 실제로는 이 가정들은 완전히 옳지 않으므로, 현실에 좀 더 가까운 모형을 사용한다.

나게 된다. 대부분의 외계 행성은 지구에서 항성면 통과를 관측하기에 딱 알맞은 위치에 있지 않지만, 항성면 통과를 하는 외계 행성의 비율이 아주 높아 이 방법은 충분히 경쟁력이 있다.

309쪽 그림은 항성면 통과 방법을 아주 단순화시켜 보여준다. 항성면 통과가 시작되면, 행성은 별에서 나오는 빛 중 일부를 차단하기 시작한다. 일단 행성 원반 전체가 별 원반 내부에 들어가면, 별빛의 방출량은 수평선을 달리고, 행성이 별의 반대편 가장자리에 접근할 때까지 대략 일정하게 유지된다. 행성이 가장자리를 지나 빠져나가면 별은 원래의 밝기를 회복한다. 실제로는 별은 일반적으로 가장자리 부분이 덜 밝고, 별에 대기가 있다면 일부 빛이 꺾이면서 행성 뒤쪽에서 돌아 나올 수도 있다. 더 정교한 모형을 사용함으로써 이런 효과들을 보정할 수 있다. 311쪽 그림은 외계 행성 XO-1b가 모항성 XO-1 앞을 지나가는 항성면 통과가 일어날 때, 실제 광도 곡선(점들)을 실제 관측 결과에 맞춘 모형(실선 곡선)과 함께 보여준다.

항성면 통과 방법으로 얻은 결과를 수학적으로 분석하면, 행성의 크기와 질량, 공전 주기에 관한 정보를 알 수 있다. 때로는 행성에 반사된 빛을 별의 스펙트럼과 비교하여 행성 대기의 화학적 조성까지도 알 수 있다.

✦

NASA는 케플러 망원경(광량을 아주 정확하게 측정하는 광도계)에 항성면 통과 방법을 사용하기로 선택했다. 2009년에 발사된 케플러 망원경은 14만 5000개 이상의 별에서 나오는 광량을 측정했다. 원래

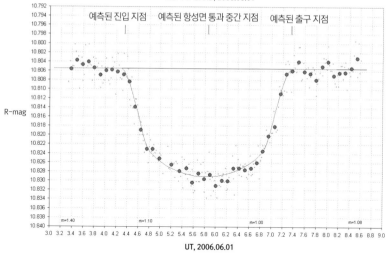

2006년 6월 1일에 10×8 R등급 별 XO-1 앞을 목성만 한 외계 행성 XO-1b가 지나가는 항성면 통과가 일어났을 때의 광도 곡선. 큰 점들은 작은 점들의 평균을 나타낸 것이다. 실선은 실제 관측 결과와 부합하도록 만든 모형이다.

계획은 이렇게 적어도 3년 반 동안 관측할 예정이었지만, 망원경의 방향을 일정하게 조절하는 반작용 조절용 바퀴가 제 기능을 잃기 시작했다. 2013년, NASA는 일부 기능을 상실한 이 장비가 그래도 유용한 임무를 계속 수행할 수 있도록 임무 계획을 변경했다.

2010년에 케플러 망원경이 발견한 최초의 외계 행성에는 케플러-4b라는 이름이 붙었다. 모항성은 약 1800광년 거리의 용자리에 있는 케플러-4로, 태양과 비슷하지만 크기는 조금 더 큰 별이다. 케플러-4b는 크기와 질량이 해왕성과 비슷하지만, 모항성과의 거리는 해왕성보다 훨씬 가깝다. 공전 주기는 3.21일이고, 궤도 반지름은 0.05AU로, 수성과 태양 사이 거리의 $\frac{1}{10}$에 불과하다. 표면 온도는 무려 1700K에 이르고, 이심률이 0.25에 이르러 궤도가 아주 길쭉하다.

반작용 조절용 바퀴의 고장에도 불구하고, 케플러 망원경은 440개의 별 주위에서 외계 행성 1013개를 발견했으며, 아직 확인이 필요한 외계 행성 후보도 3199개나 발견했다. 큰 행성일수록 더 많은 빛을 차단하기 때문에 발견하기가 쉬워 케플러 망원경이 발견한 외계 행성들 중에서 과잉 대표되는 경향이 있지만, 이런 경향은 어느 정도 보정이 가능하다. 케플러 망원경은 외계 행성을 충분히 많이 발견해 우리은하 안에 존재하는 특정 속성을 지닌 행성의 수에 대해 통계적 추정을 제공할 수 있다. 2013년, NASA는 태양 비슷한 별과 적색왜성 주위에서 지구와 비슷한 궤도를 도는 지구만 한 크기의 외계 행성이 우리은하에 적어도 400억 개는 있다고 발표했다. 만약 이게 사실이라면, 지구는 특별할 게 전혀 없다.

궤도와 항성계 목록에는 태양계와는 완전히 달라 보이는 것들도 많이 포함돼 있다. 티티우스-보데의 법칙과 같은 말쑥한 패턴이 성립하는 경우는 아주 드물다. 천문학자들은 항성계 비교해부학의 복잡성을 붙잡고 씨름하기 시작했다. 2008년, 에드워드 톰스Edward Thommes와 소코 마츠무라Soko Matsumura, 프레더릭 라시오Frederic Rasio는 원시 행성 원반으로부터 강착 현상을 시뮬레이션했다.[5] 그 결과는 태양계 같은 항성계는 비교적 드물며, 원반의 주요 특징들을 결정하는 변수들이 행성이 전혀 생기지 않는 조건에 아주 가까울 때에만 그런 항성계가 나타난다고 시사한다. 거대 행성들이 훨씬 더 보편적이다. 원시 행성 원반의 매개변수 공간에서 우리 태양계는 재앙의 가장자리에 아슬아슬하게 걸쳐져 있는 셈이다. 하지만 여전히 적용되는 수학적 기본 원리가 일부 있는데, 특히 궤도 공명의 출현이 그렇다. 예를 들면, 케플러-25, 케플러-27, 케플러-30, 케플러-31, 케플러-33은 모두 2:1 공명 관계에 있는 행성이 적어도 2개 있다. 케플러-23, 케플러-24, 케플러-28, 케플러-32는 3:2 공명 관계에 있는 행성이 적어도 2개 있다.

✦

　행성 사냥꾼들은 이미 외계 행성 탐사 기술을 응용하여 항성계의 다른 특징들도 찾기 시작했는데, 그런 특징 중에는 외계 위성과 외계 소행성도 있다. 이들의 존재는 광도 곡선에 아주 복잡한 방식으로 깜박임을 추가할 수 있다. 데이비드 키핑David Kipping은 슈퍼컴퓨터를 사용해 외계 행성계 57개에 대한 케플러 망원경의 데이터를 재검토하면서 외계 위성의 단서를 찾고 있다. 르네 헬러René Heller는 목성보다 몇 배 큰 외계 행성(이런 행성은 드문 것이 아니다)이 화성만 한 크기의 위성을 거느릴 수 있음을 시사하는 이론적 계산을 했는데, 원리적으로 케플러 망원경은 그런 위성을 발견할 수 있다. 목성의 위성인 이오는 목성의 자기장과 상호 작용하면서 전파 폭발을 일으키고, 다른 곳에서도 비슷한 효과가 일어날 수 있는데, 그래서 호아킨 노욜라Joaquin Noyola는 외계 위성의 전파 신호를 찾고 있다. 허블 망원경을 대체할 NASA의 제임스 웨브 우주 망원경이 2018년에 발사되면(발사 시기는 2021년 3월로 다시 연기되었다 - 옮긴이) 외계 위성의 상을 직접 촬영할 수 있을지 모른다.
　미하엘 히프케Michael Hippke와 다니엘 앙게르하우젠Daniel Angerhausen은 외계 트로이군 소행성을 찾고 있다. 트로이군 소행성

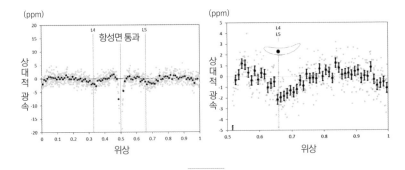

왼쪽: 100만 개의 항성면 통과 광도 곡선을 결합한 것. 트로이군 소행성 지점인 L_4와 L_5에서 작은 깜박임이 나타난다. 이것들은 통계적으로 유의미한 것은 아니다. 오른쪽: '접은' 데이터는 통계적으로 유의미한 깜박임을 나타낸다.

이 행성보다 $60°$ 앞선 위치와 $60°$ 뒤선 위치에서 행성과 거의 같은 궤도를 돈다고 했던 사실을 기억하고 있는가? 따라서 트로이군 소행성은 별을 가로질러갈 때 미소한 깜박임을 일으킨다. 천문학자들은 이러한 깜박임을 찾으려고 애썼지만, 아직까지는 발견된 것이 하나도 없는데, 그 효과가 아주 작기 때문일 것이다. 대신에 히프케와 앙게르하우젠은 사냥 금지 구역을 돌아다니면서 사자의 발자국을 세는 것과 비슷한 통계적 방법을 사용한다. 이 방법은 어떤 사자가 특정 발자국을 남겼는지 알려주지 않지만, 사자가 얼마나 많은지 평가할 수는 있다. 두 사람은 외계 트로이군 소행성과 관련이 있는 신호를 증폭하기 위해 약 100만 개의 광도 곡선을 결합했다. 그 결과는 트로이군 소행성 지점들에서 미소한 깜박임을 보여주지만, 통계적으로 유의미한 것은 아니다. 하지만 궤도에서 특정 각도만큼 앞선 위치와 뒤선 위치가 일치하도록 도표를 반으로 접으면, $60°$ (앞선 위치와 뒤선 위치가 합쳐진 곳)에서 통계적으로 유의미한 깜박임이 나타난다.[6]

SF 작품들에서 먼 별들 주위에 행성이 있다고 보편적으로 가정하는 경향은 한때 조롱을 받았지만, 이제 그 가정은 완전히 옳은 것으로 드러났다. 이와 연관된 또 한 가지 가정은 어떨까? 외계 지능 생명체[7]가 존재한다는 가정 말이다. 이것은 훨씬 어려운 질문이지만 행성이 100경 개나 존재하는 우주에서 지능 생명체가 오직 '한' 곳에서만 진화했다고 가정하는 것이야말로 오히려 이상할 것이다. 지구가 우주에서 유일무이한 행성이 되려면, 아주 많은 인자들의 균형이 아주 정확하게 맞춰져야 한다.

1959년, 주세페 코코니Giuseppe Cocconi와 필립 모리슨Philip Morrison은 〈네이처Nature〉에 '성간 교신을 찾아서'라는 제목의 자극적인 글을 실었다. 두 사람은 전파 망원경의 감도가 충분히 높아져서 외계 문명의 전파 메시지를 포착할 수 있다고 지적했다. 또한 외계인이 수소 스펙트럼에서 1420Mhz HI 스펙트럼선을 길잡이 주파수로 선택할 것이라고 주장했다. 이 스펙트럼선이 중요한 이유는 수소가 우주에서 가장 흔한 원소이기 때문이다.

전파천문학자 프랭크 드레이크Frank Drake는 코코니와 모리슨의 개념을 검증하기로 마음먹고, 가까이에 있는 별인 에리다누스강자리 엡실론과 고래자리 타우에서 그런 신호를 찾으려는 오즈마 계획Project Ozma을 시작했다. 드레이크는 아무 신호도 발견하지 못했지만, 1961년에 '외계 지능 탐사'에 관한 학회를 조직했다. 그 회의에서 드레이크는 우리은하에 존재하면서 지금 우리와 전파 교신을 할 수 있는 외계 문명의 수를 나타내는 수학 방정식을 썼다. 이 방정식은 일곱 인자의 곱으로 이루어져 있는데, 별이 생겨나는 평균 비율, 행성에서 생명이 발달하는 비율, 문명이 전파 신호를 송신하는 능력을 갖기까지 걸리는 평균 시간 등이 포함돼 있었다.

드레이크 방정식은 교신 능력이 있는 외계 문명이 얼마나 많은지 계산할 때 자주 쓰이지만, 드레이크가 의도한 것은 이게 아니었다. 드레이크는 과학자들이 집중해야 할 중요한 인자를 구분하려고 노력했다. 그의 방정식은 문자 그대로 받아들인다면 결함이 있지만, 그것에 대해 깊이 생각하면 외계 문명의 존재 가능성과 그들이 보낸 신호를 우리가 포착할 수 있는 가능성에 대해 통찰력을 얻을 수 있다. 오즈마 계획의 후계자가 바로 SETIthe Search for Extraterrestrial Intelligence(외계 지능 생명체 탐사)이다. SETI는 1984년에 토머스 피어슨Thomas Pierson과 질 타터Jill Tarter가 외계 문명을 체계적으로 찾기 위해 시작했다.

드레이크 방정식은 오차에 매우 민감해 아주 실용적인 것은 못 된다. 곧 보게 되겠지만, '행성'은 너무 제한적인 조건일 수 있다. '전파' 역시 그렇다. 외계인이 낡은 전파 기술로 교신하리라고 기대하는 것은 연기 신호를 찾으려는 것만큼 핵심에서 벗어난 헛수고가 될지 모른다. 더욱 의심스러운 것은 그들이 주고받는 의사소통을 우리가 인식할 것이라는 개념이다. 디지털 전자공학 시대가 열리면서 우리 자신의 신호(심지어 휴대전화의 신호도)는 대부분 정보를 압축하고 외인성 잡음으로 인한 오류를 없애기 위해 디지털 방식으로 암호화된다. 외계인도 틀림없이 그렇게 할 것이다. 2000년, 미하엘 라흐만Michael Lachmann과 마크 뉴먼Mark Newman, 크리스 무어Cris Moore는 효율적으로 암호화한 커뮤니케이션은 무작위적 흑체 복사와 정확하게 똑같아 보인다는 것을 증명했다. 흑체 복사는 불투명하고 아무것도 반사하지 않는 물체가 일정한 온도를 유지할 때 거기서 나오는 전자기 복사의 스펙트럼이다. 이들의 원래 논문 제목은 '충분히 발전한 커뮤니케이션은 잡음과 구분할 수 없다'였다.[8]

✦

지능 생명체를 찾는 것은 너무 높이 설정한 목표이다. 지능이 없는 외계 생명체조차도 실로 획기적인 발견이 될 것이다.

외계 생명체의 존재 가능성을 평가할 때, 외계인이 존재할 완벽한 장소는 지구형 행성일 것이라고 상상하는 함정에 빠지기 쉽다. 즉, 크기도 지구와 비슷하고, 모항성과의 거리도 지구와 비슷하고, 암석질 땅에 액체 상태의 물이 존재하는 표면이 있고, 대기에 산소가 있는 그런 행성을 이상적인 장소로 생각하기 쉽다. 우리가 아는 한, 생명이 살고 있는 행성은 지구뿐이지만, 우리는 우주에서 그런 장소를 이제 막 찾기 시작했다. 태양계 내의 나머지 세계들은 모두 황량하고 생명이 살 수 없는 곳처럼 보인다(곧 보게 되겠지만, 성급하게 이런 판단을 내려서는 안 된다). 따라서 생명체는 태양계 밖에서 찾는 게 당연해 보인다.

다른 세계에 생명이 존재할 가능성을 크게 높이는 생물학의 기본 원리가 있는데, 그것은 바로 생명은 지배적인 환경에 '적응'한다는 것이다. 지구에서도 동물들은 깊은 해저와 높은 대기권 상공, 습지, 사막, 펄펄 끓는 온천, 남극 대륙의 얼음 밑, 심지어 지하 3km 아래 등 놀랍도록 다양한 서식지에서 살아간다. 따라서 외계 생명체는 이보다 더 광범위한 서식지에서 살아가리라고 가정하는 것이 합리적이다. '우리'는 그런 곳에서 살아갈 수 없을지 모르지만, 인간은 사실 지구에서도 아무런 보호 장치가 없으면 대부분의 서식지에서 살아남을 수 없다. 생명이 살 수 있는 곳이냐 하는 것은 그곳에 무엇이 사느냐에 따라 달라진다.

우리가 사용하는 용어는 깊은 편견을 내포하고 있다. 최근에 생물학자들은 끓는 물속에서 살 수 있는 세균과 아주 추운 환경에서 살 수 있는 세균을 발견했다. 이들을 뭉뚱그려 극한 환경을 좋아한다는 의미에서 극한 생물extremophile이라 부른다. 이들은 흔히 혹독한 환경에서 위태위태하게 살아가면서 금방이라도 멸종할 것처럼 묘사된다. 하지만 실제로는 이들은 그런 환경에 아주 잘 적응해 살아가며, 만약 우리가 사는 환경으로 옮겨간다면 금방 죽고 말 것이다. 이들의 입장에서 보면, 우리가 극한 생물인 셈이다.[9]

지구에 사는 모든 생물은 서로 관련이 있다. 모든 생물은 단일 원시 생화학적 계에서 진화한 것으로 보인다. 그런 의미에서 아주 다양한 '지구의 생명'은 '하나의' 데이터 포인트data point(단일 사실 또는 정보)로 환원된다. 코페르니쿠스 원리는 인류나 그 환경에는 아주 특별한 것이 없다고 주장한다. 만약 이 주장이 옳다면, 지구는 전혀 특별할 게 없다(물론 그렇다고 해서 지구가 전형적인 세계라는 뜻은 아니다). 생화학자들은 지구 유전학의 기본을 이루는 분자들(DNA, RNA, 아미노산, 단백질)의 특이한 변형들을 만들었는데, 지구에서 생물을 만드는 데 쓰인 분자들이 정말로 유일하게 효과가 있는 분자들인지 알아보기 위해서였다. 그 결과는 그렇지 않은 것으로 드러났다. 이런 질문들은 생물학뿐만 아니라 수학적 모형을 만드는 결과로 이어질 때가 많은데, 다른 세계에 존재하는 생물의 조건이 이곳과 똑같다고 확신할 수 없기 때문이다. 다른 세계의 생물은 우리와 다른 화학이나 근본적으로 다른 화학을 사용할 수 있고, 심지어는 분자 구조를 피함으로써 화학 자체를 아예 사용하지 않을 수도 있다.

그렇긴 하지만 진짜 의미를 지닌 데이터 포인트에서 '출발'하는 것이 타당해 보인다. 이것이 더 기이한 가능성들을 향해 내디디는 첫걸음에 불과하다는 사실을 잊지만 않는다면 말이다. 이런 상황은 불가피하게 행성 사냥꾼들이 당면한 한 가지 목표와 연결되는데, 그 목표란 지구와 비슷한 외계 행성을 찾는 것이다.

우주생물학계에서는 별 주위의 '생명체 거주 가능 영역'을 놓고 많은 논란이 벌어진다. 생명체 거주 가능 영역은 생명체가 살 수 있는 지역이 아니다. 이것은 별 주위에서 가상의 행성이 충분한 대기압과 액체 상태의 물을 가질 수 있는 영역을 가리킨다. 별에 너무 가까우면, 물이 수증기로 증발해버릴 것이다. 또 별에서 너무 멀면, 물이 얼어 얼음 상태로 존재할 것이다. 그 사이에 있는 지역은 온도가 '딱 적당하여' '골디락스 영역Goldilocks zone'이라는 별명이 붙었다.

태양계의 생명체 거주 가능 영역은 태양에서 0.73~3AU 범위에 위치한다(정확한 거리에 대해서는 논란이 있다). 금성은 안쪽 가장자리에 걸쳐 있고, 바깥쪽 가장자리는 케레스까지 뻗어 있는 반면, 지구와 화성은 그 안쪽의 안전한 거리에 자리 잡고 있다. 따라서 '원리적으로는' 금성과 화성 표면에도 액체 상태의 물이 존재할 수 있다. 하지만 실제로는 상황이 훨씬 복잡하다. 금성 표면의 평균 온도는 462°C로 납도 녹일 정도로 뜨거운데, 금성에서는 폭주 온실 효과가 일어나 대기 중에 많은 열이 갇히기 때문이다. 아무리 줄여서 말하더라도 금성에서 액체 상태의 물은 꿈도 꿀 수 없을 것처럼 보인다. 화성 표면의 평균 온도는 −63°C이므로, 일반적으로 물은 고체 상태의 얼음으로만 존재할 것으로 추정된다. 하지만 2015년에 화성의 여름 동안 얼음이 소량 녹아 크레이터 옆면을 타고 내려간 것이 발견되었다. 크레이터 옆면에서 어두운 줄무늬가 발견되었기 때문에 실제로 이런 일이 일어나는 것이 아닐까 한동안 추측하긴 했지만, 결정적인 증거는 여름 동안 줄무늬가 더 길어질 때 발견된 염 수화물의 존재였다. 약 38억 년 전에는 화성에도 표층수가 많았던 것으로 보이는데, 화성의 자기장이 약해지면서 대기 중 대부분이 태양풍에 날려가 버렸다. 일부 물은 증발했고, 나머지는 얼음으로 변했다. 그리고 대부분은 그 상태로 남아 있다.

하지만 모항성과의 거리가 유일한 기준은 아니다. 생명체 거주 가능 영역이라는 개념이 간단하고 알기 쉬운 지침을 제공하지만, 지침은 원래 융통성이 전혀 없는 것이 아니다. 생명체 거주 가능 영역에만 반드시 액체 상태의 물이 존재해야 한다는 법은 없으며, 그 바깥 영역에도 존재할 수 있다. 모항성에 가까운 행성이 너무 뜨거운 지역에 있더라도, 1:1 자전-공전 공명이 일어나 한쪽 면은 항상 별을 향해 뜨거운 반면, 반대쪽 면은 아주 추울 수 있다. 그리고 그 사이에 적도에 직각을 이루는 지점에서는 온도가 온화한 지역이 존재한다(아주 뜨거운 수성에서도 햇빛이 비치지 않는 극 지역의 크레이터 내부에 얼음이 존재한다. 심지어 수성은 1:1 공명 상태에 있지도 않다). 표면이 얼음으로 뒤덮인 행성도 내부에 열원이 있어(지구는 그런 열원이 있다) 일부 얼음이 녹을 수 있다. 이산화탄소나 메탄을 많이 함유한 짙은 대기도 행성의 온도를 높일 수 있다. 불안정하게 흔들리는 자전축은 열을 불균

우주를 계산하다

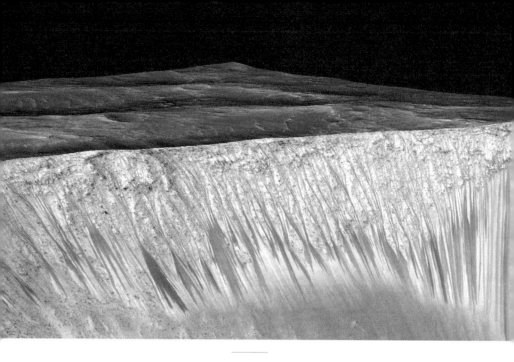

화성의 가르니 크레이터에 생긴 어두운 줄무늬는 액체 상태의 물 때문에 나타난다.

일하게 배분함으로써 생명체 거주 가능 영역 밖에서 행성의 온도를 따뜻하게 하는 데 도움을 준다. 평균적으로는 생명체 거주 가능 영역에 머물지 않더라도, 궤도의 이심률이 큰 행성은 모항성에 가까워졌을 때 에너지를 저장했다가 멀어졌을 때 방출할 수 있다. 적색왜성 가까이에 있는 행성이 두꺼운 구름으로 뒤덮인 대기를 갖고 있으면 열을 더 균일하게 재분배할 수 있다.

2013년, 케플러 망원경은 그때까지 발견된 것 중 지구와 가장 비슷한 외계 행성을 2개 발견했다. 두 행성은 거문고자리에 있는 케플러-62라는 같은 별 주위의 궤도를 돌고 있어 케플러-62e와 케플러-62f라는 이름이 붙었다. 두 행성은 지름이 지구보다 약 50% 더 크며, 슈퍼 지구(지구보다 더 무겁지만 해왕성보다는 덜 무거운 암석질 행성)일지 모른다. 혹은 압축된 얼음으로 이루어져 있을지도 모른다. 두 행성은 분명히 케플러-62의 골디락스 영역 안에 있기 때문에, 지구와 비슷한 대기 같은 적절한 표면 조건만 갖추고 있다면, 액체 상태의 물이 존재할 수 있다.

2015년 초에 NASA는 지구에 훨씬 더 가까운 외계 행성을 2개 발견했다고 발표했다. 케플러-438b는 지구보다 12% 더 크고, 479광년 거리에 있는 모항성으로부터 받는 에너지는 지구보다 40% 더 많다. 케플러-442b는 지구보다 30% 더 크고, 1292광년 거리에 있는 모항성으로부터 받는 에너지는 지구보다 30% 더 적다. 모항성의 광도에 일어나는 변화를 탐지하는 방법으로는 이들의 존재를 확인할 수 없다. 대신에 천문학자들은 측정 결과를 세심하게 비교해 통계적 추론을 하는 방법을 사용한다. 비록 그 질량은 알려지지 않았지만, 크기를 바탕으로 추정할 때 두 행성은 암석질이 아닐 가능성이 높다. 두 행성은 생명체 거주 가능 영역에서 궤도를 돌고 있기 때문에 액체 상태의 물이 있을지도 모른다.

지구를 닮은 것으로 확인된 그 밖의 외계 행성으로는 글리제 667Cc와 글리제 832c, 케플러-62e, 케플러-452b, 케플러-283c가 있다. 케플러 망원경으로 발견되었지만 아직 확인되지 않은 후보 KOI-3010.01 역시 만약 존재한다면 지구를 닮은 행성이다. 지구를 닮은 행성은 아주 많다. 이들은 우주의 기준에서 보면 그리 멀지 않은 곳에 있지만, 현재의 기술이나 예상 가능한 미래의 기술로는 갈 수 없는 곳에 있다.

피터 베루지Peter Behroozi와 몰리 피플스Molly Peeples는 은하에서 별들이 탄생하는 방식에 관한 지식을 바탕으로 케플러 외계 행성들의 통계 데이터를 재해석해 시간이 지남에 따라 우주에 존재하는 행성의 수가 어떻게 변하는지 나타내는 공식을 유도했다.[10] 이 수치로부터 지구형 행성의 비율을 알아낼 수 있다. 두 사람은 우주의 현재 나이를 대입하여 현재 지구형 행성의 수는 약 10경 개라는 추정치를 얻었다. 이것은 은하당 약 5억 개에 해당하므로, 우리은하에도 지구와 아주 비슷한 행성이 약 5억 개 존재한다는 이야기가 된다.

현재 우주생물학의 초점은 지구형 행성에서 생명이 존재할 수 있는 다른 종류의 세계로 옮겨가고 있다. 디미타르 사셀로프Dimitar Sasselov와 다이애나 발렌시아Diana Valencia, 리처드 오코넬Richard O'Connell의 견해에 따르면, 슈퍼 지구가 지구보다 생명체가 살기에 더 적합할지 모른다.[11] 그 이유는 판 구조 때문이다. 지구에서 대륙들의 움직임은 대양저와 섭입과 화산을 통해 이산화탄소를 순환시킴으로써 기후를 안정하게 유지하는 데 도움을 준다. 기후가 안정하면 액체 상태의 물이 오래 유지될 가능성이 더 높고, 그러면 물을 기반으로 한 생명체가 진화할 수 있는 시간을 더 많이 줄 수 있다. 따라서 대륙 이동은 행성의 생명체 거주 가능성을 높인다.

사셀로프 팀은 예상과 달리 대륙 이동이 다른 세계들에서도 보편적으로 일어나며, 지구보다 더 큰 행성에서 일어날 수 있다는 사실을 발견했다. 이런 행성의 판들은 두께가 지구보다 더 얇은 반면, 더 빨리 움직일 것이다. 따라서 슈퍼 지구는 지구보다 더 안정한 기후를 가질 수 있어 복잡한 생명체가 진화하기에 더 용이할 수 있다. 지구와 비슷한 행성의 수는 상당히 많지만, 상대적으로 말하자면 그런 행성은 드문 편이다. 하지만 슈퍼 지구는 훨씬 많이 존재하는데, 이것은 '지구형' 생명체의 존재 가능성을 크게 높이는 요인이다. 그러니 '드문 지구'는 그만 잊어버리도록 하라. 게다가 지구는 판 구조가 '딱 적당한' 행성도 아니다. 지구는 적절한 크기 범위 중에서 맨 아래쪽 끝에 간신히 끼어들어가 있는 셈이다.

그러니 골디락스 영역도 그만 잊어버리자.

✦

어쩌면 생명은 행성이 전혀 필요 없을지도 모른다.

우리 자신의 항성계를 너무 쉽게 포기하지는 말자. 만약 태양계 내의 다른 곳에 생명체가 존재한다면, 그것은 어디에 있을 가능성이 높을까? 우리가 아는 한, 태양계의 생명체 거주 가능 영역에서 생명체가 실제로 거주하는 행성은 지구뿐이므로, 얼핏 생각하면 그 답은 '어디에도 없다'가 되어야 할 것이다. 사실은 생명체(아마도 세균보다 더 복잡한 것은 아닐 테지만, 어쨌든 생명체이기는 한)가 존재할 가능성이 가장 높은 장소들은 유로파, 가니메데, 칼리스토, 타이탄, 엔켈라두스이다. 케레스와 목성은 가망이 없다.

왜행성 케레스는 생명체 거주 가능 영역에서 바깥쪽 가장자리에 위치하며, 수증기가 포함된 옅은 대기를 갖고 있다. NASA가 보낸 소행성 탐사선 돈Dawn호는 한 크레이터 안쪽에서 밝은 점들을 발견했는데, 처음에는 얼음이라고 생각했지만 지금은 마그네슘염의 일종으로 밝혀졌다. 만약 그것이 얼음이었다면, 케레스는 비록 언 것이긴 해도 지구형 생명체에 필수적인 한 핵심 성분을 갖고 있는 것으로 밝혀졌을 것이다. 얼음은 아마도 더 깊은 곳에 있을 것이다.

칼 세이건Carl Sagan은 1960년대에 목성의 대기에 세균 비슷한 생명체가, 그리고 어쩌면 더 복잡한 풍선 같은 생명체가 떠다닐지 모른다고 주장했다. 큰 장애물은 목성이 다량의 복사를 방출한다는 점이다. 하지만 복사 수준이 높은 지구의 대기권 상층에도 일부 세균이 살아가며, 완보동물(물곰 또는 곰벌레라고도 부르는 아주 작은 동물)은 우리를 죽일 만큼 강한 복사와 극단적인 온도(뜨거운 곳이거나 차가운 곳 모두)에서도 살아남을 수 있다.

내가 열거한 나머지 다섯 천체는 행성이나 왜행성이 아니라 위성이고, 모두 생명체 거주 가능 영역 밖에 위치한다. 유로파와 가니메데와 칼리스토는 목성의 위성이다. 7장에서 이야기한 것처럼 이들 천체는 지하에 목성의 기조력 때문에 가열되어 생긴 바다가 있다. 이들 바다의 바닥 근처에는 지구의 대서양 중앙 해령 부근에서 발견되는 것과 비슷한 열수 분출공이 있어 생명체들에게 서식지를 제공할지도 모른다. 대서양 중앙 해령에서 지구의 판들은 갈라지면서 양쪽으로 멀어져 가는데, 판들의 바깥쪽 가장자리가 유럽과 아메리카 대륙 밑으로 들어가는 활동(섭입) 때문에 생기는 지질학적 컨베이어벨트에 실려 끌려간다. 화산에서 뿜어져 나오는 풍부한 화학 물질과 뜨거운 화산 기체의 열기는 관벌레와 새우를 비롯해 그 밖의 상당히 복잡한 생명체들에게 안락한 서식지를 제공한다. 일부 진화생물학자들은 지구의 생명은 그러한 열수 분출공 부근에서 처음 생겨났을 것이라고 생각한다. 만약 지구에서 그런 일이 일어났다면, 유로파에서는 일어나지 말란 법이 있는가?

✦

외계 세계들

그다음 번 후보는 이 위성들 중에서 가장 불가사의한 토성의 위성 타이탄이다. 타이탄의 지름은 달의 절반에 이르며, 태양계의 나머지 위성들과 달리 짙은 대기를 갖고 있다. 타이탄은 주로 암석과 얼음의 혼합물로 이루어져 있고, 표면 온도는 약 95K(약 -180°C)이다. 카시니호는 타이탄에 액체 메탄과 에탄(둘 다 지구의 실온에서는 기체 상태인)으로 이루어진 호수와 강이 있음을 보여주었다. 대기 중 대부분(98.4%)은 질소이며, 메탄이 1.2%, 수소가 0.2%를 차지하고, 에탄과 아세틸렌, 프로판, 시안화수소(사이안화수소), 이산화탄소, 일산화탄소, 아르곤, 헬륨 같은 나머지 기체 성분도 미량으로 존재한다.

이들 분자 중 많은 것은 탄소를 기반으로 한 유기 분자이며, 탄화수소 화합물도 일부 있다. 이 분자들은 태양의 자외선이 메탄을 분해할 때 생긴 것으로 보이며, 짙은 주황색 스모그를 만들어낸다. 이것 자체만 해도 수수께끼인데, 대기 중의 모든 메탄이 분해되는 데에는 5000만 년밖에 걸리지 않을 텐데도 메탄이 여전히 남아 있기 때문이다. 메탄을 보충하는 어떤 메커니즘이 있는 게 분명하다. 화산 활동을 통해 거대한 지하 저장고에서 메탄이 방출되거나 기이하고 아마도 원시적인 생명체가 여분의 메탄을 만들어내는지도 모른다. 균형이 깨진 화학은 생명의 존재를 시사하는 잠재적 징후이다. 분명한 예는 지구의 산소인데, 식물의 광합성이 없었더라면, 지구에서 산소는 오래전에 사라졌을 것이다.

만약 타이탄에 생명체가 존재한다면, 그것은 지구에 사는 생명체와는 아주 다를 것이다. 앞서 언급한 옛날 이야기의 진짜 핵심은 골디락스가 '딱 적당한' 것을 좋아했다는 것이 아니라, 엄마 곰과 아빠 곰이 '자신들'의 마음에 드는 것을 원했는데, 그것은 골디락스가 좋

우주를 계산하다

아한 것과 다르다는 사실이다. 가장 흥미롭고 중요한 과학적 질문을 제기하는 것은 바로 곰들의 관점이다. 타이탄에는 얼음 조약돌은 있어도 액체 상태의 물은 전혀 없다. 흔히 생명에는 물이 필수적이라고 생각하지만, 우주생물학자들은 원리적으로는 생명체 비슷한 계는 물이 없어도 존재할 수 있다는 사실을 입증했다.[12] 타이탄의 생명체는 몸속에서 중요한 분자들을 돌아다니게 하는 데 다른 종류의 액체를 사용할지도 모른다. 액체 에탄이나 액체 메탄이 그런 물질일 가능성도 있다. 둘 다 많은 물질을 녹일 수 있다. 가상의 타이탄 생명체는 수소로부터 에너지를 얻을지도 모르는데, 수소를 아세틸렌과 반응시켜 메탄을 방출할 수 있다.

이것은 '외계 생명체 화학'의 전형적인 예이다. 이것은 외계 생명체에서 가능한 화학적 경로로, 지구의 생명체가 사용하는 것과는 아주 다르다. 이것은 외계 생명체가 반드시 지구의 생명체가 비슷해야 할 필요가 없음을 보여주며, 이에 따라 상상 가능한 외계 생명체의 형태가 그만큼 더 확대된다. 하지만 화학만으로는 생명을 만들 수 없다. 잘 조직된 화학이 필요하며, 그것도 필시 세포 차원에서 일어나야 할 것이다. 우리 세포는 인지질(탄소, 수소, 산소, 인의 화합물)로 이루어진 막으로 둘러싸여 있다. 2015년, 제임스 스티븐슨James Stevenson과 조너선 루나인Jonathan Lunine, 폴렛 클랜시Paulette Clancy는 액체 메탄에서 작용하는 세포막 유사체를 내놓았는데, 이것은 인지질 대신에 탄소와 수소, 질소로 만든 것이었다.[13]

✦

만약 화성에서 진화한 사람이 있다면, 그 사람은 우리와 어떻게 다를까?

이것은 실없는 질문이다. 사람은 화성에서 진화하지 않았다. 만약 화성에서 생명이 진화한다면(확실한 건 모르지만, 화성에서 오래전에 생명이 진화했을 수 있고, 지금도 세균 차원의 생명체가 존재할지 모른다), 그것은 우연과 선택의 동역학이 결합되어 일어나는 자신의 진화 경로를 따를 것이다. 만약 사람을 화성으로 보내 살게 한다면, 그곳 조건에 맞춰 진화하기도 전에 죽고 말 것이다.

그렇다면 이번에는 어떤 외계 행성에서 외계 생명체가 진화했다고 가정해보자. 그 생명체는 어떻게 생겼을까? 이것은 그래도 아주 조금 더 분별 있는 질문이다. 현재 지구에 사는 생물의 종수가 수백만이나 된다는 사실을 명심하라. '이들'은 어떻게 생겼는가? 날개가 달린 종도 있고, 다리가 달린 종도 있고, 둘 다 달린 종도 있으며, 수킬로미터 아래의 바다 속에 사는 종도 있고, 꽁꽁 언 황무지나 사막에서 잘 살아가는 종도 있다. 지구형 생명체조차도 이렇게 아주 다양하며, 각자 기이한 생물학적 특징을 지니고 있다. 효모는 성이 스무 가지나 있고, 아프리카발톱개구리는 자기 새끼를 잡아먹는다(아프리카발톱개구리 이야기는 저자의 오해에서 비롯된 것으로 보인다. 위키피디아에 아프리카발톱개구리가 토종 개구리와 다른 동물들의 새끼를 잡아먹음으로써[by eating their young] 현지 생태계를 파괴한다는 이야기가 나온다. 여기서 their young은 다른 동물의 새끼를 가리키는데, 저자는 '자기 새끼'로 오해한 것 같다 – 옮긴이).

영화와 텔레비전에 나오는 외계인은 인간의 형태를 한 휴머노이드(그래서 배우들이 쉽게 연기할 수 있다)이거나 컴퓨터로 만든 괴물(무시

무시하게 보이는 효과를 위해)인 경우가 많다. 하지만 그 어느 쪽도 실제로 존재할 가능성이 있는 외계 생명체의 모습을 나타내는 모델로서는 전혀 믿을 만한 것이 못 된다. 생명은 지배적인 조건과 환경에 맞춰 진화하며, 아주 다양하다. 물론 우리는 외계인의 모습을 추측해볼 수는 있지만, 특정 외계 생명체 '설계'가 우주 어딘가에서 나타날 가능성은 거의 없다. 그 이유는 오래전에 잭 코언Jack Cohen이 강조한 바 있는데, 외계생명체과학xenoscience에서 나타나는 보편적 특징과 국지적 특징의 기본적인 차이 때문이다.[14] 국지적 특징은 역사의 우연에 의해 진화하는 특징이다.

예를 들면, 사람의 식도는 기도와 교차하는데, 이 때문에 매년 땅콩이 기도로 들어가 사망하는 사람이 다수 발생한다. 하지만 이 때문에 사망하는 사람의 수는 너무나도 적어서 결함이 있는 이 설계는 진화를 통해 사라지지 않았다. 이 설계의 뿌리는 우리 조상이 먼 옛날에 바다에서 물고기로 살던 시절로 거슬러 올라가는데, 그곳 환경에서는 이 설계 결함이 아무 문제가 되지 않았다.

한편, 보편적 특징은 명백한 생존 이득을 주는 일반적인 특징이다. 그 예로는 소리나 빛을 감지하는 능력이나 공기 중에서 나는 능력을 들 수 있다. 어떤 것이 보편적 특징임을 말해주는 한 가지 단서는 그것이 지구에서 각자 독자적으로 여러 차례 진화한 경우이다. 예를 들면, 비행은 곤충과 조류, 박쥐에게서 각자 독자적인 경로로 진화했다. 이 경로들은 국지적 측면에서는 서로 차이가 있다. 이들은 모두 날개를 사용하지만, 날개의 설계는 서로 아주 다르다. 하지만 이 설계들은 모두 그 이면에 자리 잡고 있는 동일한 보편적 특징 때문에 선택되었다.

하지만 이러한 판단 기준은 한 가지 결함이 있다. 이 방법은 각각의 특징을 지구의 진화사와 직접 연결시킨 것이다. 따라서 외계인에게 적용할 때에는 효과가 떨어진다. 예를 들면, 인간 수준(혹은 더 높은 수준)의 지능은 보편적 특징일까? 지능은 돌고래와 문어 등 많은 동물에서 각자 독자적으로 진화했지만, 우리 수준으로 진화하지는 않았다. 따라서 지능이 '다양하게 진화하는' 기준을 만족하는지 분명하지 않다. 하지만 지능은 분명히 독자적으로 진화할 '수' 있는 일반적인 묘책처럼 보이며, 그 소유자에게 환경을 제어할 힘을 줌으로써 분명한 단기적 생존 이득을 제공한다. 따라서 지능은 거의 확실히 보편적 특징이다.

이것들은 정의가 아니며, 보편적 특징과 국지적 특징의 구별은 잘해야 불분명한 수준에 그친다. 하지만 그 구별은 일반적인 것일 가능성이 높은 특징과 대체로 우연히 생겨난 특징에 주의를 기울이게 한다. 특히 만약 외계 생명체가 존재한다면, 지구 생명체의 보편적 특징을 일부 공유할지 모르지만, 우리의 국지적 특징을 공유할 가능성은 낮다. 다른 세계에서 독자적으로 진화한 휴머노이드 외계인은 우리처럼 믿기 힘들 만큼 많은 국지적 특징을 갖고 있을 것이다. 예컨대 팔꿈치를 들 수 있다. 하지만 마음대로 움직일 수 있는 어떤 종류의 팔다리를 가진 외계인은 보편적 특징을 이용한다.

외계인이 지닌 어떤 특정 설계는 국지적 특징이 여기저기 있을 것이다. 만약 그것이 합리적으로 만들어진다면, 환경이 비슷한 장소에 사는 실제 생명체와 '비슷할' 수 있다. 그것은 적절한 보편적 특징을 가질 것이다. 하지만 같은 실제 동물에게서 개개의 국지적 특징이 모두 다 나타날 가능성은 거의 없다. 화려한 색의 날개와 귀여운 더듬

우주를 계산하다

이, 신체 무늬……를 가진 나비를 설계했다고 하자. 그러고 나서 밖으로 나가 그것과 '정확하게' 똑같은 실제 나비를 찾아보라. 그런 것을 찾을 가능성은 거의 없다.

우리는 외계 생명체의 존재 가능성을 논의하고 있기 때문에, 여기서 '생명'이란 도대체 무엇인가라는 질문을 제기하는 것은 분별 있는 행동으로 보인다. '생명'의 의미를 너무 좁게 한정해서 구체적으로 기술하면, 당연히 살아 있는 것으로 간주해야 할 아주 복잡한 실체들을 국지적 특징에만 초점을 맞춰 정의할 위험이 있다. 이런 위험을 피하기 위해 우리는 보편적 특징을 강조해야 한다. 특히 지구와 비슷한 생화학은 '아마도' 국지적 특징일 것이다. 실험 결과는 우리에게 익숙한 DNA/아미노산/단백질 계의 생존 가능한 변이들이 수많이 존재할 수 있음을 보여준다. 우주를 여행하는 문명을 발전시켰지만 DNA가 없는 외계인을 우리가 만났을 때, 이들이 살아 있지 않다고 주장한다면, 그것은 몹시 어리석은 주장이 될 것이다.

앞에서 '정의' 대신에 '구체적으로 기술'이라는 표현을 쓴 이유는 생명을 '정의'하는 것이 이치에 맞는지 명확하지 않기 때문이다. 애매한 부분이 너무 많으며, 어떤 형태의 단어도 예외가 존재할 가능성이 있다. 불은 번식 능력을 포함해 생명의 특징을 많이 지니고 있지만, 우리는 불을 생명으로 간주하지 않는다. 바이러스는 살아 있는 존재일까 아닐까? 잘못은 우리가 생명이라는 부르는 '어떤 것'이 있다고 상상하고, 그것이 무엇인지 분명히 정의하려는 데 있다. 생명은 우리 뇌가 우리 주변에 존재하는 복잡한 것들로부터 추출해 중요하다고 간주하는 하나의 개념이다. '우리'는 그 단어가 의미하는 것을 선택하게 된다.

오늘날의 생물학자들은 대부분 분자생물학을 공부했기 때문에, 생명이라고 하면 반사적으로 유기(탄소를 기반으로 한) 분자를 생각한다. 이들은 지구에서 생명이 어떻게 작용하는지를 발견하는 데 아주 뛰어나기 때문에, 외계 생명체를 생각할 때 이곳 생명체와 거의 비슷한 모습을 기본적인 이미지로 떠올리는 것은 전혀 놀라운 일이 아니다. 수학자와 자연과학자들은 구조적으로 생각하는 경향이 있다. 이 견해에 따르면, 생명에서 중요한 것은, 심지어 이곳 지구에서도 그것이 무엇으로 만들어졌느냐 하는 것이 아니다. '그것이 어떻게 행동하느냐'가 중요하다.

복잡성 이론의 창시자인 스튜어트 카우프만Stuart Kauffman이 '생명'에 대한 가장 일반적인 기술 중 하나를 제시했다. 카우프만은 자율적 행위자autonomous agent라는 용어를 사용한다. 이것은 "스스로 번식하는 동시에 열역학적 작업 주기가 적어도 한 가지 이상 일어나는 존재"이다. 모든 시도와 마찬가지로 이것 역시 살아 있는 생명체를 특별하게 만드는 핵심 특징을 담아내려는 의도였다. 이것은 나쁘지 않다. 이 시도는 구성 성분이 아니라 행동에 초점을 맞춘다. 이것은 대부분의 다른 계들과 두드러지게 구별되는 차이점을 인식하는 대신에 모호한 경계에 초점을 맞춰 생명을 정의하려는 시도를 피한다.

만약 다른 세계에서 컴퓨터 프로그램처럼 행동하는 것을 발견한다면, 우리는 그것이 일종의 외계 생명체라고 선언하지 않을 것이다. 우리는 그것을 만든 생명체를 찾으려고 할 것이다. 하지만 카우프만의 조건을 만족시키는 존재를 발견한다면, 아마도 우리는 그것을 살아 있는 생명체로 간주할 것이라고 나는 생각한다.

우주를 계산하다

딱 들어맞는 사례가 있다.

몇 년 전에 코언과 나는 박물관의 프로젝트를 위해 외계 환경 네 가지를 설계했다. 가장 기이한 것은 우리가 님버스Nimbus라는 이름을 붙인 것으로, 타이탄을 대략적인 모형으로 삼은 것이었다. 원래의 기술에는 진화사와 사회 구조 같은 세부 내용이 훨씬 많이 포함돼 있었다.

우리가 상상한 님버스는 짙은 메탄과 암모니아 대기를 가진 외계 위성이다. 두꺼운 구름층 때문에 표면은 매우 어둑어둑하다. 님버스에 사는 외계 생명체는 규소금속 화학을 기반으로 하는데, 규소가 가끔 생기는 금속 원자와 결합하여 크고 복잡한 분자의 뼈대를 형성한다.[15] 그 금속은 운석이 충돌할 때 나온다. 초기 생명체 중에는 가느다란 섬유로 이루어지고 약한 전류를 띤 준금속 매트도 있었다. 이들은 기다란 덩굴을 내뻗으면서 이동했다. 작은 덩굴망은 간단한 계산을 할 수 있었고, 더 복잡한 존재로 진화해갔다. 이 원시적인 동물들은 5억 년 전에 멸종했지만, 규소를 기반으로 한 전자적 생태 구조라는 유산을 남겼다.

오늘날 가장 눈에 띄는 특징은 동화 속에서나 나올 법한 성들이다. 이것들은 규소금속 벽들이 동심구를 이루며 늘어서서 정교한 구조를 이룬 계들인데, 벽 안쪽에는 에탄과 메탄 웅덩이가 갇혀 있다. 에탄과 메탄 웅덩이는 플레이크flake들의 번식 장소이다. 플레이크는 매트들로부터 만들어진 전자적 동물이다. 플레이크는 얇고 납작한 규석 조각으로, 그 위에는 규소금속 전자 회로가 지나간다. 이들은 복잡한 진화적 군비 경쟁을 벌이면서 다른 플레이크의 회로를 빼앗아 자기 것으로 만든다. 가끔 새로운 회로들이 생겨나는데, 이들은 다른 회로를 탈취하는 능력이 더 뛰어나다. 이제 이들은 매우 능숙하게 이 일을 해낸다. 이들의 기본 번식 방법은 모형母型 복제이다. 움직이는 플레이크가 아무것도 새겨지지 않은 암석에 자기 회로의 화학적 이미지를 새긴다. 이것은 회로의 거울상 복제가 성장하는 모형 역할을 한다. 그러다가 복제된 것이 암석에서 떨어져 나온다. 복제 오류 때문에 돌연변이가 생겨날 수 있다. 회로 탈취는 군비 경쟁에서 생존 이득을 제공하는 요소들의 재결합을 낳는다.

인간이 님버스를 발견했을 때, 일부 플레이크는 3차원으로 도약하기 시작했다. 이들은 새로운 방법으로 복제하면서 '폰노이만'들이 되었다. 1950년 무렵에 수학자 존 폰 노이만John von Neumann은 자기 복제 기계가 원리적으로 가능하다는 것을 입증하기 위해 세포 자동자cellular automaton(단순한 종류의 수학적 컴퓨터 게임)를 도입했다.[16] 세포 자동자는 데이터와 복제자, 제작자의 세 요소로 이루어져 있다. 제작자는 데이터에 암호화된 지시를 따르면서 새로운 제작자와 복제자를 만든다. 그러면 새로운 복제자는 낡은 데이터를 복제하여 두 번째 복제자를 만든다. 님버스의 폰노이만 회로는 이와 비슷하게 데이터와 복제자, 제작자의 세 부분으로 분리돼 있다. 제작자는 데이터가 지시한 회로를 제작할 수 있다. 복제자는 그냥 복제자일 뿐이다. 이 능력은 세 가지 성이 존재하는 생식계와 함께 공진화했다. 한 부모가 자신의 제작자 회로 복제본을 텅 빈 암석에 새긴다. 나중에 또 다른 부모가 지나가다가 회로가 새겨진 암석을 보고 거기다가 자신의 복제자 복제본을 추가한다. 마지막으로 세 번째 부모가 자신의 데이터 복제본을 거기에 더한다. 이제 새로운 폰노이만이 암석에서 떨어져 나올 수 있다.

"경애하는 우리 여왕님의 실제 가정 생활과 이토록 다를 수가 있을까!" 빅토리아 여왕의 어느 시녀가 사라 베르나르Sarah Bernhardt가 클레오파트라 역할을 맡은 연극 공연을 보고 나서 이렇게 말했다고 한다. 산소도 없고, 물도 없고, 탄소도 없고, 생명체 거주 가능 영역도 없고, 유전도 없고, 성은 세 종류가 존재하고……. 님버스의 생명체는 비록 정통적인 생명체에서 크게 벗어나긴 해도, 일종의 생명체로 간주할 수 있을 만큼 충분히 복잡하고, 자연 선택을 통해 진화하는 능력이 있다. 하지만 주요 특징들은 과학적으로 충분히 현실성이 있다.

나는 이와 같은 실체들이 실제로 존재한다고 주장하는 것은 아니다. 사실, 외계 생명체의 '특정' 설계는 존재할 가능성이 거의 없는데, 그것은 국지적 특징을 너무나도 많이 포함하기 때문이다. 하지만 이것들은 우리 세계와는 아주 다른 세계들에서 진화할 수 있는 새로운 가능성의 다양성을 보여준다.

14 —— 어두운 별들

블랙홀과 일반 상대성 이론

> 홀리: 음, 블랙홀에 대해 말하자면, 그 주요 특징은 바로
> 검다는 겁니다. 그리고 우주 공간에 대해 말하자면, 우
> 주 공간의 색, 그러니까 기본적인 공간의 색은 검은색
> 입니다. 그러니 이것들을 어떻게 볼 수 있겠어요?
>
> —〈적색왜성Red Dwarf〉 시리즈 3 에피소드 2: '조난'

인류는 오래전부터 달을 방문하는 꿈을 꾸어왔다. 150년경에 고
대 로마의 루키아노스Lucianos가 쓴 풍자 작품 《진실한 이야기》에는
달과 금성을 여행하는 이야기가 포함돼 있다. 1608년에 케플러는 공
상 과학 소설 《꿈Somnium》을 썼는데, 악마가 두라코투스Duracotus라
는 아이슬란드 소년에게 달 여행에 관한 이야기를 들려주는 내용을
담고 있다. 1620년대 후반에 헤리퍼드 주교 프랜시스 고드윈Francis
Godwin은 《달에 간 남자The Man in the Moone》라는 작품에서 도밍고
곤살레스Doningo Gonsales라는 에스파냐 선원이 거대한 백조들을 타
고 달로 날아가는 이야기를 흥미진진하게 펼쳤다.

케플러의 악마는 고드윈의 백조보다 과학적으로는 훨씬 나았다.

백조는 아무리 힘이 세다 하더라도 달까지 날아갈 수 없는데, 우주 공간이 진공이기 때문이다. 하지만 악마는 잠재운 사람을 아주 강한 힘으로 밀어서 지구에서 탈출하도록 추진할 수 있다. 얼마나 강한 힘이 필요할까? 로켓의 운동 에너지는 $\frac{1}{2}mv^2$, 즉 질량에 속도의 제곱을 곱한 값의 절반이다. 이 운동 에너지가 탈출하고자 하는 행성의 중력장 에너지보다 커야 한다. 로켓이 중력장을 뿌리치고 탈출하려면, 임계 '탈출 속도'보다 빠른 속도로 달려야 한다. 그보다 더 빠른 속도로 물체를 하늘로 쏘아 올리면, 그 물체는 돌아오지 않는다. 하지만 그보다 느린 속도로 달리면, 결국 다시 땅으로 떨어진다. 지구의 탈출 속도는 초속 11.2km이다. 다른 천체가 없고 공기 저항을 무시한다면, 이 속도는 지구를 영원히 탈출할 만큼 충분히 큰 추진력을 제공한다. 여러분은 여전히 그 중력을 '느낄' 테지만(만유인력의 법칙을 기억하라), 높이 올라갈수록 그 힘은 급속도로 줄어들어 여러분이 탄 로켓은 멈춰서지 않는다. 다른 천체들이 있다면, 이 천체들이 미치는 효과도 고려해야 한다. 만약 지구에서 출발해 태양의 중력 우물을 탈출하고자 한다면, 초속 42.1km 이상으로 달려야 한다.

이 한계를 우회할 수 있는 방법들이 있다. 우주 볼라bola(끝에 쇳덩어리가 달린 투척용 밧줄)는 선실을 마치 대관람차(거대한 회전식 놀이 기구)의 바퀴살에 연결된 객실처럼 빙글빙글 돌리는 가상의 장치이다. 우주 볼라 여러 개를 차례로 연결하면, 일련의 바퀴살들을 타고서 궤도로 올라갈 수 있다. 이보다 더 나은 아이디어는 우주 엘리베이터(지구 정지 궤도에 떠 있는 인공위성에서 늘어뜨린 튼튼한 밧줄이나 다름없는)인데, 이런 엘리베이터를 만든 다음, 밧줄을 타고 원하는 만큼 천천히 올라갈 수 있다. 이런 기술들은 탈출 속도를 고려할 필요가 없다.

탈출 속도는 처음에 추진력을 받고 난 뒤에는 관성에 의지해 움직이는 물체에만 적용된다. 여기서 탈출 속도와 관련된 아주 심오한 결과가 나오는데, 그런 물체 중 하나가 빛의 입자인 광자이기 때문이다.

✦

빛의 속도가 유한하다는 사실을 뢰머가 발견했을 때, 일부 과학자들은 이 사실에 내포된 깊은 의미를 깨달았다. 그것은 바로 질량이 충분히 큰 천체에서는 빛도 탈출할 수 없다는 것이었다. 1783년, 존 미첼John Michell은 우주에는 별보다 훨씬 크면서 완전히 어두운 천체들이 널려 있을 것이라고 상상했다. 1796년, 라플라스는 자신의 대작인 《세계의 체계에 대한 해설Exposition du Système du Monde》에서 동일한 개념을 다루었다.

밀도가 지구와 같고 지름이 태양의 250배인 별에서 나온 광선은 그 중력이 끌어당기는 힘 때문에 우리에게 도달하지 못할 것이다. 따라서 이 이유 때문에 우주에서 가장 크고 밝게 빛나는 천체가 우리 눈에 보이지 않을 수 있다.

하지만 라플라스는 이 책의 3판에서는 이 부분을 삭제했는데, 아마도 자신의 주장에 의심을 품었기 때문일 것이다.

그런 의심은 쓸데없는 것이었다. 비록 '어두운 별'의 존재를 확인하는 데에는 200년 이상이 걸리긴 했지만 말이다. 뉴턴 역학을 기반으로 한 그 계산은 나중에 상대성 이론을 기반으로 한 계산에 밀려났고, 그럼으로써 어두운 별의 개념을 새로운 관점에서 바라보게 되었다. 아주 큰 질량 주위의 시공간에 대한 아인슈타인의 장 방정식을 푼 해는 미첼과 라플라스의 어두운 별보다 훨씬 기이한 것을 예측한다. 그런 질량을 가진 물체는 거기서 나오는 빛을 모두 가둘 뿐만 아니라, 사건의 지평선 뒤에 숨어 우주에서 완전히 사라지고 만다. 1964년, 저널리스트 앤 유잉Ann Ewing은 '우주의 블랙홀'이라는 눈길을 끄는 제목으로 이 개념에 관한 기사를 썼다. 그리고 물리학자 존 휠러John Wheeler가 1967년에 동일한 용어를 사용했는데, 이 때문에 휠러는 블랙홀이라는 용어를 만든 사람으로 널리 인정받는다.

블랙홀의 '수학적' 존재는 일반 상대성 이론에서 직접적으로 나온 결과인데, 일부 과학자들은 이것이 일반 상대성 이론의 불완전함을 드러내는 게 아닌가 의심했다. 그토록 기이한 현상을 배제하는 추가적인 물리적 원리가 있어야 마땅하다고 생각했기 때문이다. 이 문제를 해결하는 최선의 방법은 실제 블랙홀을 관측하는 것이다. 이것은 아주 어려운 일이었는데, 영국의 텔레비전 프로그램 〈적색왜성〉에서 컴퓨터 홀리가 한 인상적인 설명(이 장 서두에서 인용한) 때문만은 아니었다. 설사 블랙홀은 보이지 않는다 하더라도, 그 중력장은 특유의 방식으로 밖에 있는 물질에 영향을 미친다. 게다가 (미안, 홀리!) 일반 상대성 이론은 블랙홀이 실제로는 검지 않으며, 완전한 구멍도 아니라고 시사한다. 블랙홀에서 빛은 빠져나올 수 없지만, '안으로' 빨려 들어간 물질은 관측 가능한 효과를 만들어낸다.

오늘날 블랙홀은 더 이상 SF 작품의 소재에 불과한 게 아니다. 대부분의 천문학자들은 블랙홀의 존재를 인정한다. 사실, 대부분의 은하 중심에는 초거대 질량 블랙홀이 있는 것으로 보인다. 처음에 은하가 생긴 이유도 블랙홀 때문일지 모른다.

✦

블랙홀 이론은 일반 상대성 이론의 수학적 진전에서 탄생했다. 물질이 시공간을 구부러뜨리고, 구부러진 시공간이 물질이 움직이는 방식에 영향을 미치는데, 이 모든 일이 아인슈타인의 장 방정식에 따라 일어난다. 이 방정식들의 한 가지 해는 시공간(그것이 우주에서 제한적인 어느 지역이건 우주 전체이건)에서 가능한 한 가지 기하학을 나타낸다. 불행하게도 이 장 방정식들은 아주 복잡하다. 이미 충분히 복잡한 뉴턴 역학의 방정식들보다 훨씬 더 복잡하다. 처리 능력이 빠른 컴퓨터가 나오기 전에는 장 방정식의 해를 얻으려면, 연필과 종이와 에르퀼 푸아로Hercule Poirot(애거사 크리스티의 소설에 나오는 탐정. 세계 3대 명탐정 중 한 명으로 꼽힘 – 옮긴이)의 '작은 회색 뇌세포'에 의존하는 수밖에 없었다. 그런 상황에서 유용한 한 가지 수학적 비법은 대칭을 활용하는 것이다. 구하려는 해가 구형 대칭이라면, 유일하게 중요한 변수는 반지름이다. 따라서 통상적인 3차원 공간 대신에 1차원 공간만 생각하면 되며, 이것은 다루기가 훨씬 쉽다.

1915년, 카를 슈바르츠실트Karl Schwarzschild는 이 개념을 활용해 큰 별의 모형으로 삼은 질량이 큰 구의 중력장에 대한 아인슈타인의 장 방정식을 풀었다. 변수를 1차원 공간으로 축소하자, 방정식이 아주 간단해져서 구 주위의 시공간 기하학을 명료하게 나타내는 공식을 유도할 수 있었다. 그 당시 슈바르츠실트는 독일 육군 장교로 러시아군과 싸우고 있었지만, 그 와중에 짬을 내 계산을 했고, 자신이 발견한 것을 아인슈타인에게 보내 발표할 곳을 찾아달라고 부탁했다. 아인슈타인은 그것을 보고 깊은 감명을 받았지만, 슈바르츠실트는 6개월 뒤에 불치병인 자가 면역 질환으로 죽고 말았다.

수리물리학에서 흔히 느끼는 즐거움 중 하나는 방정식을 발견한 사람보다 그 방정식이 더 많은 것을 아는 것처럼 보인다는 데 있다. 물리학자는 자신이 잘 아는 물리학 원리들을 바탕으로 방정식을 만든다. 그리고 후딱 그 해를 구해 그것이 무엇을 의미하는지 알아내는데, 그러고 나서 자신이 그 답을 제대로 이해하지 못한다는 사실을 발견한다. 더 정확하게는 그 답이 무엇인지 이해하고, 왜 그것이 그 방정식의 해인지 이해하지만, 그 답이 왜 그런 성질을 나타내는지는 완전히 이해하지 못한다.

그런데 방정식의 '역할'이 바로 그런 것이다. 만약 우리가 사전에 항상 답을 짐작할 수 있다면, 애초에 방정식이 필요하지 않을 것이다. 뉴턴의 중력 법칙을 생각해보라. 그 공식을 보면 타원이 보이는가? 내 눈에는 보이지 않는다.

어쨌든 슈바르츠실트의 결과에는 아주 놀라운 것이 포함돼 있었다. 그의 해는 오늘날 슈바르츠실트 반지름이라 부르는 임계 거리에서 아주 기묘한 행동을 보였다. 사실, 그의 해에는 특이점이 포함돼 있었다. 즉, 공식 중 일부 항이 무한으로 변했다. 그 해는 이 임계 반지름의 구 안에서는 시간과 공간에 대해 의미 있는 것을 아무것도 알려주지 않는다.

태양의 슈바르츠실트 반지름은 3km이고, 지구의 슈바르츠실트 반지름은 수 센티미터에 지나지 않는다. 둘 다 접근할 수 없는 깊은 곳에 숨어 있어 외부 세계에 아무 문제도 일으키지 않지만, 관찰하는 것 역시 불가능해 슈바르츠실트의 답을 현실과 비교하거나 그것이 무엇을 의미하는지 찾아내기 어렵게 만든다. 이렇게 기묘한 성질은 기본적인 질문을 낳았다. 밀도가 아주 커서 자신의 슈바르츠실트 반지름 안에 존재하는 별에는 어떤 일이 일어날까?

✦

1922년에 세계적인 물리학자들과 수학자들이 모여 이 질문을 논의했지만 확실한 결론을 얻지 못했다. 일반적인 느낌은 그런 별은 자신의 중력 때문에 붕괴하리라는 것이었다. 그때 일어나는 일은 물리적 세부 조건에 따라 달라지는데, 그 당시에는 그 결과를 그저 추측해보는 정도에 그쳤다. 1939년 무렵에 로버트 오펜하이머Robert Oppenheimer가 계산을 통해 질량이 충분히 큰 별은 그런 상황에서 실제로 중력 붕괴가 일어난다는 것을 보여주었지만, 그는 슈바르츠실트 반지름이 시간이 완전히 멈추는 시공간 지역의 경계에 해당한다고 믿었다. 이 개념에서 '얼어붙은 별frozen star'이라는 이름이 나왔다. 하지만 이 해석은 슈바르츠실트 해가 유효하게 성립하는 지역에 대한 부정확한 가정을 바탕으로 한 것이었다. 즉, 특이점이 실제로 물리적 의미를 지닌다고 가정한 것이다. 외부 관찰자의 관점에서 보면, 실제로 슈바르츠실트 반지름에서 시간이 멈춘다. 하지만 특이점으로 빨려 들어가는 관찰자의 관점에서는 그렇지 않다. 이러한 관점의 이중성은 블랙홀 이론 전체를 관통하는 황금의 실이다.

1924년, 아서 에딩턴은 슈바르츠실트의 특이점이 물리적 현상이 아니라 수학적 인공물임을 보여주었다. 수학자들은 구부러진 공간

우주를 계산하다

과 시공간을 지구 표면 위를 지나가는 위선과 경선처럼 숫자가 매겨진 곡선이나 표면의 그물망으로 표현한다. 이러한 그물망을 좌표계라 부른다. 에딩턴은 슈바르츠실트의 특이점이 그가 선택한 좌표계의 특별한 속성임을 보여주었다. 이와 비슷하게 모든 경선은 북극점에서 만나고, 위선은 북극점으로 다가갈수록 점점 작은 원을 이룬다. 하지만 북극점에 서 있는 사람에게 그곳 표면은 다른 곳과 '기하학적으로' 똑같아 보인다. 그저 눈과 얼음만 더 많을 뿐이다. 북극점 근처에서 나타나는 기묘한 기하학은 위선과 경선을 좌표계로 선택했기 때문이다. 만약 적도에 동극점과 서극점이 위치한 좌표계를 사용한다면, 이 지점들이 기묘하게 보이는 반면, 북극점과 남극점은 정상으로 보일 것이다.

슈바르츠실트의 좌표계는 밖에서 본 블랙홀의 모습을 나타내지만, 안쪽에서 보면 아주 다르게 보인다. 에딩턴은 슈바르츠실트의 특이점을 사라지게 만드는 새로운 좌표계를 발견했다. 불행하게도 에딩턴은 다른 천문학적 문제들에 매달리는 바람에 이 발견의 후속 연구를 이어가지 못했고, 그 바람에 이 발견은 대체로 알려지지 않은 채 묻히고 말았다. 그랬다가 1933년에 벨기에의 조르주 르메트르Georges Lemaître가 슈바르츠실트의 해에 포함된 특이점이 수학적 인공물이라는 사실을 독자적으로 발견하면서 에딩턴의 발견도 좀더 널리 알려지게 되었다.

하지만 그러고 나서도 이 주제는 1958년까지 별로 큰 관심을 받지 못했는데, 그때 데이비드 핑켈스틴David Finkelstein이 개선된 좌표계를 발견했다. 이 좌표계에서는 슈바르츠실트 반지름이 물리적 의미를 지니지만, 여기에서 시간이 얼어붙지는 않는다. 핑켈스틴은 자신의 좌표계를 사용해 외부의 관찰자에 대해서뿐만 아니라 내부 관찰자의 모든 미래에 대해서도 장 방정식을 풀었다. 이 좌표계에서는 특이점이 슈바르츠실트 반지름에 존재하지 않는다. 대신에 슈바르츠실트 반지름은 '사건의 지평선'을 이루는데, 사건의 지평선은 외부는 내부에 영향을 미칠 수 있지만, 내부는 외부에 아무 영향도 미칠 수 없는 일방통행 장벽이다. 그의 해는 슈바르츠실트 반지름 안에 위치한 별은 붕괴하여 어떤 물질도, 심지어 광자조차 탈출할 수 없는 시공간 지역을 만든다는 것을 보여주었다. 그런 지역은 나머지 우주와 부분적으로 단절돼 있다. 그 안으로 들어갈 수는 있어도, 안에서 밖으로 나오는 것은 불가능하다. 이것이 바로 현재 우리가 말하는 진정한 의미의 블랙홀이다.

블랙홀의 모습은 관찰자에 따라 달라진다. 블랙홀 속으로 빨려 들어가는 불운한 우주선(음, 우주선보다는 거기에 타고 있는 우주 비행사가 불운하다고 해야 하나?)을 상상해보자. 이것은 SF 영화의 주요 소재로 쓰이지만, 이 상황을 제대로 묘사하는 영화는 거의 없다. 영화 〈인터스텔라〉는 킵 손Kip Thorne의 조언 덕분에 그 상황을 제대로 묘사했지만, 그 플롯에는 다른 결함이 있다. 블랙홀 속으로 들어가는 우주선을 멀리서 바라보면, 우주선은 갈수록 점점 더 천천히 움직이는 것처럼 보이는데, 우주선에서 출발한 광자를 블랙홀의 중력이 점점 더 강하게 끌어당기기 때문이다. 블랙홀에 충분히 가까운 곳에서는 광자가 전혀 탈출할 수 없다. 중력이 빛의 속도와 정확하게 상쇄되는 사건의 지평선 바로 바깥에서는 광자가 탈출할 수 있지만, 그 속도가 아주 느려진다. 우리가 우주선을 볼 수 있는 것은 거기서 나오는 광자를 보기 때문이다. 따라서 우주선은 속도가 점점 느려지다가 마침내 멈춰서고, 사건의 지평선을 결코 넘어서지 못한다. 일반 상대성 이론은 중력이 시간을 천천히 흐르게 만든다고 말한다. 슈바르츠실트 반지름에서 시간은 '멈춰선다'—하지만 외부의 관찰자가 볼 때에만 그렇다. 블랙홀 자체는 도플러 효과 때문에 점점 더 붉어진다. 홀리의 전매 특허인 빈정대는 투의 발언에도 불구하고, 블랙홀이 실제로 검지 않은 이유는 이 때문이다.

하지만 우주선에 탄 사람들은 이런 것을 하나도 경험하지 않는다. 그들은 곧장 블랙홀을 향해 곤두박질치고, 사건의 지평선을 금방 지나서…… 블랙홀 '내부'에서 바라본 방정식의 해를 경험하게 된다. 아마도. 확실한 것은 알 수 없는데, 방정식은 우주선의 모든 물질이 무한대의 밀도와 0의 크기를 가진 하나의 수학적 점으로 압축된다고 말하기 때문이다. 만약 그런 일이 실제로 일어난다면, 모든 것이 끝장나는 것은 말할 것도 없고, 그것은 진정한 물리적 특이점이 될 것이다.

수리물리학자들은 늘 특이점에 대해 약간 주저하는 태도를 보인다. 특이점이 나타나면, 그것은 대개 수학적 모형이 현실과 단절되었다는 것을 의미한다. 이 경우에 우리는 탐사선을 블랙홀 속으로 보냈다가 다시 돌아오게 하거나 탐사선이 보내는 전파 신호(빛의 속도로 달리기 때문에 역시 탈출할 수 없는)를 받을 수 없다. 따라서 실제 현실이 어떤지 알 수 있는 방법이 전혀 없다. 하지만 어떤 일이 일어나건, 그것은 매우 격렬한 것임이 분명하고, 우주선에 탄 사람들은 살아남지 못할 가능성이 높다. 단, 영화에서만큼은 예외가 허용된다. 적어도 일부 영화에서 일부 승무원은 살아남는다.

✦

블랙홀의 수학은 미묘한데, 분명히 장 방정식을 풀 수 있는 종류의 블랙홀은 처음에는 오직 핑켈스틴의 블랙홀뿐이었다. 그것은 회전하지 않고 전기장이 없는 블랙홀이다. 이런 종류의 블랙홀을 흔히 슈바르츠실트 블랙홀이라 부른다. 수리물리학자 마틴 크러스컬Martin Kruskal은 그전에 이미 비슷한 해를 구했지만 발표를 하지 않았다. 크러스컬과 조지 세케레시George Szekeres는 그것을 오늘날 크러스컬-세케레시 좌표계라고 부르는 것으로 발전시켰는데, 이것은 블랙홀의 내부를 더 자세하게 기술한다. 기본 기하학은 아주 단순하다. 중심의 특이점을 사건의 지평선이 구형으로 둘러싸고 있다. 블랙홀 속으로 들어오는 것은 모두 유한한 시간 안에 특이점에 도달한다.

이런 종류의 블랙홀이 특별한 이유는 대부분의 천체가 자전을 하기 때문이다. 자전하는 별이 붕괴하면, 각운동량 보존의 법칙에 따라 그 결과로 생기는 블랙홀도 회전을 해야만 한다. 1963년, 로이 커Roy Kerr는 회전하는 블랙홀의 시공간 메트릭(커 메트릭Kerr metric)을 발견함으로써 모자 속에서 토끼를 꺼내는 것과 같은 수학적 묘기를 보여주었다(메트릭metric은 수학에서는 맥락에 따라 '계량', '거리', '거리 함수' 등으로 옮기는데, 이 경우에는 '계량'으로 많이 옮긴다. 한편, metric space는 '거리 공간'이라고 한다 – 옮긴이). 그 장 방정식은 비선형 방정식이기 때문에 명료한 공식을 구한 것은 놀라운 일이다. 이것은 구형인 사건의 지평선이 하나만 존재하는 대신에 물리적 성질이 극적으로 변하는 임계 표면이 2개 존재함을 보여준다. 안쪽에 있는 표면은 구형인 '사건의 지평선'인데, 정지하고 있는 블랙홀의 경우와 마찬가지로 빛이 탈출할 수 없는 장벽을 나타낸다. 바깥쪽 표면은 납작한 타원체로, 양극에서 사건의 지평선과 닿아 있다.

그 사이에 있는 지역을 작용권ergosphere이라 부른다. 그리스어로 'ergon'은 '일'을 뜻하는데, 작용권을 활용해 블랙홀에서 에너지를 꺼내 쓸 수 있기 때문에 이런 이름이 붙었다. 만약 입자가 작용권 안쪽으로 들어가면, 틀 끌림frame-dragging(일반 상대성 이론이 예측하는 현상으로, 질량이 매우 큰 물체가 회전하면 거기서 발생하는 중력 효과로 주변의 시공간도 함께 따라서 회전하는 현상 – 옮긴이)이라는 상대론적 효과 때문에 입자가 블랙홀과 함께 회전하기 시작하면서 그 에너지가 증가한다. 하지만 입자는 아직 사건의 지평선 밖에 있기 때문에, (적절한 상황에서) 증가한 에너지를 갖고 탈출할 수 있다. 따라서 입자는 블랙홀에서 에너지를 추출했는데, 이것은 정지하고 있는 블랙홀에서는 할

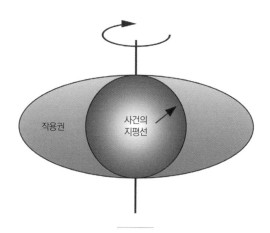

회전하는 블랙홀의 사건의 지평선(구)과 작용권(타원체).

수 없는 일이다.

블랙홀은 회전할 뿐만 아니라 전하도 가질 수 있다. 한스 라이스
너Hans Reissner와 군나르 노르츠트룀Gunnar Nordström은 전하가 있
는 블랙홀의 메트릭을 발견했는데, 이것을 라이스너-노르츠트룀 메
트릭이라 부른다. 1965년, 에즈라 뉴먼Ezra Newman은 축대칭 회전
을 하면서 전하가 있는 블랙홀의 메트릭을 발견했는데, 이를 커-뉴
먼 메트릭이라 부른다. 훨씬 정교한 종류의 블랙홀이 더 있지 않을
까 하고 생각하기 쉽지만, 물리학자들은 자기를 띤 블랙홀 외에는 그
런 가능성을 일축한다. 털없음 추측no-hair conjecture은 처음 붕괴한
뒤에 일단 자리를 잡은 블랙홀은 양자 효과를 무시한다면, 질량과 스
핀과 전화, 이렇게 오직 세 가지 물리적 성질만 지닌다고 말한다. 털
없음 추측이라는 이름은 1973년에 찰스 미즈너Charles Misner, 킵 손,
존 휠러가 쓴《중력Gravitation》에서 "블랙홀에는 털이 없다"라고 표
현한 데에서 유래했다. 휠러는 이 표현을 야코브 베켄슈타인Jacob
Bekenstein에게서 빌렸다고 말했다.

이 추측(수학에서 추측conjecture은 맞다고 여겨지지만, 아직 증명되거나
반증되지 않은 명제를 말한다 - 옮긴이)은 흔히 털없음 '정리'(무모無毛 정리
라고도 함)라고도 부르지만, 아직 증명된 바가 없으므로, 엄밀하게 따
지면 정리라는 정의에 맞지 않는다. 하지만 틀렸음이 입증된 바도 없
다. 스티븐 호킹Stephen Hawking과 브랜던 카터Brandon Carter, 데이비
드 로빈슨David Robinson은 일부 특별한 경우를 증명했다. 만약 일부
물리학자들이 생각하는 것처럼 블랙홀이 자기장도 가질 수 있다면,
이 추측은 그 가능성도 포함하도록 수정되어야 할 것이다.

이 구조들이 얼마나 기이한 것인지 감을 잡는 데 도움을 주기 위해 블랙홀 기하학을 조금 살펴보기로 하자.

1907년, 헤르만 민코프스키Hermann Minkowski는 상대론적 시공간을 간단하게 나타내는 기하학적 그림을 고안했다. 나는 1차원 공간에 통상적인 시간 차원 하나를 더한 간략한 이미지를 사용할 테지만, 이것은 물리적으로 현실적인 3차원 공간 사례로 확대할 수 있다. 이 그림에서 구부러진 '세계선'은 입자의 움직임을 나타낸다. 시간 좌표가 변하면, 그 곡선에서 그 결과로 생긴 공간 좌표를 읽을 수 있다. 시간축과 공간축에 45° 각도를 이룬 선들은 빛의 속도로 달리는 입자를 나타낸다. 따라서 세계선은 어떤 45° 선도 가로질러갈 수 없다. 시공간상의 한 점(사건이라 부르는)은 그런 선 2개를 결정하며, 이 선 2개가 그 점의 광추를 이룬다. 이것은 두 삼각형을 포함하는데, 하나는 그 점의 과거이고, 하나는 미래이다. 이 점에서 출발할 경우, 나머지 시공간 지역에는 도달할 수 없는데, 그러려면 빛보다 빠른 속도로 달려야 한다.

유클리드 기하학에서 자연 변환은 강체 운동으로 일어나는데, 이 경우에는 점들 사이의 '거리'가 보존된다. 특수 상대성 이론에서 이에 대응하는 것은 로렌츠 변환으로, 간격interval이라는 양이 보존된다. 피타고라스의 정리에 따르면, 평면상에서 원점과 어느 점 사이의 거리의 제곱은 수평 좌표의 제곱과 수직 좌표의 제곱을 곱한 값과 같다. 간격의 제곱은 공간 좌표의 제곱에서 시간 좌표의 제곱을 뺀 값과 같다.[1] 그 차는 45° 선 위에서는 0이고, 광추 내부에서는 양의

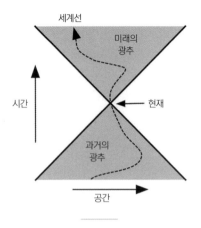

민코프스키의 상대론적 시공간 표현.

값이다. 따라서 인과적으로 연결된 두 사건 사이의 간격은 실수이다. 인과적으로 연결되지 않은 두 사건 사이의 간격은 허수인데, 두 사건 사이의 여행이 불가능함을 나타낸다.

일반 상대성 이론에서는 54쪽 그림에서처럼 중력의 효과를 모방해 민코프스키의 평면이 구부러지는 것을 허용함으로써 중력을 포함시킨다.

로저 펜로즈Roger Penrose는 크러스컬-세케레시 좌표계에서 민코프스키 기하학을 펼침으로써 블랙홀의 상대론적 기하학을 아름답고 간단하게 나타내는 방법을 개발했다.[2] 그 메트릭을 나타내는 공식이 암묵적으로 이 기하학을 결정하지만, 여러분은 이 공식을 아무리 오래 들여다보더라도 아무것도 알 수 없을 것이다. 우리가 원하는 것은 그 기하학이므로, 그림을 그려서 살펴보는 것이 어떨까? 그 그림은 해당 메트릭과 일치해야 하지만, 훌륭한 그림이 천 번의 계산보다 나을 때가 있다.

펜로즈 다이어그램은 종류가 다른 블랙홀들의 비교를 가능하게 함으로써 블랙홀 물리학의 미묘한 특징들을 드러낸다. 또 사변적이긴 하지만 놀라운 가능성도 일부 드러낸다. 여기서도 공간은 1차원 (수평 방향으로 그려진)으로 축소되고, 시간은 수직 방향으로 표현되며, 45° 각도로 달리는 광선이 과거와 미래 그리고 인과적으로 도달할 수 없는 지역들을 분리하는 광추를 이룬다.

민코프스키 그림은 보통 정사각형으로 그리지만, 펜로즈 다이어그램은 45° 기울기의 특별한 속성을 강조하기 위해 다이아몬드 모양을 사용한다. 이 둘은 서로 다른 모양을 사용하긴 하지만, 무한한 평면을 유한한 공간으로 압축하는 방법이라는 점에서는 같다. 이들은 특이하지만 유용한 시공간 좌표계이다.

준비 운동 삼아 가장 간단한 종류인 슈바르츠실트 블랙홀부터 살펴보기로 하자. 그 펜로즈 다이어그램은 아주 단순하다. 다이아몬드 모양은 우주를 나타내는데, 기본적으로 민코프스키 모형을 따른 것이다. 화살표 곡선은 그 (사건의) 지평선을 건넘으로써 블랙홀 속으로 들어가는 우주선의 세계선을 나타내는데, 결국에는 중심의 특이점 (지그재그 선)에 도달한다. 그런데 여기에는 '반反지평선antihorizon'이라는 두 번째 지평선이 있다. 이것은 도대체 무엇일까?

블랙홀 속으로 들어가는 우주선에 대해 논의할 때, 우리는 우주선을 타고 있는 사람의 관점과 블랙홀 바깥쪽에서 바라보는 관점에 따라 이 과정이 서로 아주 다르게 보인다는 사실을 보았다. 우주선은 그림에서 화살표 곡선과 같은 경로를 따라 움직이면서 지평선을 건너 특이점을 향해 나아간다. 하지만 우주선이 지평선에 다가감에 따

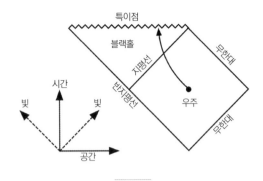

슈바르츠실트 블랙홀을 나타낸 펜로즈 다이어그램.

라 빛은 점점 더 느리게 탈출하기 때문에 외부 관찰자가 보는 우주
선은 점점 더 빨간색으로 변하며, 속도가 점점 느려지다가 마침내 멈
춰서게 된다. 색의 변화는 중력 적색 이동 현상 때문에 일어난다. 즉,
중력장이 시간의 흐름을 느리게 만들고, 이에 따라 전자기파의 진동
수가 변하기 때문에 일어나는 현상이다. 블랙홀 속으로 들어가는 다
른 물체들 역시 밖에서 바라볼 때마다 같은 방식으로 보인다. 지평선
에 얼어붙은 채 그대로 멈춰선 것처럼 보인다.

펜로즈 다이어그램에서 지평선은 우주선에 탄 사람들이 바라본
사건의 지평선이다. 반지평선은 외부 관찰자가 보았을 때 우주선이
멈춰선 것처럼 '보이는' 지점이다.

이제 흥미로운 수학적 작도가 가능하다. 이런 질문을 던져보자. 반
지평선의 반대편에는 무엇이 있을까? 우주선 승무원의 기준 좌표계
에서 그곳은 블랙홀의 내부이다. 하지만 슈바르츠실트 기하학을 자
연스럽게 수학적으로 확대한 기하학이 있는데, 여기서는 시간이 반

우주를 계산하다

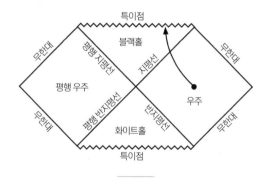

슈바르츠실트 블랙홀/화이트홀 쌍을 나타낸 펜로즈 다이어그램.

전된 슈바르츠실트 블랙홀 복제가 정상적인 슈바르츠실트 블랙홀에 들러붙어 있다. 그림을 180° 회전시켜 하나의 시간을 반전시킴으로써 그 메트릭을 복제한 것 2개를 수학적으로 결합하여 완전한 그림을 얻는다.

시간 반전 블랙홀은 화이트홀이라 부르는데, 화이트홀은 시간을 거꾸로 되돌린 블랙홀처럼 행동한다. 블랙홀의 경우, 물질(그리고 빛)이 안으로 들어올 수는 있어도 밖으로 나갈 수 없다. 화이트홀은 반대로 물질(그리고 빛)이 밖으로 나가기만 할 뿐, 안으로 들어오지 못한다. '평행 지평선'은 빛과 물질을 방출하지만, 화이트홀에 들어가려고 하면 어느 것도 통과시키지 않는다.

우리 우주를 회전시킨 이미지도 하나의 우주를 묘사하지만, 이것은 인과적으로 우리 우주와 연결돼 있지 않은데, 상대성 이론의 광속제한 규칙 때문에 45°를 넘어서는 경로를 따라 그 안으로 들어갈 수가 없다. 추측컨대, 두 번째 그림은 완전히 다른 우주를 나타낼 수 있다. 완전한 환상의 영역에서 생각한다면, 초광속 여행이 가능할 만큼 기술이 충분히 발전한 문명은 특이점을 피하면서 두 우주 사이를 왔다 갔다 할 수 있을 것이다.

만약 빛과 물질 그리고 인과 효과가 통과할 수 있는 방식으로 화이트홀이 블랙홀과 연결된다면, SF 책과 영화에서 우주의 속도 제한을 극복하고, 등장인물이 늙어 죽기 전에 외계 행성에 도착하게 하는 방법으로 애용되는 '웜홀'이 생긴다. 웜홀은 서로 다른 우주들이나 같은 우주의 서로 다른 지역들 사이를 잇는 우주의 지름길이다. 블랙홀에 들어가는 것은 무엇이건 외부 관찰자가 볼 때에는 얼어붙은 이미지로 보존되기 때문에, 일상적으로 사용되는 웜홀은 그 블랙홀 입구로 들어간 모든 우주선이 더 붉게 변해 얼어붙은 이미지들로 둘러싸여 있을 것이다. 나는 그런 것을 어떤 SF 영화에서도 본 적이 없다.

이 경우에는 블랙홀과 화이트홀이 이런 식으로 연결돼 있지 않지만, 다음에 소개하는 종류의 블랙홀에서는 이런 식으로 연결돼 있다. 이 블랙홀은 회전하는 블랙홀, 즉 커 블랙홀인데, 아주 기이한 블랙홀이다. 특이점이 없는 슈바르츠실트 블랙홀/화이트홀 쌍에서 시작해보자. 블랙홀과 화이트홀을 확대해 둘 다 다이아몬드 모양으로 만든다. 이 두 다이아몬드 사이에 (왼쪽에) 새로운 다이아몬드를 집어넣는다. 이것은 '수직' 방향의 특이점(공간상에서는 고정돼 있지만, 시간이 지나도 계속 지속되는)이 있다. 특이점의 한쪽(펜로즈 다이어그램에서 오른쪽)에는 특이점을 피하면서 블랙홀과 화이트홀을 연결하는 '웜홀' 지역이 있다. 지그재그 경로를 따라 웜홀을 따라가면, 이 우주에서 새로운 우주로 가게 된다. 특이점의 반대쪽(왼쪽)에는 반물질로 가득 찬 반우주가 있다. 이와 마찬가지로 오른쪽에 다이아몬드를 또 하나

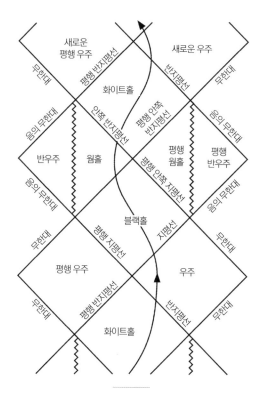

새로운
평행 우주

새로운 우주

무한대

평행 반지평선

반지평선

무한대

음의 무한대

화이트홀

평행 안쪽
반지평선

안쪽 반지평선

평행 음의 무한대

반우주

웜홀

평행
웜홀

평행
반우주

음의 무한대

평행 안쪽 지평선

음의 무한대

블랙홀

무한대

평행 지평선

지평선

무한대

평행 우주

우주

무한대

평행 반지평선

반지평선

무한대

화이트홀

회전하는 (커) 블랙홀을 나타낸 펜로즈 다이어그램.

추가한 것은 평행 웜홀과 평행 반우주를 나타낸다.

하지만 이것은 시작에 불과하다. 이번에는 이 다이아몬드 타일들을 무한히 쌓아보자. 이것은 블랙홀의 회전을 '풀어' 무한히 많은 우주들을 연결하는 웜홀들이 연속적으로 무한히 늘어선 배열을 만들어낸다.

기하학적으로 볼 때, 커 블랙홀의 특이점은 점이 아니라 원형 고리이다. 그 고리를 통과하면, 한 우주와 반우주 사이에서 여행하는 것이 가능하다. 반물질이 물질에 어떤 일을 하는지를 감안하면 현명한 행동은 아니지만 말이다.

전하가 있는 (라이스너-노스트룀) 블랙홀을 나타내는 펜로즈 다이어그램도 이와 비슷하게 정교한데, 해석의 차이가 일부 있다. 수학은 이 기묘한 현상들이 전부 다 실제로 존재하거나 일어난다고 시사하지 않는다. 회전하는 블랙홀의 수학적 구조에서 나타나는 자연적 결과들(알려진 물리학과 논리적으로 일치하는 시공간의 구조들, 따라서 그것의 합리적인 결과들)이라고 시사할 뿐이다.[3]

✦

이것이 블랙홀의 기하학적 모습이다. 하지만 현실에서 블랙홀은 어떻게 나타날까?

질량이 큰 별은 빛을 내는 핵반응의 연료가 바닥나면, 자체 중력을 이기지 못하고 붕괴하기 시작한다. 이때 별 내부의 물질은 어떻게 행동할까? 이것은 오늘날에는 미첼과 라플라스 시대보다 훨씬 복잡한 문제가 되었다. 그동안에 별이 변해서 그런 게 아니라, 물질에 대한 우리의 이해에 큰 변화가 일어났기 때문에 그렇다. 우리는 중력을 생각해야 할 뿐만 아니라(그것도 뉴턴의 중력 법칙이 아니라 상대성 이론을 사용해), 핵반응의 양자역학도 고려해야 한다.

만약 많은 원자가 중력 때문에 계속 더 가까워진다면, 전자가 차지하고 있는 원자의 바깥쪽 지역들이 융합되기 시작한다. 양자역학의 한 가지 원리인 파울리의 배타 원리에 따르면, 어떤 두 원자도 동일한 양자 상태를 차지할 수 없다. 따라서 압력이 증가하면, 전자들은 다른 전자들이 차지하지 않은 상태를 찾는다. 얼마 지나지 않아 전자들은 서로 바싹 붙은 상태가 된다. 전자들이 차지할 공간이 바닥 나고, 모든 양자 상태들이 채워지면, 전자들은 전자 축퇴 물질이 된 다. 별의 핵에서 바로 이런 일이 일어난다.

1931년, 수브라마니안 찬드라세카르Subrahmanyan Chandrasekhar는 상대론적 계산을 통해 전자 축퇴 물질로 이루어지고 질량이 충분히 큰 천체는 자신의 중력장을 이기지 못하고 붕괴하여 거의 모든 물질 이 중성자로만 이루어진 중성자별이 된다고 예측했다. 전형적인 중 성자별은 태양 2배의 질량이 반지름 12km의 구로 압축된 것이다. 만약 별의 질량이 태양의 1.44배(이것을 찬드라세카르 한계라 부른다) 미 만이라면, 그 별은 중성자별 대신에 백색왜성이 된다. 하지만 질량이 그것보다 크면서 톨먼-오펜하이머-볼코프 한계(태양 질량의 3배)보 다 작다면, 별은 붕괴하여 중성자별이 된다. 이 단계에서는 중성자 축퇴압이 블랙홀로 추가 붕괴가 일어나는 것을 어느 정도 막아주는 데, 천체물리학자들은 그 결과를 확실히 모른다. 하지만 질량이 태 양의 10배를 넘는다면 중성자 축퇴압도 더 이상 장애물이 되지 못하 며, 별은 블랙홀이 되는 것을 피할 길이 없다. 지금까지 발견된 것 중 질량이 가장 작은 블랙홀은 태양의 약 5배였다.

순수한 상대론적 모형에 따르면, 블랙홀 자체는 복사를 방출할 수 없다. 단지 블랙홀로 빨려 들어간 물질이 사건의 지평선 바깥에 있 을 때에만 복사를 방출할 수 있을 뿐이다. 하지만 호킹은 양자 효과 때문에 블랙홀이 사건의 지평선에서 복사를 방출할 수 있다는 사실 을 깨달았다. 양자역학에 따르면, 가상 입자-반입자 쌍이 자연 발생 적으로 생겨날 수 있는데, 다만 생겨나자마자 쌍소멸되고 만다. 그런

데 쌍소멸을 피하는 방법이 있다. 사건의 지평선 바로 바깥에서 가상 입자-반입자 쌍이 생겨났다가 한 입자는 블랙홀의 중력에 끌려 사건의 지평선 안으로 들어가고, 다른 하나는 바깥쪽에 남았다가(운동량 보존의 법칙에 따라) 완전히 밖으로 탈출하는 경우이다. 이렇게 해서 블랙홀에서 방출되는 복사를 호킹 복사Hawking radiation라고 하는데, 작은 블랙홀은 호킹 복사 때문에 아주 빨리 증발한다. 큰 블랙홀도 증발하지만, 완전히 증발하기까지 엄청나게 긴 시간이 걸린다.

✦

아인슈타인의 장 방정식들의 해에는 수학적 블랙홀이 나오지만, 그렇다고 해서 자연에서도 실제로 블랙홀이 나타난다고 보장하진 못한다. 어쩌면 알려지지 않은 물리학 법칙이 블랙홀이 생기는 것을 막을지도 모른다. 따라서 수학과 물리학에 너무 휘둘리기 전에 블랙홀이 실제로 존재한다는 관측적 증거를 찾아보는 게 좋은 생각이다. 거기서 더 나아가 화이트홀과 웜홀, 그리고 대체 우주도 찾아보면 좋겠지만, 지금으로서는 블랙홀만 해도 충분히 야심만만한 목표이다.

처음에 블랙홀은 직접 관찰하기가 불가능해 이론적 추측의 대상으로만 남아 있었다. 그도 그럴 것이 거기서 나오는 복사라고 해봐야 아주 미약한 호킹 복사뿐이기 때문이다. 블랙홀의 존재는 주로 근처에 있는 다른 천체와의 중력 상호 작용을 통해 간접적으로 추정하는 수밖에 없다. 1964년, 로켓에 실린 측정 장비가 백조자리에서 예외적으로 강한 X선 방출원을 발견했는데, 이 방출원에는 백조자리 X-1이라는 이름이 붙었다. 밤하늘에서 백조자리는 은하수에 걸쳐 있는데, 이것은 중요한 의미가 있다. 왜냐하면 백조자리 X-1은 우리 은하 중심에 위치하고 있어 우리은하 안의 어느 장소에 있는 것처럼 보이기 때문이다.

1972년, 찰스 볼턴Charles Bolton과 루이스 웹스터Louise Webster, 폴 머딘Paul Murdin은 광학 망원경과 전파 망원경에서 얻은 관측 결과를 결합하여 백조자리 X-1이 쌍성임을 밝혀냈다.[4] 가시광선을 방출하는 한 별은 HDE 226868이라는 청색초거성이다. 다른 별은 오직 방출되는 전파만으로 확인할 수 있는데, 질량이 태양의 약 15배에 이르지만 밀도가 아주 높아 정상적인 종류의 별은 아닌 것으로 보인다. 추정 질량이 톨먼-오펜하이머-볼코프 한계를 넘어서기 때문에 이 천체는 중성자별은 아니다. 이 증거 때문에 이 천체는 최초의 유력한 블랙홀 후보가 되었다. 하지만 청색초거성은 질량이 너무 커서 동반성의 질량을 정확하게 평가하기가 어렵다. 1975년, 킵 손과 스티븐 호킹은 이를 두고 내기를 걸었다. 손은 블랙홀이라고 주장했고, 호킹은 아니라고 했다. 그 후 추가 관측이 일어나자, 호킹은 1990년에 패배를 인정하고 내기에 건 약속을 이행했다. 하지만 이 천체의 정체가 결정적으로 확인된 것은 아니다.

더 유력한 X선 쌍성계가 있는데, 정상적인 동반성의 질량이 그렇게 크지 않다. 이 중에서 가장 유망한 것은 7800광년 거리에 있는 백조자리 V404로, 1989년에 발견되었다. 이 쌍성계에서 정상적인 동반성은 태양보다 약간 작은 별이고, 더 작고 밀도가 높은 동반성은 질량이 태양의 약 12배로, 톨먼-오펜하이머-볼코프 한계를 넘어선다. 다른 증거들도 있기 때문에 일반적으로 이 천체는 블랙홀로 인정받고 있다. 두 천체는 6.5일마다 한 번씩 서로의 주위를 돈다. 블랙홀의 중력 때문에 동반성은 달걀 모양으로 짜부라져서 물질이 지속적으로 블랙홀로 흘러가고 있다. 2015년, V404는 빛과 강한 X선을 짧은 시간 동안 폭발하듯이 방출하기 시작했는데, 전에도 1938년, 1956년, 1989년에 같은 일이 일어난 적이 있다. 이 현상은 블랙홀 주위에 쌓인 물질의 질량이 임계값을 넘어서면서 블랙홀 속으로 빨려 들어갈 때 일어나는 것으로 보인다.

방출되는 X선을 통해 탐지된 블랙홀들도 있다. 블랙홀 속으로 빨려 들어가는 가스는 블랙홀 주위에 강착 원반이라 부르는 얇은 원반을 이루는데, 각운동량이 원반을 따라 바깥쪽으로 퍼져나갈 때 마찰 때문에 가스 물질이 가열된다. 가스가 아주 뜨겁게 가열되면 거기서 고에너지 X선이 나오는데, 가스 물질 중 최대 40%가 복사로 변할 수 있다. 이 에너지는 강착 원반에 수직인 방향으로 거대한 제트를 이루어 뿜어져 나오는 경우가 많다.

최근에 흥미로운 사실이 발견되었는데, 아주 큰 은하들의 중심에는 질량이 태양의 10만~10억 배에 이르는 초거대 질량 블랙홀이 있다. 이 초거대 질량 블랙홀이 물질의 분포를 재편해 은하를 만드는지도 모른다. 우리은하에도 초거대 질량 블랙홀이 있는데, 궁수자리 A* 전파원이 그것이다. 1971년, 도널드 린든-벨Donald Lynden-Bell과 마틴 리스Martin Rees는 이것이 초거대 질량 블랙홀일지 모른다고 말했는데, 선견지명이 있는 주장이었다. 2005년, M31(안드로메다은하) 중심에 질량이 태양의 1억 1000만~2억 3000만 배에 이르는 초거대 질량 블랙홀이 있다는 사실이 밝혀졌다. 우리 이웃에 있는 또 다른 은하 M87에는 질량이 태양의 64억 배에 이르는 블랙홀이 있다. 먼 곳에 있는 타원 전파 은하 0402+379에는 초거대 질량 블랙홀이

2개 있는데, 이 둘은 거대한 쌍성계를 이루어 24광년 거리에 있는 서로의 주위를 돈다. 이들이 궤도를 한 바퀴 도는 데에는 15만 년이 걸린다.

✦

대부분의 천문학자들은 이러한 관측 결과들이 전통적인 상대론적 의미에서 블랙홀의 존재를 보여준다고 인정하지만, 이 설명이 분명히 옳다는 증거는 없다. 기껏해야 현재의 기본 물리학 이론을 바탕으로 한 정황 증거밖에 없다. 상대성 이론과 양자역학은 불안한 파트너라는 사실을 우리가 잘 알고 있긴 하지만 말이다―특히 여기서처럼 두 이론을 동시에 적용해야 할 필요가 있을 때에는. 일부 독불장군 우주론자들은 우리가 본 것이 '정말로' 블랙홀인지 아니면 블랙홀처럼 보이는 것인지 의심하기 시작했다. 또한 블랙홀에 대한 우리의 이론적 이해를 재검토할 필요가 있는 게 아닌가 의심하기까지 한다.

사미르 매서Samir Mathur에 따르면, 〈인터스텔라〉는 현실에서 성립할 수 없다. 블랙홀 속으로 빠지는 일은 일어날 수 없다는 것이다. 우리는 상식과는 반대로 블랙홀이 양자 효과 때문에 복사를 방출할 수 있다는 걸 보았다. 이것은 가상 입자/반입자 쌍 중 하나가 블랙홀 속으로 들어가고, 다른 하나가 밖으로 탈출할 때 일어나는 호킹 복사이다. 이것은 블랙홀 정보 역설을 낳는다. 정보도 에너지처럼 보존되어야 마땅하며, 따라서 우주에서 완전히 사라질 수 없다. 그렇다면 블랙홀 속으로 들어간 물질과 그 물질에 대한 정보가 완전히 사라질 수 있을까? 매서는 블랙홀을 다른 관점에서 바라본 견해를 제시함으로써 이 역설을 해결하려고 시도했다. 그는 블랙홀을 거기에 들러붙을 수는 있어도 관통할 수는 없는 퍼즈볼fuzzball로 본다.

이 이론에 따르면, 우리는 블랙홀에 충돌할 수는 있어도 그 속으로 빨려 들어가 사라지지는 않는다. 대신에 우리의 정보는 사건의 지평선 위에 얇게 퍼지며, 우리는 홀로그램으로 변한다. 이것은 새로운 개념은 아니지만, 최신 버전은 홀로그램이 블랙홀 속으로 떨어진 물체의 불완전한 복제본이 되는 것을 허용한다. 이 주장은 논란을 낳는데, 같은 논리로 사건의 지평선이 에너지가 매우 높은 화염벽이어서 거기에 닿는 것은 모두 바싹 타버리고 만다고 주장할 수 있는 것처럼 보이기 때문이다. 퍼즈볼일까 화염벽일까? 이 질문은 고려할 가치가 없다. 어쩌면 둘 다 사건의 지평선이 시간을 얼어붙게 한다고 했다가 틀린 것으로 밝혀진 주장처럼 부적절한 좌표계가 만들어낸 인공물일지 모른다. 반면에 만약 아무것도 블랙홀 속으로 떨어질 수 없다면, 외부의 관찰자가 보는 것과 블랙홀 속으로 떨어지는 사람이 보는 것을 구별할 방법이 없다.

2002년, 에밀 모톨라Emil Mottola와 파벨 매저Pawel Mazur는 붕괴하는 별에 관한 기존의 통념에 도전장을 내밀었다. 두 사람은 붕괴하는 별이 블랙홀이 되는 대신에 그래버스타gravastar(gravitational vacuum star의 합성어)가 된다고 주장했다. 그래버스타는 밀도가 아주 높은 물질로 이루어진 가상의 기묘한 거품 방울이다.[5] 밖에서 보면 그래버스타는 종래의 블랙홀과 아주 흡사해 보인다. 하지만 사건의 지평선에 해당하는 것은 차갑고 밀도가 높은 껍질이고, 그 안에는 신축성이 아주 높은 공간이 존재한다. 이 주장은 아직도 논란의 대상이고, 어려운 문제 몇 가지가 미해결 상태로 남아 있지만(예컨대 그런 물체가 어떻게 생겨나는가를 비롯해), 아주 흥미롭다.

이 이론은 블랙홀의 상대론적 시나리오를 양자역학의 관점에서 재검토하는 과정에서 나왔다. 통상적인 처리 방법에서는 양자역학 효과를 무시하지만, 그렇게 하면 기묘한 이상 현상들이 나타난다. 예를 들면, 블랙홀의 정보 내용은 붕괴한 별의 그것보다 훨씬 많다(하지만 정보는 보존되어야 한다). 또 블랙홀 속으로 들어간 광자는 중심의 특이점에 도달할 때에는 무한대의 에너지를 얻어야 한다.

모톨라와 매저는 이런 문제들 때문에 고민하다가 적절한 양자역학적 처리 과정으로 문제를 해결할 수 있지 않을까 생각하게 되었다. 붕괴하는 별이 사건의 지평선을 형성하기 직전에 이르면 엄청난 중력장이 생긴다. 이것은 시공간의 양자 요동을 왜곡시켜 거대한 '초원자superatom'(전문 용어로는 보스-아인슈타인 응축물)와 비슷한 다른 종류의 양자 상태를 낳는다. 이것은 절대 영도에 아주 가까운 온도에서 동일한 원자들이 같은 양자 상태에 있는 집단을 말한다. 사건의 지평선은 시공간에 생겨난 충격파처럼 얇은 중력 에너지 껍질이 될 것이다. 이 껍질은 음의 압력(즉, 바깥쪽 방향으로 작용하는 압력)을 미치기 때문에, 그 안으로 떨어지는 물질은 방향을 거꾸로 바꾸면서 솟아올라 껍질에 충돌할 것이다. 하지만 외부의 물질은 여전히 안쪽으로 빨려들 것이다.

그래버스타는 수학적으로 이치에 닿는다. 이것은 아인슈타인의 장 방정식에 대한 안정적인 해이다. 그리고 정보 역설을 피할 수 있다. 물리적으로 그래버스타는 블랙홀과 아주 다르지만, 밖에서 보면 블랙홀과 똑같이 보인다. 즉, 외면적으로는 슈바르츠실트 메트릭(전하와 각운동량이 0인 경우에 구형의 질량 바깥쪽의 중력장을 나타내는 아인슈타인의 장 방정식에 대한 해. 이 해는 지구와 태양을 비롯해 천천히 회전하는 천체를 근사적으로 기술하는 데 아주 유용하다. 슈바르츠실트 블랙홀도 슈바르츠실트 메트릭으로 기술된다 – 옮긴이)이다. 태양의 50배 질량을 가진 별이 붕괴했다고 가정해보자. 전통적인 이론에 따르면, 지름 300km인 블랙홀이 생기고, 거기서 호킹 복사가 방출될 것이다. 대안 이론에 따르면, 크기는 같지만 그 껍질은 10^{-35}m밖에 안 되고, 온도는 100억분의 1K에 불과한 그래버스타가 생길 것이다. 그리고 거기에서는 아무런 복사도 방출되지 않는다(홀리는 이에 기뻐할 것이다).

그래버스타는 감마선 폭발이라는 또 다른 수수께끼 현상도 설명할 수 있다. 가끔 고에너지 감마선 섬광으로 하늘이 환하게 밝아질 때가 있다. 통상적인 이론은 중성자별들의 충돌이나 초신성 폭발 때 블랙홀이 생기는 것이라고 설명한다. 하지만 그래버스타의 탄생도 가능성이 있다. 더 사변적으로 생각한다면, 우주만 한 크기의 그래버스타 내부 역시 음의 압력이 작용함으로써 물질을 가속해 그 사건의 지평선으로(즉, 중심으로부터 바깥쪽으로) 보내는 상황도 생각할 수 있다. 계산에 따르면, 이것은 일반적으로 암흑 에너지 때문에 일어난다고 이야기하는 우주의 가속 팽창과 거의 크기가 같을 것이라고 시사한다.

100여 년 전에 아인슈타인이 한 예측 중에 중력파 발생에 관한 것이 있는데, 중력파는 시공간에 연못 위에 생겨나는 잔물결과 같은 파문을 일으킬 것이다. 만약 블랙홀처럼 질량이 아주 큰 두 천체가 서로의 주위를 빠르게 나선을 그리며 돈다면, 이 움직임은 우주 연못을 요동시켜 감지할 수 있는 파문을 만들어낼 것이다. 2016년 2월, 레이저 간섭계 중력파 관측소Laser Interferometer Gravitational-Wave Observatory

우주를 계산하다

(LIGO)가 두 블랙홀이 합체되면서 발생한 중력파를 탐지했다고 발표했다. LIGO의 측정 장비는 L자 모양으로 늘어선 길이 4km의 관이다. 관을 따라 레이저 빔이 반사되면서 왔다 갔다 하는데, 그 파동들이 L자의 교차점에서 서로 간섭을 일으킨다. 만약 중력파가 이곳을 지나간다면, 관들의 길이가 아주 미소하게 변하여 간섭 패턴에 영향을 미친다. LIGO의 측정 장비는 양성자 지름의 $\frac{1}{1000}$에 해당하는 움직임도 감지할 수 있다.

LIGO가 포착한 신호는 질량이 각각 태양의 29배와 36배인 두 블랙홀이 나선을 그리며 충돌하는 사건을 상대성 이론이 예측한 결과와 일치한다. 이 개가는 천문학에 새로운 시대를 열었다. LIGO는 빛 대신 중력을 사용해 우주를 관측하는 중력 망원경이 최초로 성공을 거둔 사례이다.

이 경이적인 중력파 발견은 더 많은 논란의 대상이 되는 양자역학적 특징(전통적인 블랙홀을 퍼즈볼이나 화염벽, 그래버스타 같은 가상의 대안과 구별하는)에 대해서는 아무런 정보도 제공하지 않는다. 우주 공간에 떠서 활동할 LIGO의 후계자들은 단지 블랙홀 충돌뿐만 아니라 덜 격렬한 중성자별 합체도 포착할 수 있어 이 수수께끼들을 푸는 데 도움을 줄 것이다. 한편, LIGO는 새로운 수수께끼를 제기했는데, 중력파와 연관이 있는 것으로 보이는 짧은 감마선 폭발이 그것이다. 현재 지배적인 이론인 블랙홀 합체 이론은 이 현상을 예측하지 못한다.

우리는 블랙홀의 존재에 익숙해졌지만, 블랙홀은 상대성 이론과 양자론이 겹치고 충돌하는 영역에 걸쳐 있다. 우리는 어떤 물리학을 사용해야 할지 확실한 것을 모르며, 우주론자들은 사용 가능한 것을 가지고 최선을 다하고 있다. 블랙홀에 관한 최종 결론은 아직 나오지 않았으며, 현재 우리가 알고 있는 지식이 완전하다고(혹은 옳다고) 믿을 만한 이유는 전혀 없다.

15 — 실타래와 거대 공동
우주의 기하학

게다가 하늘은 구가 되어야만 하는데, 자연에서 첫째
자리를 차지하고 있는 구야말로 그 본질에 유일하게 합
당한 형상이기 때문이다.

─아리스토텔레스,《하늘에 관하여 De Caelo》

우주는 어떻게 보일까? 우주는 얼마나 클까? 우주는 어떤 모양을
하고 있을까?

첫 번째 질문에 대한 답을 우리는 어느 정도 알고 있는데, 대부분
의 천문학자들과 물리학자들이 처음에 예상했던 답은 아니다. 우리
가 볼 수 있는 가장 큰 척도에서 본 우주는 설거지통에 인 거품과 같
다. 거품 속의 개개 방울들은 물질이 거의 없이 텅 빈 거대 공동空洞,
void이다. 거품 방울을 둘러싼 비누막은 별들과 은하들이 모여 있는
장소이다.

부끄럽게도 우주의 공간 구조에 대해 우리가 가장 선호하는 수
학적 모형은 물질이 고르게 분포하고 있다고 가정한다. 우주론자들
은 더 큰 척도에서는 개개 거품 방울들이 구별되지 않고 거품이 한

결 반반하게 분포하는 것처럼 보인다고 자위한다. 하지만 우리는 우주의 물질이 실제로 그런 행동을 보이는지 알지 못한다. 지금까지 우주를 더 큰 척도에서 바라볼 때마다 우리는 더 큰 덩어리들과 공동들을 발견했다. 어쩌면 우주는 전혀 반반하지 않을지 모른다. 어쩌면 우주는 프랙털(모든 척도에서 동일한 세부 구조를 가진 형태)일지도 모른다.

두 번째 질문인 크기에 대한 답도 우리는 어느 정도 알고 있다. 별들은 일부 고대 문명들에서 믿었고 〈창세기〉에서도 그렇게 가정하는 것처럼 지구 위를 빙 두르는 반구형 천장이 아니다. 별들은 무한대처럼 보일 정도로 광대한 우주로 향하는 관문이다. 실제로 우주는 무한대일지 모른다. 많은 우주론자들은 그렇게 생각하지만, 이 주장을 과학적으로 검증할 수 있는 방법은 생각하기 어렵다. 우리는 관측 가능한 우주가 얼마나 큰지는 비교적 잘 알지만, 그 너머의 우주에 관한 진실을 알려면 어디서부터 시작해야 할까?

세 번째 질문인 모양은 훨씬 어렵다. 비록 가장 따분한 모양인 구라는 데 대체로 의견이 일치하긴 하지만, 아직까지 완전히 합의된 답은 없다. 아주 오래전부터 우리는 우주가 구형이라고, 즉 공간과 물질로 이루어진 거대한 공의 내부라고 가정하는 경향이 있었다. 하지만 최근에 우주가 나선, 도넛, 미식축구 공, 피카르 나팔Picard horn(1884년에 에밀 피카르Émile Picard가 처음 기술한 쌍곡 3차원 다양체 – 옮긴이)이라는 비유클리드 기하학적 형태라는 주장들도 나왔다. 만약 그렇다면, 우주의 곡률은 양이거나 음일 수도 있고, 장소에 따라 제각각 다를 수도 있다. 우주는 유한할 수도 있고 무한할 수도 있으며, 단순히 연결돼 있거나 사방에 구멍들이 널려 있을 수도 있다. 심지어

절대로 서로 상호 작용할 수 없는 별개의 조각들로 나누어져 단절돼
있을 수도 있다.

✦

　우주 대부분은 텅 빈 공간이지만, 물질도 많이 존재한다. 은하가
약 2000억 개나 존재하며, 각 은하에는 2000억~4000억 개의 별이
있다. 물질의 분포 방식(어느 지역에 물질이 얼마나 많이 존재하는지)은 중
요한데, 아인슈타인의 장 방정식은 시공간의 기하학이 물질의 분포
와 밀접한 관계가 있다고 보기 때문이다.

　우주의 물질은 우리가 관측하는 척도에서는 균일하게 분포하고
있지 '않은' 게 분명하지만, 우리가 이 사실을 발견한 것은 겨우 수십
년밖에 되지 않았다. 그전까지는 개개 풀포기를 일일이 보지 않는 한
잔디밭이 균일해 보이는 것과 마찬가지로, 은하 척도 이상에서는 전
반적인 물질의 분포는 균일해 보인다는 게 일반적인 견해였다. 하지
만 우리 우주는 여기저기 클로버가 핀 지역과 진흙이 드러난 지역이
큰 자리를 차지한 잔디밭과 비슷해 보이는데, 이런 지역들은 더 큰
척도에서 균일하지 않은 구조를 새로 만들어낸다. 이런 불균일한 구
조를 사라지게 하려고 이보다 더 큰 척도에서 바라보면, 잔디밭이 사
라지고 대형 마트 주차장이 나타난다. 아주 넓은 범위의 척도들에서
우주의 물질 분포는 덩어리를 짓는 경향이 분명히 나타난다.

　우리 주변만 하더라도 태양계에서 대부분의 물질은 한 별, 즉 태
양에 집중돼 있다. 그보다 작은 조각들인 행성들도 있고, 그보다 더
작은 위성, 소행성, 카이퍼대 천체도 있으며, 거기다가 온갖 종류의

작은 암석, 자갈, 먼지, 분자, 원자, 광자도 있다. 반대 방향으로 더 큰 척도로 눈을 돌리면, 다른 종류의 덩어리 짓기 현상을 볼 수 있다. 많은 별은 서로 중력에 붙들려 쌍성계나 다중성계를 이루고 있다. 산개 성단은 붕괴하는 분자 구름에서 거의 동시에 생겨난 1000여 개의 별들이 모여 있는 집단이다. 산개 성단은 은하 안에 존재한다. 우리은하 안에서는 약 1100개의 산개 성단이 확인되었다. 구상 성단은 수십만 개의 늙은 별들이 보풀이 인 거대한 공 모양을 이루고 있는 집단이다. 구상 성단은 일반적으로 은하에 딸린 위성처럼 은하 주위의 궤도를 돈다. 우리은하에서 지금까지 확인된 구상 성단의 수는 152개인데, 모두 180개쯤 있는 것으로 추정된다.

은하는 우주의 덩어리 짓기clumpiness 현상을 보여주는 대표적인 예이다. 둥글고 작은 덩어리, 원반, 나선 모양을 한 은하들은 지름이 3000~30만 광년에 이르고, 1000~100조 개의 별을 포함하고 있다. 하지만 은하들 역시 균일하게 퍼져 있지 않다. 은하들은 50여 개 혹은 그보다 많은 수(최대 1000여 개)가 모여 은하단을 이루는 경향을 보인다. 은하단들도 모여서 초은하단을 이루며, 초은하단들은 모여서 상상할 수 없을 정도로 거대한 은하 시트sheet와 은하 필라멘트filament를 이루고 있으며, 그 사이에는 거대 공동들이 존재한다.

예를 들면, 우리는 우리은하 안에 있고, 우리은하는 안드로메다은하인 M31과 나머지 은하 52개와 함께 '국부 은하군' 안에 있다. 나머지 은하들 중 다수는 대마젤란은하와 소마젤란은하 같은 왜소 은하로, 두 주요 나선 은하(안드로메다은하와 우리은하)의 위성 은하 역할을 한다. 10여 개의 왜소 은하는 나머지 은하들과 중력을 통해 묶여 있지 않다. 국부 은하군에서 또 하나의 큰 은하는 삼각형자리은하인

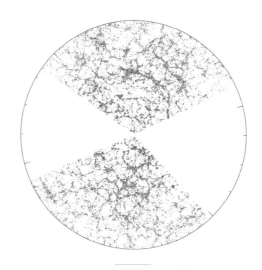

슬로언 디지털 우주 탐사(Sloan Digital Sky Survey)를 통해 관측한 은하들의 모습. 두 부분은 우주 필라멘트와 거대 공동 구조를 분명하게 보여준다. 중심에 지구가 위치하고 있다. 각각의 점은 하나의 은하를 나타내며, 원의 반지름은 20억 광년이다.

데, 이 은하는 안드로메다은하의 위성 은하일지도 모른다. 전체 국부 은하군의 폭은 약 1만 광년이다. 국부 은하군은 라니아케아 초은하단의 일원인데, 라니아케아 초은하단은 2014년에 은하들이 서로에 대해 얼마나 빠른 속도로 움직이는지 분석해 초은하단들을 수학적으로 정의하려던 시도에서 발견되었다. 라니아케아 초은하단은 폭이 5억 2000만 광년이나 되며, 10만여 개의 은하를 포함하고 있다.

더 큰 덩어리들과 거대 공동들이 새로 발견됨에 따라 우주론자들은 우주가 반반하게 존재한다고 생각하는 척도를 계속 수정하지 않을 수 없다. 현재까지의 견해에서는 덩어리들과 거대 공동들은 크기가 10억 광년을 넘지 않으며, 대부분은 그보다 더 작아야 한다고 보았다. 그래서 최근에 나온 일부 관측 결과는 우주론자들을 당황케 한다. 언드라시 코바치Andras Kovács가 이끄는 팀은 폭이 20억 광년이나 되는 거대 공동을 발견했고, 로저 클로스Roger Clowes와 동료들은 그보다 2배나 큰 응집력 있는 우주 구조를 발견했는데, 초거대 퀘이사군Huge Large Quasar Group이라는 이 구조에는 퀘이사가 73개 포함돼 있다. 이 구조들은 통일된 구조가 가질 것으로 예상되는 최대 크기보다 각각 2배와 4배만큼 크다. 러요시 벌라스Lajos Balász 팀은 이보다 더 큰 지름 56억 광년의 감마선 폭발원 고리를 관측했다.[1]

이 발견들은 논란이 되고 있으며, 그 설명은 더욱 큰 논란이 되고 있다. 어떤 사람들은 관측의 의미에 대해 이의를 제기한다. 어떤 사람들은 특이하게 큰 구조가 몇 개 발견되었다고 해서 우주가 '평균적'으로 균일하다는 사실을 부정할 수 없다고 주장한다. 이것은 맞는 말이긴 하지만 완전히 설득력이 있는 것은 아닌데, 이 구조들은 표준 수학적 모형에 들어맞지 않기 때문이다. 이 모형은 우주가 단지 평균적으로만 반반한 것이 아니라 (폭 10억 광년보다 작은 규모의 편차 외에는) 모든 곳이 다 반반한 다양체라고 이야기한다. 더 작은 척도에서 우주의 반반함을 강조했던 이전의 모든 주장들은 범위를 더 확대한 새로운 관측 결과가 나오면서 설 자리를 잃고 말았다. 그런 일이 또다시 일어나고 있는 것처럼 보인다.

그런데 덩어리 구조를 확인하는 것은 결코 쉬운 일이 아니다. 어떤 구조를 은하단이나 초은하단으로 정의해야 할까? 인간의 눈은 자연히 덩어리들을 보지만, 이것들이 반드시 중력적으로 유의미한 관계가 있다고 볼 수는 없다. 이 문제를 해결하기 위해 위너 필터링Wiener filtering이라는 수학적 방법을 사용하는데, 이것은 신호에서 잡음을 걸러내는 정교한 종류의 최소 제곱법 데이터 맞추기 방법이

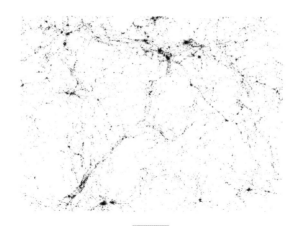

우주에 존재하는 가시 물질의 분포 모형을 폭 5000만 광년의 범위에서 컴퓨터로 시뮬레이션한 것.

다. 여기서는 은하들의 움직임을 모든 은하에 공통적인 우주의 팽창에 해당하는 부분과 개개 은하의 '고유 운동' 부분으로 분리하는 데 사용된다. 동일한 지역에 있으면서 비슷한 고유 운동을 보이는 은하들은 동일한 초은하단에 속한다. 우주는 유체와 같은데, 별은 원자, 은하는 소용돌이, 초은하단은 대규모 구조에 해당한다. 위너 필터링을 사용하면, 이 유체의 흐름 패턴을 알아낼 수 있다.

　우주론자들은 우주의 물질이 중력의 영향으로 어떻게 덩어리를 짓는지 시뮬레이션했다. 거대 공동들을 사이에 두고 물질이 가느다란 실타래와 시트를 이루고 있는 전반적인 그림은 중력을 통해 상호작용하는 물체들의 거대한 계에서 나타나는 자연적인 구조처럼 보인다. 하지만 실타래와 시트에 관한 통계 자료를 관측 결과와 일치시키거나, 138억 년이라는 정통적인 시간 척도 내에서 현실적인 물질분포를 얻기는 훨씬 어렵다.

이 문제를 해결하기 위해 통상적으로 쓰는 방법은 암흑 물질dark matter이라는 불가사의한 입자의 존재를 끌어들이는 것이다. 이 가정은 사실상 중력의 위력을 강화시키기 때문에 큰 구조들이 더 빨리 진화할 수 있지만, 완전히 만족스러운 것은 아니다(18장 참고). 한 가지 대안(대체로 무시되고 있지만)은 우주의 나이가 우리가 생각하는 것보다 훨씬 많을 가능성이다. 세 번째 가능성은 우리가 아직 제대로 된 모형을 발견하지 못했다는 것이다.

✦

이번엔 크기를 살펴보자.

천문학자들이 점점 성능이 개선된 망원경으로 우주를 들여다보자, 단지 더 먼 우주만 보는 데 그치지 않고, 시간상으로도 더 먼 과거를 보게 되었다. 빛의 속도는 유한하기 때문에 한 장소에서 다른 장소로 여행하는 데에는 일정한 시간이 걸린다. 실제로 1광년은 빛이 1년 동안 여행하는 거리로 정의된다.

빛은 아주 빨리 달리기 때문에, 1광년은 약 9조 4600억 km에 이르는 아주 긴 거리이다. 태양에서 가장 가까운 별은 4.24광년 거리에 있으므로, 이 별을 망원경으로 보는 사람은 4년 3개월 전의 별 모습을 보는 셈이다. 이 별은 어제 폭발했을 수도 있는데(참고로 그럴 가능성은 극히 희박한데, 그런 진화 단계에 있지 않기 때문이다), 만약 폭발했다 하더라도 우리는 4년 3개월이 더 지나기 전에는 그 사실을 전혀 알아채지 못할 것이다.[2]

현재 관측 가능한 우주의 반지름은 약 457억 광년이다. 따라서 순진하게 457억 년 전의 과거를 볼 수 있을 것이라고 생각할 수도 있다. 하지만 그럴 수 없는 이유가 두 가지 있다. 첫째, '관측 가능한 우주'는 우리가 실제로 볼 수 있는 우주가 아니라 원리적으로 관측 가능한 우주를 말한다. 둘째, 현재 우주의 나이는 138억 년에 불과한 것으로 추정되고 있다. 나머지 319억 광년은 우주의 팽창으로 설명되지만, 이 문제는 다음 장에서 다시 자세히 다룰 것이다.

어쨌든 우주가 엄청나게 광대하다는 걸 알 수 있다. 게다가 이것은 관측 가능한 부분만 다루었을 뿐이다. 이것 말고도 더 많은 것이 존재할 수 있다. 이것 역시 나중에 다시 다룰 것이다. 어쨌든 "우주는 얼마나 클까?"라는 질문에 근거 있는 답을 제시할 수 있다. 이 질문을 합리적인 방식으로 해석하기만 한다면 말이다.

✦

반면에 "우주는 어떤 모양을 하고 있을까?"라는 질문은 대답하기가 훨씬 어려우며, 많은 논란을 야기한다.

아인슈타인이 자신의 상대론적 시공간 이론에 중력을 포함시키는 방법을 발견하기 전까지는 거의 모든 사람들이 시공간 기하학이 유클리드 기하학일 거라고 생각했다. 그렇게 생각한 한 가지 이유는 유클리드가《기하학 원론》을 쓰고 나서부터 아인슈타인이 물리학을 급진적으로 수정하기까지 대부분의 사람들이 가능한 기하학은 오직 유클리드 기하학밖에 없다고 믿었기 때문이다.

이런 믿음은 19세기에 수학자들이 자기 모순이 없는 비유클리드 기하학을 여러 가지 발견하면서 무너졌다. 하지만 비유클리드 기하학은 수학 분야 안에서는 아름답게 적용할 수 있는 곳이 있긴 했어도 실제 세계에 적용되리라고 예상한 사람은 아무도 없었다. 예외적인 한 사람이 가우스였는데, 그는 비유클리드 기하학을 발견하고도 아무도 받아들이지 않을 것이라고 생각했고, 또 잘 모르는 사람들이 마구 내뱉는 비판에 휘말리기가 싫어 그것을 발표하지 않고 숨겼다. 물론 사람들은 구면기하학은 잘 알았다. 항해가들과 천문학자들은 정교한 구면 삼각법을 일상적으로 사용했다. 하지만 그것은 아무 문제가 없었는데, 구면은 정상적인 유클리드 공간 중 특별한 표면에 지나지 않았기 때문이다. 그것은 공간 자체가 아니었다.

가우스는 기하학이 반드시 유클리드 기하학이어야 할 필요가 없다면, 실제 공간 역시 유클리드 공간이어야 할 필요가 없다는 생각이 들었다. 다양한 기하학을 구분하는 한 가지 방법은 삼각형의 내각의 합을 재는 것이다. 유클리드 기하학에서는 그 합이 항상 $180°$가 나온다. 한 종류의 비유클리드 기하학인 타원기하학에서는 그 합이 항상 $180°$보다 크다. 또 다른 종류의 비유클리드 기하학인 쌍곡기하학에서는 그 합이 항상 $180°$보다 작다. 정확한 값은 삼각형의 면적에 달려 있다. 가우스는 세 산봉우리가 만드는 삼각형을 측정함으로써 우주의 진짜 모양을 알아내려고 시도했지만, 확실한 결과를 얻지 못했다. 아이러니하게도 아인슈타인이 이 발견들로부터 나온 수학을 가지고 한 연구를 바탕으로 생각한다면, 산들 사이에 작용하는 중력이 가우스의 정확한 측정을 방해할 것이다.

가우스는 표면의 곡률(즉, 표면이 구부러진 정도)을 계량화하는 방법을 찾으려고 했다. 그전에는 표면은 전통적으로 유클리드 공간 안에 있는 고체 물체의 경계면으로 간주되었다. 가우스는 그렇지 않다고 말했다. 고체 물체는 없어도 되며, 표면 자체만으로 충분하다고 했다. 주변을 둘러싼 유클리드 공간도 필요 없다. 필요한 것은 표면을 결정하는 어떤 요소뿐인데, 그 요소는 일종의 거리 개념인 '메트릭'이라고 보았다. 수학적으로 메트릭은 서로 아주 가까이 있는 두 점 사이의 거리를 나타내는 공식이다. 이것으로부터 두 점이 얼마만큼 떨어져 있는지 알아낼 수 있는데, 서로 아주 가까이 늘어선 일련의 이웃들을 연결하고, 공식을 사용해 이것들이 서로 얼마나 멀리 떨어져 있는지 알아내고, 이 작은 거리들을 모두 더하고, 그러고 나서 그 결과를 최소한으로 만드는 일련의 이웃들을 선택함으로써 그럴 수 있다. 서로 연결되어 곡선을 만드는 이웃들의 줄을 측지선이라 부르는데, 측지선은 두 점 사이를 잇는 최단 경로이다. 이 개념을 사용해 가우스는 비록 복잡하긴 하지만, 곡률을 나타내는 우아한 공식을 얻었다. 흥미롭게도 이 공식은 주변 공간에 대해서는 전혀 언급하지 않는다. 곡률은 해당 표면에 고유한 것이다. 유클리드 공간은 곡률이 0이며 평탄하다.

여기서 급진적인 개념이 나왔는데, 공간은 어떤 것 '주위'로 굽어 있지 않더라도 굽어 있을 수 있다. 예를 들면, 구는 그것이 포함하고 있는 고체 공 주위로 분명히 굽어 있다. 원통을 만들고 싶으면, 원 안에 종이를 갖다 대고 둥글게 '구부리면' 된다. 따라서 원통 표면은 그 경계를 이루는 고체 원통 주위로 굽어 있다. 하지만 가우스는 그런 낡은 생각을 싹 버렸다. 그는 표면을 유클리드 공간 안에 집어넣지 않더라도, 표면의 곡률을 관찰할 수 있다는 사실을 깨달았다.

가우스는 이것을 표면 위에서 살아가는 개미에 비유해 설명하길 좋아했다. 개미는 표면 안쪽으로 들어가거나 표면 밖의 공간으로 뛰

쳐나가거나 하지 못하고 영영 표면에 달라붙어 살아간다. 표면은 개미가 아는 모든 세계이다. 빛도 측지선을 따라 움직이며 표면에 국한돼 나타나므로, 개미는 자기 세계의 공간에 해당하는 표면이 굽어 있다는 것을 볼 수 없다. 하지만 개미는 조사를 함으로써 곡률을 추론할 수 있다. 작은 삼각형은 개미 우주의 메트릭을 알려주며, 개미는 가우스의 공식을 적용할 수 있다. 표면 위를 기어 돌아다니면서 거리를 측정함으로써 개미는 자신의 우주가 굽어 있다고 '추론'할 수 있다.

이러한 곡률 개념은 몇몇 측면에서 통상적인 개념과 차이가 있다. 예를 들면, 돌돌 만 신문지는 원통처럼 보이지만 굽어 있지 '않다'. 그 이유를 알고 싶으면, 제목 글자를 보라. 우리 눈에는 글자가 구부러져 보이지만, 그 모양은 종이를 기준으로 볼 때 상대적으로 변한 게 아무것도 없다. 길게 늘어난 것도 없고, 이동한 것도 없다. 개미는 신문지 위의 작은 지역에서 아무런 차이도 알아채지 못할 것이다. 그 메트릭에 관한 한, 신문지는 여전히 '평탄'하다. 작은 지역에서 신문지는 평면과 동일한 고유 기하학을 갖고 있다. 예를 들어, 작은 삼각형의 내각의 합은 $180°$이다—신문지 안에서 측정한다면. 각도를 재는 도구로는 단단하면서도 잘 구부러지는 각도기가 이상적이다.

일단 익숙해지기만 하면 평탄한 메트릭은 그럴듯한데, 신문지를 돌돌 말아 원통을 만들 수 있는 '이유'도 이 때문이다. 신문지 안에서 측정한 모든 길이와 각도는 동일하게 유지된다. 국지적으로 신문지 위에서 살아가는 개미는 원통과 편평한 종이를 구별할 수 없다.

전체적인 모양은 또 다른 문제이다. 원통의 측지선은 평면의 측지선과 다르다. 평면의 측지선은 모두 직선인데, 직선은 영원히 뻗어

나가며 절대로 닫히지 않는다. 원통 위에서는 일부 측지선이 원통을 빙 돌아 출발점으로 되돌아옴으로써 닫힐 수 있다. 고무 밴드를 사용해 신문지를 돌돌 말린 상태로 유지한다고 상상해보자. 고무 밴드는 닫힌 측지선을 이룬다. 모양에서 나타나는 이런 종류의 전반적인 차이는 전체 토폴로지(표면을 이루는 각 부분들이 서로 딱 들어맞는 방식)에 관한 문제이다. 메트릭은 바로 이 부분들에 관한 세부 사실을 알려준다.

초기 문명들은 개미와 비슷한 위치에 있었다. 그들은 기구나 비행기를 타고 위로 올라가 지구의 모양을 볼 수 없었다. 하지만 그들은 측정을 하여 지구의 크기와 토폴로지를 추론할 수는 있었다. 그들은 개미와 달리 태양과 달, 별 같은 외부의 도움도 일부 받았다. 하지만 전체 우주의 모양에 관한 문제 앞에서 우리는 개미와 정확하게 똑같은 위치에 놓인다. 우리는 개미의 기하학적 비법에 해당하는 것을 사용해 내부에서 우주의 모양을 추론해야 한다.

개미의 관점에서 볼 때, 표면은 2차원이다. 즉, 단 2개의 좌표만으로 어떤 국지적 지역도 나타낼 수 있다. 고도의 작은 변화를 무시한다면, 지상 여행자는 경도와 위도만 있으면 자신이 지구 표면 위의 어느 지점에 있는지 알 수 있다. 가우스에게는 베른하르트 리만Bernhard Riemann이라는 총명한 제자가 있었는데, 리만은 스승으로부터 다소 노골적인 권유를 받아 연구하다가 놀라운 생각이 떠올랐다. 그것은 바로 가우스의 곡률 공식을 어떤 차원의 표면에도 적용할 수 있도록 일반화하는 것이었다. 이것들은 실제로는 표면이 아니기 때문에 새로운 용어를 만들 필요가 있었는데, 리만은 마니크팔티크카이트Mannigfaltigkeit라는 독일어 단어를 선택했다. 영어로는

'manifold', 우리말로는 '다양한 것' 또는 '다양체'로 번역되는 이 단어는 많은 좌표를 가리켰다.

다른 수학자들, 특히 일단의 이탈리아 수학자들은 여기에 자극을 받아 미분기하학이라는 새로운 연구 분야를 만들었다. 그들은 다양체에 관한 기본 개념을 대부분 발견했다. 하지만 이들은 이 개념들을 순전히 수학적 관점에서만 다루었다. 미분기하학이 실제 공간에 적용되리라고 생각한 사람은 아무도 없었다.

✦

특수 상대성 이론으로 성공을 거두자마자 아인슈타인은 거기에 빠져 있던 중요한 요소에 관심을 돌렸는데, 중요한 요소란 바로 중력이었다. 이 문제를 붙들고 수년 동안 씨름하다가 리만 기하학에 그 열쇠가 있을 것이라는 생각이 들었다. 그래서 안내자이자 멘토 역할을 하던 수학자 친구 마르셀 그로스만Marcel Grossmann의 도움을 받아 이 어려운 수학 분야를 마스터하려고 열심히 노력했다.

아인슈타인은 리만 기하학을 비정통적 방식으로 변형한 것이 필요하다는 사실을 깨달았다. 시간과 공간이라는 두 개념은 각자 다른 역할을 담당하는데도 불구하고, 상대성 이론은 시간과 공간이 어느 정도 섞이는 것을 허용한다. 전통적인 리만 다양체에서 메트릭은 항상 양의 값을 가지는 어떤 공식의 제곱근을 사용해 정의된다. 피타고라스의 정리와 마찬가지로 이 메트릭 공식은 (일반적이고 국지적인) 제곱근들의 합으로 나타난다. 하지만 특수 상대성 이론에서는 이에 해당하는 양은 시간의 제곱을 '빼주는' 것을 포함한다. 아인슈타인은

우주를 계산하다

메트릭에 음의 항을 허용해야 했는데, 그 결과로 오늘날 준리만 다양체pseudo-Riemannian manifold라고 부르는 것을 얻었다. 아인슈타인의 영웅적인 노력이 낳은 최종 결과가 시공간의 곡률과 물질의 분포 사이의 관계를 기술하는 아인슈타인의 장 방정식이었다. 물질은 시공간을 구부러뜨리고, 구부러진 시공간은 물질이 그것을 따라 움직이는 측지선의 기하학에 변형을 가져온다.

뉴턴의 중력 법칙은 물체의 운동을 직접 기술하지 않는다. 그것은 방정식으로 표현되고, 그 해가 물체의 운동에 관한 기술을 제공한다. 이와 비슷하게 아인슈타인의 장 방정식은 우주의 모양을 직접 기술하지 않는다. 그 모양을 알고 싶으면 장 방정식을 풀어야 한다. 하지만 이 방정식들은 변수가 10개나 되는 비선형 방정식들이어서 풀기가 아주 어렵다.

우리는 리만 다양체에 대해서는 어느 정도 자연적인 직관을 가질 수 있지만, 준리만 다양체는 늘 그것을 다루는 사람이 아니라면 아주 난해한 수수께끼처럼 보인다. 한 가지 유용한 단순화를 사용하면, 파악하기 힘든 개념인 '시공간'의 모양(준리만 다양체) 대신에 '공간'의 모양(리만 다양체)에 대해 유의미한 이야기를 할 수 있다.

상대성 이론에서는 유의미한 동시성 개념이 없다. 동일한 사건들이라도 관찰자에 따라 그것들이 일어나는 순서가 서로 다르게 보일 수 있다. 내 눈에는 고양이가 창턱에서 뛰어내리고 나서 꽃병이 바닥에 떨어지는 것으로 보이는 반면, 다른 사람 눈에는 꽃병이 바닥에 떨어지고 나서 고양이가 창턱에서 뛰어내리는 것으로 보일 수 있다. 그렇다면 고양이가 꽃병을 깨뜨린 것일까, 아니면 떨어지면서 박살난 꽃병에 겁을 먹어 고양이가 뛰어내린 것일까? (우리는 어떤 것이 더 가능성이 높은지 잘 알지만, 고양이에게는 알베르트 아인슈타인이라는 아주 유능한 변호사가 있다.)

하지만 비록 절대적 동시성은 불가능하다 하더라도, 동행 좌표계comoving frame라는 대안이 있다. 이것은 특정 관찰자가 바라본 우주를 나타내는 기준 좌표계를 근사하게 부르는 이름이다. 지금 내가 있는 장소를 좌표계의 원점으로 삼고 출발해 가까이 있는 별을 향해 10년 동안 광속으로 달려간다고 하자. 이 별이 원점에서 10광년 거리에 있는 동시에 10년 뒤의 미래에 도착하도록 좌표계를 정의하라. 나머지 모든 방향과 시간에 대해서도 똑같이 하면, 이것은 나의 동행 좌표계가 된다. 우리 모두는 그런 동행 좌표계를 갖고 있다. 다만 우리 중 한 사람이 움직일 경우, 그 사람의 좌표계가 나의 좌표계와 일치하지 않는 것처럼 보일 수 있다.

나의 동행 좌표계에서 상대방의 움직임이 정지해 있는 것처럼 보인다면, 우리는 동행(함께 움직이는) 관찰자이다. 우리에게 우주의 공간 형태는 동일한 고정 공간 좌표계로 결정된다. 그 모양과 크기는 시간이 지나면서 변할 수 있지만, 그런 변화를 일관성 있게 기술할 수 있는 방법이 있다. 물리적으로 동행 좌표계는 다른 기준 좌표계와 구별할 수 있다: 동행 좌표계에서는 어느 방향으로 보나 우주가 똑같은 모습으로 보여야 한다. 함께 움직이지 않는 좌표계에서는 하늘 중 일부에 체계적인 적색 이동이 일어나는 반면, 다른 일부에는 청색 이동이 일어난다. 내가 우주는 예컨대 팽창하는 구라고 이야기할 수 있는 이유는 이 때문이다. 시간과 공간을 이런 식으로 구분할 수 있을 때마다 나는 동행 좌표계를 이야기하고 있는 것이다.

우주를 계산하다

✦

여기서 이야기는 기묘하게 방향을 틀어 신화의 영역으로 옮겨간다. 물리학자들과 수학자들은 고전적인 비유클리드 기하학에 해당하는 장 방정식들의 해를 발견했다. 이러한 비유클리드 기하학들은 곡률이 양의 상수(타원 공간), 0(평탄한 유클리드 공간), 음의 상수(쌍곡 공간)인 공간들에서 나타난다. 지금까지는 아무 문제가 없다. 하지만 이 올바른 진술은 이 세 가지 기하학이 장 방정식들에서 나올 수 있는 '유일한' 상수 곡률 해라는 믿음으로 금방 바뀌었다.

나는 수학자들과 천문학자들 사이의 의사소통 부족 때문에 이런 실수가 나온 게 아닐까 의심한다. 수학 정리에 따르면, 어떤 고정된 곡률 값에 대해 상수 곡률 시공간의 '메트릭'은 유일하다. 따라서 그 '기하학' 역시 유일해야 한다고 가정하기 쉽다. 어쨌든 그 메트릭이 그 공간을 정의하지 않는가?

그렇지 않다.

가우스의 개미도 평면과 원통 사이의 차이를 몰랐더라면 같은 오류를 저질렀을 것이다. 이 둘은 메트릭은 같지만 토폴로지는 서로 다르다. 메트릭은 전체 기하학이 아니라 '국지적' 기하학만 결정할 뿐이다. 이러한 구분은 일반 상대성 이론에도 동일한 의미를 지니며 적용된다.

재미있는 모순어법적 사례는 평탄한 원환면이다. 원환면은 도넛처럼 중심에 구멍이 뚫린 모양을 하고 있으며, 어느 모로 보나 전혀 평탄하지 않다. 그럼에도 불구하고, 도넛 토폴로지에는 평탄한(곡률이 0인) 다양체가 존재한다. 평탄한 정사각형을 가지고 시작해 마주 보는 모서리들을 '개념적으로' 붙여보라. 정사각형을 구부리면서 물리적으로 이것을 시도하려고 하지는 마라. 서로 마주 보는 모서리들에서 서로 대응하는 점들을 확인하기만 하면 된다. 즉, 그 점들이 '동일하다고' 말하는 기하학 규칙을 추가하면 된다.

이런 종류의 동일화는 컴퓨터 게임에서 흔하게 일어나는데, 외계 괴물이 화면의 한 모서리를 넘어갔다가 반대편 모서리로 나타나는 경우가 그렇다. 프로그래머들은 이것을 전문 용어로 '랩 라운드wrap round'라고 하는데, 아주 생생한 은유이긴 하지만, 이것을 지시로서 문자 그대로 받아들이면 멍청한 짓이 되고 만다. 개미는 평탄한 원환면을 완벽하게 이해할 것이다. 마주 보는 모서리들을 휘감아 들러붙게 하면, 정사각형 화면이 원통으로 변한다. 그러고 나서 원통의 양 끝 면을 연결시키면, 원환면과 동일한 토폴로지를 가진 표면이 생긴다. 그 메트릭은 정사각형에서 그대로 물려받은 것이므로 평탄하다. 실제 도넛에서의 자연 메트릭은 이와 다른데, 그 표면이 유클리드 공간에 박혀 있기 때문이다.

민코프스키의 2차원 축소 버전 상대성 이론을 사용하면, 상대론적 시공간을 가진 평탄한 원환면 게임을 할 수 있다. 민코프스키의 무한 평면과 그 평면에 존재하면서 마주 보는 모서리들이 동일한 정사각형은 둘 다 평탄한 시공간이다. 하지만 토폴로지의 관점에서 보면, 하나는 평면이고, 다른 하나는 원환면이다. 정육면체를 가지고 똑같이 하면, 공간과 동일한 차원을 가진 평탄한 3차원 원환면을 얻는다.

타원 공간과 쌍곡 공간에서도 비슷한 방법으로 만드는 것이 가능하다. 적절한 모양을 가진 공간 조각을 가지고 그 모서리들을 쌍을

우주를 계산하다

지어 붙이면, 메트릭은 동일하지만 토폴로지가 다른 다양체를 얻는다. 이 다양체들 중 많은 것은 콤팩트하다—이들은 구나 원환면처럼 유한한 크기를 가진다. 19세기 말에 수학자들은 상수 곡률을 가진 유한 공간을 여러 가지 발견했다. 슈바르츠실트는 평탄한 3차원 원환면을 명시적으로 인용함으로써 이들의 연구에 우주론자들의 관심을 끌었다. 1924년에 알렉산드르 프리드만Aleksandr Friedmann은 음의 곡률을 가진 공간들에 대해서도 같은 말을 했다. 타원 공간은 유클리드 공간과 쌍곡 공간과 달리 유한하지만, 여기서도 동일한 조작을 통해 양의 상수 곡률을 가지면서 토폴로지가 서로 다른 공간들을 얻을 수 있다. 그럼에도 불구하고, 1930년 이후 60년 동안 천문학 텍스트들은 상수 곡률을 가진 공간은 오직 세 가지(고전적인 비유클리드 기하학)밖에 없다는 신화를 반복했다. 그래서 천문학자들은 그 밖에는 가능한 것이 없다는 잘못된 믿음에 사로잡혀 이 제한된 범위의 시공간을 가지고 계속 연구했다.

더 큰 게임을 추구하는 우주론자들은 오직 고전적인 세 가지 상수 곡률 기하학만 가능하다고 간주된 우주의 기원에 관심을 돌렸다가 빅뱅 메트릭을 발견했는데, 이 이야기는 다음 장에서 자세히 다룰 것이다. 이것은 아주 계시적인 발견이었기 때문에 오랫동안 우주의 모양은 긴급한 쟁점에서 밀려났다. 모두가 우주의 모양이 구라고 '알았는데', 그것이 빅뱅의 가장 단순한 메트릭이었기 때문이다. 하지만 이 모양을 뒷받침하는 관측적 증거는 거의 없다.

고대 문명들은 지구가 편평하다고 생각했는데, 그들의 생각은 틀린 것이었지만 그래도 그것을 뒷받침하는 일부 증거가 있었다. 지구는 실제로 편평한 것처럼 보였다. 우주에 관해 우리가 아는 것은 그들보다 훨씬 적다. 하지만 우리의 무지를 줄일 수 있는 개념들이 나 돌아다니고 있다.

✦

우주의 모양이 구가 아니라면, 어떤 모양일까?

2003년, NASA의 윌킨슨 마이크로파 비등방성 탐사선Wilkinson Microwave Anisotropy Probe(WMAP)은 도처에 존재하는 우주 마이크로 파 배경 복사라는 전파 신호를 측정했다. 404쪽에 그 결과가 실려 있 다. 서로 다른 방향들에서 날아오는 복사의 양에 생긴 요동을 통계적 으로 분석한 결과는 막 태어난 우주에서 물질이 어떻게 모여 덩어리 를 형성했는지 단서를 제공한다. WMAP 이전에는 대부분의 우주론 자들이 우주가 무한하다고 생각했기 때문에, WMAP의 조사에서는 임의의 큰 요동을 뒷받침하는 결과가 나와야 했다. 하지만 WMAP의 데이터는 요동의 크기에는 한계가 있다는 것을 보여주었는데, 이것 은 '유한' 우주를 시사하는 결과였다. 〈네이처〉에 실린 표현처럼 "욕 조에서는 큰 파도가 일어날 수 없다."

미국 수학자 제프리 윅스Jeffrey Weeks는 다양한 토폴로지를 가진 다양체들에 대한 이 요동의 통계 자료를 분석했다. 한 가지 가능성이 데이터와 아주 비슷하게 들어맞았는데, 그 결과로 언론 매체는 우주 가 미식축구 공처럼 생겼다고 보도했다. 이것은 푸앵카레까지 거슬 러 올라가는 모양인 십이면체 공간을 표현하기 위한 불가피한 은유 였다. 21세기 초에 미식축구 공은 오각형 12개와 육각형 20개를 꿰 매거나 풀로 붙여서 수학자들이 절단된 정이십면체(정이십면체의 꼭짓점 부분들을 깎아낸 형태)라고 부르는 모양으로 만들었다. 정이십면체는 20개의 삼각형 면으로 이루어진 정다면체로, 각 꼭짓점에서 삼각형 면 5개가 만난다. 오각형 면 12개로 이루어진 십이면체가 여기에 관여하는 이유는 정이십면체를 이루는 면들의 중심이 십이면체를 이루기 때문인데, 따라서 두 다면체는 동일한 대칭들을 갖고 있다. '미식축구 공'은 전문적으로는 부정확한 용어이지만 언론 친화적 용어이다.

미식축구 공의 표면은 2차원 다양체이다. 푸앵카레는 대수적 위상수학을(특히 3차원에서) 개척하고 있었는데, 자신이 실수를 저질렀다는 사실을 깨달았다. 자신이 잘못했다는 걸 증명하기 위해(정치인과 달리 수학자는 이런 행동을 한다) 그는 유사 3차원 다양체를 발명했다. 푸앵카레는 원환면 2개를 붙여서 그것을 만들었지만, 십이면체를 사용해 더 우아하게 만드는 방법이 나중에 발견되었다. 이것은 평탄한 3차원 원환면을 비전秘傳의 방법으로 변형한 것인데, 정육면체의 서로 마주 보는 면들을 개념적으로 붙임으로써 만든다. 십이면체를 가지고 그렇게 하되, 각각의 면을 비튼 다음에 풀로 붙여 결합해야 한다. 그 결과는 3차원 다양체인 십이면체 공간이 된다. 이것은 평탄한 3차원 원환면처럼 경계가 없다. 한 면에 들어오는 것은 무엇이건 반대쪽 면으로 다시 나타난다. 이것은 양의 곡률을 가졌고, 범위는 유한하다.

웍스는 우주가 십이면체 공간일 경우에 대해 우주 마이크로파 배경 복사의 요동에 관한 통계 데이터를 계산했는데, 그것이 WMAP 데이터와 딱 들어맞는다는 사실을 발견했다. 장-피에르 뤼미네Jean-Pierre Luminet가 이끄는 연구팀은 그런 모양을 가진 우주의 폭은 약

300억 광년이 되어야 한다고 추론했는데, 그다지 나쁘지 않은 결과이다. 하지만 최근의 관측 결과는 이 이론을 부정하는 것으로 보여 플라톤주의자들에게 실망을 안겨주었다.

우주가 무한하다는 것을 증명하는 방법은 생각하기 어렵지만, 만약 우주가 유한하다면 그 모양을 추측할 수 있을지도 모른다. 유한 우주는 닫힌 측지선(돌돌 만 신문지 주위에 감은 고무 밴드처럼 고리를 이루는 최단 경로)을 가져야만 한다. 그런 측지선을 따라 움직이는 광선은 결국 출발점으로 되돌아올 것이다. 그 방향으로 초고성능 망원경을 향하면 자신의 뒤통수가 보일 것이다. 물론 그러려면 시간이 좀 걸리기 때문에(빛이 우주를 한 바퀴 빙 돌 때까지 기다려야 하므로), 불굴의 인내심을 갖고 그 자리에서 꼼짝 않고 기다려야 한다. 그리고 망원경에 보이는 뒤통수는 회전이 일어났거나 상하가 뒤집혔거나 원래 모습의 거울상일 수 있다.

빛의 유한한 속도를 고려하여 이루어진 진지한 수학적 분석에 따르면, 그런 상황에서는 우주 마이크로파 배경 복사에 하늘의 먼 원들에 동일한 요동들이 반복되는 패턴이 나타나야 한다. 이런 일이 일어나는 이유는 지금 지구에 도착하는 우주 마이크로파 배경 복사가 모두 비슷한 거리에서 여행을 시작했기 때문이다. 따라서 이들은 모두 하나의 구에서 출발했는데, 이 구면을 '마지막 산란면last scattering surface'이라 부른다. 만약 우주가 유한하고, 이 구가 우주보다 더 크다면, 이 구는 빙 두르면서 자신을 교차하게 된다. 구들이 만나는 경계는 원을 이루는데, 그러한 원의 각 점은 빙 두르고 있는 구조 때문에 서로 다른 두 방향을 통해 지구로 마이크로파를 보낸다.

기하학이 더 단순한 2차원 유사체에서 이 효과를 보여줄 수 있다.

만약 아래 그림에서 정사각형이 원을 포함할 만큼 충분히 크다면, 자신을 빙 둘러싸며 교차하는 일은 일어나지 않는다. 만약 원이 두 번 빙 둘러쌀 정도로 정사각형이 충분히 작다면, 교차의 기하학이 더 복잡해진다.

평탄한 3차원 원환면의 경우, 정사각형은 정육면체로 대체되고, 원들은 구들로 대체되며, 점들은 정육면체 면들에 존재하는 원들(여기서도 쌍으로 동일화되는)이 된다. 이 두 원 주위에서 일어나는 우주 마이크로파 배경 복사의 요동은 거의 동일해야 하며, 온도 요동의 통계적 상관관계를 이용해 그것을 포착할 수 있다. 즉, 각각의 원 주위에서 뜨겁거나 차가운 부분들이 동일하게 배열된 것을 보리라고 예상할 수 있다. 여기서 '뜨겁다'와 '차갑다'는 평균보다 아주 약간 더 높

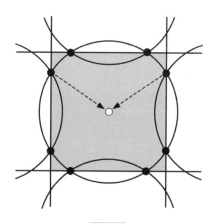

평탄한 원환면에서 일어나는 마지막 산란면의 자기 교차. 마지막 산란면은 이 그림에서 큰 원으로 나타나 있다. 그 밖의 부분적인 원들은 랩 라운드 복제이다. 원환면은 마주 보는 모서리들이 동일화된 정사각형(음영으로 표시된 부분)이고, 지구는 중심에 있는 흰색 점이다. 원들의 복제는 검은 점들에서 만나는데, 검은 점들은 랩 라운드 쌍으로 동일화된다. 점선 화살표는 공간상의 같은 지역에서 서로 다른 두 방향을 따라 날아오는 마이크로파를 보여준다.

거나 낮은 온도를 의미한다.[3]

이 원들의 기하학으로부터 우주의 위상을 추론하고 곡률(양이거나 0 또는 음)의 징후를 구분할 수 있다. 하지만 지금까지 실제로는 아무런 성과도 얻지 못했는데, 우주가 그런 모양이 아니거나 우주가 너무 커서 이러한 특별한 원들이 나타나지 않기 때문일 것이다.

그래서 우주는 도대체 어떤 모양이란 말인가?

우리에게는 아무런 단서도 없다.

16 —— 우주 알

빅뱅과 우주의 팽창

태초에는 아무것도 없었는데, 그것이 폭발했다.
—— 테리 프래챗,《군주들과 숙녀들Lords and Ladies》

안락하고 살기 좋고 생명이 들끓고 자연의 아름다움이 넘치는 우리 행성의 관점에서 바라보면, 우주는 혹독하고 외지고 궁핍하고 상대적으로 덜 중요한 곳으로 보인다. 하지만 태양계 내의 먼 곳에서 바라보면, 우리가 사는 지구는 디지털 사진의 파란색 픽셀[1] 하나로 (보이저 1호가 1990년에 촬영한 마지막 이미지로 유명한 그 창백한 푸른 점으로) 축소되고 만다. 그것은 과학 계획의 일부가 아니었지만, 선견지명이 뛰어난 천문학자 칼 세이건은 그것이 좋은 아이디어라고 생각했다. 그것은 사회적, 심리적 아이콘이 되었다. 보이저 1호는 대략 명왕성만큼 먼 거리에 있었는데, 우주적 척도에서 보면 아직도 지구의 뒷마당에 있는 셈이었다. 그런데도 우리의 아름다운 세계는 보잘것없는 반점으로 축소되었다. 가장 가까운 별에서 현재 우리가 가진 어떤 카메라보다 성능이 뛰어난 카메라를 사용하더라도 지구의 모습을 포착하기는 아주 어려울 것이다. 더 먼 별에서 본다면, 우리의 존재 자체가 만들어내는 그 모든 차이에도 불구하고, 우리는 아예 존재하지 않는 셈이나 마찬가지일 것이며, 지구나 태양도 마찬가지이다. 그리고 다른 은하에서 본다면, 우리은하조차도 우주의 척도에서는 보잘것없는 존재로 전락할 것이다.

이것은 우리 자신을 겸허하게 되돌아보게 하는 생각이며, 실제로는 우리가 사는 행성이 얼마나 취약한지 보여준다. 그와 동시에 우주의 웅장함에 경이로움을 느끼게 한다. 더 건설적으로는, 저 밖에 또 어떤 것들이 있는지, 그리고 그 모든 것이 어디서 왔는지 호기심을 느끼게 한다.

이런 질문들은 선사 시대 사람들도 분명히 했을 것이다. 4000년도 더 전에 중국이나 메소포타미아, 이집트 문명 사람들은 그런 생각을 한 게 틀림없는데, 그런 것이 문자 기록으로 남아 있기 때문이다. 그들이 생각한 답은 상상력이 넘치는 것이었다. 이해할 수 없는 모든 것을 기이한 형상과 생활방식을 갖고 살아가면서 보이지 않게 존재하는 신들의 탓으로 돌리는 태도를 뛰어난 상상력의 발로라고 생각한다면 말이다. 하지만 그런 태도는 결국은 우주를 제대로 이해하는 데 아무 도움이 되지 않았다.

시간이 지나면서 과학이 우주의 기원에 대해 나름의 이론들을 내놓았다. 이런 이론들은 세계를 떠받치는 거북, 뱀신과 검을 휘두르는 마법의 고양이 사이에 벌어진 싸움, 또는 몸이 수십 토막으로 찢겼다가 누가 그 조각들을 이어 붙이자 부활한 신들 이야기만큼 흥미진진하진 않았다. 그리고 그 이론들은 진실에 더 가까이 다가간 것이 아닐 수도 있는데, 과학적 답은 늘 잠정적인 것이어서 그것을 부정하는 증거가 새로 나오면 언제든지 폐기되기 때문이다. 인류가 과학적 사고를 한 대부분의 기간에 가장 인기를 끈 이론 중 하나는 아주 따분하기 짝이 없는 것이었다. 왜냐하면, 그 우주에서는 아무것도 일어나지 않기 때문이다. 이 이론은 우주는 늘 이 상태 그대로 존재했으며, 아예 기원 자체가 없다고 주장한다. 나는 이 설명으로는 문제가 완전히 해결되지 않는다는 느낌이 늘 들었는데, 우주가 '왜' 항상 존재했는지 설명할 필요가 있기 때문이다. '그저 그랬다는' 설명은 뱀신을 들먹이는 것보다 덜 만족스럽다. 하지만 많은 사람들은 그렇게 생각하지 않았다.

✦

오늘날 대부분의 우주론자들은 전체 우주(시간과 공간과 물질)가 약 138억 년 전에 탄생했다고 생각한다.[2] 티끌만 한 시공간이 난데없이 나타나더니 엄청나게 빠른 속도로 팽창했다. 10억분의 1초가 지난 뒤, 최초의 격렬한 불덩어리가 식으면서 쿼크와 글루온 같은 기본 입자들이 나타났다. 100만분의 1초가 지난 뒤에는 이 입자들이 결합해 양성자와 중성자를 만들었다. 몇 분 뒤에는 양성자와 중성자가 결합해 단순한 원자핵들을 만들었다. 원자는 원자핵과 전자의 결합으로 이루어지는데, 38만 년이 지난 뒤에야 전자가 원자와 결합하여 가장 단순한 원자들인 수소와 헬륨, 중수소 원자가 나타났다. 그제야 물질은 중력의 영향으로 뭉쳐서 덩어리를 형성하기 시작했고, 그 결과로 결국 별과 행성과 은하가 생겨났다. 우주론자들은 그 시간표를 아주 정확하고 자세하게 계산했다.

이 시나리오가 그 유명한 빅뱅인데, 사실 빅뱅은 호일이 이 이론을 비꼬려고 지은 이름이다. 호일은 그 당시 주요 경쟁 이론이었던 정상 우주론을 강하게 지지했다. 정상 우주론은 그 이름만으로도 따로 설명이 필요 없는 이론처럼 보인다. 하지만 그 이름과 달리 이 이론이 제시하는 우주는 아무 일도 일어나지 않는 우주가 아니다. 다만 어떤 일이 일어나더라도 우주에 기본적인 변화를 아무것도 초래하지 않는다고 주장한다. 호일의 견해에 따르면, 은하들 사이의 공동에서 무로부터 새로운 입자들이 조용히 나타나면서 여분의 공간이 생겨남에 따라 우주는 점점 밖으로 퍼져나간다.

우주론자들이 아무 근거도 없이 빅뱅을 주장한 것은 아니다. 허블은 천문 관측을 통해 단순한 수학적 패턴을 발견했는데, 이에 따르면 빅뱅은 거의 불가피한 것으로 보였다. 이 발견은 은하들의 거리를 측정하다가 예상치 못하게 얻은 부산물이었지만, 그 개념 자체는 몇 년 전에 조르주 르메트르가 주장한 바 있었다. 20세기 초에 우주론 분야에서의 주류 이론은 아주 단순했다. 우주의 모든 물질은 우리은하 안에 있고, 그 밖에는 텅 빈 공간이 무한하게 펼쳐져 있다는 것이었다. 우리은하가 자체 중력으로 붕괴하지 않는 이유는 회전하기 때문이며, 따라서 전체 배열은 안정하다고 보았다. 아인슈타인은 1915년에 일반 상대성 이론을 발표할 때, 이 우주 모형은 더 이상 안정할 수 없다는 사실을 깨달았다. 중력은 정적인 우주(회전하는 것이건 회전하지 않는 것이건)를 붕괴하도록 만들 게 분명했다. 그의 계산은 구형 대칭 우주를 가정했지만, 직관적으로 어떤 정적인 상대론적 우주에도 같은 문제가 나타날 것으로 보였다.

아인슈타인은 해결책을 모색하다가 1917년에 그 결과를 발표했다. 해결책은 자신의 장 방정식에 수학적 항을 하나 추가한 것이었는

우주를 계산하다

데, 그것은 상수 Λ(람다)를 곱한 메트릭으로, 훗날 우주 상수라 불리게 되었다. 이 항은 그 메트릭을 팽창하게 만드는데, Λ값을 잘 조정하면 우주의 팽창을 중력 붕괴와 정확하게 상쇄시킬 수 있다.

1927년, 르메트르는 야심만만한 계획에 착수했는데, 아인슈타인의 장 방정식을 이용해 전체 우주의 기하학을 알아내려는 것이었다. 시공간이 구형 대칭이라는 동일한 단순화 가정을 사용해 르메트르는 이 가상의 시공간 기하학을 나타내는 공식을 유도했다. 그리고 이 공식의 의미를 해석하다가 이것이 아주 놀라운 사실을 예측한다는 것을 발견했다.

그것은 바로 우주가 팽창한다는 것이었다.

1927년 당시에 과학계 내부의 기본적인 견해는 우주가 현재의 상태 그대로 늘 존재해왔다는 것이었다. 우주는 그저 그렇게 '존재'해왔고, 아무것도 '하지' 않았다. 아인슈타인의 정적인 우주처럼 말이다. 하지만 르메트르는 많은 사람들이 여전히 다소 사변적이라고 여긴 물리학 이론을 바탕으로 우주가 '팽창'한다고 주장하고 나섰다. 실제로 우주는 일정한 속도로 팽창하고 있다. 그 지름은 시간에 비례해 증가한다. 르메트르는 천문 관측을 통해 팽창 속도를 추정하려고 시도했지만, 그 당시의 천문 관측은 초보적인 수준이어서 신뢰할 만한 결과를 얻지 못했다.

우주가 영원하고 변하지 않는다고 믿는다면, 팽창 우주는 받아들이기 어려운 개념이었다. 어떻게 그러는지는 몰라도 존재하는 모든 것이 점점 더 많은 모든 것으로 변해야 했다. 이 새로운 물질은 모두 어디서 오는 것일까? 그것은 아무리 생각해도 말이 되지 않는 것처럼 보였다. 아인슈타인조차도 말이 되지 않는다고 생각했는데, 르메트르에 따르면 아인슈타인은 "당신의 계산은 옳지만, 당신의 물리학은 혐오스럽기 그지없구려"라는 투의 말을 했다고 한다. 르메트르가 자신의 이론을 "창조의 순간에 폭발한 우주 알"이라고 부른 것도 역효과를 냈을 가능성이 있는데, 더군다나 그가 예수회 성직자 신부였기 때문에 특히 그랬다. 그가 주장한 모든 것에서 성경 냄새가 풍겼다. 하지만 아인슈타인이 그 주장을 완전히 일축한 것은 아니었다. 그는 르메트르에게 구형 대칭을 강력하게 가정하지 말고 더 일반적인 팽창 시공간을 고려해보라고 제안했다.

✦

몇 년 지나지 않아 르메트르의 주장을 뒷받침하는 증거가 나왔다. 11장에서 우리는 피커링의 컴퓨터로 일했던 레비트가 별 수천 개의 밝기를 분류하면서 세페이드 변광성이라는 특별한 종류의 별들에서 수학적 패턴을 발견했다는 이야기를 보았다. 즉, 고유 밝기(절대 등급)는 특정 수학적 방식으로 변광 주기와 관계가 있었다. 이 관계를 이용해 천문학자들은 세페이드 변광성을 표준 촛불로 사용할 수 있었는데, 겉보기 밝기(실시 등급)를 실제 밝기와 비교함으로써 그 별의 거리를 알 수 있었다.

처음에 이 방법은 우리은하 안에 있는 별들에만 사용되었는데, 다른 은하의 별들은 별빛의 스펙트럼을 관측함으로써 그 별이 세페이드 변광성인지 확인하는 것은 고사하고, 개개 별들을 구별할 만큼 망원경의 성능이 충분히 발전하지 않았기 때문이다. 하지만 망원경의 성능이 향상되자, 허블은 은하들은 얼마나 먼 거리에 있는가라는 큰 질문에 도전했다. 12장에서 이야기했듯이, 1924년에 허블은 레비트의 거리-광도 관계를 이용해 안드로메다은하(M31)의 거리를 계산했다. 그가 얻은 값은 100만 광년이었는데, 현재의 더 정확한 값은 250만 광년이다.

레비트는 여성으로서는 작은 한 걸음을 내디뎠지만, 우주의 거리 사다리에서는 거대한 한 걸음을 내디뎠다. 변광성에 대한 이해를 통해 시차라는 기하학적 방법과 겉보기 밝기 관측 결과를 연결 지을 수 있었다. 이제 허블은 거기서 한 걸음 더 나아가 아무리 먼 우주의 거리라도 지도로 작성할 수 있는 가능성을 열었다.

이 가능성은 베스토 슬라이퍼Vesto Slipher와 밀턴 휴메이슨Milton Humason의 예상치 못한 발견에서 비롯되었다. 두 사람은 많은 은하의 스펙트럼이 빨간색 쪽으로 이동해 있다는 사실을 발견했다. 이것은 도플러 효과의 결과로 보였는데, 그렇다면 은하들이 우리에게서 빠른 속도로 멀어져 가고 있는 게 분명했다. 허블은 세페이드 변광성을 포함하고 있다고 알려진 은하 46개를 선택해 그 거리를 계산하고 적색 이동의 정도와 비교해 도표로 그려보았다. 그 관계는 직선으로 나타났는데, 이 결과는 은하가 거리에 비례하는 속도로 멀어져 간다는 것을 뜻했다. 1929년, 허블은 이 관계를 오늘날 허블의 법칙이라 부르는 공식으로 발표했다. 비례 상수(허블 상수)는 메가파섹당 약 70km/s였다. 허블이 처음 추정한 값은 실제보다 7배쯤 컸다.

사실은 스웨덴 천문학자 크누트 룬드마르크Knut Lundmark가 허블보다 5년 더 일찍 1924년에 같은 생각을 했다. 그는 은하들의 겉보기 크기를 사용해 그 거리를 추정했는데, 그가 얻은 '허블' 상수 값은 오늘날의 값에 비해 1%도 차이가 나지 않아 허블이 추정한 값보다 훨씬 정확했다. 하지만 그의 방법은 독립적인 측정 결과들을 사용해 비교 검토하는 과정을 거치지 않았기 때문에, 그의 연구는 무시당하고 말았다.

오늘날 천문학자들은 그 스펙트럼에서 적색 이동의 정도를 알아낼 수 있을 만큼 충분히 많은 스펙트럼선을 볼 수만 있다면, 어떤 천체의 거리라도 계산할 수 있다. 사실상 모든 은하는 그 스펙트럼에 적색 이동이 나타나기 때문에 그 거리를 계산할 수 있다. 따라서 지구는 팽창하는 거대한 지역의 중심에 위치하거나(우리가 특별한 존재가 아니라는 코페르니쿠스의 원리를 위배하면서), 우주 전체가 점점 더 커지고 있어 다른 은하에 사는 외계인도 동일한 현상을 목격할 것이다.

허블의 발견은 르메트르의 우주 알을 뒷받침하는 증거였다. 만약 팽창하는 우주의 시간을 거꾸로 되돌린다면, 우주는 점점 수축해 결국에는 하나의 점으로 압축될 것이다. 그리고 시간의 진행 방향을 원래대로 돌리면, 우주는 그 점에서 시작했을 게 분명하다. 우주는 알에서 나타난 게 아니라, 우주 '자체'가 하나의 알이다. 그 알은 어디선가 홀연히 나타나 성장했다. 아무것도 없던 곳에서 갑자기 공간과 '시간'이 나타났고, 일단 그렇게 존재하기 시작하자 오늘날의 우주가 진화하게 되었다.

아인슈타인은 허블의 관측 결과를 보고서 르메트르의 주장이 옳았다는 사실을 알게 되었는데, 그러자 자신이 우주의 팽창을 먼저 '예측'할 수도 있었다는 사실을 깨달았다. 그가 구한 정적인 해는 팽창하는 우주를 나타내는 해로 변할 수 있었고, 팽창은 중력 붕괴를 막을 수 있었다. 성가신 우주 상수 Λ는 불필요한 것이었다. 그 역할은 틀린 이론을 떠받치는 것이었다. 아인슈타인은 자신의 이론에서

Λ를 제거했고, 훗날 그것을 집어넣은 것이 일생일대의 실수였다고 말했다.

이 모든 연구의 결과로 우주의 시공간 기하학을 나타내는 표준 모형이 나왔는데, 1930년대에 종합된 프리드만-르메트르-로버트슨-워커 메트릭이 그것이다. 이것은 실제로는 각자 가능한 기하학을 제시하는 해들로 이루어진 가족이다. 이것은 곡률을 명시하는 매개변수를 포함하고 있는데, 그 곡률은 0이나 양의 값 또는 음의 값이 될 수 있다. 이 가족에 속한 모든 우주는 균일하고(즉, 모든 점에서 동일하다) 등방적(즉, 모든 방향으로 동일하다)이다. 주요 조건들은 공식에서 도출된다. 시공간은 팽창하거나 수축할 수 있고, 그 기반을 이루는 토폴로지는 단순할 수도 있고 복잡할 수도 있다. 그 메트릭은 선택적으로 우주 상수도 포함할 수 있다.

✦

시간은 빅뱅과 함께 존재하기 시작했으므로, 논리적으로는 빅뱅 '이전'에 어떤 일이 있었느냐고 물을 필요가 없다. 이전 같은 것은 '없었다'. 물리학은 이 급진적 이론을 맞이할 준비가 되어 있었는데, 양자역학은 입자가 무에서 자연 발생적으로 나타날 수 있음을 보여 주었기 때문이다. 만약 입자가 그럴 수 있다면, 우주라고 그러지 말란 법이 있는가? 만약 공간이 그럴 수 있다면, 시간이라고 그러지 말란 법이 있는가? 오늘날 우주론자들은 이런 생각이 기본적으로 옳다고 믿지만, '이전'을 그렇게 쉽게 일축할 수 있는가에 대해 의심을 품기 시작했다. 자세한 물리적 계산을 통해 복잡하면서 아주 정확한 시간표를 만들 수 있는데, 이에 따르면 우주는 약 138억 년 전에 하나의 점으로 탄생해 그 후 계속 팽창해왔다.

빅뱅에서 한 가지 흥미로운 특징은 개개 은하뿐만 아니라, 심지어 은하들이 중력으로 서로 붙들려 있는 개개 은하단도 팽창하지 '않는다'는 사실이다. 멀리 있는 은하들의 크기를 추정할 수 있는데, 그 크기의 통계적 분포는 가까이 있는 은하들과 별 차이가 없다. 실제로 일어나는 일은 훨씬 기이하다. '공간'의 거리 척도가 변하고 있다. 은하들이 서로 멀어지는 것은 고정된 공간에서 은하들이 서로 반대 방향으로 이동하기 때문이 아니라, 은하들 사이에 공간이 더 생겨나기 때문이다.

이것은 역설적 효과를 낳는다. 147억 광년보다 더 먼 거리에 있는 은하들은 우리로부터 너무나도 빨리 멀어지고 있어서 심지어 빛보다 더 빠른 속도로 달아나고 있다. 그런데도 우리는 이 은하들을 볼 수 있다.

이 주장에는 세 가지 모순이 있는 것처럼 보인다. 우주의 나이는 138억 년밖에 되지 않았고, 처음에는 우주의 모든 것이 같은 장소에 있었는데, 어떻게 147억 광년 거리에 무엇이 존재할 수 있단 말인가? 그렇다면 그것은 빛보다 더 빨리 달렸다는 이야기가 되는데, 상대성 이론은 그런 행동을 엄격하게 금지하고 있다. 같은 이유로 현재에도 은하는 광속보다 빠른 속도로 달릴 수 없다. 마지막으로, 만약 은하가 광속보다 빠른 속도로 달린다면, 우리는 그 은하를 볼 수 없어야 한다.

이 주장이 타당하다는 것을 이해하려면, 상대성 이론을 좀 더 자세히 알 필요가 있다. 상대성 이론은 물질이 빛보다 더 빨리 움직이

우주를 계산하다

는 것을 금지하지만, 이러한 제한은 주변 공간에 대한 물질의 움직임에만 적용된다. 하지만 상대성 이론은 '공간'이 빛보다 더 빨리 움직이는 것은 금지하지 않는다. 따라서 어떤 공간 지역은 광속을 넘어설 수 있는 반면, 그 속에 있는 물질은 자신을 가둔 공간에 대해 광속보다 낮은 속도로 움직여야 한다.[3] 사실, 공간이 광속의 10배 속도로 늘어나는 동안 물질은 주변 공간에 대해 정지 상태로 존재할 수 있다. 이것은 여객기가 시속 700km로 달리는 동안 우리가 그 안에서 편안하게 앉아 커피를 마시고 신문을 볼 수 있는 것과 같은 이치이다.

147억 광년 거리에 은하가 존재할 수 있는 이유도 이 때문이다. 은하가 그렇게 먼 거리를 직접 이동한 것이 아니다. 그 은하와 우리 사이의 공간이 그만큼 늘어난 것뿐이다.

마지막으로, 우리가 보는 이 먼 은하들의 빛은 지금 거기서 나온 빛이 아니다.[4] 그 은하들이 더 가까이 있을 때 나온 빛이다. 관측 가능한 우주의 크기가 우리가 예상하는 것보다 더 큰 이유는 이 때문이다. 여러분은 이것을 생각하면서 커피와 신문 생각이 날지도 모르겠다.

흥미로운 결과가 한 가지 더 있다.

허블의 법칙에 따르면, 먼 은하들은 적색 이동의 정도가 더 크게 나타나므로 더 빠른 속도로 멀어져 가는 게 분명하다. 얼핏 생각하기에 이것은 시간이 지나면서 팽창 속도가 느려진다고 예측한 프리드만-르메트르-로버트슨-워커 메트릭과 모순되는 것처럼 보인다. 하지만 여기서도 상대론적으로 생각해야 한다. 멀리 있는 은하일수록 그 빛이 우리에게 도달하기까지 더 많은 시간이 걸렸다. 우리가 '지금' 보는 그 적색 이동은 '그 당시'의 속도를 반영한 것이다. 따라서 허블의 법칙은 더 먼 과거를 바라볼수록 공간이 더 빨리 팽창한다는 것을 의미한다. 다시 말해서, 팽창 속도는 처음에는 빨랐지만, 프리드만-르메트르-로버트슨-워커 메트릭에 따라 시간이 지나면서 느려졌다.

이 모든 팽창이 최초의 빅뱅에서 시작되었다면, 완벽하게 이치에 닿는다. 우주가 팽창하기 시작하면서 우주 자체의 중력은 스스로를 끌어당기기 시작했다. 관측 결과는 약 50억 년 전까지 그런 일이 일어났다고 시사한다. 이 계산은 거리가 100만 광년씩 늘어날 때마다 팽창 속도가 초당 218km까지 증가한다는 허블의 법칙을 바탕으로 한 것이다. 다시 말해서, 과거로 100만 년씩 거슬러 올라갈 때마다 초당 218km씩 증가한다는 이야기이다. 이것을 거꾸로 뒤집으면, 빅뱅 이후로 100만 년이 지날 때마다 팽창 속도가 초당 218km씩 감소했다는 말이 된다.

17장에서 이러한 팽창 속도 감소 추세가 역전되어 다시 빨라지기 시작한 것처럼 보인다는 이야기가 나오지만, 여기서는 더 깊이 다루지 않겠다.

✦

다음 단계는 빅뱅을 확인하는 독립적 증거를 찾는 것이었다. 1948년, 랠프 앨퍼Ralph Alpher와 로버트 허먼Robert Herman은 빅뱅이 우주의 복사 수준에 균일한 우주 마이크로파 배경 복사의 형태로 자국을 남겼을 것이라고 예측했다. 이들의 계산에 따르면, 우주 마이크로파 배경 복사의 온도, 즉 그런 수준의 복사를 만들어낼 수 있는 열

우주를 계산하다

원의 온도는 약 5K이다. 1960년대에 야코프 젤도비치Yakov Zel'dovich
와 로버트 디키Robert Dicke가 각자 독자적으로 같은 결과를 재발견
했다. 천체물리학자 도로시케비치A. G. Doroshkevich와 이고르 노비코
프Igor Novikov는 1964년에 원리적으로 우주 마이크로파 배경 복사
를 관측하여 빅뱅 이론을 검증할 수 있다는 사실을 깨달았다.

같은 해에 디키의 동료인 데이비드 윌킨슨David Wilkinson과 피터
롤Peter Roll은 우주 마이크로파 배경 복사를 측정할 디키 복사계를
만들기 시작했다. 이것은 특정 범위의 진동수에서 신호의 평균 세기
를 측정할 수 있는 전파 수신기였다. 그런데 이 연구를 완료하기 전
에 우주 마이크로파 배경 복사를 먼저 발견한 팀이 있었다. 1965년,
아노 펜지어스Arno Penzias와 로버트 윌슨Robert Wilson은 디키 복사계
를 사용해 일종의 전파 망원경을 만들었다. 이들은 지속적으로 들려
오는 '잡음'의 발생원을 추적하다가 그것이 장비 결함 때문에 생긴
게 아니라 우주에서 날아온다는 사실을 발견했다. 그 잡음은 특정 방
향에서 날아오는 것이 아니었다. 대신에 하늘 전체에 고르게 분포돼
있었다. 그 온도를 측정해보았더니 약 4.2K로 나왔다. 이것이 최초로
발견된 우주 마이크로파 배경 복사였다.

1960년대에 우주 마이크로파 배경 복사의 정체를 놓고 열띤 논쟁
이 벌어졌는데, 정상 우주론을 지지하는 물리학자들은 먼 은하들에
서 산란된 별빛이라고 주장했다. 하지만 1970년 무렵이 되자, 우주
마이크로파 배경 복사는 빅뱅의 증거로 널리 받아들여졌다. 호킹은
우주 마이크로파 배경 복사의 관측을 "정상 우주론의 관에 박힌 마
지막 못"이라고 불렀다. 결정타는 그 스펙트럼이었는데, 이것은 정상
우주론의 주장과는 반대로 흑체 복사처럼 보였기 때문이다. 오늘날

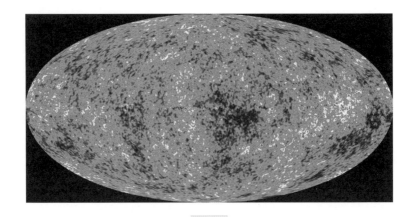

WMAP가 측정한 우주 마이크로파 배경 복사. 이 지도는 빅뱅 직후의 온도 요동을 보여주는데, 이러한 요동은 성장해서 은하를 만들어낸 불균일성의 씨였다. 평균과의 온도 차이는 1만분의 2K 이내에 불과하다.

우주 마이크로파 배경 복사는 빅뱅 후 37만 9000년이 지났을 때 우주를 가득 채우고 있던 복사의 잔재로 생각되고 있다. 그 당시 우주의 온도는 3000K로 떨어져 전자가 양성자와 결합해 수소 원자를 만들 수 있었다. 그러자 우주는 전자기 복사에 대해 투명해졌다. 즉, 빛이 우주 공간을 자유롭게 달리게 되면서 우주에 빛이 생겨났다!

이론의 예측에 따르면, 우주 마이크로파 배경 복사는 모든 방향에서 정확하게 균일할 수 없다. 아주 작은 요동이 있어야 하는데, 그 규모는 0.001~0.01%로 추정되었다. 1992년, NASA의 우주 배경 복사 탐사선Cosmic Background Explorer(COBE)은 이러한 불균일성을 측정했다. 그 자세한 구조는 NASA의 WMAP가 추가로 밝혔다. 이러한 세부 정보는 다양한 버전의 빅뱅 이론과 그 밖의 우주론 시나리오에서 나온 예측을 현실과 비교하는 주요 방법이 되었다.

우주를 계산하다

몇 년 전에 가족과 함께 프랑스를 여행할 때, 우리는 우주 레스토랑Restaurant Univers이라는 간판을 보고 재미있게 생각한 적이 있다. 더글러스 애덤스Douglas Adams의《우주의 끝에 있는 레스토랑The Restaurant at the End of the Universe》에서 시간과 공간의 궁극적인 점 끝에 놓여 있는 레스토랑과 달리, 이 레스토랑은 우주 호텔Hotel Univers에 딸려 있는 아주 정상적인 음식점이었다. 우주 호텔 역시 랭스에서 지극히 정상적인 호텔로, 지치고 배고픈 네 여행자에게 딱 알맞은 시간과 공간에 위치했다.

애덤스의 소설에 등장하는 레스토랑에 영감을 준 과학적 문제는 우주는 종말을 어떻게 맞이할까 하는 것이었다. 애덤스가 이야기한 것처럼 우주가 우주적 규모의 록 콘서트와 함께 종말을 맞이하지는 않을 것이다. 그것은 인류에게 어울리는 종말이 될지는 모르지만, 저 밖에 존재할지도 모를 다른 문명에 어울리는 종말은 아닐 것이다.

어쩌면 우주는 결코 종말을 맞이하지 않을지도 모른다. 그냥 이대로 영원히 팽창을 계속할 수도 있다. 하지만 만약 그렇게 된다면, 모든 것은 서서히 속도가 느려질 것이고, 은하들은 서로에게서 매우 멀어져서 그 사이에 빛이 지나다니지 못할 것이며, 우리는 차갑고 어두운 우주 공간에 외롭게 남을 것이다. 하지만 프리먼 다이슨Freeman Dyson에 따르면, 소위 우주의 '열 죽음'에도 불구하고 복잡한 '생명체'가 여전히 계속 살아남을지도 모른다. 하지만 그것은 아주 '느릿느릿한' 생명체일 것이다.

SF 팬들에게는 덜 실망스럽게 우주는 역빅뱅을 통해 붕괴할지 모른다. 심지어 하나의 점으로 붕괴할지도 모른다. 혹은 그 종말이 더 지저분한 것이 될지도 모르는데, 암흑 에너지가 시공간의 구조를 찢으면서 모든 물질이 산산조각 나는 빅 크런치로 끝날 수도 있다.

그걸로 모든 것이 끝날 수도 있다. 하지만 붕괴 후에 우주가 다시 탄생할 가능성도 있다. 진동 우주론에서는 그렇게 이야기한다. 제임스 블리시James Blish는《심벌즈의 울림A Clash of Cymbals》끝부분에서 이 시나리오를 사용한다. 재탄생한 우주에서는 어쩌면 기본 물리 상수들이 우리 우주와는 다를지 모른다. 일부 물리학자는 그렇게 생각하지만, 그렇게 생각하지 않는 물리학자들도 있다. 어쩌면 우리 우주에서 자기 어미와 똑같은 혹은 완전히 다른 아기 우주들이 떨어져 나갈지도 모른다. 혹은 그러지 않을 수도 있다.

수학은 우리에게 이 모든 가능성을 탐구하게 해주며, 언젠가는 어떤 것을 결정하도록 도움을 줄지도 모른다. 그때가 오기 전까지는 모든 것의 종말에 대해 추측만 할 수 있을 뿐이다―혹은 경우에 따라 추측하지 못할 수도 있다.

17 ── 대폭발

인플레이션과 암흑 에너지

> 만약 내가 창조의 순간에 있었더라면, 더 나은 우주 배
> 열을 위해 유용한 조언을 줄 수 있었을 텐데.
> ─카스티야의 알폰소 10세가 했다고 전하는 말

몇 년 전에 우주의 기원에 관한 빅뱅 이론은 모든 중요한 관측 결과들과 일치했다. 특히 빅뱅 이론은 우주 마이크로파 배경 복사의 온도를 정확하게 예측했는데, 이것은 처음에 이 이론이 널리 받아들여지게 하는 데 큰 역할을 했다.[1] 반면에 관측 결과들은 극히 적은 편이다. 천문학자들이 더 자세한 측정 결과를 얻고, 빅뱅 이론이 무엇을 예측하는지 알아보기 위해 더 광범위한 계산을 함에 따라 불일치하는 것들이 나타나기 시작했다.

우리는 15장에서 오늘날의 우주에는 대규모 구조가 많다는 것을 보았다. 마치 맥주잔의 거품처럼 광대한 은하 필라멘트와 은하 시트가 더 광대한 거대 공동을 둘러싸고 있는데, 은하들은 거품 방울들의 표면에 해당하고, 거대 공동들은 거품 방울 속의 공기에 해당한다. 계산 결과들은 현재 평가한 우주의 나이 138억 년은 물질이 오늘날과 같은 모습으로 덩어리지게 하기에 충분하지 않다고 시사한다. 그 것은 또한 현재 우주의 평탄성을 설명하기에도 너무 짧은 시간이다. 이 두 가지 문제를 해결하는 것은 아주 어려운데, 공간을 더 평탄하게 만들수록 물질이 덩어리를 형성하기가 더 어려워지고, 물질이 덩어리를 잘 형성할수록 공간이 더 많이 구부러지기 때문이다.

우주론 분야에서 현재의 주류 견해는 인플레이션inflation(급팽창)으로 알려진 더 큰 대폭발을 가정하는 것이다. 탄생 초기의 아주 중요한 시기에 우주는 아주 짧은 시간에 엄청나게 크게 팽창했다.

원래 빅뱅 이론이 지닌 그 밖의 결함들 때문에 우주론자들은 두 가지 가정을 추가하게 되었다. 정상 물질과는 완전히 다른 형태의 물질인 암흑 물질과 우주의 팽창 속도를 가속시키는 일종의 에너지인 암흑 에너지가 그것이다. 이 장에서는 인플레이션과 암흑 에너지에 초점을 맞춰 살펴볼 것이다. 암흑 물질은 다음 장에서 다룰 텐데, 이야기할 것이 아주 많기 때문이다.

우주론자들은 ΛCDM(람다 차가운 암흑 물질Lambda cold dark matter) 모형 또는 표준 우주론 모형으로 알려진 현재 이론에 대해 큰 자신감을 보인다(Λ가 아인슈타인의 우주 상수를 나타내는 기호였다는 사실이 기억나는가?). 이렇게 자신하는 이유는 고전 빅뱅 이론과 인플레이션, 암흑 물질, 암흑 에너지를 결합한 결과가 대부분의 관측 결과와 아주 잘 들어맞기 때문이다. 하지만 추가한 세 가지 가정 모두에 중대한 문제들이 있는데, 어쩌면 재검토해야 할 일이 생길 수도 있다.

이 장과 다음 장에서 나는 세 가지 가정을 추가하게 된 동기를 제공한 관측 결과들을 대략적으로 소개하고, 이 가정들이 관측 결과들을 어떻게 설명하는지 기술하면서 전통적인 이야기를 먼저 들려줄

　　　　　　　　　　　　　우주를 계산하다

것이다. 그리고 나서 그 결과로 만들어진 표준 우주론 모형을 비판적 시각에서 바라보면서 아직 남아 있는 문제들을 소개할 것이다. 마지막으로, 표준 모형을 대체할 일부 이론들을 소개하면서 이 이론들은 표준 모형에 비해 어떤 장점이 있는지 살펴볼 것이다.

✦

16장에서 추가 가정을 포함한 빅뱅을 뒷받침하는 주요 증거를 이야기했는데, 우주 마이크로파 배경 복사의 구조가 바로 그것이다. WMAP의 최신 측정 결과는 우주 마이크로파 배경 복사가 '거의' 균일하다는 것을 보여주는데, 평균에서 벗어나는 범위가 1만분의 2K 이내이다. 작은 요동은 빅뱅 이론이 예측하는 사실이지만, 그렇다 하더라도 이것은 너무 작은 요동이었다. 이렇게 작은 요동으로는 현재 우주의 덩어리 구조가 진화할 시간이 충분하지 않았을 것이다. 이 주장은 15장에서 언급한 바 있는, 우주의 진화에 대한 수학적 모형의 컴퓨터 시뮬레이션을 바탕으로 한 것이다.

이 문제를 해결하는 한 가지 방법은 초기 우주가 처음부터 더 덩어리진 구조였다고 이론을 수정하는 것이다. 하지만 이 개념은 첫 번째 문제와는 정반대인 두 번째 문제에 맞닥뜨린다. 오늘날에는 표준 빅뱅 이론과 들어맞지 않을 정도로 '물질'이 너무 덩어리져 있지만, '시공간'은 충분히 덩어리져 있지 않다. 시공간은 거의 평탄하다.

우주론자들은 또한 미즈너가 1960년대에 지적한 더 심오한 문제, 즉 지평선 문제 때문에 고민하고 있다. 표준 빅뱅 이론은 우주에서 너무 멀리 떨어져 있어 서로에게 인과 효과를 미칠 수 없는 부분들도 물질 분포와 우주 마이크로파 배경 복사 온도가 서로 비슷해야 한다고 예측한다. 게다가 시간이 지남에 따라 우주 지평선(관찰자가 볼 수 있는 우주 끝)이 더 확대되기 때문에, 이것은 관찰자가 볼 때 명백해야 한다. 따라서 인과적으로 연결돼 있지 않던 지역들도 나중에는 연결될 것이다. 이때 생기는 문제는 이 지역들이 자신이 가져야 하는 물질 분포와 온도를 어떻게 '알' 수 있을까 하는 것이다. 따라서 시공간은 단지 너무 평탄하기만 한 것이 아니다. 시공간은 서로 커뮤니케이션을 할 수 없을 만큼 아주 넓은 지역들에 이르기까지 '균일하게' 평탄하다.

1979년에 앨런 구스Alan Guth가 두 가지 문제를 깨끗하게 해결할 수 있는 기막힌 개념을 생각했다. 이것은 시공간을 평탄하게 만드는 동시에 물질을 덩어리진 상태로 머물게 할 뿐만 아니라 지평선 문제까지 해결한다. 이것을 설명하려면, 진공 에너지를 알아야 한다.

오늘날의 물리학에서 진공은 그저 텅 빈 공간에 불과한 곳이 아니다. 어디선가 난데없이 쌍을 지어 나타났다가 누가 그것을 관찰하기도 전에 쌍소멸하는 가상 양자 입자들이 들끓고 있다. 양자역학에서 이것이 가능한 이유는 하이젠베르크의 불확정성 원리 때문인데, 이 원리는 어떤 입자의 에너지를 특정 시간에 관찰할 수 없다고 말한다. 에너지나 시간 간격은 모호한 상태로 존재해야 한다. 만약 에너지가 모호하다면, 그것은 모든 순간에 보존되지 않아도 된다. 아주 짧은 시간 동안에 입자가 에너지를 빌려왔다가 되갚을 수 있다. 만약 시간이 모호하다면, 그 존재가 발각되지 않을 수 있다.

이 과정 혹은 물리학자들이 확실히 알지 못하는 다른 과정에서 우주 모든 곳에 부글거리는 배경 에너지장이 생겨난다. 이 에너지는 입

우주를 계산하다

방미터당 약 10억분의 1J(줄)에 불과할 정도로 아주 작다. 이것은 전기 히터 하나를 1조분의 1초 정도 켤 수 있는 정도의 에너지이다.

인플레이션 이론은 서로 멀리 떨어진 시공간 지역들의 물질 분포와 온도가 같다고 말하는데, 그 이유는 이들이 과거에 서로 커뮤니케이션을 '주고받았기' 때문이라고 설명한다. 지금은 서로 아주 멀리 떨어진 지역들이 과거에는 서로 상호 작용을 할 만큼 충분히 가까이 붙어 있었다고 가정해보자. 또한 그 당시 진공 에너지는 현재보다 더 컸다고 가정하자. 그런 상태에서 관측 가능한 지평선은 증가하지 않는다. 대신에 일정한 상태를 유지한다. 그때 만약 우주가 급팽창을 한다면, 가까이 있던 관찰자들은 순식간에 멀리 떨어질 것이고, 모든 것은 균일해질 것이다. 인플레이션이 시작되기 전에 존재한 국지적 요철은 갑자기 아주 거대한 시공간 위에 나눠지면서 죽 뻗어나갈 것이다. 이것은 토스트 위에 버터 덩어리를 올려놓고 토스트를 갑자기 어마어마한 크기로 늘리는 것과 비슷한 상황이다. 그와 함께 버터도 죽 펼쳐지는데, 그 결과로 거의 균일하게 아주 얇은 버터 층이 생길 것이다.

하지만 집에서 이 실험을 해볼 생각은 하지 말도록!

✦

인플레이션이 제대로 된 결과를 낳으려면, 아주 이른 시작과 아주 급격한 팽창이 모두 필요하다. 그렇다면 이 급팽창(이 모든 것을 시작하게 한 나약한 빅뱅보다 훨씬 인상적인 폭발)을 일으킨 원인은 무엇일까? 그 답은 인플라톤장이다. 인플라톤inflaton은 인플레이션의 철자를 잘못 적은 게 아니다. 인플라톤은 가상의 입자인데, 양자론에서는 장과 입자가 늘 함께 손을 잡고 다닌다. 입자는 장의 국지적 덩어리이고, 장은 입자들의 연속으로 이루어진 바다이다.

구스는 만약 공간이 보이지 않는 양자장(가상의 인플라톤장)으로 균일하게 채워져 있다면 어떤 일이 일어날까 생각해보았다. 그의 계산은 그런 장이 음압陰壓(즉, 바깥쪽으로 밀어내는 힘을 미치는)을 만들어낸다는 것을 보여주었다. 브라이언 그린Brian Greene은 샴페인 병에 든 이산화탄소 기체를 비유로 든다. 코르크 마개를 열면, 기체가 아주 빠른 속도로 팽창하면서 매력적인 거품을 만들어낸다. 우주의 코르크 마개를 열면, 인플라톤장이 훨씬 더 빠르게 팽창한다. 그런데 여기서는 코르크 마개가 필요 없다. 대신에 병 전체(우주)가 아주 빠르게 엄청난 크기로 팽창할 수 있다. 현재의 이론은 빅뱅 후 10^{-36}초부터 10^{-32}초 사이에 우주의 부피가 적어도 10^{78}배나 커졌다고 추정한다.

좋은 소식이 있는데, 인플레이션 시나리오(더 정확하게는 원래 개념이 제안된 이후에 나온 수많은 변형 버전 중 하나)가 많은 관측 결과와 잘 들어맞는다는 사실이다. 이것은 아주 놀라운 일은 아닌데, 애초에 인플레이션 개념 자체가 일부 핵심 관측 결과에 들어맞도록 하기 위해 만든 것이기 때문이다. 하지만 이 시나리오는 그런 것들 외에도 많은 관측 결과와 잘 들어맞았다. 그렇다면 이야기는 다 끝난 것이 아닌가? 하지만 나쁜 소식이 있는데, 인플라톤이나 그것이 지탱한다는 장의 흔적을 발견한 사람이 아직까지 아무도 없다. 이것은 우주론의 모자에서 아직 나오지 않은 양자 토끼이지만, 잘 설득하여 모자챙 위로 그 코를 살짝 내밀게 할 수 있다면 아주 매력적인 토끼가 될 수 있다.

하지만 지난 몇 년 사이에 이 토끼는 매력을 잃기 시작했다. 물리학자들과 우주론자들이 인플레이션에 대해 더 심오한 질문들을 던지자 문제들이 나타나기 시작했다. 한 가지 큰 문제는 알렉산더 빌렌킨Alexander Vilenkin이 발견한 영원한 인플레이션eternal inflation이다. 우리 우주의 구조에 대한 통상적인 설명에서는 인플라톤장이 우주 진화의 초기에 딱 한 번만 작동한 후로는 커진 상태로 '머물러' 있다고 가정한다. 하지만 만약 인플라톤장이 존재한다면, 언제 어디서건 작동할 수 있다. 이러한 경향을 영원한 인플레이션이라 부른다. 이것은 우리가 있는 우주 지역이 우주 거품 욕조에서 인플레이션이 일어난 하나의 거품 방울에 불과하며, 오늘 오후 여러분의 거실에서 새로운 인플레이션 시기가 시작되어 여러분의 텔레비전과 고양이[2]를 10^{78}배로 확대시킬 수 있다는 것을 의미한다.

구스의 원래 개념을 변형한 것을 사용해 이 문제를 해결할 수 있는 방법들이 있지만, 그러려면 우리 우주를 위해 예외적으로 특별한 초기 조건이 필요하다. 그것이 얼마나 특별한 것이냐 하는 것은 또 다른 흥미로운 사실로부터 추론할 수 있다. 그 사실이란, 인플레이션이 일어나지 '않고도' 우리 우주처럼 생긴 우주를 낳는 특별한 초기 조건들이 존재한다는 것이다. 두 종류의 조건은 모두 드물지만, 드문 정도가 똑같은 것은 아니다. 로저 펜로즈[3]는 인플레이션 없이 우리 우주를 낳는 초기 조건은 인플레이션을 초래하는 초기 조건보다 1구골플렉스, 즉 $10^{10^{100}}$배만큼 많다는 것을 보여주었다. 따라서 인플레이션 없이 우주의 현재 상태를 설명하는 이론이 인플레이션을 포함해 설명하는 이론보다 압도적으로 더 그럴듯하다. 펜로즈는 열역학적 접근법을 사용했는데, 나는 이것이 이 맥락에서 과연 적절한지 확신이 서지 않는다. 그런데 게리 기번스Gary Gibbons와 닐 터럭Neil Turok은 다른 방법을 사용했는데, 시간을 역전시켜 우주를 초기 상태로 되돌린 것이다. 이번에도 그런 상태들은 거의 다 인플레이션을 포함하지 않는다.

대부분의 우주론자들은 인플레이션 이론이 본질적으로 옳다고 확신하는데, 그 예측이 관측 결과와 놀랍도록 잘 들어맞기 때문이다. 내가 언급한 어려움들 때문에 인플레이션 이론을 그냥 버리기에는 너무 이르다. 하지만 이러한 어려움들은 현재의 인플레이션 개념에 심각한 결점이 있다고 시사한다. 인플레이션 이론은 우리를 올바른 방향으로 인도할 수 있지만, 최종적인 답은 결코 아니다.

✦

우주의 기원에 관한 표준 모형에는 이것 말고도 두 가지 문제가 더 있다. 하나는 12장에서 언급했듯이 은하들의 바깥쪽 지역이 뉴턴의 중력(혹은 아인슈타인의 중력도 마찬가지라는 게 일반적인 생각이다)을 적용할 경우 은하의 형태를 제대로 유지할 수 없을 정도로 너무 빨리 회전하고 있다는 사실이다. 이 문제에 대한 표준적인 답은 암흑 물질인데, 암흑 물질은 다음 장에서 자세히 다룰 것이다.

또 하나는 우주의 팽창 속도가 시간이 지나면서 어떻게 변하느냐 하는 것이다. 우주론자들은 팽창 속도가 일정하게 유지되어 팽창을 멈추지 않는 '열린' 우주가 되거나, 중력이 팽창하는 은하들을 다시 끌어당김에 따라 팽창 속도가 줄어들어 '닫힌' 우주가 될 것이라고 예상했다. 하지만 1998년에 하이제트 초신성 탐사팀High-z Supernova Search Team이 Ia형 초신성들의 적색 이동을 관측한 결과, 우주의 팽창 속도가 '빨라지고' 있는 것으로 나타났다. 이들은 이 연구로 2011년에 노벨 물리학상을 받았고, 실제 관측 결과는 (인플레이션이나 암흑 물질과는 달리) 특별히 논란이 되진 않았다. 논란이 된 것은 그 설명이다.

우주론자들은 우주의 팽창 속도 가속이 '암흑 에너지'라는 에너지원 때문에 일어난다고 생각한다. 한 가지 가능성은 아인슈타인의 우주 상수 Λ이다. 양의 값을 가진 Λ를 방정식에 집어넣으면, 실제로 관측되는 팽창 속도 가속이라는 결과가 나온다. 만약 이것이 옳다면, 아인슈타인이 저지른 일생일대의 실수는 우주 상수를 방정식에 집어넣은 것이 아니라 그것을 도로 꺼낸 것이 될 수 있다. 관측 결과와 일치시키려면, 에너지를 아인슈타인의 유명한 공식 $E = mc^2$에 따라 질량으로 환산할 경우, 그 값이 cm³당 10^{-29}g 정도로 아주 작아야 한다.

Λ가 0보다 커야 하는 물리적 이유는 양자역학에서 찾을 수 있는데, 진공 에너지가 바로 그것이다. 진공 에너지가 홀연히 나타났다가 순식간에 상쇄되면서 그 존재조차 감지하기 힘든 가상 입자/반입자 쌍들이 만들어내는 자연적인 척력이라는 사실을 상기하라. 유일한 문제는 오늘날의 양자역학에 따르면, 진공 에너지가 팽창 속도에 들어맞는 Λ값보다 10^{120}배나 커야 한다는 점이다.

남아프리카공화국의 수학자 조지 엘리스George Ellis는 우주가 프리드만-르메트르-로버트슨-워커 메트릭으로 정확하게 기술된다고 가정할 때 관측 결과로부터 암흑 에너지의 존재가 도출된다고 지적했다. 여기서 Λ는 (좌표계를 바꿈으로써) 암흑 에너지로 해석할 수 있다. 우리는 이 메트릭이 우주가 균일하고 등방적이어야 한다는 두 가지 간단한 조건으로부터 도출된다는 것을 보았다. 엘리스는 균일성의 결여는 암흑 에너지의 존재를 가정하지 않고서도 그러한 관측 결과를 설명할 수 있음을 보여주었다.[4] 우주는 은하보다 훨씬 큰 거대 공동과 은하단의 척도에서는 불균일하다. 반면에 표준 우주론 모형은 아주 큰 척도에서는 이러한 불균일성이 반반해진다고 가정하는데, 거품 덩어리가 개개의 방울을 볼 수 있을 만큼 충분히 가까이에서 바라보지 않는 한, 반반해 보이는 것과 비슷하다. 따라서 우주론자들은 하이제트 관측 결과를 이 평활화 모형의 예측과 비교한다.

이제 미묘한 수학적 문제가 나타나는데, 얼마 전까지만 해도 무시된 것처럼 보인 문제였다. 평활화 모형의 정확한 해는 정확한 모형의 평활화 해와 비슷한가? 전자는 주류 이론에 해당하고, 후자는 주류 이론을 관측 결과와 비교하는 방법에 해당한다. 여기에는 이 두 가지 수학적 과정이 거의 같은 결과를 낳는다는 암묵적 가정이 있다. 이것은 수리물리학과 응용수학 분야에서 모형을 만들 때 공통적으로 적용하는 가정, 즉 방정식에서 작은 항들을 무시하더라도 해에 별다른 효과를 미치지 않는다는 가정의 한 가지 버전이다.

이 가정은 옳을 때가 많지만 항상 옳은 것은 아니며, 여기서는 부정확한 결과를 낳을 수 있음을 시사하는 징후가 있다. 토마스 부헤르트Thomas Buchert[5]는 덩어리진 소규모 구조에 대한 아인슈타인의 방정식들을 평균하여 평활한 대규모 방정식을 유도하면, 그 결과는 평활한 대규모 모형에 대한 아인슈타인의 방정식들과 똑같지 않다는 것을 보여주었다. 대신에 그것은 여분의 항이 하나 있는데, 암흑 에너지와 비슷한 효과를 나타내는 척력 '반작용'에 해당한다.

　　　　　　　　　　　　　　　　　　　　　　　　우주를 계산하다

아주 먼 곳에 있는 천체의 관측 결과가 잘못 해석될 수도 있는데, 중력 렌즈 효과 때문에 그 빛이 집속(빛이 한 군데로 모이는 현상)되어 실제보다 더 밝게 나타날 수 있기 때문이다. 멀리 있는 모든 천체에 대해 그러한 집속 현상의 평균 효과는 덩어리진 소규모 모형들과 그 것들의 대규모 평균들에 대해 동일하게 나타나는데, 얼핏 보기에 이 것은 고무적인 것처럼 보인다. 하지만 개개 천체에 대해서는 이것이 성립하지 않는데, 우리가 실제로 관측하는 결과도 그렇다. 여기서 정확한 수학적 절차는 보통 공간들에 대해 평균을 구하는 것이 아니라, 빛의 경로들에 대해 평균을 구하는 것이다. 이것을 제대로 하지 못하면 겉보기 밝기가 변할 수 있지만, 이것을 정확하게 하는 방법은 물질의 분포에 민감하게 영향을 받는다. 우리는 이것을 충분히 정확하게 알지 못해 어떤 일이 일어나는지 확신할 수 없다. 하지만 우주 팽창 속도의 가속을 뒷받침하는 증거는 서로 관련이 있으면서도 분명히 다른 두 가지 이유 때문에 신뢰도가 떨어지는 것처럼 보인다. 즉, 통상적인 평활화 가정들은 이론과 관측 모두에 부정확한 결과를 낳을 수 있다.

암흑 에너지를 들먹이지 않고 하이제트 관측 결과를 설명하는 또 하나의 방법은 아인슈타인의 장 방정식을 변형시키는 것이다. 2009년, 조엘 스몰러Joel Smoller와 블레이크 템플Blake Temple은 충격파 수학을 사용해 장 방정식을 약간 변형한 버전에서 그 메트릭이 점점 증가하는 비율로 팽창하는 해가 나온다는 것을 보여주었다.[6] 이 것은 관측된 은하들의 후퇴 속도 가속을 암흑 에너지를 들먹이지 않고서 설명할 수 있다.

2011년, 일반 상대성 이론을 주제로 발행한 왕립학회 학회지 특별호에서 로버트 콜드웰Robert Caldwell[7]은 "지금까지는 [하이제트의] 관측 결과를 새로운 중력 법칙으로 설명할 수 있다는 주장이 매우 타당해 보인다"라고 썼다. 루트 두러Ruth Durrer[8]는 암흑 에너지를 뒷받침하는 증거가 약하다고 기술했다. "암흑 에너지의 존재를 시사하는 유일한 증거는 거리 측정, 그리고 그것과 적색 이동과의 관계에서 나온다." 그녀의 견해에 따르면, 나머지 증거로 확실히 알 수 있는 것은 적색 이동으로부터 계산한 거리가 표준 우주론 모형에서 예상한 것보다 더 크다는 것뿐이다. 관측된 효과는 가속이 아닐 수도 있으며, 설사 가속이라고 하더라도 그 원인이 암흑 에너지라고 가정할 만큼 충분히 설득력 있는 이유는 없다.

✦

주류 우주론은 여전히 표준 모형(ΛCDM 메트릭으로 기술하는 빅뱅 이론에 인플레이션, 암흑 물질, 암흑 에너지를 추가한)에 집착하지만, 한동안 불만의 목소리가 계속 높아졌다. 2005년에 대안을 모색하기 위해 열린 회의에서 에릭 러너Eric Lerner는 "빅뱅 이론의 예측은 일관되게 틀렸고, 일이 터진 뒤에야 수정되고 있다"라고 말했다. 리카르도 스카르파Riccardo Scarpa도 이에 동조했다. "기본 빅뱅 모형이 우리가 보는 것을 예측하는 데 실패할 때마다 그 해결책은 뭔가 새로운 것을 찾아내 땜질하는 식이었다."[9] 두 사람은 1년 전에 대안 우주론 연구에 지원이 이루어지지 않는 상황이 과학적 논의를 억압한다고 경고하는 공개 편지에 서명한 사람들이었다.

이러한 불만들은 못 먹는 감 찔러나 보자는 식의 행동에 불과한 것일 수도 있으나, 불안감을 불러일으키는 일부 증거에 기반을 두고 있다. 즉, 추가된 세 가지 가정에 대한 철학적 반대에 불과한 것이 아니다. 스피처 우주 망원경은 빅뱅 후 불과 10억 년 전에 존재했던 것으로 보일 만큼 적색 이동이 아주 큰 은하들을 발견했다. 그런 은하라면 당연히 젊고 아주 뜨거운 파란색 별들로 가득 차 있어야 마땅하지만, 늙고 차가운 빨간색 별들이 아주 많다. 이것은 이 은하들이 빅뱅이 예측하는 것보다 훨씬 오래되었고, 따라서 우주의 나이 역시 훨씬 오래되었음을 시사한다. 이를 뒷받침하는 관측 결과가 또 있는데, 오늘날 일부 별들은 우주 자체보다 나이가 더 많아 보인다. 이 별들은 적색거성인데, 크기가 너무 커서 그 상태에 이를 만큼 충분히 많은 수소를 태우려면 138억 년보다 훨씬 긴 시간이 걸릴 것으로 보인다. 게다가 적색 이동이 아주 크게 나타나는 거대한 초은하단들도 있는데, 그토록 거대한 구조가 조직되려면 현재의 우주 나이로는 시간이 충분치 않아 보인다. 이러한 해석들은 논란이 되고 있지만, 세 번째 반론은 특히 설명하기가 쉽지 않다.

만약 우주의 나이가 현재 생각하는 것보다 훨씬 많다면, 빅뱅 이론을 낳은 관측 결과들은 어떻게 설명해야 할까? 주요 관측 결과는 적색 이동과 우주 마이크로파 배경 복사, 그리고 더 자세한 다수의 세부 사실들이다. 어쩌면 우주 마이크로파 배경 복사는 우주의 기원에서 생긴 잔재가 아닐지도 모른다. 그것은 별빛이 영겁의 세월 동안 우주에서 반사되고 흡수되었다가 다시 방출된 것일지도 모른다. 일반 상대성 이론은 중력에 초점을 맞추는 반면, 이 과정에는 전자기장도 포함된다. 우주에 존재하는 물질 중 대부분은 플라스마이고, 그 동역학은 전자기력의 지배를 받기 때문에, 이런 효과를 무시하는 것은 이상해 보인다. 하지만 플라스마 우주론은 1992년에 COBE의 데이터에서 우주 마이크로파 배경 복사가 흑체 스펙트럼을 가진다는 사실이 드러나면서 설 자리를 잃고 말았다.[10]

적색 이동은 어떨까? 적색 이동은 분명히 존재하고 그것도 도처에 존재하며, 거리에 따라 그 정도가 달라진다. 1929년에 프리츠 츠비키Fritz Zwicky는 빛이 여행을 하는 동안 에너지를 잃는다고 주장했는데, 따라서 여행한 거리가 멀수록 적색 이동의 정도가 더 커진다. 이 '지친 빛' 이론은 적색 이동의 우주론적(팽창) 기원과 들어맞는 시간 지연 효과와 양립할 수 없다고 하지만, 다른 메커니즘을 가진 비슷한 이론들은 이 문제를 피할 수 있다.

중력은 광자 에너지를 감소시켜 그 스펙트럼을 빨간색 쪽으로 이동시킨다. 보통 별이 일으키는 중력 적색 이동 효과는 아주 작지만, 은하들의 중심에 있는 것과 같은 블랙홀은 아주 큰 효과를 일으킬 수 있다. 실제로 우주 마이크로파 배경 복사에 나타나는 대규모 요동(WMAP가 측정한)은 주로 중력 적색 이동 때문에 나타난다. 하지만 그렇더라도 그 효과는 여전히 너무 작다. 그럼에도 불구하고, 핼턴 아프Halton Arp는 적색 이동이 빛에 미치는 강한 중력 효과에서 나타날 수 있다고 다년간 주장하고 있다—이 이론은 전통적으로 만족스러운 반증 없이 무시돼왔다. 이 대안 이론은 심지어 우주 마이크로파 배경 복사의 온도까지 정확하게 예측한다. 그리고 공간은 팽창하지만 은하(은하도 주로 텅 빈 공간으로 이루어져 있는데도)는 팽창하지 않는다는 가정도 피할 수 있다.[11]

빅뱅 이론을 대체할 이론들은 지금도 계속 쏟아지고 있다. 최신 이론 중 하나는 2014년에 사우르야 다스Saurya Das가 제안하고 아흐

메드 알리Ahmed Ali[12]와 협력해 발전시킨 것인데, 데이비드 봄David Bohm이 우연의 요소를 제거하고 재공식화한 양자역학을 바탕으로 한 것이다. 봄의 양자론은 비정통적인 것이지만 상당히 존중받을 만한 것이다. 이를 무시하는 사람들은 이 이론이 입증할 수 있는 범위 내에서 틀려서 그런 게 아니라, 대부분의 측면에서 표준 접근법과 동일하지만 주로 해석에서 차이가 나기 때문에 그런다. 알리와 다스는 빅뱅을 지지하는 의례적인 논증, 즉 우주의 팽창을 거꾸로 되돌리면 최초의 특이점이 생긴다는 주장을 논박한다. 이들은 특이점에 도달하기 전에 일반 상대성 이론은 무너지고 마는데, 우주론자들은 마치 그것이 계속 유효한 것처럼 적용한다고 지적한다. 대신에 알리와 다스는 입자의 궤적을 이해할 수 있고 계산할 수 있는 봄의 양자역학을 사용한다. 이것은 아인슈타인의 장 방정식에 작은 보정 항을 낳고, 그 결과로 특이점을 제거할 수 있다. 사실, 우주는 현재의 관측과 아무 모순 없이 영원히 계속 존재했을 수 있다.

빅뱅 이론의 경쟁 이론들은 엄격한 검증을 몇 가지 거쳐야 한다. 만약 우주가 영원히 존재해왔다면, 우주에 존재하는 중수소 중 대부분은 핵융합을 통해 이미 사라졌어야 하지만, 실제로는 그렇지 않다. 반면에 우주의 생애가 유한하지만 빅뱅이 없었다면, 헬륨이 현재만큼 충분히 많이 존재하지 않아야 할 것이다. 하지만 이러한 반론들은 아주 먼 우주의 과거에 대한 특정 가정에 기반을 두고 있고, 빅뱅만큼 급진적인(하지만 빅뱅과 다른) 사건이 일어났을 가능성을 무시한다. 특정 대안 설명을 정말로 강력하게 뒷받침하는 증거는 아직 나오지 않았지만, 빅뱅 역시 그 기반이 튼튼해 보이지는 않는다. 나는 50년 뒤에는 우주론자들이 우주의 기원에 대해 완전히 다른 이론들을 홍

보하고 있지 않을까 생각한다.

✦

　일반 대중 사이에 널리 퍼진 우주론은 우주의 기원이 빅뱅으로 최종적으로 완전히 해결되었다고 보지만, 이것은 전문가들 사이의 심한 이견을 제대로 반영하지 않은 것이고, 현재 논의되고 있는 흥미로우면서도 혼란스러운 대체 이론들을 무시한 것이다. 다른 사람들에게 비판적으로 생각할 시간도 주지 않고 최신 개념이나 발견(정통적인 것이건 아니건)의 의미를 과장하는 경향도 있다. 어떤 우주론자 집단이 인플레이션의 존재를 뒷받침하는 결정적 증거를 발견했다고 발표했다가 몇 주일이나 몇 달 뒤에 데이터의 다른 해석이나 오류 발견을 통해 반박당하는 사례를 본 것은 셀 수 없이 많다. 암흑 물질에 대해서도 똑같은 주장을 더 강력하게 할 수 있다. 암흑 에너지는 기반이 더 튼튼한 것 같지만, 이것 역시 논쟁의 여지가 있다.

　확인이 금방 철회로 바뀐 대표적 사례는 2014년 3월에 바이셉2BICEP2 실험이 먼 광원의 빛에서 빅뱅의 잔재에 해당하는 패턴을 발견했는데, 이것은 의심의 여지 없이 인플레이션 이론이 옳다는 것을 입증한다는 발표였다. 그리고 덤으로 상대성 이론이 예측했지만 그동안 발견된 적이 없었던 중력파의 존재도 확인했다고 발표했다. BICEP은 'Background Imaging of Cosmic Extragalactic Polarization(은하 밖 우주 편광 배경 복사 촬영)'의 약자이고, 바이셉2는 우주 마이크로파 배경 복사를 측정하는 특수 망원경이다. 그 당시 이 발표는 큰 환호를 받았다. 이 두 가지 발견 모두 노벨상을 받기에 전혀 부족함이 없는 업적이었다. 하지만 그 직후에 다른 집단들이 이 패턴의 진짜 원인이 성간 먼지가 아닐까 의심하기 시작했다. 이것은 괜한 트집 잡기가 아니었다. 그들은 이 문제를 한동안 신중하게 검토했다.

2015년 1월이 되자 바이셉2가 포착한 신호 중 최소한 절반은 인플레이션이 아니라 먼지 때문에 생겼다는 사실이 명백해졌다. 그 팀의 주장은 이제 완전히 철회되었는데, 먼지에서 온 부분을 제외하고 나자 남은 신호는 더 이상 통계적으로 유의미하지 않았기 때문이다. 바이셉2의 결과를 처음부터 비판했던 터럭 역시 수정한 데이터는 인플레이션을 확인하기는커녕 더 단순한 여러 인플레이션 모형이 '틀렸음을 입증'한다고 지적했다.

이 이야기는 바이셉2 팀에게는 부끄러운 것인데, 이들은 너무 성급한 주장을 펼쳤다는 비판을 받았다. 얀 콘라드Jan Conrad는 〈네이처〉[13]에 쓴 글에서 과학계는 "거짓 발견에 대한 유혹적인 보고가 더 건전한 진짜 과학적 업적에 대한 이야기를 압도하지 않도록 노력해야" 할 것이라고 언급했다. 반면에 이러한 사건들은 실제 과학이 굴러가는 모습을 있는 그대로 보여준다. 만약 실수를 허용하지 않는다면, 아무런 진전도 일어나지 않을 것이다. 이 사건은 또한 새로운 증거가 나타나거나 낡은 증거가 틀렸다는 것이 밝혀지면 과학자들이 기꺼이 '마음을 바꾸려는' 태도를 잘 보여준다. 바이셉2의 데이터는 훌륭한 과학이다. 다만 그 해석이 틀렸을 뿐이다. 즉각적인 커뮤니케이션이 일어나는 오늘날의 세계에서 대단한 발견처럼 보이는 것이 있으면, 그것이 완전히 입증될 때까지 그냥 손에 쥐고 가만히 앉아 있기란 결코 쉬운 일이 아니다.

그럼에도 불구하고, 우주론자들은 진짜 증거가 거의 없는 상태에서 깜짝 놀랄 만한 주장을 펼치거나 근거가 희박한 개념들에 대단한 자신감을 내비칠 때가 많다. 자만심은 처절한 응징을 당하게 마련인데, 오늘날 응징의 여신은 곳곳에 도사리고 있다. 언젠가 응징의 여신이 무대 중심으로 나설지도 모른다.

18 ── 어두운 면

암흑 물질

어둠 속의 어떤 것도 빛이 있을 때 없었던 것은 없다.

—로드 설링Rod Serling, 〈환상 특급The Twilight Zone〉 에피소드 81: '어둠 속의 어떤 것도'

12장은 '세상에 이럴 수가!'라는 말로 끝났다. 은하의 회전 속도가 이치에 맞지 않는다는 발견에 대한 평이었다. 은하는 중심 부근에서는 상당히 느리게 회전하지만, 바깥쪽으로 갈수록 회전 속도가 점점 빨라지다가 일정한 수준을 유지한다. 하지만 뉴턴의 중력 법칙과 아인슈타인 중력 법칙은 은하 바깥쪽에서는 회전 속도가 느려져야 한다고 말한다.

우주론자들은 대부분의 은하들이 보이지 않는 물질로 이루어진 거대한 구형 헤일로 한가운데에 자리 잡고 있다고 가정함으로써 이 수수께끼를 해결한다. 한때는 이 물질이 충분히 많은 빛을 내지 않았기 때문에, 은하를 가로지르는 먼 거리에 있는 우리에게 보이지 않는 보통 물질이 아닐까 하는 생각에서 차가운 암흑 물질이라고 불렀다. 그것은 너무 희미하게 빛을 내서 눈에 띄지 않는 가스나 먼지가 그저 많이 분포하고 있는 것일지도 몰랐다. 하지만 더 많은 증거가 나오면서 이 편리한 가정은 지탱할 수 없게 되었다. 현재까지 알려진 암흑 물질은 우리가 지금까지 맞닥뜨린 어떤 물질하고도 다르며, 심지어 고에너지 입자 가속기 속에서 발견된 물질하고도 다르다. 암흑 물질은 불가사의한 존재이며, 게다가 엄청나게 많은 양이 존재하는 게 틀림없다.

상대성 이론에서 질량은 에너지와 같다고 한 말을 떠올려보라. 표준 우주론 모형에 유럽우주기구의 플랑크 탐사선이 얻은 데이터를 합쳐 분석한 결과에 따르면, 알려진 우주의 전체 질량/에너지 중에서 정상 물질이 차지하는 비율은 4.9%에 불과한 반면, 암흑 물질은 26.8%를 차지한다. 나머지 68.3%는 암흑 에너지가 차지하는 것으로 보인다. 암흑 물질은 정상 물질보다 5배 이상 더 많은 것으로 보이는데, 은하 규모의 우주 지역에서 암흑 물질의 질량에다가 암흑 에너지의 유효 질량을 합친 양은 정상 물질보다 '20배'나 많다.

막대한 양의 암흑 물질이 존재한다는 주장을 뒷받침하는 논리는 간단명료하다. 그 존재는 케플러의 방정식이 예측한 결과를 관측 결과와 비교한 것에서 추론할 수 있다. 이 공식은 12장에서 중심 무대를 차지한 바 있다. 이 공식은 주어진 반지름까지 은하의 총질량은 반지름에다가 그 거리에 있는 별들의 회전 속도의 제곱을 곱하고 중력 상수로 나눈 값과 같다고 말한다. 303쪽의 그림은 관측 결과가 이 예측과 심각하게 어긋난다는 것을 보여준다. 은하핵 부근에서 관측된 회전 속도는 너무 작은 반면, 바깥쪽으로 가면 너무 크다. 사실, 회전 곡선은 관측 가능한 물질(기본적으로 거기서 방출되는 빛을 통해 우리가 볼 수 있는)보다 훨씬 먼 거리에 이를 때까지 대략 일정한 수준을

우주를 계산하다

유지한다.

관측한 회전 속도를 사용해 질량을 계산하면, 가시 반지름 너머에 상당히 많은 양의 질량이 존재해야 한다는 결과를 얻는다. 천문학자들은 틀렸을 리가 없는 케플러의 방정식을 구하기 위해 관측되지 않은 암흑 물질이 상당량 존재한다고 가정하지 않을 수 없었다. 그들은 그 후로도 죽 이 시나리오를 고수해왔다.

은하 회전 곡선의 이상 행동은 우주에 보이지 않는 물질이 아주 많이 존재한다는 것을 보여주는 최초의 증거였고, 지금도 가장 설득력 있는 증거로 남아 있다. 추가 관측 결과와 그 밖의 중력 이상 현상은 이 개념에 무게를 실어주며, 암흑 물질은 단순히 빛을 방출하지 않는 정상 물질에 불과한 게 아님을 시사한다. 암흑 물질은 완전히 다른 종류의 물질임이 분명하며, 주로 중력을 통해 나머지 모든 것과 상호 작용한다. 따라서 그것은 입자 가속기에서 관찰된 어떤 입자하고도 완전히 다른 아원자 입자로 이루어져 있을 것이다.

암흑 물질은 물리학에 알려지지 않은 종류의 물질이다.

✦

우주에 존재하는 물질 중 상당수가 관측할 수 없는 물질이라는 이야기는 충분히 그럴듯하지만, 현재로서 암흑 물질 이야기는 결정적인 증거가 부족하다. 대형 강입자 충돌기 같은 입자 가속기에서 그런 성질을 가진 입자를 새로 만들어내는 데 성공한다면, 그것은 진정한 결정적 증거가 될 것이다. 이 인상적인 장비는 얼마 전에 많은(전부는 아니지만) 입자가 왜 질량을 가지고 있는지 설명하는 입자인 힉스 보손Higgs boson을 발견하는 공을 세웠다. 하지만 지금까지 입자 가속기 실험에서 암흑 물질 입자는 발견된 바가 없다. 우주선宇宙線(우주에서 엄청난 양이 날아와 지구 대기권에 충돌하는 고에너지 입자)에서도 그 비슷한 것이 발견된 적이 없다.

따라서 우주는 암흑 물질로 가득 차 있으며, 암흑 물질은 정상 물질보다 훨씬 많이 존재한다―하지만 사방을 둘러봐도 우리 눈에는 정상 물질만 보인다.

물리학자들은 전례를 들먹인다. 그동안 가설상의 기이한 입자들은 아주 훌륭한 성적을 보여주었다. 대표적인 예는 중성미자인데, 그 존재는 특정 입자 상호 작용에 에너지 보존 법칙을 적용한 결과에서 추론되었다. 중성미자는 그 당시 알려진 입자들에 비해 아주 기묘한 성질을 지닌 것으로 보였는데, 전하가 없고 질량도 거의 없으면서 지구 전체를 아무런 방해도 받지 않고 통과할 수 있었다. 이것은 터무니없는 이야기처럼 들렸지만, 실험을 통해 중성미자가 발견되었다. 일부 과학자들은 이제 중성미자천문학을 향해 첫발을 내디디고 있는데, 이 입자를 이용해 우주의 먼 영역들을 탐사하려고 한다.

반면에 가설상의 입자들 중에서 이론가들의 지나친 상상력이 낳은 허구로 밝혀진 것도 많다.

한동안 어쩌면 우리는 완전히 정상 물질인 '차가운 암흑 물질'(무거운 고밀도 헤일로 천체, 일명 MACHOmassive compact halo objects)을 발견하지 못하고 있을지도 모른다고 생각했다. 이 용어는 정상 물질로 이루어져 있으면서 복사를 거의 방출하지 않고 은하 헤일로에 존재할 수 있는 어떤 종류의 천체라도 가리키는데, 예컨대 갈색왜성이나 희미한 적색왜성과 백색왜성, 중성자별, 블랙홀, 심지어 행성도 포함된다. 회전 곡선의 수수께끼가 처음 분명하게 드러났을 때, 이런 종류의 물질이 이 수수께끼를 설명할 최고의 후보로 떠올랐다. 하지만 MACHO는 우주론자들이 틀림없이 존재한다고 확신하는 막대한 양의 물질을 설명하기에는 턱없이 부족해 보인다.

완전히 새로운 종류의 입자가 필요하다. 그것은 이론가들이 생각해왔거나 막 생각하기 시작한 입자여야 하며, 정의상 지금까지 우리가 그 존재를 몰랐던 것이어야 한다. 따라서 우리는 추측의 영역으로 들어가지 않을 수 없다.

한 가지 가능성은 '약하게 상호 작용하는 무거운 입자weakly interacting massive particles(윔프WIMP)'로 알려진 가설상의 입자들이다. 이 입자들은 초기 우주의 뜨겁고 밀도가 높은 플라스마에서 나타났고, 오직 약한 상호 작용을 통해서만 정상 물질과 상호 작용한다고 한다. 만약 그런 입자가 약 100GeV의 에너지를 가진다면, 원하는 조건에 딱 들어맞는다. 상대성 이론과 양자역학을 통일할 것으로 기대되는 유력 후보 중 하나인 초대칭 이론은 바로 이런 성질을 가진 입자의 존재를 예측한다. 이 우연의 일치를 윔프 기적WIMP miracle이라 부른다. 대형 강입자 충돌기가 관찰을 시작했을 때, 이론가들은 알려진 입자들과 짝을 이루는 새로운 초대칭 입자들을 많이 발견할 것이라고 기대했다.

결과는 전무였다.

대형 강입자 충돌기는 100GeV를 포함해 광범위한 에너지에서 입자들을 찾아보았지만, 표준 모형으로 설명할 수 없는 입자는 하나도 발견하지 못했다.

그 밖의 여러 윔프 사냥 실험에서도 아무런 성과가 없었다. 가까운 은하들에서 방출되는 물질이나 복사에서도 아무 흔적이 발견되지 않았고, 윔프가 원자핵과 충돌한 흔적을 찾으려던 실험실 실험에서도 그 증거는 나오지 않았다. 이탈리아의 DAMA/LIBRA 탐지기는 윔프의 신호처럼 보이는 것을 계속 찾고 있는데, 윔프가 요오드화나트륨 결정에 충돌할 때 발생하는 섬광을 포착하려고 한다. 이 신호는 매년 6월마다 시계처럼 정확하게 나타나 지구가 궤도를 도는 중에 특정 위치에서 윔프가 많이 모여 있는 곳을 지나가는 것처럼 보인다. 문제는 이 윔프를 탐지하려는 다른 실험들에서도 같은 신호가 포착되어야 마땅하지만, 그렇지 않다는 점이다. DAMA/LIBRA 탐지기가 뭔가 포착한 건 분명하지만, 아마도 윔프가 아닐 것이다.

암흑 물질은 윔프보다 훨씬 무거운 입자인 윔프질라WIMPZILLA가 아닐까? 어쩌면 그럴지도 모른다. 바이셉2 전파 망원경은 초기 우주는 좀처럼 포착되지 않는 인플라톤을 만들 만큼 에너지가 충분히 높았으며, 인플라톤이 붕괴해 윔프질라가 만들어졌을 가능성을 설득력 있게 뒷받침하는 증거를 제시한다. 그건 그렇다 치더라도, 이 괴물은 에너지가 너무 높아서 우리가 만들 수가 없고, 정상 물질을 마치 존재하지 않는 것처럼 뚫고 지나가기 때문에 관찰할 수도 없다. 하지만 윔프질라가 다른 물질과 충돌할 때 만들어지는 것을 관찰할 수 있을지도 모른다. 북극점에서 하고 있는 아이스큐브IceCube 실험이 바로 그것을 찾고 있다(북극점이라고 한 것은 저자의 실수로 보인다. 아이스큐브는 북극점이 아니라 남극점에 설치한 세계 최대 규모의 중성미자 탐지기이다 – 옮긴이). 2015년에 탐지한 고에너지 중성미자 137개 중 3개는 윔프질라 때문에 생겼을 가능성이 있다.

그렇긴 하지만, 암흑 물질이 액시온axion일 가능성도 있다. 이것은 로베르토 페체이Roberto Peccei와 헬렌 퀸Helen Quinn이 1977년에 매우 성가신 CP 문제를 해결하기 위한 방법으로 제안했다. 입자들 간의 일부 상호 작용은 전하 켤레 변환charge conjugation(C, 입자를 그 반입자로 변환하는 것)과 패리티parity(P, 공간의 반전)가 결합된 자연의 기본 대칭을 위배한다. 약한 상호 작용을 통한 일부 입자 상호 작용에서는 이 대칭이 보존되지 않는 것으로 드러났다. 하지만 강한 상호 작용을 포함한 양자색역학에서는 CP 대칭이 성립한다. 여기서 왜 그럴까라는 질문이 나온다. 페체이와 퀸은 액시온이라는 새로운 입자가 깨뜨리는 여분의 대칭을 도입함으로써 이 문제를 해결했다. 실험 물리학자들은 액시온을 찾으려고 노력했지만, 아직까지 그럴듯한 단서를 발견하지 못했다.

지금까지 이야기한 것들 중에 답이 없다면, 또 어떤 것이 있을까?

중성미자는 거의 탐지가 불가능한 기이한 입자의 대표적인 예라고 할 수 있다. 태양은 막대한 양의 중성미자를 만들어내지만, 초기의 탐지기들은 예상되는 태양 중성미자 중 $\frac{1}{3}$밖에 탐지하지 못했다. 하지만 중성미자는 세 종류가 있으며, 이동하는 도중에 한 종류에서 다른 종류로 변한다는 사실이 밝혀졌다. 초기의 탐지기들은 이 중에서 오직 한 종류만 탐지할 수 있었다. 나머지 종류도 탐지할 수 있도록 탐지기가 개선되자, 그 수는 3배로 늘어났다. 그런데 어쩌면 비활성 중성미자sterile neutrino라는 네 번째 종류가 있을지도 모른다. 표준 모형의 중성미자는 좌선형인데, 비활성 중성미자는 만약 존재한다면 우선형이다(입자를 그 거울상과 구별하는 이 속성을 전문 용어로 카이랄성chirality이라고 한다). 만약 비활성 중성미자가 존재한다면, 중성미자를 나머지 모든 입자들과 조화시킬 수 있고, 또 중성미자가 가진 질량도 설명할 수 있을 것이다. 그렇게 되면 참 좋을 것이다. 비활성 중성미자가 암흑 복사일 가능성도 있는데, 암흑 입자들(만약 존재한다면) 사이의 상호 작용을 매개할 것이다. 비활성 중성미자를 찾기 위한 실험이 여러 차례 실시되었다. 페르미국립가속기연구소의 미니 중성미자 가속 실험MiniBooNE은 2007년에 아무것도 발견하지 못했고, 플랑크 위성도 2013년에 아무것도 발견하지 못했다. 하지만 원자로에서 방출되는 중성미자를 조사한 프랑스의 한 실험에서는 반중성미자 중 3%가 실종되는 결과가 나왔다. 이것들은 비활성 중성미자일지도 모른다.

암흑 물질을 탐지하려는 목적으로 설계된 실험들의 머리글자 명단은 마치 준독립 비정부 기구(Quango[1])들의 명단처럼 보인다: ArDM, CDMS, CRESST, DEAP, DMTPC, DRIFT, EDELWEISS, EURECA, LUX, MIMAC, PICASSO, SIMPLE, SNOLAB, WARP, XENON, ZEPLIN……. 비록 이 실험들은 소중한 데이터를 제공하고 많은 성공을 거두긴 했지만, 암흑 물질은 전혀 발견하지 못했다.

페르미감마선우주망원경은 2010년에 우리은하 중심에서 암흑 물질의 잠재적 징후를 발견했다. 뭔가가 다량의 감마선을 방출하고 있었다. 이 관측 결과는 암흑 물질의 존재를 뒷받침하는 강력한 증거로 간주되었는데, 일부 형태의 암흑 물질이 붕괴해 만들어진 입자들이 서로 충돌할 때 감마선이 나오는 것으로 추정되었다. 사실, 일부 물리학자들은 이 관측 결과를 암흑 물질의 존재를 확인해주는 '스모킹 건'으로 간주한다. 하지만 지금은 그 원인이 정상 물질에 있는 것으로 보이는데, 그동안 발견되지 않았던 수천 개의 펄서가 그 주인공이다. 비좁은 은하핵 지역에 수많은 물체가 존재하고, 자세한 관측을

우주를 계산하다

하기가 아주 어렵다는 사실을 감안하면, 그동안 발견되지 않은 것은 충분히 있을 수 있는 일이다. 게다가 만약 다량의 감마선이 정말로 암흑 물질 때문에 생긴 것이라면, 다른 은하들도 비슷한 양의 감마선을 방출해야 할 것이다. 케보르크 아바자지안Kevork Abazajian과 라이언 킬리Ryan Keeley에 따르면, 그렇지 않다고 한다.[2] 스모킹 건은 눅눅한 폭죽으로 드러났다.

2015년, 고레고리 루흐티Gregory Ruchti와 저스틴 리드Justin Read를 비롯한 여러 사람은 우리은하 원반에서 암흑 물질의 다른 증거를 찾았다.[3] 영겁의 세월이 흐르는 동안 우리은하는 작은 위성 은하 수십 개를 집어삼켰는데, 그와 함께 위성 은하의 암흑 물질 헤일로도 집어삼켰을 것이다. 원시 행성 원반의 경우, 이 암흑 물질은 대략 우리은하의 정상 물질과 일치하는 원반에 집중될 것이다. 암흑 물질은 별의 화학에 영향을 미치기 때문에 이론상 탐지가 가능하다. 침입자는 원주민보다 약간 더 뜨거울 것이다. 하지만 원반에서 후보 별 4675개를 조사한 결과에서는 그런 종류의 성질은 전혀 발견되지 않았다. 다만 그보다 더 바깥쪽에는 그런 별들이 일부 있었다. 따라서 우리은하는 암흑 물질 원반이 없는 것으로 보인다. 그렇다고 해서 전통적인 구형 암흑 물질 헤일로가 없으라는 법은 없지만, 암흑 물질이 아예 존재하지 않는 게 아닐까 하는 우려를 약간 증폭시킨다.

✦

가끔 암흑 물질은 너무 많아서 문제가 될 때가 있다. 구상 성단은 별들이 비교적 작은 구형 집단을 이루어 우리은하와 그 밖의 많은 은하 주위를 돌고 있는 것이라고 한 사실을 떠올려보라. 암흑 물질은 오로지 중력을 통해서만 상호 작용하기 때문에 전자기 복사를 방출하지 않는다. 따라서 암흑 물질은 열을 제거할 수 없는데, 중력의 작용으로 수축이 일어나려면 열을 제거하는 과정이 필수 조건이다. 그러므로 암흑 물질은 구상 성단처럼 작은 덩어리를 만들 수 없다. 따라서 구상 성단은 암흑 물질을 많이 포함하고 있을 리가 없다. 하지만 스카르파는 우리은하에서 가장 큰 구상 성단인 켄타우루스자리 오메가의 별들이 가시 물질만으로는 설명할 수 없을 만큼 너무 빨리 움직인다는 사실을 발견했다. 구상 성단에 암흑 물질이 많이 있을 수는 없으므로, 이러한 이상 현상은 뭔가 다른 것, 어쩌면 다른 중력의 법칙 때문에 일어날지 모른다.

암흑 물질 입자를 찾느라 독창성과 시간, 에너지, 돈을 엄청나게 쏟아부었지만 현재까지 아무 성과도 나오지 않았는데도 불구하고, 대부분의 천문학자들, 그중에서도 우주론자들은 암흑 물질의 존재를 기정사실로 본다. 사실, 암흑 물질은 흔히 주장하는 것만큼 뛰어난 능력을 보여주진 않는다.[4] 표준적인 가정인 구형의 암흑 물질 헤일로는 아주 설득력 있는 은하 회전 곡선을 내놓지 못한다. 다른 암흑 물질 분포들이 오히려 더 나은 결과를 낳는다. 하지만 그러려면 오로지 중력만을 통해 상호 작용하는 물질이 왜 그런 식으로 분포하고 있는지 설명해야만 한다. 천문학자들과 우주론자들은 이런 종류의 어려움을 숨기려는 경향이 있으며, 암흑 물질의 존재를 의심하는 태도는 일종의 이단으로 간주된다.

별이나 행성의 궤도에 나타난 이상을 관측하여 보이지 않는 물질의 존재를 추론하는 것은 분명히 오랜 역사와 혁혁한 성과를 자랑하는 방법이다. 해왕성의 존재도 바로 이 방법으로 예측했다. 명왕성의 존재를 예측하는 데에서는 운이 좋았는데, 그 계산은 나중에 옳지 않은 것으로 드러난 가정을 바탕으로 한 것이었지만, 그래도 예측한 장소 부근에서 명왕성이 발견되었다. 또 이 방법은 거대 기체 행성들의 작은 위성을 여럿 밝혀내는 데에도 쓰였다. 그리고 수성 근일점의 세차에 나타난 이상에 적용함으로써 상대성 이론을 검증하는 데에도 쓰였다. 게다가 많은 외계 행성은 행성이 모항성을 흔들리게 하는 현상을 바탕으로 추론하여 발견되었다.

반면에 이 방법이 실패한 사례도 최소한 하나 있는데, 불칸이 바로 그것이다. 4장에서 보았듯이, 실제로 존재하지 않는 이 행성(금성보다 더 안쪽에서 태양 주위를 돈다고 가정된)의 예측은 수성 근일점의 세차 이상이 발견되지 않은 행성의 섭동 때문이라고 설명하려는 시도에서 나왔다.

이런 전례들에 비춰볼 때, 큰 질문은 암흑 물질이 해왕성과 같은 성공을 거둘까, 아니면 불칸 같은 실패로 전락할까 하는 것이다. 천문학계에서 압도적 다수를 차지하는 정통 견해는 해왕성과 같은 결과가 될 것이라고 본다. 하지만 설사 그렇다 하더라도, 그것은 현재로서는 한 가지 핵심이 빠져 있는 해왕성과 같은 것인데, 바로 해왕성 자체가 빠져 있다. 정통 견해에 반해 그것이 불칸이라는 신념이 특히 일부 물리학자들과 수학자들 사이에서 점점 자라나고 있다는 사실도 우리는 참작해야 한다.

✦

암흑 물질은 누가 실제로 그것을 찾으려고 할 때마다 매우 낯을 가리는 것처럼 보이기 때문에, 암흑 물질이 아예 존재하지 않을 가능성도 생각해보아야 한다. 암흑 물질의 존재를 가정하게 만든 중력 효과는 부인할 수 없기 때문에 혹시 다른 설명이 없는지 찾아볼 필요가 있다. 예컨대 아인슈타인의 흉내를 내 새로운 중력 법칙을 찾아보려고 할 수 있다. 아인슈타인의 경우에는 그 방법이 통했다.

1983년에 모르데하이 밀그롬Mordehai Milgrom이 수정 뉴턴 역학Modified Newtonian Dynamics(MOND)을 도입했다. 뉴턴 역학에서 물체의 가속도는 가해진 힘에 정확하게 비례한다. 밀그롬은 가속도가 아주 작을 때에는 이 관계가 성립하지 않을지 모른다고 주장했다.[5] 회전 곡선의 맥락에서 이 가정은 또한 뉴턴의 중력 법칙에 생긴 사소한 변화로 재해석할 수 있다. 이 주장의 함의는 다소 자세하게 밝혀졌고, 많은 반대를 뿌리칠 수 있었다. 수정 뉴턴 역학은 상대론적 역학이 아니라는 이유 때문에 종종 비판받지만, 2004년에 야코브 베켄슈타인Jacob Bekenstein은 그것을 상대론적으로 일반화시킨 텐서-벡터-스칼라 중력tensor-vector-scalar gravity(TeVeS)을 공식화했다.[6] 그것을 찾으려고 애쓰지도 않았으면서 일부 특징이 누락돼 있다는 소리만 듣고서 새로운 제안을 비판하는 것은 언제나 현명하지 못한 태도이다.

천문학자들이 발견한 중력 이상은 은하 회전 곡선뿐만이 아니다. 특히 일부 은하단은 가시 물질의 중력장으로 설명할 수 있는 것보다 훨씬 더 강하게 뭉쳐 있다. 이런 중력 이상이 가장 강하게 나타나는 사례는 (암흑 물질 지지자들의 말에 따르면) 두 은하단의 충돌이 일어나고 있는 총알 은하단이다. 두 은하단의 질량 중심은 정상 물질이 가장 많이 밀집된 지역들을 바탕으로 추정한 지점에서 멀찌감치 떨어져 있는데, 이 차이는 뉴턴의 중력 법칙을 수정하기 위해 나온 현재의 어떤 제안하고도 일치하지 않는다고 한다.[7] 하지만 이걸로 이야기가 다 끝난 게 아닌데, 2010년에 관측 결과가 표준 ΛCDM 우주론 모형에서 기술하는 암흑 물질하고도 일치하지 않는다고 시사하는 새 연구 결과가 나왔기 때문이다. 그동안 밀그롬은 수정 뉴턴 역학으로 총알 은하단의 관측 결과를 설명할 수 있다고 주장해왔다.[8] 수정 뉴턴 역학으로는 은하단의 동역학을 완전히 설명할 수 없다고 오랫동안 받아들여져 왔지만, 수정 뉴턴 역학은 암흑 물질로 설명하는 차이 중 약 절반을 설명할 수 있다. 밀그롬은 나머지 절반의 차이는 관측되지 않은 정상 물질에서 나온다고 믿는다.

이것은 암흑 물질의 열렬한 지지자들이 인정하고 싶은 것보다 옳을 가능성이 더 높다. 2011년, 이자벨 그르니에Isabelle Grenier는 우주론적 계산이 성립하지 않을 가능성에 관심을 기울이기 시작했다. 암흑 물질과 암흑 에너지는 그만 잊어버려라. 우주의 '정상'(전문 용어로는 중입자) 물질 중 약 절반이 실종 상태에 있다. 그르니에 팀은 그중 상당량을 수소 지역의 형태에서 발견했는데, 이곳은 너무 차가워서 지구에서 탐지할 수 있는 복사를 전혀 방출하지 않는다.[9] 그 증거는 일산화탄소 분자에서 방출된 감마선에서 나오는데, 이 분자들은 별들 사이의 공동에 있는 우주 먼지 구름과 관련이 있다. 일산화탄소가 있는 곳에는 정상적으로는 수소도 함께 있지만, 이 장소는 너무 차가워서 일산화탄소만 탐지된다. 계산 결과는 엄청난 양의 수소가 간과되었음을 시사한다.

이것뿐만이 아니다. 이 발견은 우리의 현재 견해가 정상 물질의 양을 크게 과소평가한다는 것을 보여준다. 그것은 암흑 물질을 대체하기에 충분한 양은 아니지만, 그래도 모든 것을 암흑 물질로 설명하려는 태도를 다시 생각해야 할 만큼 충분한 양이다.

전체적으로 볼 때, 수정 뉴턴 역학은 중력과 연관이 있는 이상 관측 결과 대부분을 설명할 수 있다—어쨌든 그중 대다수는 상충되는 여러 가지 해석에 열려 있다. 그럼에도 불구하고, 이 주장은 우주론자들 사이에서 별로 지지를 받지 못했는데, 우주론자들은 그 설명이 다소 자의적이라고 주장한다. 개인적으로 나는 완전히 새로운 종류의 물질이 많이 존재한다고 가정하는 것보다 이것이 왜 더 자의적인지 모르겠지만, 자신이 소중하게 여기는 방정식을 그런 식으로 지키려는 시도가 아닐까 생각한다. 만약 방정식을 바꾼다면, 선택한 새 방정식들을 지지하는 증거가 필요하며, '단순히 관측 결과에 들어맞는다는' 사실만으로는 바로 '그러한' 수정의 필요성을 담보할 수 없다고 그들은 주장한다. 이 주장 역시 나는 선뜻 받아들일 수 없는데, 왜냐하면 새로운 종류의 물질에 대해서도 똑같이 말할 수 있기 때문이다. 그것이 가시 물질에 미친다고 가정한 효과로 추론하는 것 외에는 실제로 그것을 발견한 사람이 아무도 없다면 특히 그렇다.

수정 뉴턴 역학 아니면 암흑 물질, 오직 이 두 가지 가능성밖에 없다고 생각하는 경향이 있다. 하지만 우리의 중력 이론은 신성한 텍스트가 아니며, 그것을 수정할 수 있는 방법은 아주 많다. 그런 가능성을 탐구하지 않는다면, 우리는 엉뚱한 것을 옳다고 지지할 가능성이 있다. 그리고 그런 이론들의 극소수 개척자들이 얻은 잠정적 결과를 전통적인 우주론과 물리학이 암흑 물질을 찾느라고 쏟아부은 막대한 노력과 비교하는 것은 다소 부당하다. 코언과 나는 이것을 '롤스로이스 문제'라고 부른다. 최초의 프로토타입이 롤스로이스보다 나아야 한다고 고집한다면, 새로운 자동차 디자인은 절대로 나올 수 없을 것이다.

암흑 물질을 끌어들이는 것을 피할 수 있는 다른 방법들이 있다. 호세 리팔다José Ripalda는 일반 상대성 이론에서 시간 반전 대칭과 그것이 음의 에너지에 미치는 효과를 연구했다.[10] 후자는 대개 배제해도 되는 것으로 보이는데, 그것은 입자-반입자 쌍의 생성을 통해 양자 진공을 붕괴하도록 만들 것이기 때문이다. 리팔다는 그런 계산은 그 과정이 앞으로 향해 나아가는 시간에서만 일어나는 것으로 가정한다고 지적한다. 만약 입자 쌍의 쌍소멸이 일어나는 시간 반전 과정도 고려한다면, 진공에 미치는 순효과는 0이다. 에너지가 양이냐 음이냐 하는 것은 절대적인 것이 아니다. 그것은 관찰자가 미래를 향해 나아가느냐 과거를 향해 나아가느냐에 따라 달라진다. 이것은 물질에는 두 종류가 있다는 개념을 도입한다. 하나는 미래를 향한 물질이고, 다른 하나는 과거를 향한 물질이다. 이들의 상호 작용을 설명하려면, 통상적인 하나의 메트릭이 아니라 부호가 서로 다른 두 가지 메트릭이 필요한데, 따라서 이 접근법은 일반 상대성 이론을 수정한 것으로 볼 수 있다.

이 제안에 따르면, 처음에 균일하고 정적이던 우주는 중력이 양자 요동을 증폭시킴에 따라 가속 팽창을 하게 된다. 그러면 암흑 에너지를 가정할 필요성이 없어진다. 암흑 물질에 대해서 리팔다는 이렇게 말한다. "'암흑 물질'에서 한 가지 흥미로운 측면은 그 겉보기 분포가 물질의 분포와 다르다는 점이다. '암흑 물질'이 중력을 통해 상호 작용하고, 나머지 모든 물질과 에너지와 동일한 측지선을 따른다면,

어떻게 이런 일이 일어날 수 있겠는가?" 대신에 리팔다는 정전기학에 비유해 은하를 둘러싸고 있는 구형의 암흑 물질 헤일로는 실제로는 과거를 향한 물질이 모든 곳을 채우고 있는 분포에 생긴 구형의 공동이라고 주장한다.

심지어 세 가지 추가 가정을 모두 다 제거하는 것도 가능할 수 있으며, 어쩌면 빅뱅 자체까지도 제거할 수 있을지 모른다. 알리와 다스가 개발한 이론, 즉 빅뱅의 최초 특이점을 없애고 심지어 무한히 오래된 우주를 허용하는 이론이 그렇게 할 수 있는 한 가지 방법이다. 로버트 매케이Robert MacKay와 콜린 로크Colin Rourke에 따르면, 또 한 가지는 큰 척도에서는 반반한 통상적인 우주 모형을 작은 척도에서 덩어리진 것으로 대체하는 것이다.[11] 이 모형은 현재 우주의 기하학과 일치하며(실제로 표준 준리만 다양체보다 훨씬 더 잘 일치한다), 빅뱅이 필요 없다. 우주의 물질 분포는 정적일 수 있는 반면, 은하 같은 개별적인 구조들은 약 10^{16}년을 주기로 나타났다가 사라질 수 있다. 적색 이동은 우주의 팽창 때문에 나타나는 우주론적인 것이 아니라, 중력 때문에 나타나는 기하학적인 것일 수 있다.

설사 이 이론이 틀렸다 하더라도, 이것은 시공간 기하학에 관한 몇 가지 가정을 바꾸는 것만으로 아인슈타인의 장 방정식의 표준 형태를 보존하고, 세 가지의 데우스 엑스 마키나인 인플레이션과 암흑 에너지와 암흑 물질을 제거하고, 관측 결과와 잘 일치하는 행동을 유도할 수 있음을 보여준다. 롤스로이스 문제를 유념한다면, 이것은 급진적이지만 근거가 없는 물리학에 푹 빠져 허우적대는 대신에 상상력이 더 뛰어난 모형들을 고려하는 게 옳은 태도임을 보여준다.

우주를 계산하다

나는 암흑 물질을 내치면서 종래의 자연 법칙들을 보존하는 잠재적 방법을 보여주었다. 기이한 대안이 있어서 그런 것이 아니라, 암흑 물질의 존재를 입증하는 것처럼 보이는 계산이 틀렸을지도 모르기 때문에 그런 것이다.

　'틀렸을지도 모르기' 때문이라고 표현한 것은 이 개념을 침소봉대하고 싶지 않아서이다. 하지만 수학자들은 케플러의 방정식에 사용된 가정들에 의문을 품기 시작했고, 그 결과는 비록 불완전한 것이긴 하지만 답해야 할 사례가 있음을 보여준다. 2015년, 도널드 사리Donald Saari[12]는 암흑 물질의 존재를 정당화하기 위해 우주론자들이 사용한 수학적 논증을 분석한 결과, 뉴턴의 법칙이 은하 구조와 회전 곡선에 관한 이론에 잘못 적용되었을지 모른다는 증거를 발견했다.

　만약 그렇다면, 암흑 물질은 불칸과 같은 것일지도 모른다.

　사리는 천문학자들이 케플러의 방정식을 유도하는 데 사용하는 표준 수학적 모형의 논리적 구조에만 초점을 맞춰 살펴보았다. 그의 계산은 이 모형이 적절한 것인지 의문을 던졌다. 이것은 급진적인 주장이지만, 사리는 n체 문제 수학과 전반적인 중력에 관한 전문가이기 때문에, 그의 논리는 살펴볼 만한 가치가 있다. 여기서는 자세한 계산 과정은 생략할 텐데, 그것까지 알고 싶다면 그의 논문을 참고하기 바란다.

　모든 것은 케플러의 방정식에 달려 있다. 이것은 모형을 위한 한 가지 핵심 가정에서 직접 그리고 정확하게 유도된다. 은하의 현실적 모형은 수천억 개의 별을 포함해야 할 것이다. 행성들과 그 밖의 작은 천체들은 아마도 무시할 수 있겠지만, 현실에 충실한 모형은 n의 값이 1000억 이상인 n체 문제이다. n값을 줄인다고 해서 결과에 큰 차이가 있을 것 같진 않지만 9장에서 보았듯이 $n = 3$(실제로는 $2\frac{1}{2}$)일 때에도 n체 문제는 다루기 아주 어렵다.

그래서 천문학자들은 모형을 위한 가정을 하는데, 이것은 한 가지 우아한 수학 정리와 함께 은하를 단일 물체로 단순화한다. 그리고 나서 천문학자들은 이 물체 주위를 도는 별의 움직임을 분석해 케플러의 방정식으로부터 이론적인 회전 곡선을 유도한다. 그 가정은 은하 척도에서 볼 때, 은하는 각자 별개로 행동하는 n개의 물체로 이루어진 계가 아니라 연속적인 유체(별 수프)처럼 보인다는 것이다. 이러한 '연속체' 상황에서 뉴턴이 증명한 아름다운 정리를 적용할 수 있다(뉴턴은 이 정리를 사용해 구형 행성을 점 질량으로 다루는 방식을 정당화했다). 즉, 합리적인 대칭 가정들을 적용하면, 특정 구형 껍질 내부와 그 위에 작용하는 전체 힘은 0인 반면, 외부로 작용하는 힘은 껍질 내부의 모든 물질이 중심의 한 점으로 응축되었다고 본 것과 동일하다.

은하 안에 있는 한 별(이 별을 시험 별이라고 부르기로 하자)을 생각해보라. 그리고 은하와 동일한 중심을 가진 구형 껍질이 그 별을 지나가는 장면을 상상해보라. 껍질 내부의 질량은 내가 앞에서 '반지름 내부의 총질량'이라고 부르는 것이다. 이 껍질 안에 있는 별들이 무슨 행동을 하건 상관없이 우리는 뉴턴의 정리를 적용해 총질량을 은하 중심에 집중시킬 수 있으며, 이것은 시험 별이 느끼는 전체 힘에 아무 영향도 미치지 않는다. 껍질 밖에 있는 별들은 아무 힘도 미치지 않는데, 시험 별은 껍질 위에 있기 때문이다. 따라서 은하 주위를 도는 시험 별의 운동은 '이체' 문제로 환원된다. 즉, 아주 무거운 점질량 주위를 한 별이 도는 문제가 되는 것이다. 케플러의 방정식은 여기서 직접 나온다.

뉴턴의 정리를 적용하는 데 필요한 대칭 가정은 모든 별이 원형 궤도를 돌고, 중심에서 같은 거리에 있는 별들은 동일한 속도로 움직인다는 것이다. 그러면 별 수프 움직임의 방정식에서 정확한 해를 얻는 것이 쉬워진다. 질량 분포 공식이나 회전 곡선 공식 중 어느 한쪽을 선택하면, 케플러의 방정식을 사용해 나머지 하나를 알아낼 수 있다. 여기에는 구속 조건이 하나 있는데, 반지름이 커질수록 질량이 증가해야 한다는 것이다.

따라서 별 수프 모형은 자기 모순이 없고, 뉴턴의 중력 법칙과 정확하게 일치하며, 케플러의 방정식을 만족시킨다. 원 대칭이라는 기본 가정도 관측 결과와 일치하는 것처럼 보인다. 그래서 우리는 총명하고 유효한 수학을 바탕으로 한 유서 깊은 모형을 얻는데, 이것은 문제를 풀 수 있게 해준다. 천문학자들이 이 모형을 좋아하는 것은 전혀 이상할 게 없다.

불행하게도 이 모형에는 수학적 결함이 있다. 그 결함이 얼마나 심각한 것인지는 아직 명확하지 않지만, 전혀 무해한 것은 아니며, 그 해가 치명적인 것일 수도 있다.

이 모형은 의심할 만한 측면이 두 가지 있다. 하나는 모든 별의 궤도를 원으로 간주하는 가정이다. 하지만 가장 중요한 것은 연속체 근사(즉, 별 수프)이다. 문제는 껍질 내부의 모든 별을 평활화하면, 동역학에서 한 가지 중요한 요소가 사라진다는 데 있다. 즉, 껍질 부근에 있는 별들과 우리가 회전 속도를 계산하려고 하는 별 사이의 '상호 작용'이 사라지는 것이다.

연속체 모형에서는 껍질 내부의 물질이 회전하고 있건 정지하고 있건 아무 차이가 없다. 오로지 껍질 내부의 총질량만이 중요할 뿐이다. 게다가 이 질량이 시험 별에 미치는 힘은 항상 은하 중심 쪽을 향한다. 케플러의 방정식은 이런 사실들에 기반을 두고 있다.

하지만 실제 n체 계에서는 별들이 각각 별개의 물체들이다. 만약 두 번째 별이 시험 별 가까이를 지나가면, 별개성 때문에 이 별은 국지적 중력장을 지배하면서 시험 별을 자기 쪽으로 끌어당긴다. 따라서 가까이 지나가는 별은 시험 별을 함께 '끌고' 간다. 이것은 은하 중심 주위를 도는 시험 별의 회전 속도를 '빠르게' 한다. 물론 그 결과로 지나가는 별은 속도가 느려지지만, 얼마 지나지 않아 그 뒤를 따라오는 또 다른 별 때문에 같은 과정이 반복되면서 이 별의 속도가 빨라진다. 이 직관적 논증은 케플러의 방정식이 큰 거리에서의 회전 속도를 너무 낮춰 잡는다고 시사한다. 만약 그렇다면, 이것은 회전 속도의 이상을 설명하는 데 도움이 된다.

아주 단순한 비유를 들어 설명해보자. 회전하는 바퀴 꼭대기에 아주 작은 볼베어링이 붙어 있다고 생각해보라(둘 다 움직임의 범위가 한 평면에 한정돼 있고, 볼베어링에 교란을 일으킬 만한 중력은 작용하지 않는다). 만약 바퀴가 완전히 반반한 원이라면, 바퀴는 볼베어링에 아무런 영향도 미치지 않아 정지하고 있는 것이나 마찬가지다. 하지만 이산離散 n체 모형에서는 바퀴가 톱니바퀴로 바뀐다. 이제 각각의 톱니가 볼베어링에 닿을 때마다 회전 방향으로 힘을 가하게 된다. 톱니가 작더라도 그런 힘이 사라지지는 않는데, 톱니가 작을수록 그 수는 더 많아지기 때문이다. 따라서 아주 작은 톱니가 미치는 제한적인 힘은 톱니가 전혀 없는 경우의 힘인 0과 같지 않다.

이 논증은 모호하고 불필요한 문제 제기에 불과한 게 아니다. 사리는 평활화한 별 수프가 큰 n 값에 대한 n체 분포 모형을 제대로 나타내지 못한다는 것을 증명하기 위해 필요한 계산을 했다. 특히 별 수프는 별끼리 끌어당기는 효과를 무시한다. 하지만 별끼리 끌어당기는 전체 효과는 작을 수 있는데, 실제 n체 동역학은 방금 분석한 시나리오보다 훨씬 복잡하기 때문이다. 별끼리 끌어당기는 효과를 제대로 평가하려면, 시험 별에 미치는 모든 별들의 효과가 합쳐져서 어떻게 나타나는지 알기 위해 껍질 내부의 모든 별들에 대한 정확한 n체 모형을 사용해야 한다.

최선의 방법은 연속성 외에 별 수프가 지닌다고 가정한 핵심 성질들을 모두 가진 n체 상태를 만드는 것이다. 만약 이 특정 상태가 케플러의 방정식을 변화시킨다면, 별개의 물체 n개를 연속적인 별 수프로 대체한 데 그 원인이 있다고 확신할 수 있다. 그러한 핵심 성질은 대칭적 질량 분포와 원 궤도로 움직이는 각각의 별, 그리고 은하 중심을 향하는 그 가속도이다.

일반적으로 우리는 n체 문제의 해를 명쾌하게 알아낼 수 없지만, 그것을 알아낼 수 있는 종류의 해들이 있는데, 이것을 중앙 배열이라 부른다. 이 특별한 상태들에서는 거미줄 같은 별들의 동심원이 마치 그 배열이 강체인 것처럼 모두 동일한 각운동량을 가지고 돈다. 이 개념은 1859년에 제임스 클러크 맥스웰이 토성 고리의 안정성에 대해 쓴 논문으로 거슬러 올라가는데, 그 내용은 6장에서 고리들이 고체일 리 없다는 증명으로 언급한 바 있다. 사리는 비슷한 개념을 사용해 별 수프로는 은하 동역학을 정확하게 모형화할 수 없다고 주장

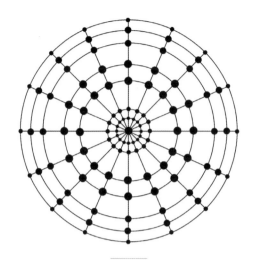

중앙 배열. 바퀴살과 고리의 수는 어떤 것이라도 가능하다. 각 고리에 있는 질량들은 똑같지만, 고리들은 서로 다른 질량을 가질 수 있다. 고리의 반지름도 조절할 수 있다. 주어진 회전 속도에 대해 주어진 반지름에 맞춰 질량을 선택할 수 있고, 그 반대도 가능하다.

한다.

　중앙 배열은 인위적인 것인데, 실제 은하가 그렇게 규칙적인 형태를 가질 리 만무하기 때문이다. 반면에 연속체와 n체 모형이 얼마나 잘 일치하는지 검증하는 것으로는 훌륭한 선택이다. 만약 거미줄에서 충분히 많은 방사상 선들과 충분히 많은 원들을 선택한다면, 아주 빽빽한 별들의 수프를 얻는데, 이 경우에는 연속체를 훌륭한 근사로 사용할 수 있다. 거미줄 배열은 또한 케플러의 방정식을 유도하는 데 사용하는 대칭 조건도 아주 훌륭한 근사로 만족시킨다. 따라서 별 수프 근사는 성립해야 한다.

　특히 케플러의 방정식은 회전하는 거미줄에 대해 유효하게 성립해야 한다. 질량 분포를 주어진 반지름에서의 속도로 표현하는 버전

우주를 계산하다

을 사용해 이것을 확인할 수 있다. 거미줄은 강체처럼 회전하기 때문에, 그 속도는 반지름에 비례한다. 따라서 케플러의 방정식은 반지름의 세제곱에 비례하는 질량 분포를 예측한다. 이 결과는 이 배열에서 별들의 질량이 실제로 어떤 것이건 상관없이 유효하게 성립한다.

이를 확인하기 위해 거미줄에 대한 이산 n체 계산을 해보자. 중앙 배열 이론은 별들의 질량을 선택하는 데 폭넓은 유연성을 허용한다. 예를 들어, 각 별(따라서 각 고리)이 동일한 질량을 가진다면, 중앙 배열들이 존재하며, 질량 분포는 항상 반지름에 어떤 상수를 곱한 값보다 작다. 하지만 이 경우에 케플러의 방정식은 실제로는 두 질량이 똑같은데도 불구하고, 가장 바깥쪽 고리의 질량이 가장 안쪽 고리보다 100만 배나 크다고 말한다. 따라서 정확한 계산은 케플러의 방정식을 낳는 단순화 모형을 입증하지 '않는다'. 반대로 반지름이 증가함에 따라 정확한 질량은 케플러의 공식이 예측하는 것보다 훨씬 느리게 증가한다.

이 계산은 모형의 바탕을 이루는 가정들이 충족된다 하더라도 별 수프 모형이 심각하게 틀린 결과를 낳을 수 있음을 증명한다. '증명하다'라는 단어를 잘못 사용한 일상적인 표현에도 불구하고, 규칙이 '틀렸음을 증명'하는 데에는 단 하나의 예외만 있으면 된다.[13]

사리의 계산은 또 한 가지 중요한 결과를 낳는다. 천문학자들의 생각처럼 만약 암흑 물질이 존재하고, 은하들 주위에 광대하고 질량이 큰 헤일로를 형성한다면, 이것은 처음에 이 모든 일의 출발점이 된 회전 곡선의 이상을 제대로 설명할 수 없다. 중력 법칙과 전통적인 모형화 가정 중 어느 한쪽이 틀려야만 한다.

19 —— 우리 우주 밖의 우주
기본 상수와 다중 우주

> 가끔 별의 창조자는 창조물들을 내던지는데, 창조물들
> 은 사실상 서로 연결된 많은 우주들의 집단들로, 이들
> 은 서로 종류가 아주 다른 완전히 별개의 물리적 계들
> 이다.
>
> ——올라프 스테이플던Olaf Stapledon,《별의 창조자Star Maker》

왜 우리는 여기에 있을까?

이것은 궁극적인 철학적 질문이다. 인간은 눈의 창을 통해 자신보다 훨씬 크고 강력한 세계를 바라본다. 자신이 아는 세계가 숲 속에 자리 잡은 작은 마을뿐이라 하더라도, 천둥 번개를 동반한 폭우가 몰아치고, 사자와 하마도 가끔 만나는데, 이것들만 해도 이미 충분히 경외감을 불러일으킨다. 우주론자들은 우리가 살고 있는 세계가 폭이 910억 광년이나 되고 계속 '커져가고' 있다고 생각하는데, 이렇게 광대한 우주 앞에서 겸허한 마음을 갖지 않을 수 없다. 엄청나게 광대한 '이곳'에 비하면 '우리'는 굴욕적일 정도로 미미한 존재이다. 이것은 "왜 그럴까?"라는 아주 큰 질문을 낳는다.

하지만 인류의 자만심에 생긴 상처가 오래가진 않는다. 다행히도 경외감과 채워지지 않는 호기심 역시 마찬가지이다. 그래서 우리는 감히 궁극적인 질문을 던진다.

앞의 두 장에서 논의한 반론들은 자신들이 그 답을 알고 있다는 우주론자들의 신념에 상처를 주진 않았다. 즉, 이들은 빅뱅과 추가 가정들로 우주가 어떻게 탄생했는지 정확하게 기술할 수 있다고 믿는다. 물리학자들도 이와 비슷하게 상대성 이론과 양자론을 합치면 우주가 어떻게 행동하는지 설명할 수 있다고 확신한다. 두 이론은 통합하면 좋겠지만, 일반적으로는 적절한 것을 선택하기만 한다면 각자 혼자서도 잘 성립한다.

생물학은 생명이 어떻게 탄생하고, 우리를 포함해 오늘날 지구에 살고 있는 수백만 종으로 어떻게 진화해갔는지 더욱 그럴듯한 이야기를 들려준다. 일부 신념 체계를 맹신하는 사람들은 진화에는 도저히 일어날 법하지 않은 우연의 일치들이 일어나야만 한다고 주장하지만, 생물학자들은 이런 주장들에 포함된 오류를 반복해서 설명해왔다. 지구상의 생명에 대해 우리가 알고 있는 지식에는 많은 틈이 있지만, 그것들은 하나씩 차례로 계속 메워지고 있다. 주요 줄거리는 적어도 네 가지 계통의 증거를 통해 지지받으면서 그 뼈대를 유지하고 있는데, 그 네 가지는 화석 기록, DNA, 분지학(생물들의 계통도), 번식 실험이다.

하지만 우주론으로 오면, 우주론자들과 물리학자들조차 우리가 이해하는 우주는 엄청나게 많은 우연의 일치가 필요한 게 아닐까 하고 불안해한다. 문제는 우주가 무슨 행동을 하는지 설명하는 것이 아니다. 문제는 겉보기에는 마찬가지로 유효한 것처럼 보이는 나머지 수많은 설명들을 제치고 왜 특정 설명이 유효한가 하는 것이다. 이것은 우주론의 미세 조정 문제인데, 창조론자와 우주론자 모두 이를 매우 심각한 문제로 여긴다.

미세 조정이 중요한 이유는 물리학이 빛의 속도나 양자론의 플랑크 상수, 전자기력의 세기를 결정하는 미세 구조 상수 같은 기본 상수에 의존하기 때문이다.[1] 각각의 상수는 과학자들이 측정해서 알아낸 특정 수치를 갖고 있다. 예컨대 미세 구조 상수는 약 0.00729735이다. 공인된 물리학 법칙 중에서 이 상수들의 값을 예측하는 것은 하나도 없다. 확실히는 몰라도, 미세 구조 상수는 2.67743이나 8억4200만 6449.998 또는 42가 될 수도 있었다.

그런데 이것이 중요한가? 아주 중요하다. 상수들의 값이 달라지면 물리학도 달라진다. 만약 미세 구조 상수가 아주 조금만 더 크거나 작으면, 원자의 구조가 달라지고, 심지어는 불안정해질 수도 있다. 그러면 사람들이나 사람들이 살아가는 행성, 또는 사람들을 만들 원자도 존재하지 않을 수 있다.

많은 우주론자들과 물리학자들의 견해에 따르면, 사람들의 존재를 '가능케' 하는 상수들의 값은 현재 우리 우주가 가진 값에서 몇 퍼센트 이내에 있어야만 한다. 단 '하나'의 상수에 그런 일이 일어날 확률은 동전을 던져 앞면이 연속으로 여섯 번 계속 나올 확률과 비슷하다. 상수는 적어도 26개가 있으므로, 우리 우주가 현재와 같은 값들을 가져 생명이 살아가기에 적절한 장소가 될 확률은 동전을 던져 앞면이 연속으로 156번 나오는 것과 같다. 이것은 약 10^{-47}, 즉 0.000 000 000 000 000 000 000 000 000 000 000 000 000 000 000 01 에 해당한다.

우주를 계산하다

따라서 기본적으로 우리는 이곳에 있어서는 안 된다.

그런데도 우리는 이곳에 있다. 이것은 큰 수수께끼이다.

일부 종교인들은 이 계산을 신의 존재를 증명하는 것으로 보는데, 생명을 가능하게 할 기본 상수들의 값을 고르는 능력은 신만이 가질 수 있다고 생각하기 때문이다. 하지만 그런 종류의 능력을 가진 신이라면, 완전히 다른 기본 상수들을 고른 뒤에 기적을 행함으로써 잘못된 상수들을 가진 우주를 어쨌든 존재하게 할 수 있을 것이다. 사실, 전능한 창조주라면 굳이 기본 상수들을 사용해야 할 이유도 없다.

두 가지 선택지가 있는 것처럼 보인다. 어떤 초자연적 존재가 그렇게 만들었거나, 아니면 미래의 물리학이 겉보기에 우연의 일치처럼 보이는 현상을 설명하면서 왜 기존의 기본 상수들이 불가피한지 보여줄 것이다.

얼마 전에 우주론자들이 세 번째 선택지를 추가했는데, 우주는 가능한 값을 모두 다 차례로 시도해본다는 것이다. 만약 그렇다면, 우주는 결국 생명의 존재에 적절한 수들을 발견할 것이고, 그에 따라 생명이 진화할 것이다. 만약 지능 생명체가 나타나고, 우주론에 대한 이해가 성장하면, 왜 자신이 여기에 있을까 하고 의문을 품을 것이다. 세 번째 선택지를 생각하고 나서야 그런 의문이 멈출 것이다.

세 번째 선택지는 다중 우주multiverse라 부른다. 이것은 신선하고 독창적인 개념인데, 이것을 사용해 정말로 똑똑한 물리학을 할 수 있다. 이 장의 대부분은 다양한 버전의 다중 우주를 다루는 데 할애할 것이다.

그러고 나서 네 번째 선택지를 소개할 것이다.

✦

현대 우주론은 '우주'라는 단어가 무엇을 의미하는지 아주 정확하게 기술하는 것을 계속 종합해왔다. 다중 우주라는 새로운 단어가 만들어진 것은 이 때문이다. 다중 우주라는 개념은 통상적인 의미의 우주에다가 가상의 우주들도 모두 포함한다. 이 '평행' 세계들 또는 '대체' 세계들은 우리 세계와 공존할지도 모르며, 우리 세계 밖에 존재할 수도 있고, 아니면 완전히 별개로 존재할 수도 있다. 이러한 추측들은 흔히 비과학적이라는 이유로 묵살되는데, 실제 데이터를 가지고 검증하기가 어렵기 때문이다. 하지만 어떤 것은 적어도 원리적으로는 검증이 가능한데, 직접 보거나 측정할 수 없는 것으로부터 뭔가를 추정하는 표준 과학적 방법으로 그렇게 할 수 있다. 콩트는 별의 화학적 조성을 아는 것은 절대로 불가능하다고 생각했다. 하지만 분광학은 이런 믿음이 틀렸음을 보여주었다. 오히려 별의 화학적 조성은 우리가 별에 대해 알 수 있는 정보 중에서 거의 전부를 차지하는 경우가 많다.

수리물리학자 브라이언 그린은 《멀티 유니버스The Hidden Reality》[2]에서 아홉 가지 다중 우주를 기술한다. 그중에서 나는 다음 네 가지만 다룰 것이다.

- 퀼트 다중 우주: 어느 지역에도 다른 곳과 거의 똑같은 복제가 존재하는 무한대의 쪽모이 누비 이불 같은 우주.
- 인플레이션 다중 우주: 영원한 인플레이션이 텔레비전과 고양이를 폭발시킬 때마다 기본 상수들이 다른 새 우주가 탄생한다.

- 풍경 다중 우주: 각자 자기 나름의 끈 이론을 따르면서 양자 터 널을 통해 연결된 대체 우주들의 네트워크.
- 양자 다중 우주: 각자 자기 나름의 존재를 유지하는 평행 세계 들의 중첩. 살아 있는 동시에 죽어 있는 그 유명한 슈뢰딩거의 고양이를 우주 버전으로 확대한 것이다.

그린은 이 대체 우주들을 고려하는 것이 이치에 맞다고 주장하면 서 현대 물리학이 이 개념을 어떻게 어느 정도 뒷받침하는지 설명한 다. 게다가 우리가 이해하지 못하는 여러 가지 문제도 다중 우주 개 념으로 해결할 수 있다. 그린은 우리 감각이 제시하는 순진한 세계관 이 틀렸음을 기본 물리학이 반복적으로 보여주었으며, 이런 일이 계 속 일어나리라고 예상할 수 있다고 지적한다. 그리고 다중 우주 이론 들의 공통적인 특징을 강조한다: 이것들은 모두 "현실에 대한 우리 의 상식적인 그림은 더 큰 천체의 일부에 불과하다고 시사한다."

나는 서로 모순되는 추측들을 많이 모아놓는다고 해서 그중 어느 하나가 옳을 가능성이 더 높아진다고 생각하진 않는다. 그것은 종교 교파들과 비슷하다. 신의 섭리라는 공통적인 주장을 내세우긴 하지 만 기본 교리에 근본적인 차이가 있는 교파들을 보면, 오히려 그 모 두를 부정하고 싶은 마음이 든다(진정한 신자가 아닌 사람에게는). 하지 만 몇 가지 다중 우주를 살펴보면서 여러분이 직접 판단해보라. 자연 히 나도 내 생각을 일부 내비칠 것이다.

✦

퀼트 다중 우주부터 시작해보자. 사실, 이것은 진정한 다중 우주가 아니라, 너무나도 거대한 우주여서 거기에 거주하는 존재들이 전체 우주 중 일부밖에 보지 못할 뿐이다. 그런데 부분들은 겹친다. 퀼트 다중 우주는 공간이 무한하거나 적어도 상상할 수 없을 정도로 광대해야 한다(어쨌든 관측 가능한 우주보다 훨씬 커야 한다). 이 개념을 양자역학의 별개적 속성과 결합하면 흥미로운 결과가 생긴다. 관측 가능한 우주에서 가능한 양자 상태의 수는 비록 아무리 어마어마하다 하더라도 유한하다. 관측 가능한 우주는 유한하게 많은 일을 할 수 있을 뿐이다.

문제를 단순하게 만들기 위해 무한 우주를 생각해보자. 쪽모이 퀼트처럼 그것을 개념적으로 조각조각 잘라보자. 각각의 조각은 관측 가능한 우주를 포함할 만큼 충분히 크다. 크기가 같은 조각들은 가능한 양자 상태의 수도 동일하다. 이것들을 조각 상태patch-state라고 부르기로 하자. 무한 우주는 각자 유한한 수의 상태를 가진 조각을 무한히 많이 포함하고 있으므로, 적어도 하나의 조각 상태는 무한히 자주 나타날 것이다.[3] 양자역학의 무작위적 속성을 고려하면, '모든' 조각 상태는 무한히 자주 나타날 게 분명하다.

관측 가능한 우주와 같은 크기인 조각에서 조각 상태의 수는 약 $10^{10^{122}}$개이다. 즉, 1 다음에 0을 122개 쓴 다음에, 10을 그것과 같은 횟수만큼 곱한다고 생각해보라(이것을 집에서 할 생각은 하지 마라. 우리 우주에는 여기에 필요한 잉크나 입자를 만들 입자가 충분하지 않으며, 여러분이 이 일을 시작한 지 얼마 안 돼 우주가 먼저 끝날 것이다). 비슷한 논리로 '여러분'의 가장 정확한 복제는 약 $10^{10^{128}}$광년 떨어진 곳에 있다. 비교를 위해 말하자면, 관측 가능한 우주의 가장자리는 10^{11}광년 안에 있

우주를 계산하다

다.[4]

부정확한 복제는 배열하기가 더 쉽고 더 흥미롭다. 머리색만 다른 여러분의 복제나 성별만 다른 여러분의 복제 또는 이웃이나 다른 나라에 사는 여러분의 복제를 포함한 조각도 있을 수 있다. 혹은 여러분이 화성의 총리일 수도 있다. 이렇게 아주 조금만 다른 복제들은 정확한 복제보다 훨씬 많지만, 이것들은 여전히 아주 드문 편이다.

우리는 $10^{10^{128}}$광년은 차치하고라도 불과 몇 광년 떨어진 지역조차 방문하지 못하기 때문에, 이 이론을 과학적으로 검증하는 것은 불가능해 보인다. 여기서 조각의 정의는 겹치지 않는 조각들 사이의 인과적 연결을 배제하므로, 우리는 여기서 그곳으로 갈 수 없다. 어쩌면 일부 이론적 결과를 검증할 수는 있겠지만, 그럴 가능성은 아주 희박하며, 해당 추론이 바탕을 둔 이론에 달려 있다.

✦

풍경 다중 우주가 특별히 흥미로운 이유는 미세 조정이라는 골치아픈 우주론의 난제를 해결할 수 있기 때문이다.

그 개념은 단순하다. '어느 특정' 우주가 딱 알맞은 기본 상수들을 가질 확률은 아주 낮을지 몰라도, 우주를 충분히 많이 만든다면 그것은 장애물이 되지 않는다. 그 확률이 10^{47}이라고 하더라도, 우주를 10^{47}개 만든다면, 생명이 살기에 적합한 우주 하나가 나타날 확률을 1로 만들 수 있다. 그보다 더 많이 만든다면, 성공 확률은 더욱 높아진다. 그런 우주들(그리고 오직 그런 우주들에서만) 중 어딘가에서 생명이 탄생하고 진화하여 "왜 우리는 여기에 있을까?"라는 질문을 던지고, 그 가능성이 얼마나 낮은지 깨닫고는 깊이 고민하기 시작할 것이다.

얼핏 보면 이것은 약한 인류 원리weak anthropic principle처럼 보인다. 생명체가 "왜 우리는 여기에 있을까?"라는 질문을 던질 수 있는 우주는 그런 생명체가 여기에 존재하도록 만들 수 있는 우주뿐이다. 하지만 이 사실만으로는 문제를 완전히 해결할 수 없다는 것이 일반적인 견해이다. 이것은 다음과 같은 질문을 낳는다. 만약 우주가 딱 하나뿐이라면, 어떻게 그토록 확률이 희박한 선택을 할 수 있었을까? 하지만 풍경 다중 우주의 맥락에서는 이것은 아무 문제가 되지 않는다. 무작위적 우주를 충분히 많이 만든다면, 적어도 그중 한곳에서 생명이 틀림없이 나타날 것이다. 이것은 로또와 비슷하다. 어느 회차에 길 건너편에 사는 스미스 부인이 로또에 당첨될 확률은 1400만분의 1이었다(얼마 전에 변화가 일어나기 전까지 영국에서는). 하지만 수백만 명이 로또에 참여하기 때문에 '누군가' 로또에 당첨될 확률은 3회에 두 명이 나올 정도로 훨씬 커진다(3회에 한 번은 당첨자가 나오지 않는데, 그러면 그 회차의 당첨금은 다음 회로 이월되어 다음번의 당첨금과 합쳐서 지급된다).

풍경 다중 우주에서는 생명은 발행되는 복권을 모조리 다 구매함으로써 우주론 로또에 당첨된다. 끈 이론은 점 입자를 미소한 다차원 '끈'을 대체함으로써 상대성 이론과 양자역학을 통합하려는 시도이다. 이곳은 끈 이론을 자세히 설명하기에 적절한 장소는 아니지만, 끈 이론에는 큰 문제가 하나 있는데, 끈 이론을 조합할 수 있는 방법이 약 10^{500}가지나 있다.[5] 어떤 것은 우리 우주와 흡사한 기본 상수들을 만들어내지만, 대부분은 그렇지 않다. 특정 버전의 끈 이론을 마

우주를 계산하다

법과도 같이 골라낼 수 있는 방법이 있다면, 우리는 기본 상수들을 예측할 수 있을 테지만, 지금으로서는 한 버전을 다른 버전보다 선호해야 할 이유가 없다.

끈 이론 다중 우주는 한 번에 하나씩 모든 우주를 탐구할 수 있게 해준다―연속적 일부일처제와 비슷하게. 만약 여러분이 이론가의 손을 충분히 세게 흔든다면, 양자 불확정성 때문에 가끔 한 버전의 끈 이론이 다른 버전으로 바뀔 수 있고, 따라서 '그' 우주는 모든 끈 이론 우주들의 공간에서 주정뱅이 보행을 하게 된다. 상수들이 우리 우주의 상수들과 가까워지면, 생명이 진화할 수 있다. 마침 그런 기본 상수들은 블랙홀과 같은 특징들을 지닌, 수명이 아주 긴 우주들을 만든다. 따라서 연속적으로 변하는 우주는 흥미로운 장소들(우리 같은 존재가 살 수 있는) 부근을 서성이는 경향이 있다.

이것은 더 미묘한 질문을 낳는다. 생명을 위한 적합성과 수명은 왜 연관이 있는가? 리 스몰린Lee Smolin은 인플레이션 다중 우주에 대해 한 가지 답을 제안했다. 블랙홀을 통해 분기한 새 우주들이 자연 선택을 통해 진화해 생명을 가능하게 할 뿐만 아니라, 생명을 시작하게 하고 더 복잡하게 만들 만큼 충분한 시간을 제공하는 기본 상수들의 조합을 낳을 수 있다. 이것은 아주 근사한 생각이지만, 두 우주가 어떻게 서로 경쟁하여 다윈의 자연 선택이 작용하게 할 수 있는지 분명하지 않다.

풍경 다중 우주는 일리가 있지만, 루이스 캐럴Lewis Carroll의 말을 빌리면, 그것은 "굉장하지만 진부한 격언"이다.[6] 이것은 '어떤 것'이라도 설명할 수 있다. 완전히 다른 기본 상수들을 가진 우주에서 촉수가 7개 달린 준금속 사이버 생명체가 '자신의' 우주가 왜 존재하고, 준금속 사이버 생명체가 진화하도록 미세 조정되어 있는가라는 질문에 대해 정확하게 똑같은 이유를 생각할 수 있다. 어떤 이론이 가능한 모든 결과를 예측한다면, 그것을 어떻게 검증할 수 있을까? 그것을 정말로 과학적이라고 간주할 수 있을까?

조지 엘리스는 오래전부터 다중 우주 개념을 의심해왔다. 그는 인플레이션 다중 우주에 대해 쓰면서, 하지만 이것은 모든 종류의 다중 우주에 적용할 수 있다고 덧붙이면서 이렇게 말했다.[7]

다중 우주를 뒷받침하는 근거는 확정적인 것이 아니다. 기본적인 이유는 이 주장이 지닌 극단적인 유연성에 있는데…… 따라서 존재하는 단 하나의 우주를 설명하기 위해 관측할 수 없는 실체들이 엄청나게 많이(어쩌면 무한히) 존재한다고 가정하고 있다. 이것은 14세기의 영국 철학자 오컴의 윌리엄William of Ockham이 말한 "필요 없이 복잡하게 만들지 말라는" 제약에 결코 부합하지 않는다.

엘리스는 좀더 긍정적인 말로 끝을 맺었다. "과학을 바탕으로 한 철학적 추측에는 아무 잘못이 없는데, 다중 우주 주장이 바로 그런 것이다. 하지만 우리는 그것을 합당한 이름으로 불러야 한다."

✦

양자 다중 우주는 나온 지 가장 오래된 버전의 다중 우주 모형인데, 이것이 나온 건 다 에르빈 슈뢰딩거Erwin Schrödinger 탓이다. 슈뢰딩거의 유명한 고양이를 알고 있는가? 우리가 상자 속을 들여다보기 전에는 살아 있는 동시에 죽어 있다는 그 고양이 말이다. 다른 다중 우주들과 마찬가지로 양자 다중 우주의 서로 다른 세계들은 동일한 시간과 공간에서 함께 공존한다. SF 작가들은 이 소재를 아주 좋아한다.

독립적인 공존이 가능한 이유는 양자 상태들이 '중첩'될 수 있기 때문이다. 고전 물리학에서 수면파도 이와 비슷한 행동을 한다. 두 파열波列(일정한 간격으로 연속되는 파동)이 서로 교차할 때, 마루들은 합쳐져서 더 높은 마루를 만드는 반면, 골과 마루가 만나면 상쇄되어 사라진다. 그런데 양자 영역에서는 이 효과가 더욱 강하게 나타난다. 예를 들면, 입자는 시계 방향이나 반시계 방향으로 돌 수 있다(여기서는 단순화시켜 이야기하고 있지만, 여러분은 핵심을 잘 이해하리라 믿는다). 이 상태들이 중첩되면, 입자들은 상쇄되지 '않는다'. 대신에 동시에 양 방향으로 도는 입자가 생긴다.

계가 이렇게 중첩된 상태들 중 하나에 있을 때 측정을 해보면, 놀라운 일이 일어난다. 확실하게 결정된 결과가 나오는 것이다. 이것은 양자론의 초기 개척자들 사이에 많은 논쟁을 야기했는데, 이 문제는 덴마크에서 열린 회의에서 해결되었다. 대부분의 참석자는 계를 관찰하는 행위가 그 상태를 어느 한 성분으로 '붕괴'시킨다는 데 동의했다. 이것을 코펜하겐 해석이라 부른다.

슈뢰딩거는 이에 완전히 만족하지 못하고, 그 이유를 설명하는 사고 실험을 만들어냈다. 아무것도 침투할 수 없는 상자 속에 고양이를 집어넣고, 그와 함께 방사성 원자와 독가스 병과 망치도 집어넣는다. 그리고 원자가 방사성 붕괴가 일어나 입자를 방출하면, 망치가 병을 깨 독가스가 새어나와 고양이가 죽도록 장치를 꾸민다. 고양이를 이런 장치와 함께 넣어두고 기다린다.

시간이 얼마 지나고 나서 다음 질문을 던져보자. 고양이는 죽었을까 살아 있을까?

고전(즉, 비양자) 물리학에서 고양이는 죽었거나 살았거나 둘 중 하나이지만, 상자를 열기 전에는 어느 쪽인지 알 수 없다. 양자물리학에서 방사성 원자의 상태는 '붕괴된 상태'와 '붕괴되지 않은' 상태가 중첩돼 있으며, 우리가 상자를 열어 그 상태를 확인하기 전까지는 계속 그 상태로 머물러 있다. 그랬다가 우리가 확인하는 순간, 원자의 상태는 즉각 붕괴하여 어느 한쪽으로 결정된다. 슈뢰딩거는 상호 작용하는 양자 입자들의 거대한 계로 간주할 수 있는 고양이에게도 똑같은 논리가 적용된다고 지적했다. 상자 안의 장치는 원자가 붕괴하지 않았을 때에는 고양이를 살아 있게 하지만, 붕괴하면 고양이를 죽게 만들도록 돼 있다. 따라서 고양이는 살아 있는 동시에 죽어 있어야 한다……. 우리가 상자를 열어서 고양이의 파동함수를 붕괴시킨 결과가 어느 쪽인지 확인하기 전까지는.

1957년, 휴 에버렛Hugh Everett은 비슷한 추론을 우주 전체에 적용해 이것이 파동함수가 붕괴하는 방식을 설명할 수 있다고 주장했다. 브라이스 디윗Bryce DeWitt은 나중에 에버렛의 제안을 양자역학의 다세계 해석many-worlds interpretation이라고 불렀다. 이것은 고양이 사고 실험을 연장하여 우주 자체도 가능한 모든 양자 상태들의 결합으로 본다. 하지만 이번에는 상자를 열 방법이 없는데, 우주 밖에는 아무것도 없기 때문이다. 따라서 우주의 양자 상태를 붕괴시킬 수 있는 것은 아무것도 없다. 하지만 내부 관찰자는 그 구성 상태 중 하나의 일부이고, 따라서 우주의 파동함수에서 그에 해당하는 부분만 볼 수 있다. 살아 있는 고양이는 붕괴하지 않은 원자를 보는 반면, 죽어 있는 평행 고양이는……. 음, 그것에 대해서는 조금 더 생각해봐야겠다.

요컨대, 각각의 평행 관찰자는 모두 공존하지만 서로 다른 상태에 존재하는 수많은 평행 세계들 중 단 하나에만 살고 있는 자신을 본다. 에버렛은 코펜하겐의 닐스 보어를 찾아가 이 개념을 이야기했지만, 보어는 우주의 양자 파동함수가 붕괴하지 않고 붕괴할 수 없다는 주장에 분노했다. 보어뿐만 아니라 비슷한 생각을 가진 동료들도 에버렛이 양자역학을 제대로 이해하지 못한다고 판단했고, 무례한 어투로 그렇게 말했다. 에버렛은 그 방문이 "처음부터 불행한 결말이 예정돼" 있었다고 표현했다.

이것은 비록 수학적으로 분별 있는 방식으로 기술할 수 있긴 하지만, 아주 흥미로운 개념이다. 이해를 쉽게 하기 위해 다세계 해석을 역사적 사건으로 표현하려는 무리한 시도가 종종 있는데, 이것도 별 도움이 되지 않는다. 여러분과 내가 관찰하는 구성 우주에서 히틀러는 제2차 세계 대전에서 패배했다. 하지만 히틀러(음, 아무도 그렇게 이야기하지 않지만, 실제로는 완전히 다른 히틀러)가 전쟁(음, 이것도 다른 전쟁……)에서 승리를 거두고, 그런 우주에 사는 자신을 인식하는 여러분과 나의 버전이 있는 평행 우주도 있다. 혹은 우리가 전쟁에서 죽거나 태어나지 않았을 수도 있다…….

많은 물리학자들은 우주가 '실제로 그렇다고' 주장하며, 증명할 수도 있다고 한다. 그리고 전자를 대상으로 한 실험을 소개한다. 더 최근에는 분자를 대상으로 한 실험도 언급한다. 하지만 슈뢰딩거의 의도는 고양이가 전자가 아니라는 사실을 지적하려는 것이었다. 양자역학적 계로 간주할 때, 고양이는 정말로 어마어마한 수의 양자 입자들로 이루어져 있다. 단 하나 혹은 10개 혹은 심지어 10억 개의 입자를 대상으로 한 실험은 고양이에 대해 아무것도 알려주지 않는다. 우주는 말할 것도 없다.

슈뢰딩거의 고양이 이야기는 물리학자들과 철학자들 사이에서 널리 퍼져나가면서 온갖 종류의 보충 질문과 함께 방대한 연구 논문을 양산했다. 상자 안에 무비 카메라도 함께 넣어 그 과정을 촬영했다가 나중에 보면 어떨까? 하지만 이 방법은 아무 소용이 없다. 상자를 열기 전에는 카메라가 '죽은 고양이를 촬영한' 상태와 '살아 있는 고양이를 촬영한' 상태가 섞여 있을 것이기 때문이다. 고양이는 자신의 상태를 관찰할 수 없는가? 살아 있다면 관찰할 수 있고, 죽었다면 관찰할 수 없다. 하지만 외부 관찰자는 여전히 상자를 열 때까지 기다려야 한다. 고양이에게 휴대전화를 주면 어떨까? 아니, 이것은 어리석은 짓인데, 이것 역시 중첩을 일으킬 것이다. 어쨌든 이 상자는 아무것도 침투할 수 없다. 반드시 그래야만 하는데, 그러지 않으면 밖에서 고양이의 상태를 추정할 수 있기 때문이다.

침투가 아예 불가능한 상자는 실제로는 존재하지 않는다. 불가능한 것을 가정한 사고 실험은 얼마나 유효할까? 방사성 원자를 폭발하거나 폭발하지 않는 원자폭탄으로 대체한다고 상상해보자. 같은 논리를 적용하면, 우리가 상자를 열기 전까지는 원자폭탄이 폭발했는지 폭발하지 않았는지 알 수 없다. 자신이 그 안에 든 핵무기를 폭발하게 만들기 전까지는 아무 탈 없이 가만히 있는 폭탄 상자 같은 게 있다면, 군부는 그것을 손에 넣으려고 혈안이 될 것이다.

어떤 사람은 거기서 더 나아가 오직 인간(혹은 적어도 지적) 관찰자만이 그런 효과를 일으킬 수 있다고 주장하는데, 고양이 종족에게는 아주 모욕적인 발언이다. 어떤 사람들은 우주가 우리를 존재하게 한 이유는 우리가 우주를 관찰함으로써 그 파동함수를 붕괴시켜 '우주'를 존재하게 하기 위해서라고 주장한다. 우리가 여기에 존재하는 이유는 우리가 여기에 존재하기 때문에 우리가 여기 존재하기 때문이다.

✦

이 놀라운 인과 전도는 인간성의 중요성을 격상시키지만, 보어가 에버렛의 이론을 일축하게 만든 특징을 무시한다. 그 특징은 다세계 해석에서는 우주의 파동함수가 붕괴하지 '않는다'는 것이다. 이것은 코페르니쿠스의 원리에 위배되며, 오만의 냄새를 풍긴다. 이것은 또한 핵심을 간과한 것이기도 하다. 슈뢰딩거의 고양이 수수께끼는 관찰자가 아니라 관찰에 관한 것이다. 그리고 관찰을 했을 때 어떤 일이 일어나는지를 이야기하는 것도 아니다. 그것은 단지 관찰이 어떤 것인지만 말할 뿐이다.

양자역학의 수학적 형식주의는 두 가지 측면이 있다. 하나는 양자 상태의 모형을 만드는 데 사용되고 잘 정의된 수학적 성질을 지닌 슈뢰딩거 방정식이다. 또 하나는 관찰을 표현하는 방법이다. 이론에서 이것은 수학적 함수로 나타난다. 양자계를 함수에 집어넣으면, 그 상태(관찰의 결과)가 반대쪽 끝에 나타난다. 로그함수에 2를 집어넣으면, $\log 2$가 나타난다. 이것은 아주 말끔하지만, 실제로는 계의 그 상태가 훨씬 더 복잡한 양자계인 측정 장비의 상태와 상호 작용하는 일이 일어나게 된다. 이 상호 작용은 너무 복잡해서 수학적으로 자세히 연구할 수 없으므로, 이것은 하나의 말끔한 함수로 환원된다고 가정한다. 하지만 실제로 그런 일이 일어난다고 생각해야 할 이유는 전혀 없고, 그렇지 않을 것이라고 의심할 이유는 차고 넘친다.

여기서 우리는 정확하지만 다루기 힘든 측정 과정의 양자론적 표현과 '임시적으로' 추가한 가상 함수 사이의 부조화에 맞닥뜨리게 된다. 기이하고 상충되는 해석들이 나오는 것도 전혀 이상한 일이 아니다. 대체로 눈에 띄지 않긴 하지만, 양자론 전체에서 비슷한 문제들이 나타난다. 모든 사람들은 방정식과 그것을 푸는 데에만 주의를 집중한다. 장비나 관측을 나타내는 '경계 조건'에는 아무도 신경을 쓰지 않는다.

원자폭탄이 든 상자가 좋은 예이다. 또 다른 예는 절반만 은 도금된 거울인데, 이 거울은 일부 빛을 반사하는 반면, 나머지 빛을 통과시킨다. 양자 실험과학자들은 이 장비를 좋아하는데, 이것이 한 줄기의 광자들을 받아들여 무작위로 두 방향으로 쪼개는 빔 분할기 역할을 하기 때문이다. 우리가 시험하고 싶은 것을 광자들이 하게 한 뒤에 그것들을 다시 결합시켜 어떤 일이 일어났는지 비교한다. 양자역학 방정식에서 절반만 은 도금된 거울은 광자를 50%의 확률로 직각 방향으로 내보내는 것 외에는 광자에 아무 영향도 미치지 않는 딱딱한 물체이다. 이것은 마치 때로는 공을 완전히 탄성적으로 튀어나가게 했다가 때로는 사라져서 공이 곧장 지나가도록 하는 당구대의 쿠션과 비슷하다.

하지만 실제로 절반만 은 도금된 거울은 은 원자들이 유리판 위에 흩어져 있는 거대한 양자계이다. 거울에 들어오는 광자는 은 원자 속의 한 아원자 입자에 충돌해 튀어나가거나 거울 속으로 파고든다. 광자는 단지 직각 방향뿐만 아니라 어떤 방향으로도 튀어나갈 수 있다. 은 원자들의 층은 얇지만 원자 하나보다는 훨씬 두껍기 때문에, 광자는 더 깊은 곳에 있는 은 원자에 충돌할 수도 있다. 유리의 혼란스러운 원자 구조는 따지지 말기로 하자. 이 모든 상호 작용들을 합치면, 기적처럼 광자는 반사돼 나가거나 아무 변화 없이 거울을 통과한다 (다른 가능성들도 존재하지만, 아주 드물게 일어나기 때문에 무시해도 된다). 따라서 현실은 당구공과 같지 않다. 그것은 광자 자동차를 몰고 북쪽에서 도시로 진입하면서 수천 대의 다른 차들과 상호 작용이 일어나도록 한 뒤에 기적처럼 남쪽이나 동쪽으로 무작위로 나아가는 것에 더 가깝다. 이 복잡한 상호 작용계는 말끔한 모형에서는 무시된다. 그리고 우리가 가진 것은 모호한 광자와 무작위로 광자를 반사하는 딱딱한 거울뿐이다.

물론 나는 이것이 하나의 모형이고, 제대로 성립하는 것처럼 보인다는 사실을 안다. 하지만 오로지 슈뢰딩거 방정식만 사용할 뿐이라고 주장하면서 이런 종류의 이상화를 계속 추가할 수는 없다.

✦

더 최근에 물리학자들은 비현실적인 고전적 구속 조건을 가정하는 대신에 진정한 양자역학적 관점에서 양자 차원의 관찰에 대해 깊이 생각해보았다. 거기서 발견한 것은 전체 문제를 훨씬 합리적인 시각에서 바라보게 해주었다.

첫째, 나는 슈뢰딩거의 고양이 같은 상태 중첩이 실험실에서 점점 큰 양자계들을 대상으로 만들어졌다는 사실을 인정하지 않을 수 없다. 그런 사례를 크기순으로 나열하면, 광자, 베릴륨 이온, 벅민스터 풀러렌 분자(탄소 원자 60개가 절단된 정이십면체 우리 모양으로 배열된), 초전도 양자 간섭 장치superconducting quantum interference device(SQUID)의 전류(수십억 개의 전자로 이루어진) 등이 있다. 수조 개의 원자로 만든 압전 소리굽쇠도 진동 상태와 비진동 상태의 중첩에 놓였다. 아직 고양이까지 이르지는 못했지만, 이 정도만 해도 괄목할 만하고 직관에 반하는 결과이다. 살아 있는 생물을 향해 점점 더 가까이 다가가는 연구가 일어나면서 오리올 로메로-이사르트Oriol Romero-Isart 와 그 동료들은 2009년에 슈뢰딩거의 인플루엔자 바이러스를 만들자고 제안했다.[8] 바이러스를 진공 속에 넣고 바이러스의 최저 에너지 양자 상태까지 냉각시킨 뒤, 레이저를 쬐어준다. 인플루엔자 바이러스는 그런 처리에서 살아남을 만큼 충분히 강인하지 못하므로, 결국 그 상태와 에너지가 더 높은 들뜬 상태가 중첩되는 상황에 이를 것이다.

이 실험은 아직까지 실행에 옮겨지지 않았지만, 설사 누군가 이 실험에 성공한다 하더라도, 바이러스는 고양이가 아니다. 대규모 물체의 양자 상태들은 전자나 SQUID 같은 소규모 물체의 양자 상태들과는 다른데, 큰 계의 상태 중첩은 훨씬 더 취약하기 때문이다. 전자를 시계 방향 스핀과 반시계 방향 스핀이 중첩되게 만들어놓고, 그것을 바깥 세계와 격리시킴으로써 거의 항구적으로 그 상태로 놓아둘 수 있다. 하지만 고양이에게 그러려고 하면, 중첩이 깨어지면서 그 섬세한 수학적 구조가 금방 분해되고 만다. 계가 복잡할수록 중첩은 더 빨리 깨어진다. 심지어 양자 모형에서도 관찰할 수 없을 정도로 짧은 시간 동안 보지 않는 한, 고양이는 고전적인 물체처럼 행동한다. 슈뢰딩거의 고양이의 운명은 고모에게서 받은 크리스마스 선물이 상자를 열기 전에 무엇인지 알 수 없는 것보다 더 불가사의하지 않다. 물론 고모는 늘 양말 아니면 스카프를 보내지만, 그렇다고 해서 그 선물이 이 두 가지가 중첩된 상태라는 이야기는 아니다.

우주의 양자 파동함수를 인간 이야기들(히틀러가 이겼거나 졌거나 하는)의 중첩으로 분석하는 것은 언제나 터무니없는 것이다. 양자 상태들은 인간의 이야기를 들려주지 않는다. 만약 우리가 우주의 양자 파동함수를 볼 수 있다면, 히틀러를 집어낼 수 없을 것이다. 히틀러를 이루는 입자들조차도 그의 머리카락이 빠지거나 외투에 먼지가 앉거나 할 때마다 계속 변할 것이다. 이와 마찬가지로 고양이의 양자 파동함수로부터 고양이가 살아 있는지 죽었는지 혹은 선인장으로 변했는지 알 수 있는 방법은 없다.

✦

심지어 양자역학의 틀 안에서도 슈뢰딩거의 고양이 역설을 대하는 통상적인 접근법에는 수학적 문제가 있다. 2014년, 자이코프 푹존Jaykov Foukzon과 알렉산데르 포타포프Alexander Potapov, 스타니슬라브 포도세노프Stanislaw Podosenov[9]는 새로운 상보적 접근법을 개발했다. 이들의 계산은 고양이가 중첩 상태에 '있을' 때조차도 상자를 열었을 때 관찰되는 상태는 '확실하고 예측 가능한 측정 결과'를 가진다고 시사한다. 그들은 "[다른] 의견들과는 반대로 그 결과를 '보는' 것은 관찰자에게 이미 일어난 일이 무엇인지 알려주는 것 외에는 아무것도 변화시키지 않는다"라고 결론 내렸다. 다시 말해서, 누가 상자를 열기 전에 고양이는 이미 살아 있거나 죽어 있다는 것이다. 다만 외부 관찰자는 그 단계에서 어느 쪽인지 알지 못할 뿐이다.

이들의 계산에서 핵심은 미묘한 구별이다. 고양이의 중첩 상태는 통상적으로 다음과 같이 표현한다.

$$|\text{고양이}\rangle = |\text{살아 있는}\rangle + |\text{죽은}\rangle$$

여기서 $|\,\rangle$는 양자물리학자들이 특정 종류의 상태를 나타낼 때 쓰는 기호인데,[10] '~의 상태'라고 읽으면 된다. 여기서 나는 상태에 곱하는 일부 상수(확률 진폭)는 생략했다.

하지만 이 공식은 양자 상태의 시간에 따른 진화와 일치하지 않는다. 파동함수의 붕괴를 분석하는 수학적 방법[11]인 기라르디-리미니-베베르Ghirardi-Rimini-Weber 모형은 시간을 명시적으로 도입할 것을 요구한다. 인과 관계는 서로 다른 시간에 일어나는 상태들의 결합을 금지하므로, 그 상태를 다음과 같이 표현해야 한다.

$$|\text{시간 } t \text{에서의 고양이}\rangle = |\text{시간 } t \text{에서 살아 있는 고양이와}$$
$$\text{시간 } t \text{에서 붕괴하지 않은 원자}\rangle$$
$$+ \,|\text{시간 } t \text{에서 죽은 고양이와}$$
$$\text{시간 } t \text{에서 붕괴한 원자}\rangle$$

양자론의 전문 용어를 사용해 표현한다면, 이것은 '얽힌' 상태이다. 이것은 '살아 있는 고양이'와 '붕괴하지 않은 원자' 같은 '순수한'

우주를 계산하다

상태들이 중첩된 것이 아니다. 대신에 고양이 상태'와' 원자 상태가 혼합된 상태들의 중첩으로, 짝지어진 고양이/원자 '계'의 붕괴된 상태를 나타낸다. 이것은 우리가 상자를 열기 전에 원자가 이미 붕괴하여 (완전히 예측 가능하게) 고양이를 죽였는지, 아니면 원자가 붕괴하지 않아 고양이를 죽이지 않았는지 알려준다. 이것은 관찰 과정의 고전적 모형에서 예상할 수 있는 것이고, 역설적인 게 아니다.

2015년, 이고르 피코프스키Igor Pikovski와 마그달레나 지흐Magdalena Zych, 파비오 코스타Fabio Costa, 차슬라브 브루크너르Časlav Brukner는 새로운 성분을 도입해 중력이 중첩의 분해를 더 빠르게 한다는 사실을 발견했다. 그 이유는 상대론적 시간 지연(블랙홀 사건의 지평선에서 시간을 얼어붙게 하는 효과)에 있다. 약한 중력장 때문에 생기는 아주 미소한 시간 지연조차도 양자 중첩에 간섭한다. 따라서 중력은 슈뢰딩거의 고양이를 거의 즉각 '살아 있는' 상태나 '죽은' 상태로 붕괴시킨다. 상자가 중력을 통과시키지 않는다고 가정하지 않는 한은 그렇다. 하지만 그런 물질은 존재하지 않기 때문에, 상자 안에 중력이 작용하지 않는 일은 일어나기 어렵다.

슈뢰딩거의 고양이와 이와 밀접한 관련이 있는 양자역학의 다세계 해석에 대해서는 아마도 양자물리학자들의 수보다 더 많은 관점이 있을 것이다. 나는 이 역설을 해결하기 위한 시도를 몇 가지만 논의했는데, 이것들은 양자 다중 우주가 기정사실이 결코 아님을 시사한다. 그러니 이 우주와 평행인 어느 곳에 히틀러가 승리를 거둔 세계에서 또 다른 자신이 살고 있는 또 다른 우주가 있지 않을까 염려하지 않아도 된다. 그런 우주는 '가능'할지 모르지만, 양자역학은 그것이 사실이라고 믿을 만한 설득력 있는 근거를 제공하지 않는다.

하지만 광자에게는 이런 일이 일어난다. 이것조차도 아주 놀라운 일이다.

✦

이제쯤 여러분은 내가 다중 우주에 상당히 회의적인 견해를 가졌다는 사실을 알았을 것이다. 나는 그 수학을 사랑하고, 다중 우주는 상상력이 넘치는 SF 이야기를 만들어내지만, 근거 없는 가정을 너무 많이 포함한다. 내가 이야기한 다양한 버전들 중에서 풍경 다중 우주는 다른 버전들보다 유리한 점이 있어서 눈길을 끈다. 풍경 다중 우주가 실제로 존재한다는(이것이 무엇을 의미하건) 증거가 있어서 그런 게 아니라, 도저히 불가능해 보이는 기본 상수들의 미세 조정 문제를 해결하는 것처럼 보이기 때문이다.

이 이야기가 나왔으니 마침내 네 번째 선택지를 소개할 때가 되었다.

풍경 다중 우주는 철학적 과잉이다. 이것은 우주론적으로 미미한 존재인 일부 인간들을 어리둥절하게 하는 단 하나의 문제를 해결하려고 애쓰는데, 인간의 경험을 완전히 초월하는 엄청나게 방대하고 복잡한 대상을 가정함으로써 그렇게 한다. 이것은 나머지 광대한 우주가 중심에 고정된 지구 주위를 하루에 한 바퀴씩 돈다는 지구 중심적 우주론과 같다. 초기 단계 때부터 인플레이션을 연구한 물리학자 폴 스타인하트Paul Steinhardt는 인플레이션 다중 우주에 대해서도 다음과 같이 비슷한 견해를 밝혔다.[12] "우리가 볼 수 있는 단 하나의 단순한 우주를 설명하기 위해 인플레이션 다중 우주 가설은 우리가

우주를 계산하다

볼 수 없는 임의적인 복잡성을 지닌 무한히 다양한 우주들을 가정한다."

미세 조정이 왜 일어나는지 우리가 모른다고 인정하는 편이 훨씬 간단할 것이다. 하지만 어쩌면 그렇게까지 할 필요도 없을지 모르는데, 또 다른 가능성이 있기 때문이다. 즉, 미세 조정 문제는 지나치게 과장되었고, 실제로는 존재하지 않는다는 것이다. 이것이 네 번째 선택지이다. 만약 이 주장이 옳다면, 다중 우주는 불필요한 거품이다.

이 추론은 생명이 살기에 적절한 기본 상수들의 조합을 얻을 확률이 10^{-47}이라는 미세 조정의 증거를 더 자세히 분석한 결과에 바탕을 두고 있다. 이 계산에는 대단한 가정이 일부 필요하다. 그중 하나는 우주를 만드는 방법은 26개의 상수를 선택해 현재 우리의 방정식들에 대입하는 방법뿐이라는 것이다. 수학적으로 이 상수들이 자신의 일반적인 수학적 형태에 영향을 미치지 않으면서 방정식을 변경시키는 수치적 '매개변수' 역할을 하는 것은 사실이다. 그리고 각각의 변경은 우주를 정의하는 방정식들의 집단을 낳는다. 하지만 우리는 실제로는 그것을 알지 못한다. 우리는 변경된 우주를 본 적이 전혀 없다.

수학자인 나는 암암리에 방정식들에 포함되었지만 우리 우주에서는 그 값이 0이기 때문에 표현되지 않은 그 밖의 많은 매개변수들에도 마음이 쓰인다. 이것들은 왜 변할 수 없겠는가? 다시 말해서, 현재 우리가 집어넣는 것들과는 다른 여분의 항들을 방정식들에 집어넣으면 어떻게 될까? 이런 종류의 항을 하나 추가할 때마다 설명해야 할 미세 조정 문제가 더 생겨난다. 우주의 상태는 왜 1977년에 런던의 스미스필드 시장에서 팔린 소시지 수에 좌우되지 '않을까?' 혹은 아직 과학계에 알려지지 않은 카르마부미장의 3계 도함수에 좌우되지 않을까?

오, 이런! 그 값이 이 우주에서 발견되는 것과 아주 가까워야만 하는 상수가 2개 더 생기지 않았는가?

대체 우주를 만드는 방법이 현재 인기를 끄는 모형 방정식들에서 알려진 기본 상수들을 바꾸는 것밖에 없다고 생각한다면, 상상력이 아주 빈약한 것이다. 그것은 16세기에 남태평양의 어느 섬에 살던 주민이 농업을 개선하는 방법은 더 나은 종류의 코코넛을 재배하는 것밖에 없다고 상상한 것과 비슷하다.

하지만 미세 조정을 열렬하게 추종하는 사람들의 말을 믿어주어 이 특별한 가정을 당연한 것으로 받아들이기로 해보자. 그렇다면 10^{-47}이 중요한 의미를 지니게 되고, 설명이 필요하게 될까? 이 질문에 대답하려면, 그 계산을 좀더 자세히 살펴볼 필요가 있다. 대략적으로 말하면, 그 방법은 단 하나만 제외하고 나머지 모든 기본 상수를 고정시킨 뒤, 이 특정 상수가 변할 때 어떤 일이 일어나는지 살펴보는 것이다. 그리고 현실 세계에서 중요한 현상, 예컨대 원자 같은 것을 선택해 그 상수의 새로운 값이 원자의 표준적인 기술에 어떤 영향을 미치는지 살펴본다. 오, 그랬더니 상수에 일어난 변화가 아주 작지 않은 한, 통상적인 원자의 수학은 무너지고 마는 게 아닌가!

이번에는 다른 기본 상수를 가지고 똑같이 해보자. 이번 상수는 별에 영향을 미치는 것일 수도 있다. 나머지 상수들은 이 우주에서 가진 값을 그대로 유지하게 하고, 이 하나의 상수만 변화시킨다. 이번에는 '이' 상수에 일어난 변화가 아주 작지 않은 한, 전통적인 별 모형이 성립하지 않는다. 종합하면, 어떤 상수라도 아주 작은 범위를

우주를 계산하다

벗어나 변화시키면, '뭔가'가 잘못되는 일이 일어난다. 결론: 우리 우주의 중요한 특징들을 지닌 우주를 만드는 방법은 오로지 이 우주와 아주 비슷한 상수들을 사용하는 것밖에 없다. 그 확률을 계산하면, 10^{-47}이라는 수가 펑 하고 튀어나온다.

이것은 아주 그럴듯하게 들리는데, 계산에 포함된 인상적인 물리학과 수학을 고려하면 특히 그렇다. 코언과 나는 1994년에 《카오스의 붕괴The Collapse of Chaos》에서 이와 유사한 주장을 펼치면서 개념적 오류를 더 분명하게 드러냈다. 자동차, 예컨대 포드 피에스타를 생각해보라. 자동차의 일부 부품, 예컨대 엔진을 결합시키는 볼트를 생각해보자. 만약 '나머지 모든 것은 그대로 두고' 볼트의 지름을 변화시키면, 어떤 일이 일어날까? 만약 볼트가 너무 두껍다면 제 구멍에 들어가지 않을 것이고, 너무 가늘다면 느슨해져서 빠질 것이다. 결론: 성공적인 자동차를 만들려면, 볼트의 지름이 포드 피에스타에서 발견되는 것과 아주 가까워야 한다. 바퀴(바퀴를 더 크게 하면 타이어가 맞지 않는다), 타이어(타이어를 더 크게 하면 바퀴에 들어맞지 않는다), 점화 플러그, 기어의 각 톱니바퀴 등등에도 똑같이 이야기할 수 있다. 이 모든 것을 종합하면, 자동차를 만드는 데 필요한 부품들을 제대로 선택할 확률은 10^{-47}보다 훨씬 작다. 심지어 바퀴조차 만들 수 없다.

특히 만들 수 있는 자동차는 딱 하나밖에 없고, 그것은 포드 피에스타여야 한다.

하지만 길가에 서서 지나가는 차들을 보라. 폭스바겐, 도요타, 아우디, 닛산, 푸조, 볼보 등 온갖 종류의 차들이 지나간다.

그렇다면 뭔가가 잘못된 게 분명하다.

잘못은 상수들을 '한 번에 하나'씩만 변화시키는 데 있다.

자동차를 만든다면, 제대로 된 설계를 가지고 시작했다가 너트는 그대로 내버려둔 채 볼트 크기를 싹 바꾸는 짓은 절대로 하지 않을 것이다. 혹은 바퀴는 그대로 내버려둔 채 타이어 크기만 싹 바꾸는 짓은 하지 않을 것이다. 그건 미친 짓이다. 한 요소의 사양을 바꾸면, 자동적으로 다른 요소들에도 연쇄적인 효과가 미치게 된다. 제대로 된 자동차 설계를 새로 만들려면, '많은' 것을 조화롭게 변화시켜야 한다.

미세 조정을 비판하는 이 견해에 대한 한 가지 반응은 "오, 하지만 여러 상수를 바꾸면, 계산이 훨씬 더 어려워지지 않나요?"로 요약할 수 있다. 그건 그렇다. 그렇다고 해서 '틀린' 걸 알면서도 단순한 계산을 정당화할 수는 없다. 은행에 가서 자기 계좌의 잔고를 물었는데, 직원이 "죄송합니다. '당신'의 잔고를 찾기가 무척 어렵군요. 하지만 존스 부인의 잔고는 142파운드예요"라고 대답한다면, 여러분은 만족하겠는가?

미세 조정에 사용된 계산은 또한 아주 흥미롭고 중요한 질문을 무시하는 경향이 있다. 그 질문은 만약 일부 상수를 변화시켰을 때 전통적인 물리학이 성립하지 않는다면, '그 대신에' 어떤 일이 일어나느냐 하는 것이다. 어쩌면 다른 것이 비슷한 역할을 할지도 모른다. 2008년, 프레드 애덤스Fred Adams는 문제의 핵심을 차지하는 별의 생성에 관해 이 가능성을 검토했다.[13] (물론 별은 우주에 지능 생명체를 나타나게 하는 과정 중 일부에 지나지 않는다. 빅터 스텐저Victor Stenger는《미세 조정의 오류The Fallacy of Fine-Tuning》에서 그 밖의 여러 가지를 다룬다.[14] 결과는 동일한데, 미세 조정은 지나친 과장이라는 것이다.) 별의 생성에 중요한 상수는 중력 상수, 미세 구조 상수, 그리고 핵반응 비율을 지배하는 상수, 이렇게 딱 3개뿐이다. 나머지 23개는 미세 조정이 전혀 필요하지 않기 때문에, 아무 값을 택하더라도 이 맥락에서는 대세에 아무 지장이 없다.

그리고 나서 애덤스는 중요한 세 상수의 가능한 조합을 모두 살펴보면서 어느 것이 제대로 된 '별'을 만들어내는지 조사했다. 별의 정의를 우리 우주에서 나타나는 것과 정확하게 똑같은 특징들을 지닌 것으로 제한해야 할 이유는 전혀 없다. 만약 누군가 미세 조정에 따르면 별이 존재할 수 없지만, 별보다 1% 더 크고 약간 더 뜨겁지만 놀랍도록 별과 비슷해 보이는 천체는 존재할 수 있다고 말한다면, 여러분은 미세 조정에 별로 큰 관심을 갖지 않을 것이다. 그래서 애덤스는 별을 자체 중력으로 형태를 유지하고, 안정하고, 오랫동안 살아남고, 핵반응을 사용해 에너지를 만드는 물체로 정의한다. 그의 계산은 이런 의미의 별은 상당히 넓은 범위의 상수들에 대해 존재할 수 있음을 보여준다. 만약 우주를 만드는 존재가 상수들을 무작위로 선택한다면, 별을 만들 수 있는 우주를 얻을 확률이 25%나 된다.[15]

이것은 미세 조정이 아니다. 하지만 애덤스의 결과는 훨씬 더 강력하다. 더 기이한 물체들도 '별'로 간주하면 왜 안 되는가? 이들이 만드는 에너지로도 생명체 형태를 유지할 수 있다. 어쩌면 그 에너지는 블랙홀의 양자 과정이나 정상 물질을 없앰으로써 에너지를 만드는 암흑 물질 덩어리에서 나올 수도 있다. 이제 그 확률은 50%로 증가한다. 별에 관한 한, 우리 우주는 1000만×1조×1조×1조 대 1의 확률에 맞서 싸우는 것이 아니다. 우리 우주는 그저 '앞면'이라고 외쳤을 뿐이고, 기본 상수 동전을 던졌더니 바로 그렇게 나타났다.

── 에필로그

우주는 큰 장소이다. 아마도 가장 큰 장소일 것이다.

―킬고어 트라우트Kilgore Trout(필립 호세 파머 Philip José Farmer), 《조개껍데기 위의 비너스Venus on the Half-Shell》

우리의 수학 여행은 지구 표면에서 우주의 가장 바깥쪽 지역까지, 그리고 시간이 시작된 순간부터 우주가 끝날 때까지 안내했다. 이 여행은 초기 인류가 밤하늘을 바라보면서 저 위에서는 무슨 일이 일어날까 하고 궁금해하던 선사 시대 때부터 시작했다. 여행이 어디서 끝날지는 아직 알 수 없는데, 우주에 대해 더 많은 것을 알수록 이해하지 못하는 것이 더 많아지기 때문이다.

수학은 천문학을 비롯해 핵물리학, 천체물리학, 양자론, 상대성 이론, 끈 이론 같은 관련 분야들과 함께 나란히 발전해왔다. 과학은 질문을 던지고, 수학은 그 답을 알아내려고 노력한다. 때로는 그 반대가 되기도 하며, 수학적 발견은 새로운 현상을 예측한다. 중력과 운동의 법칙을 발견하려는 뉴턴의 노력은 미분방정식과 n체 문제를 발전시키는 계기가 되었다. 이것들은 다시 해왕성의 존재와 히페리온의 카오스적 공중제비를 예측하는 계산에 영감을 주었다.

그 결과, 수학과 과학(특히 천문학)은 각자 상대방의 새로운 개념들에 영감을 주면서 점점 더 정교해졌다. 고대 바빌로니아인이 행성의 운동을 관측해 기록하는 데에는 아주 정밀한 산술이 필요했다. 프톨레마이오스의 태양계 모형은 구와 원의 기하학에 기초했다. 케플러의 태양계 모형은 고대 그리스 기하학자들이 발견한 원뿔 곡선을 바탕으로 했다. 뉴턴이 이 모든 것을 보편적인 법칙으로 재공식화할 때, 복잡한 기하학을 사용해 그것을 제시했지만, 그의 생각은 미적분 방정식에 큰 도움을 받았다.

미분방정식 접근법은 복잡한 천문 현상을 다루는 데 더 적절한 것으로 드러났다. 천문학자들과 수학자들은 중력을 통해 상호 작용하는 두 물체의 운동을 이해하고 난 뒤, 이번에는 3개 이상의 물체를 포함하는 운동을 이해하려고 노력했다. 이 시도는 카오스적 동역학 때문에 좌절을 맛보았다. 사실, 카오스가 맨 먼저 나타난 것은 $2\frac{1}{2}$체 문제에서였다. 하지만 그래도 진전이 일어날 수 있었다. 푸앵카레의 개념은 위상수학이라는 완전히 새로운 수학 분야에 영감을 주었다. 푸앵카레 자신은 위상수학의 초기 발전에 중요한 역할을 했다. 위상수학은 매우 유연한 기하학이다.

"태양은 어떻게 빛을 낼까?"라는 단순한 질문이 판도라의 상자를 열었는데, 재래식 에너지원을 사용한다면 오래전에 다 타서 숯이 되고 말았으리라는 사실이 밝혀졌기 때문이다. 핵물리학 분야에서 일어난 발견은 별이 어떻게 빛과 열을 내는지 설명하며, 결국에는 우리 은하에 거의 모든 화학 원소들이 어떤 비율로 존재하는지 정확하게 예측하기까지 했다.

은하들의 동역학은 그 놀라운 모양들과 함께 새로운 모형과 통찰에 영감을 주었지만, 거대한 수수께끼도 내놓았다. 우주에 존재하는 대부분의 물질이 (우주론자들이 주장하는 것처럼) 지금까지 우리가 관찰한 것이나 입자가속기에서 만들어진 것과 완전히 다른 것이 아니라면, 그 회전 곡선이 뉴턴의 중력 법칙에 어긋나기 때문이다. 혹은 어쩌면 일부 수학자들이 의심하는 것처럼 문제는 물리학에 있는 게 아니라 부적절한 수학적 모형에 있는지도 모른다.

아인슈타인이 물리학에 혁명을 일으키고 그것을 중력에까지 확대하려고 했을 때, 또 다른 종류의 기하학이 그에게 큰 도움을 주었다. 그것은 바로 곡률에 대한 가우스의 급진적인 접근법에서 유래한 리만의 다양체 이론이었다. 그 결과로 나온 일반 상대성 이론은 수성 근일점의 세차에 나타나는 이상과 태양 옆을 지나가는 빛이 구부러지는 현상을 잘 설명한다. 일반 상대성 이론을 질량이 큰 별들에 적용했을 때, 그 해解에 나타난 이상한 수학적 특징은 블랙홀에 관심을 기울이게 하는 결과를 낳았다. 우주는 정말로 아주 기이해 보이기 시작했다.

일반 상대성 이론을 우주 전체에 적용하자, 더욱 기이한 일이 일어났다. 허블이 적색 이동이 일어난 은하들을 관측한 결과는 우주가 팽창하고 있음을 시사했고, 이에 르메트르는 폭발하는 우주 알, 즉 빅뱅 개념을 내놓았다. 빅뱅을 이해하려면 새로운 물리학과 수학, 그리고 강력한 새 계산 방법이 필요했다. 처음에는 완전한 답처럼 보였던 것이 추가 데이터가 나오면서 무너지기 시작했고, 그 결과로 인플레이션과 암흑 물질, 암흑 에너지라는 세 가지 추가 가정이 필요하게 되었다. 우주론자들은 이것들을 심오한 발견이라고 추켜세우는데, 이 이론들이 검증에서 살아남는다면 그럴 것이다. 하지만 각각의 가정은 나름의 문제를 지니고 있으며, 셋 중에서 그것이 성립하는 데 필요한 훨씬 광범위한 가정들의 독립적인 확인을 통해 입증된 것은 하나도 없다.

과학자들은 우주에 대한 이해를 끊임없이 수정하면서 개선하고 있고, 새로운 발견이 일어날 때마다 새로운 질문을 낳는다. 2016년 6월, NASA와 유럽우주기구는 허블 우주 망원경을 사용해 19개의 은하 안에 있는 별들까지의 거리를 측정했다. 애덤 리스Adam Riess가 이끈 팀은 초정밀 통계 방법을 사용해 허블 상수를 메가파섹당 초속 73.2km로 상향 조정하는 결과를 얻었다.[1] 이것은 우주가 전에 생각했던 것보다 5~9% 더 빠르게 팽창한다는 것을 의미한다. 표준 우주론 모형을 사용할 때, 이 수치는 WMAP와 유럽우주기구의 플랑크 위성이 관측한 우주 마이크로파 배경 복사 관측 결과와 더 이상 일치하지 않는다. 예상 밖의 이 결과는 암흑 물질과 암흑 에너지의 본질에 대해 새로운 단서를 제공할 수도 있지만, 이 중 어느 것도 존재하지 않으며, 우주에 대한 우리의 그림을 수정할 필요가 있음을 알려주는 신호일 수 있다.

물론 이것은 진짜 과학이 발전하는 방식이다. 세 걸음 전진했다가 두 걸음 후퇴하는 식이다. 수학자들은 논리적 거품 방울 안에서 살아가는 호사를 누린다. 그 안에서는 어떤 것이 참으로 증명되면, 그것은 '계속' 참으로 남는다. 해석과 증거는 변할 수 있지만, 훗날의 발견을 통해 정리가 참이 아닌 것으로 입증되는 일은 일어나지 않는다. 다만 정리가 현재의 관심사에는 쓸모없거나 부적절한 것이 될 수는 있다. 과학은 항상 잠정적이고, 현재의 증거가 뒷받침하는 만큼만 옳다. 그런 증거에 대해 과학자들은 '마음을 바꿀' 권리를 유보한다.

우리가 뭔가를 이해했다고 생각할 때에도 예상 밖의 문제들이 나타날 수 있다. 이론적으로는 우리 우주를 온갖 방식으로 변경한 우주도 이 우주만큼 일리가 있다. 계산 결과가 대부분의 변형 우주들에서 생명이나 심지어 원자조차 생길 수 없다고 시사하는 것처럼 보일 때, 미세 조정이라는 철학적 수수께끼가 무대에 웅장하게 등장했다. 이 수수께끼를 풀려는 시도들에서 비록 사변적이긴 해도 물리학자들이 지금껏 고안한 것 중에서 가장 상상력이 넘치는 개념들이 나왔다. 하지만 그 추론을 더 자세히 분석한 결과, 이 모든 문제가 괜히 우리의 주의를 엉뚱한 데로 끈 것으로 밝혀진다면, 이런 개념들은 모두 쓸데없는 것들이다.

이 책을 쓰는 데 주요 원동력이 된 것은 천문학과 우주론 분야에서 수학적 추론의 필요성과 그것이 거둔 놀라운 성공이다. 나는 인기 있는 이론들을 비판할 때조차도 먼저 전통적인 견해를 설명하고, 왜 그토록 많은 사람들이 그것을 지지했는지 그 이유를 밝히는 것부터 시작했다. 하지만 대안을 검토할 이유가 충분히 있을 때에는, 특히 그런 대안들이 진지하게 받아들여지지 않을 때에는, 나는 대안을 소개할 가치가 있다고 생각한다(설사 그것이 논란의 대상이 되거나 많은 우주론자들이 거부한다 하더라도). 나는 해결되지 않은 문제가 많이 남아 있는데도 우주의 수수께끼를 풀었다고 자신 있게 내세우는 주장들을 여러분이 받아들이길 원치 않는다. 반면에 나는 전통적인 해결책들도 설명하길 원한다. 이것들은 수학을 아름답게 적용한 사례들이고, 옳을 수도 있으며, 옳지 않다 하더라도 더 나은 해결책을 향해 나아가는 길을 닦는다.

대안들은 급진적인 것처럼 보일 때가 많다. 예컨대 빅뱅 같은 것은 없었고, 암흑 물질은 키마이라처럼 불가능한 상상에 불과하다는 주장들도 있다. 하지만 불과 수십 년 전만 해도 빅뱅이나 암흑 물질을 지지하는 사람은 거의 없었다. 지식의 최전선에서 연구하는 것은 언제나 힘든 일인데, 우리는 우주를 실험실에 설치할 수도 없고, 현미경 아래에 놓을 수도 없고, 증류를 해 구성 성분을 알아낼 수도 없고, 변형력을 가해 무엇이 부러지는지 알아볼 수도 없다. 우리는 추론과 상상력에 의지할 수밖에 없다. 그와 함께 비판적 능력도 발휘해야 하는데, 내가 일반적 통념을 반영하지 않은 개념들을 특별히 강조한 이유는 이 때문이다. 이것들 역시 과학적 과정의 유효한 일부이다.

우리는 얼마 전까지만 해도 완전히 타당한 것으로 보였지만 결국 틀린 것으로 드러난 이론들을 수십 가지 보았다. 지구가 우주의 중심이다. 지나가는 별이 태양에서 시가 모양의 질량을 끌어내 행성들이 만들어졌다. 수성보다 더 안쪽에서 태양 주위를 도는 행성이 있다. 토성에는 귀가 있다. 태양은 별들 중에서 유일하게 행성을 거느리고 있다. 우리은하는 우주의 중심에 정지해 있고, 그 주위에는 무한대의 진공이 둘러싸고 있다. 은하들의 분포는 반반하다. 우주는 항상 존재해왔지만, 성간 공간에서 새로운 물질이 만들어진다. 이 이론들은 각자 전성기에는 많은 지지를 받았고, 대부분은 그 당시 얻을 수 있는 최선의 증거에 기초한 것이었다. 그중에는 줄곧 아주 어리석은 것도 있었다. 과학자도 때로는 아주 이상한 생각을 하며, 증거를 믿는 대신에 군중 심리와 준종교적 열정에 휩쓸리기도 한다.

나는 오늘날 각광을 받는 이론들이 더 나은 운명을 맞이할 거라고 믿어야 할 이유를 찾을 수 없다. 어쩌면 달은 화성만 한 천체가 지구에 충돌해 만들어진 것이 아닐지도 모른다. 어쩌면 빅뱅은 일어나지 않았을지도 모른다. 어쩌면 적색 이동은 팽창 우주의 증거가 아닐지도 모른다. 어쩌면 블랙홀은 존재하지 않을지도 모른다. 어쩌면 인플레이션은 결코 일어나지 않았을지도 모른다. 어쩌면 암흑 물질은 실수일지도 모른다. 어쩌면 외계 생명체는 우리가 지금까지 맞닥뜨린 것과는, 심지어는 우리가 상상할 수 있는 것과는 아주 다를지도 모른다.

어쩌면 그럴 수도 있다.

어쩌면 그렇지 않을 수도 있다.

즐거움은 바로 그것을 알아내는 데 있다.

후주와 참고 문헌

프롤로그

1. 마스 오디세이호, 마스 익스프레스호, MRO, 마스 오비터 미션호, 메이븐호.

2. NASA가 보낸 오퍼튜니티호와 큐리오시티호. 탐사차 스피릿호는 2011년에 작동을 멈추었다.

3. "달을 향해 발사하겠다는 이 어리석은 생각은 사악한 전문화가 과학자를 얼마나 극단적인 어리석음의 단계까지 몰고 갈 수 있는지 보여주는 예이다. 탄도체가 지구의 중력에서 벗어나려면 초속 11.2km로 달려야 한다. 이 속도에서 발생하는 열에너지는 [그램당] 1만 5180칼로리이다. 따라서 이 제안은 기본적으로 불가능해 보인다."
   —알렉산더 비커턴(Alexander Bickerton), 화학 교수, 1926년.
   "나는 그 어떤 과학적 발전에도 불구하고, 인공 달 여행이 결코 일어나지 않을 것이라고 감히 말할 수 있다."
   —리 드포리스트(Lee De Forest), 전자공학 분야의 발명가, 1957년.
   "달에 간다는 환상적인 생각은 지구 중력 탈출이라는 도저히 극복할 수 없는 장애 때문에 전혀 가망이 없다."
   —포리스트 몰턴(Forest Moulton), 천문학자 1932년.

4. 〈뉴욕 타임스〉는 1920년의 한 사설에서 이렇게 주장했다. "고더드 교수는…… 작용과 반작용의 관계를 모르며, 반작용을 얻기 위해 진공보다 더 나은 것이 필요하다는 사실을 모른다." 뉴턴이 기술한 운동의 세 번째 법칙은 "모든 작용에는 그것과 크기는 같고 방향은 반대인 반작용이 존재한다"라고 말한다. 반작용은 운동량 보존에서 나오며, 반작용을 밀어낼 매질 같은 것은 필요하지 않다. 그런 매질은 전진을 돕는 대신에 오히려 방해할 것이다. 공정하게 말하자면, 〈뉴욕 타임스〉는 아폴로 11호의 우주 비행사들이 달로 향한 1969년에 사과를 했다. 모든 발표에는 그것과 크기가 같고 방향은 반대인 철회가 존재한다.

우주를 계산하다

5. 니콜라 부르바키는 1935년에 결성된 수학자 집단의 별명인데, 프랑스인 수학자가 대다수를 차지했고 구성원은 계속 변했다. 이들은 일반적이고 추상적인 기준 위에 수학을 다시 세우는 책들을 계속 펴냈다. 이것은 연구 수학을 위해서는 아주 훌륭한 업적이었는데, 수학을 통합하고, 기본 개념들을 정리하고, 엄격한 증명을 제시했기 때문이다. 하지만 학교 수학에서 '새로운 수학'으로 알려진 이 철학을 널리 받아들이게 하려는 시도는 그다지 성공을 거두지 못했고, 그 결과 큰 논란을 낳았다.

1. 먼 거리에서 끌어당기는 힘

1. 1726년, 뉴턴은 런던에서 윌리엄 스터클리(William Stukeley)와 함께 저녁 식사를 했다. 왕립학회 기록 보관소에 보존된 한 문서에서 스터클리는 다음과 같이 썼다.

   "저녁 식사 뒤에 날씨가 포근해 우리는 정원으로 나가 사과나무 그늘 아래에서 차를 마셨다. 그와 나 단둘이서. 이런저런 대화 중에 뉴턴은 지금 상황이 자신이 이전에 중력 개념이 머릿속에 막 떠올랐던 때와 똑같다고 말했다. 그는 사색에 잠겨 있을 때 사과가 떨어지는 걸 보고서 왜 사과는 항상 지면에 수직 방향으로 떨어질까라고 생각했다고 한다. 왜 옆으로나 위로는 가지 않는 것일까? 왜 언제나 지구 중심을 향해 떨어질까? 그 이유는 지구가 사과를 끌어당기기 때문임이 분명했다. 물질에는 끌어당기는 힘이 있는 게 틀림없었다. 지구를 이루는 물질들이 끌어당기는 힘들의 합은 어느 옆쪽이 아니라 그 중심에 있을 것이다. 그래서 이 사과는 수직 방향으로, 즉 지구 중심을 향해 떨어지는 것이 아닐까? 만약 물질이 이렇게 다른 물질을 끌어당긴다면, 그 힘은 그 양에 비례할 것이다. 따라서 지구가 사과를 끌어당길 뿐만 아니라 사과도 지구를 끌어당긴다."

   다른 자료들도 뉴턴이 이 이야기를 했다고 확인해주지만, 이 이야기가 사실이라고 입증하는 것은 하나도 없다. 뉴턴은 자신의 개념을 설명하기 위해 이 이야기를 지어냈을지도 모른다. 울즈소프 장원에 남아 있는 한 사과나무[요리용 사과 품종인 '켄트의 꽃(Flower of Kent)']는 뉴턴이 본 그 사과가 떨어졌던 나무의 후손이라고 한다.

2. 타원의 긴반지름이 a, 짧은반지름이 b라면 초점 f는 중심에서 $\sqrt{a^2 - b^2}$의 거리에 위치한다. 그리고 이심률 $\varepsilon = \dfrac{f}{a\sqrt{1 - \dfrac{b^2}{a^2}}}$이다.

3. A. Koyré. An unpublished letter of Robert Hooke to Isaac Newton, *Isis* **43** (1952) 312-337.

4. A. Chenciner and R. Montgomery. A remarkable periodic solution of the three-body problem in the case of equal masses, *Ann.Math.* **152** (2000) 881-901.

비슷한 종류의 궤도에 대한 애니메이션과 추가 정보를 http://www.scholarpedia. org/article/N-body_choreographies에서 볼 수 있다.

5. C. Simó. New families of solutions in N-body problems, *Proc.European Congr. Math.*, Barcelona, 2000.

6. E. Oks. Stable conic-helical orbits of planets around binary stars: analytical results, *Astrophys.J.* **804** (2015) 106.

7. 뉴턴은 1692년 혹은 1693년에 리처드 벤틀리(Richard Bentley)에게 보낸 편지에서 이것을 다음과 같이 표현했다. "무생물 물질이 물질이 아닌 다른 것의 매개 작용 없이 상호 접촉이 일어나지 않은 상태에서 다른 물질에 작용해 영향을 미친다는 것은 상상도 할 수 없는 일이다……. 한 물체가 다른 것의 매개 작용 없이 진공을 지나 먼 거리에 있는 다른 물체에 작용을 한다는 것은…… 너무나도 터무니없는 이야기여서 철학적 문제에서 유능한 사고 능력을 가진 사람이라면 이것을 믿을 사람이 아무도 없으리라고 나는 생각한다네."

8. 이것은 약간 단순하게 표현한 것이다. 금지된 조건은 광속을 지나는 것이다. 지금 빛보다 느리게 움직이는 것 중에서 속도를 높여 빛보다 빨리 달릴 수 있는 것은 아무것도 없다. 만약 빛보다 빨리 달리는 것이 있다면, 그것은 속도를 늦춰 빛보다 더 느리게 달리는 것이 불가능하다. 이런 입자를 타키온(tachyon)이라 부른다. 물론 타키온은 실제로 존재하지 않는 가상의 입자이다.

9. 아인슈타인은 1907년에 친구인 콘라트 하비히트(Conrad Habicht)에게 보낸 편지에서 "수성의 근일점 운동에서 아직도 설명되지 않고 있는 영년 변화(永年變化, 관측값이 수십 년 이상에 걸쳐 서서히 증가하거나 감소하는 현상 - 옮긴이)를 설명할 것이라고 기대되는 중력 법칙의 상대론적 이론"을 생각하고 있다고 썼다. 그리고 중요한 첫 번째 시도를 1911년에 시작했다.

10. 오늘날 우리는 아인슈타인의 장 방정식들을 합쳐 단 하나의 텐서 방정식(10개의 독립 성분을 가진 4×4 대칭 텐서)으로 기술한다. 하지만 '장 방정식'이 여전히 표준적인 이름으로 남아 있다.

2. 태양 성운의 붕괴

1. 운석에서 발견된 광물 중 가장 오래된 것은 45억 6820년 전의 것인데, 이것은 태양이 태어나기 전의 성운에 있었던 최초의 고체 물질이 오늘날까지 남은 것이다.

우주를 계산하다

2. 데카르트는 이 책을 1662~1663년에 썼지만 종교 재판 때문에 출판을 미루었다. 이 책은 그가 죽고 나서 얼마 후에 나왔다.

3. 적절한 정의를 내리려면 벡터가 필요하다.

4. H. Levison, K. Kretke, and M. Duncan. Growing the gas-giant planets by the gradual accumulation of pebbles, *Nature* **524** (2015) 322-324.

5. I. Stewart. The second law of gravitics and the fourth law of thermodynamics, in *From Complexity to Life* (ed. N.H. Gregsen), Oxford University Press, 2003, pp. 114-150.

6. 이 책에서 $p:q$ 공명이라는 표현은 첫 번째 천체가 p번 도는 동안 두 번째 천체는 q번 돈다는 뜻이다. 따라서 두 전체의 공전 주기 사이에는 q/p라는 비가 성립한다. 반면에 공전 횟수 사이에는 p/q라는 비가 성립한다. 어떤 저자들은 정반대 관습을 따르며, 어떤 저자들은 'p/q 공명'이란 표현을 사용한다. 또 천체들의 순서를 바꾸면, $p:q$ 공명은 $q:p$ 공명으로 변한다.

7. 금성에는 오래된 크레이터가 없는데, 1억 년 이내의 시기에 격렬한 화산 활동으로 표면이 재편성되었기 때문이다. 목성부터 시작해 그 바깥에 있는 행성들은 모두 거대 기체 행성과 거대 얼음 행성인데, 지구에서는 이들 행성의 대기 상층부만 볼 수 있다. 하지만 이들의 많은 위성에는 크레이터가 있는데, 젊은 크레이터도 있고 늙은 크레이터도 있다. 뉴호라이즌스호는 명왕성과 그 위성 카론에 예상했던 것보다 크레이터가 적게 존재한다는 사실을 발견했다.

8. K. Batygin and G. Laughlin. On the dynamical stability of the solar system, *Astrophys. J.* **683** (2008) 1207-1216.

9. J. Laskar and M. Gastineau. Existence of collisional trajectories of Mercury, Mars and Venus with the Earth, *Nature* **459** (2009) 817-819.

10. G. Laughlin. Planetary science: The Solar System's extended shelf life, *Nature* **459** (2009) 781-782.

3. 특이한 달

1. 가봉의 오클로에 있는 우라늄 광산을 화학적으로 분석한 결과, 이곳은 선캄브리아대에 천연 핵분열 원자로였던 것으로 드러났다.

2. R.C. Paniello, J.M.D. Day, and F. Moynier. Zinc isotopic evidence for the origin

of the Moon, *Nature* **490** (2012) 376-379.

3. A.G.W. Cameron and W.R. Ward. The origin of the Moon, *Abstr. Lunar Planet. Sci. Conf.* 7 (1976) 120-122.

4. W. Benz, W.L. Slattery, and A.G.W. Cameron. The origin of the moon and the single impact hypothesis I, *Icarus* **66** (1986) 515-535.

   W. Benz, W.L. Slattery, and A.G.W. Cameron. The origin of the moon and the single impact hypothesis II, *Icarus* **71** (1987) 30-45.

   W. Benz, A.G.W. Cameron, and H.J. Melosh. The origin of the moon and the single impact hypothesis III, *Icarus* **81** (1989) 113-131.

5. R.M. Canup and E. Asphaug. Origin of the Moon in a giant impact near the end of the Earth's formation, *Nature* **412** (2001) 708-712.

6. A. Reufer, M.M.M. Meier, and W. Benz. A hit-and-run giant impact scenario, *Icarus* **221** (2012) 296-299.

7. J. Zhang, N. Dauphas, A.M. Davis, I. Leya, and A. Fedkin. The proto-Earth as a significant source of lunar material, *Nature Geosci.* **5** (2012) 251-255.

8. R.M. Canup, Simulations of a late lunar-forming impact, *Icarus* **168** (2004) 433-456.

9. A. Mastrobuono-Battisti, H.B. Perets, and S.N. Raymond. A primordial origin for the compositional similarity between the Earth and the Moon, *Nature* **520** (2015) 212-215.

4. 시계 장치 우주

1. 이것을 3:5 공명이라고 부르지 않는 이유는 2장의 주 6을 참고하라.

2. 태양계 위성들의 공전 주기에 대한 경험적 공식인 더못의 법칙은 1960년대에 스탠리 더못이 발견했다. 이 법칙은 $T(n) = T(0)C^n$으로 표현되는데, 여기서 $n = 1, 2, 3, 4\cdots$이다. $T(n)$은 n번째 위성의 공전 주기이고, $T(0)$는 날수를 단위로 하는 상수이며, C는 해당 위성계의 상수이다. 상수들의 구체적인 값은 다음과 같다. 목성: $T(0) = 0.444$일, $C = 2.0$. 토성: $T(0) = 0.462$일, $C = 1.59$. 천왕성: $T(0) = 0.488$일, $C = 2.24$.

   S.F. Dermott. On the origin of commensurabilities in the solar system II: the orbital period relation, *Mon. Not. RAS* **141** (1968) 363-376.

S.F. Dermott. On the origin of commensurabilities in the solar system III: the resonant structure of the solar system, *Mon.Not.RAS* **142** (1969) 143-149.

3. F. Graner and B. Dubrulle. Titius-Bode laws in the solar system. Part I: Scale invariance explains everything, *Astron.&Astrophys.* **282** (1994) 262-268.

B. Dubrulle and F. Graner. Titius-Bode laws in the solar system. Part II: Build your own law from disk models, *Astron.&Astrophys.* **282** (1994) 269-276.

4. 큐비원족이란 이름은 최초로 발견된 해왕성 바깥 천체인 (15760) 1992 QB$_1$의 이름을 딴 'QB$_{1-O}$'에서 유래했다.

5. 허블 망원경을 사용하더라도 지구에서 명왕성의 지름을 재기는 쉬운 일이 아닌데, 명왕성은 대기가 엷어서 가장자리를 흐릿하게 만들기 때문이다. 에리스는 대기가 전혀 없다.

6. Propositions 43-45 of Book I of *Philosophiae Naturalis Principia Mathematica*.

7. A.J. Steffl, N.J. Cunningham, A.B. Shinn, and S.A. Stern. A search for Vulcanoids with the STEREO heliospheric imager, *Icarus* **233** (2013) 48-56.

5. 하늘의 경찰

1. 위그너의 발언은 오해될 때가 많다. 수학의 효율성을 설명하기는 쉽다. 수학은 현실 세계의 문제가 동기가 되어 발전하는 경우가 많으므로, 수학이 그런 문제들을 푸는 것은 놀라운 일이 아니다. 위그너의 발언에서 중요한 단어는 '불합리한(unreasonable)'이다. 그가 이야기하고자 한 것은, 어떤 목적을 위해 개발된 수학이 예상치 못했던 완전히 다른 영역에 유용한 것으로 드러나는 방식이다. 간단한 예로는 고대 그리스인이 발견한 원뿔 곡선 기하학이 2000여 년 뒤에 행성의 궤도에 나타난 것이나, 르네상스 시대의 허수에 관한 생각이 오늘날 수리물리학과 공학에서 중심 개념으로 쓰이는 것을 들 수 있다. 이 광범위한 현상은 아주 간단하게 설명할 방법이 없다.

2. 문제를 단순하게 하기 위해 모든 소행성이 동일한 평면에 있다고 가정해보자. 대부분의 소행성에 대해 이 가정은 실제 현실에서 크게 벗어나는 것이 아니다. 소행성대는 태양에서 2.2~3.3AU, 즉 3억 2000만~4억 8000만 km의 거리에 위치한다. 황도면에 투영했을 때, 소행성대의 전체 넓이는 $\pi(480^2 - 320^2)$조 km^2, 즉 4×10^{17}km^{2}이다. 이 넓이를 1억 5000만 개의 암석으로 나누면, 암석 하나당 넓이는 8.2×10^8km^{2}가 된다. 이것은 지름이 5만 8000km인 원의 넓이와 같다. 만약 소행성들이 대략 균일하게 분포한다

면, 이것은 서로 이웃한 소행성들 사이의 평균 거리에 해당한다.

3. M. Moons and A. Morbidelli. Secular resonances inside meanmotion commensurabilities: the 4/1, 3/1, 5/2 and 7/3 cases, *Icarus* **114** (1995) 33-50.

   M. Moons, A. Morbidelli, and F. Migliorini. Dynamical structure of the 2/1 commensurability with Jupiter and the origin of the resonant asteroids, *Icarus* **135** (1998) 458-468.

4. https://en.wikipedia.org/wiki/File:Lagrangian_points_equipotential.gif에서 5개의 라그랑주점 사이의 관계와 중력 위치 에너지를 보여주는 애니메이션을 볼 수 있다.

5. https://www.exploremars.org/trojan-asteroids-around-jupiter-explained.에서 이에 관한 애니메이션을 볼 수 있다.

6. F.A. Franklin. Hilda asteroids as possible probes of Jovian migration, *Astron.J.* **128** (2004) 1391-1406.

7. http://www.solstation.com/stars/jupiter.htm

6. 자기 자식들을 집어삼킨 행성

1. P. Goldreich and S. Tremaine. Towards a theory for the Uranian rings, *Nature* **277** (1979) 97-99.

2. M. Kenworthy and E. Mamajek. Modeling giant extrasolar ring systems in eclipse and the case of J1407b: sculpting by exomoons? arXiv:1501.05652 (2015).

3. F. Braga-Rivas and 63 others. A ring system detected around Centaur (10199) Chariklo, *Nature* **508** (2014) 72-75.

7. 코시모의 별들

1. E.J. Rivera, G. Laughlin, R.P. Butler, S.S. Vogt, N. Haghighipour, and S. Meschiari. The Lick-Carnegie exoplanet survey: a Uranus-mass fourth planet for GJ 876 in an extrasolar Laplace configuration, *Astrophys.J.* **719** (2010) 890-899.

2. B.E. Schmidt, D.D. Blankenship, G.W. Patterson, and P.M. Schenk. Active formation of 'chaos terrain' over shallow subsurface water on Europa, *Nature* **479** (2011) 502-505.

3. P.C. Thomas, R. Tajeddine, M.S. Tiscareno, J.A. Burns, J. Joseph, T.J. Loredo, P.

Helfenstein, and C. Porco. Enceladus's measured physical libration requires a global subsurface ocean, Icarus (2015) in press; doi:10.1016/j.icarus.2015.08.037.

4. S. Charnoz, J. Salmon, and A. Crida. The recent formation of Saturn's moonlets from viscous spreading of the main rings, *Nature* **465** (2010) 752-754.

8. 혜성은 어디에서 날아오는가

1. M. Massironi and 58 others. Two independent and primitive envelopes of the bilobate nucleus of comet 67P, *Nature* **526** (2015) 402-405.

2. A. Bieler and 33 others. Abundant molecular oxygen in the coma of comet 67P/Churyumov-Gerasimenko, *Nature* **526** (2015) 678-681.

3. P. Ward and D. Brownlee. Rare Earth, Springer, New York, 2000.

4. J. Horner and B.W. Jones. Jupiter--friend or foe? I: The asteroids, *Int.J. Astrobiol.* **7** (2008) 251-261.

9. 우주의 카오스

1. http://hubblesite.org/newscenter/archive/releases/2015/24/video/a/에서 비디오를 보라.

2. J.R. Buchler, T. Serre, and Z. Kollath. A chaotic pulsating star: the case of R Scuti, *Phys.Rev.Lett.* **73** (1995) 842-845.

3. 엄밀하게 말하면, 주사위를 뜻하는 'dice'는 'die'의 복수형이지만, 일상 대화에서는 거의 모든 사람이 이를 단수형으로 여기고 'a dice'라고 말한다(이것은 미국 영어 이야기이고, 영국 영어에서는 단수형도 'dice'이다 - 옮긴이). 나는 이 문제를 놓고 왈가왈부하는 게 아무 의미가 없다고 생각하지만, 이 사실을 몰라서 'a dice'라는 표현을 쓰는 게 아니다. 나는 아직도 'the team are'와 같은 용법에 대해 승산 없는 싸움을 벌이고 있지만, 내심으로는 이 전투에서도 내가 졌다는 사실을 알고 있다. 나는 또한 채소 장수들에게 복수형과 소유형의 차이를 알려주려는 노력도 포기했다. 하지만 길가에 서 있는 남자와 조용히 대화를 나누고 싶은 충동을 심하게 느꼈는데, 그의 트럭에 REMOVAL'S('이사'라는 뜻 - 옮긴이)라는 글자가 붙어 있었기 때문이다.

4. 그럼에도 불구하고, 공정한 주사위라면 6은 다른 수와 마찬가지로 나올 확률이 똑같다. 주사위를 많이 던지다 보면, 6이 나오는 수는 결국 전체 시행 횟수의 $\frac{1}{6}$에 가까워진다.

하지만 이런 일이 일어나는 방식을 자세히 살펴보면 유익한 교훈을 얻을 수 있다. 어느 단계에서 6이 다른 수들보다 100번 더 많이 나왔다고 해서 6이 나올 확률이 더 높아지는 것은 아니다. 주사위는 그저 계속 수를 더 많이 토해낼 뿐이다. 예를 들어, 주사위를 1억 번 더 던진 뒤에는 앞서 6이 100번 더 나온 것은 전체 시행 횟수에서 100만분의 1에 지나지 않는다. 편차들이 상쇄되는 것은 주사위가 6이 너무 많이 나왔다는 사실을 '알아서' 일어나는 것이 아니다. 그것은 아무것도 기억하지 못하는 주사위가 만들어내는 새로운 데이터에 묻혀 희석될 뿐이다.

5. 동역학적으로 볼 때, 주사위는 고체 정육면체이고, 모서리와 꼭짓점이 그 동역학을 왜곡하기 때문에 그 움직임은 카오스적이다. 하지만 주사위의 경우에는 무작위성의 원천이 또 하나 있는데, 바로 초기 조건이다. 주사위를 손으로 어떻게 잡고 어떻게 놓느냐 하는 것도 결과에 무작위성을 초래한다.

6. 로렌츠는 갈매기에 대해 비슷한 말을 하긴 했지만 나비 이야기는 한 적이 없다. 로렌츠가 1972년에 한 강연 제목에 누군가가 나비를 집어넣었다. 그리고 로렌츠가 처음에 생각했던 것은 이 나비 효과가 아니라 더 미묘한 효과였다. T. Palmer. The real butterfly effect, *Nonlinearity* **27** (2014) R123-R141를 참고하라.

이런 사실은 이 논의에 아무 영향도 미치지 않으며, 내가 설명한 것은 오늘날 우리가 '나비 효과'라고 부르는 것이다. 나비 효과는 실재하는 카오스의 특징이지만, 미묘하게 작용한다.

7. V. Hoffmann, S.L. Grimm, B. Moore, and J. Stadel. Chaos in terrestrial planet formation, *Mon.Not.RAS* (2015); arXiv:1508.00917.

8. A. Milani and P. Farinella. The age of the Veritas asteroid family deduced by chaotic chronology, *Nature* **370** (1994) 40-42.

9. June Barrow-Green. *Poincare and the Three Body Problem*, American Mathematical Society, Providence, 1997.

10. M.R. Showalter and D.P. Hamilton. Resonant interactions and chaotic rotation of Pluto's small moons, *Nature* **522** (2015) 45-49.

11. J. Wisdom, S.J. Peale, and F. Mignard. The chaotic rotation of Hyperion, *Icarus* **58** (1984) 137-152.

12. K는 크라이더(Kreide), T는 터시어리(Tertiary)의 머리글자를 딴 것이다. 크라이더는 독일어로 '백악'이라는 뜻이니 백악기를 가리키고, 영어 터시어리는 신생대 제3기를 가리

킨다. 따라서 K/T 멸종은 백악기와 제3기 사이에 일어난 멸종이라는 뜻이다. 과학자들은 왜 이런 짓을 할까? 나도 잘 모르겠다.

13. M.A. Richards and nine others. Triggering of the largest Deccan eruptions by the Chicxulub impact, *GSA Bull.* (2015), doi: 10.1130/B31167.1.

14. W.F. Bottke, D. Vokrouhlicky, and D. Nesvorny . An asteroid breakup 160 Myr ago as the probable source of the K/T impactor, *Nature* **449** (2007) 48-53.

10. 행성 간 슈퍼고속도로

1. M. Minovitch. A method for determining interplanetary free-fall reconnaissance trajectories, *JPL Tech.Memo.* TM-312-130 (1961) 38-44.

2. M. Lo and S. Ross. SURFing the solar system: invariant manifolds and the dynamics of the solar system, *JPL IOM* 312/97, 1997.
   M. Lo and S. Ross. The Lunar L1 gateway: portal to the stars and beyond, *AIAA Space 2001 Conf.*, Albuquerque, 2001.

3. http://sci.esa.int/where_is_rosetta/에서 아주 멀리 돌아가는 이 경로를 극적으로 나타낸 애니메이션을 볼 수 있다.

4. 제1차 세계 대전의 한 가지 원인(많은 원인 중에서)은 오스트리아의 프란츠 페르디난트(Franz Ferdinand) 대공이 사라예보를 방문했다가 암살당한 사건이었다. 암살자 여섯 명은 수류탄으로 암살을 시도했지만 실패로 돌아갔다. 나중에 그중 한 명인 가브릴로 프린치프(Gavrilo Princip)가 권총으로 페르디난트 대공과 그 아내인 조피를 살해했다. 일반 대중의 처음 반응은 사실상 전혀 존재하지 않았지만, 오스트리아 정부가 사라예보에서 세르비아에 반대하는 폭동을 조장했고, 이런 행동들이 점점 크게 확대되면서 전쟁으로 이어졌다.

5. W.S. Koon, M.W. Lo, J.E. Marsden, and S.D. Ross. The Genesis trajectory and heteroclinic connections, *Astrodynamics* **103** (1999) 2327-2343.

11. 거대한 불덩어리

1. 엄밀하게 말하면, 이 용어는 전체 에너지 방출량을 가리키지만, 이것은 고유 밝기와 밀접한 관련이 있다.

2. H-R도에서 별이 진화하는 애니메이션을 http://spiff.rit.edu/classes/phys230/

lectures/star_age/evol_hr.swf에서 볼 수 있다.

3. F. Hoyle. Synthesis of the elements from hydrogen, *Mon. Not. RAS* **106** (1946) 343-383.

4. E.M. Burbidge, G.R. Burbidge, W.A. Fowler, and F. Hoyle. Synthesis of the elements in stars, *Rev. Mod. Phys.* **29** (1957) 547-650.

5. A.J. Korn, F. Grundahl, O. Richard, P.S. Barklem, L. Mashonkina, R. Collet, N. Piskunov, and B. Gustafsson. A probable stellar solution to the cosmological lithium discrepancy, *Nature* **442** (2006) 657-659.

6. F. Hoyle. On nuclear reactions occurring in very hot stars: the synthesis of the elements between carbon and nickel, *Astrophys. J. Suppl.* **1** (1954) 121-146.

7. F. Hoyle. The universe: past and present reflections, *Eng. & Sci.* (November 1981) 8-12.

8. G.H. Miller and 12 others. Abrupt onset of the Little Ice Age triggered by volcanism and sustained by sea-ice/ocean feedbacks, *Geophys. Res. Lett.* **39** (2012) L02708.

9. H.W. Babcock. The topology of the Sun's magnetic field and the 22-year cycle, *Astrophys. J.* **133** (1961) 572-587.

10. E. Nesme-Ribes, S.L. Baliunas, and D. Sokoloff. The stellar dynamo, *Scientific American* (August 1996) 30-36.
수학적으로 더 자세한 내용과 더 현실적인 모형을 사용한 최신 연구는 다음을 참고하라: M. Proctor. Dynamo action and the Sun, *EAS Publ. Ser.* **21** (2006) 241-273.

12. 거대한 하늘의 강

1. 즉, $M(r) = \dfrac{rv(r)^2}{G}$. 따라서 $v(r) = \sqrt{\dfrac{GM(r)}{r}}$. 여기서 $M(r)$은 반지름 r까지의 질량, $v(r)$은 반지름 r에서 별들의 회전 속도, G는 중력 상수이다.

13. 외계 세계들

1. X. Dumusque and 10 others. An Earth-mass planet orbiting a Centauri B, *Nature* **491** (2012) 207-211.

2. V. Rajpaul, S. Aigrain, and S.J. Roberts. Ghost in the time series: no planet for

Alpha Cen B, arXiv:1510.05598; *Mon.Not.RAS*, in press.

3. Z.K. Berta-Thompson and 20 others. A rocky planet transiting a nearby low-mass star, *Nature* **527** (2015) 204-207.

4. 여기서 '지구형' 행성은 지구와 비슷한 크기와 질량을 가지고, 특별한 다른 조건 없이 액체 상태의 물이 존재할 수 있는 궤도를 도는 암석질 행성을 의미한다. 나중에 우리는 산소의 존재도 요구하겠지만.

5. E. Thommes, S. Matsumura, and F. Rasio. Gas disks to gas giants: Simulating the birth of planetary systems, *Nature* **321** (2008) 814-817.

6. M. Hippke and D. Angerhausen. A statistical search for a population of exo-Trojans in the Kepler dataset, ArXiv:1508.00427 (2015).

7. 《외계 생명체의 진화(Evolving the Alien)》라는 책에서 코언과 나는 정말로 중요한 것은 외지능(extelligence)이라고 제안한다(이들은 기존에 지능이라는 뜻으로 쓰이던 단어 intelligence를 내지능으로 재정의하면서 외지능이라는 단어를 만들었다-옮긴이). 외지능은 지능 생명체가 모두가 이용할 수 있도록 자신들의 지식을 함께 모으는 능력을 말한다. 외지능의 예로는 인터넷을 들 수 있다. 항성 간 우주선을 만들려면 외지능이 필요하다.

8. M. Lachmann, M.E.J. Newman, and C. Moore. The physical limits of communication, Working paper **99-07-054**, Santa Fe Institute 2000.

9. I.N. Stewart. Uninhabitable zone, *Nature* **524** (2015) 26.

10. P.S. Behroozi and M. Peeples. On the history and future of cosmic planet formation, *Mon.Not.RAS* (2015); arXiv: 1508.01202.

11. D. Sasselov and D. Valencia. Planets we could call home, *Scientific American* **303** (August 2010) 38?45.

12. S.A. Benner, A. Ricardo, and M.A. Carrigan. Is there a common chemical model for life in the universe? *Current Opinion in Chemical Biology* **8** (2004) 676-680.

13. J. Stevenson, J. Lunine, and P. Clancy. Membrane alternatives in worlds without oxygen: Creation of an azotosome, *Science Advances* **1** (2015) e1400067.

14. J. Cohen and I. Stewart. *Evolving the Alien*, Ebury Press, London, 2002.

15. W. Bains. Many chemistries could be used to build living systems, *Astrobiology* **4** (2004) 137-167.

16. J. von Neumann. *Theory of Self-Reproducing Automata*, University of Illinois

Press, Urbana, 1966.

14. 어두운 별들

1. 광속을 1로 만드는 단위를 사용할 때. 예컨대 시간에는 년(年) 단위를, 공간에는 광년 단위를 사용할 때.

2. R. Penrose. Conformal treatment of infinity, in Relativity, Groups and Topology (ed. C. de Witt and B. de Witt), Gordon and Breach, New York, 1964, pp. 563-584; *Gen. Rel. Grav.* **43** (2011) 901-922.

3. 이러한 웜홀들을 지나가는 상황을 묘사한 그림은 http://jila.colorado.edu/~ajsh/insidebh/penrose.html에서 볼 수 있다.

4. B.L. Webster and P. Murdin. Cygnus X-1--a spectroscopic binary with a heavy companion?, *Nature* **235** (1972) 37-38.

   H.L. Shipman, Z. Yu, and Y.W. Du. The implausible history of triple star models for Cygnus X-1: Evidence for a black hole, *Astrophys. Lett.* **16** (1975) 9-12.

5. P. Mazur and E. Mottola. Gravitational condensate stars: An alternative to black holes, arXiv:gr-qc/0109035 (2001).

15. 실타래와 거대 공동

1. Colin Stuart. When worlds collide, *New Scientist* (24 October 2015) 30-33.

2. 여러분은 상대성 이론은 사건들이 모든 관찰자에게 동시에 일어날 수 없다는 것을 의미하기 때문에 '지금'은 아무 의미가 없다고 이의를 제기할지 모르겠다. 그것은 사실이지만, 내가 '지금'이라고 말할 때에는 내가 관찰자가 되어 내 기준 좌표계를 보는 관점에서 이야기하는 것이다. 나는 멀리 있는 시계들을 개념적으로 1광년당 1년씩 뒤로 돌림으로써 맞출 수 있다. 여기에서 바라보는 관점에서 그 시계들을 모두 같은 시각에 맞출 수 있다. 더 일반적으로, '함께 똑같이 움직이는' 좌표계들의 관찰자들은 고전 물리학에서 예상하는 것과 똑같은 방식으로 동시성을 경험한다.

3. N.J. Cornish, D.N. Spergel, and G.D. Starkman. Circles in the sky: finding topology with the microwave background radiation, *Classical and Quantum Gravity* **15** (1998) 2657-2670.

   J.R. Weeks. Reconstructing the global topology of the universe from the cosmic microwave background, *Classical and Quantum Gravity* **15** (1998) 2599-2604.

16. 우주 알

1. 실제로는 그것보다 더 작다! NASA에 따르면, 1픽셀의 12%에 불과하다고 한다.

2. Ia형 초신성과 우주 마이크로파 배경 복사의 온도 요동, 은하들의 상관함수를 바탕으로 계산한 우주의 나이는 137억 9800만 년±3700만 년이다. Planck collaboration(다수의 저자가 쓴)를 참고하라. Planck 2013 results XVI: Cosmological parameters, *Astron.&Astrophys.* **571** (2014); arXiv:1303.5076.

3. M. Alcubierre. The warp drive: hyper-fast travel within general relativity, *Classical and Quantum Gravity* **11** (1994). L73-L77.

   S. Krasnikov. The quantum inequalities do not forbid spacetime shortcuts, *Phys. Rev.D* **67** (2003) 104013.

4. 상대론적 우주의 동시성에 관한 15장의 주 2를 참고하라.

17. 대폭발

1. 현재 측정된 우주 마이크로파 배경 복사의 온도는 2.72548±0.00057K이다. D.J. Fixsen. The temperature of the cosmic microwave background, *Astrophys.J.* **707** (2009) 916-920을 참고하라.

   본문에서 언급된 다른 수치들은 역사적인 추정치로, 지금은 쓸모가 없는 것들이다.

2. 이 표현은 Terry Pratchett, Ian Stewart, and Jack Cohen. *The Science of Discworld IV: Judgement Day*, Ebury, London, 2013에서 빌린 것이다.

3. 펜로즈의 연구는 Paul Davies. *The Mind of God*, Simon & Schuster, New York, 1992에서 소개되었다.

4. G.F.R. Ellis. Patchy solutions, *Nature* **452** (2008) 158-161.

   G.F.R. Ellis. The universe seen at different scales, *Phys.Lett.A* **347** (2005) 38-46.

5. T. Buchert. Dark energy from structure: a status report, *T.Gen.Rel.Grav.* **40** (2008) 467-527.

6. J. Smoller and B. Temple. A one parameter family of expanding wave solutions of the Einstein equations that induces an anomalous acceleration into the standard model of cosmology, arXiv:0901.1639.

7. R.R. Caldwell. A gravitational puzzle, *Phil. Trans. R. Soc. London* A **369** (2011) 4998-5002.

8. R. Durrer. What do we really know about dark energy? *Phil. Trans. R. Soc. London* A **369** (2011) 5102-5114.

9. Marcus Chown. End of the beginning, *New Scientist* (2 July 2005) 30-35.

10. D.J. Fixsen. The temperature of the cosmic microwave background, *Astrophys. J.* **707** (2009) 916-920.

11. 은하 속의 별들은 중력으로 서로 붙들려 있는데, 이 힘이 팽창에 맞서는 작용을 하는 것으로 보인다.

12. S. Das, Quantum Raychaudhuri equation, *Phys. Rev.* D **89** (2014) 084068.
A.F. Ali and S. Das. Cosmology from quantum potential, *Phys. Lett.* B **741** (2015) 276-279.

13. Jan Conrad. Don't cry wolf, *Nature* **523** (2015) 27-28.

18. 어두운 면

1. Quango는 Quasi-autonomous non-governmental organisation(준독립 비정부 기구)의 약칭이다.

2. K.N. Abazajian and E. Keeley. A bright gamma-ray galactic center excess and dark dwarfs: strong tension for dark matter annihilation despite Milky Way halo profile and diffuse emission uncertainties, arXiv: 1510.06424 (2015).

3. G. R. Ruchti and 28 others. The Gaia-ESO Survey: a quiescent Milky Way with no significant dark/stellar accreted disc, *Mon. Not. RAS* **450** (2015) 2874-2887.

4. S. Clark. Mystery of the missing matter, New Scientist (23 April 2011) 32-35.
G. Bertone, D. Hooper, and J. Silk. Particle dark matter: evidence, candidates and constraints, *Phys. Rep.* **405** (2005) 279-390.

5. 뉴턴의 두 번째 법칙은 $F = ma$인데, 여기서 F = 힘, m = 질량, a = 가속도이다. 수정 뉴턴 역학은 이것을 $F = \mu(\frac{a}{a_0})ma$로 대체하는데, 여기서 a_0는 그 이하에서는 뉴턴의 법칙이 성립하지 않는 가속도를 결정하는 새로운 기본 상수이다. $\mu(x)$ 항은 x 값이 충분히 커지면 뉴턴의 법칙에 따라 1이 되지만, 관측된 은하 회전 곡선처럼 x 값이 작으면 x가 되는 경향이 있는 불특정 함수이다.

6. J.D. Bekenstein, Relativistic gravitation theory for the modified Newtonian dynamics paradigm, *Physical Review* D **70** (2004) 083509.

7. D. Clowe, M. Bradač, A.H. Gonzalez, M. Markevitch, S.W. Randall, C. Jones, and D. Zaritsky. A direct empirical proof of the existence of dark matter, *Astrophys.J. Lett.* **648** (2006) L109.

8. http://www.astro.umd.edu/~ssm/mond/moti_bullet.html

9. S. Clark. Mystery of the missing matter, *New Scientist* (23 April 2011) 32–35.

10. J.M. Ripalda. Time reversal and negative energies in general relativity, arXiv: gr-qc/9906012 (1999).

11. http://msp.warwick.ac.uk/~cpr/paradigm/에 실린 논문들을 참고하라.

12. D.G. Saari. Mathematics and the 'dark matter' puzzle, *Am.Math.Mon.* **122** (2015) 407–423.

13. "예외가 있다는 것은 규칙이 옳다는 것을 증명한다"라는 표현은 거북스러운 예외를 일축하려고 할 때 흔히 쓰는 말이다. 나는 논쟁에서 이기기 위한 궤변으로 사용하는 게 아니라면, 사람들이 왜 이런 표현을 쓰는지 이해할 수 없었다. 이것은 말이 안 되는 이야기이기 때문이다. 이 표현에서 '증명하다'라는 단어는 원래는 '시험하다'라는 의미로 쓰인 것이다(en.wikipedia.org/wiki/Exception_that_proves_the_rule을 참고하라). 이 표현의 기원은 고대 로마 시대까지 거슬러 올라가는데, "예외는 예외로 취급되지 않는 경우들에서 규칙을 확인해준다(exceptio probat regulam in casibus non exceptis)"라는 법리가 있었다. 이것은 만약 규칙에 예외가 있다면, 다른 규칙이 필요하다는 뜻이다. 이것은 이치에 맞다. 현대적 용법은 뒷부분을 생략하는 바람에 말이 되지 않는 결과를 낳는다.

19. 우리 우주 밖의 우주

1. 진정한 기본 상수는 측정 단위에 구애받지 않는 이러한 양들의 특정 결합으로 이루어진다. 즉, 순수한 수로만 이루어진 '차원이 없는 상수'이다. 미세 구조 상수도 그런 상수이다. 빛의 속도 수치는 측정 단위에 의존하지 않지만, 다른 단위를 사용할 경우 우리는 그것을 전환하는 방법을 알고 있다. 내가 하는 말 중에서 이러한 구별에 의존하는 것은 아무것도 없다.

2. B. Greene. *The Hidden Reality*, Knopf, New York, 2011.

3. 중요한 것은 어떤 조각 상태의 수보다 더 큰 고정된 수가 있다는 것이다. 정확하게 평

등한 것은 필요하지 않다.

4. 이와 같이 큰 지수를 가진 수들은 다소 이상한 행동을 보인다. 인터넷에서 찾아보면, '여러분'과 가장 비슷한 복제는 약 $10^{10^{128}}$ 미터 떨어진 곳에 있다는 정보를 발견할 수 있다. 나는 미터를 그보다 훨씬 큰 단위인 광년으로 바꾸었다. 그런데 실제로는 이렇게 단위를 바꾼다고 해서 큰 차이가 나는 것은 아니다. 왜냐하면 $10^{10^{128}}$ 미터는 $10^{10^{128}-11}$ 광년이고, 지수 $10^{128}-11$은 10^{128}과 마찬가지로 129자리 수이기 때문이다. 두 수의 비율은 $1.000\cdots00011$(0이 125개 계속됨)이다.

5. B. Greene. *The Hidden Reality*, Knopf, New York, 2011, p. 154.

6. L. Carroll. *The Hunting of the Snark*. 온라인으로는 https://www.gutenberg.org/files/13/13-h/13-h.htm에서 무료로 볼 수 있다.

7. G.F.R. Ellis. Does the multiverse really exist? *Sci.Am.* **305** (August 2011) 38-43.

8. O. Romero-Isart, M.L. Juan, R. Quidant, and J.I. Cirac. Toward quantum superposition of living organisms, *New J. Phys.* **12** (2010) 033015.

9. J. Foukzon, A.A. Potapov, and S.A. Podosenov. Schrodinger's cat paradox resolution using GRW collapse model, *Int.J.Recent Adv.Phys.* **3** (2014) 17?30.

10. 이것은 디랙이 양자역학에서 사용한 수학적 표기법 중 하나로 '켓(ket)' 벡터라 부르는 것이다. 괄호를 뜻하는 영어 단어 브래킷(bracket)에서 따온 것으로, 왼쪽 홑화살괄호($\langle$)를 사용하는 표현은 '브라(bra)'라 부르고, 오른쪽 홑화살괄호($\rangle$)를 사용하는 표현을 '켓(ket)'이라 부른다. 수학적으로 이것은 쌍대 벡터가 아니라 보통 벡터이다.

11. A. Bassi, K. Lochan, S. Satin, T.P. Singh, and H. Ulbricht. Models of wave-function collapse, underlying theories, and experimental tests, *Rev. Mod. Phys.* **85** (2013) 471.

12. J. Horgan. Physicist slams cosmic theory he helped conceive, Sci. Am. (1 December 2014); http://blogs.scientificamerican.com/ cross-check/physicist-slams-cosmic-theory-he-helped-conceive/

13. F.C. Adams. Stars in other universes: stellar structure with different fundamental constants, *J.Cosmol.Astroparticle Phys.* **08** (2008) 010.

14. V. Stenger. *The Fallacy of Fine-Tuning*, Prometheus, Amherst, 2011.

15. 즉, 로그/로그 척도에서 볼 때 광범위한 특정값들에서 별이 생길 수 있는 매개변수 공간 지역은 전체 공간 면적의 약 $\frac{1}{4}$을 차지한다. 이것은 대략적인 측정이지만, 미세 조정

지지자들이 하는 행동과 비슷하다. 요점은 25%가 아니라, 분별 있는 계산을 하면 그 확률이 10^{-47}보다 훨씬 크게 나온다는 사실이다.

에필로그

1. Adam G. Reiss and 14 others. A 2.4% determination of the local value of the Hubble constant, http://hubblesite.org/pubinfo/pdf/2016/17/pdf/pdf.

단위와 용어

GeV(기가전자볼트): 입자물리학에서 사용하는 에너지의 단위. 10억 전자볼트에 해당한다.
☞ 전자볼트.

MeV(메가전자볼트): 입자물리학에서 사용하는 에너지의 단위. 100만 전자볼트에 해당한다.
☞ 전자볼트.

감마선 폭발원: 갑작스러운 감마선 폭발의 발생원. 두 종류가 있는 것으로 보이는데, 하나는 중성자별이나 블랙홀이 생성되면서 일어나고, 또 하나는 쌍성을 이룬 중성자별이 합체될 때 일어난다.

감마선: 고에너지 광자로 이루어진 전자기 복사의 한 종류.

곡률: 표면이나 다양체가 평탄한 유클리드 공간과 얼마나 차이가 나는지를 나타내는 척도.

공명: 반복적인 두 가지 효과의 주기가 간단한 정수 비를 이룰 때, 어떤 일이 일어나는 시기가 일치하는 현상. 2장의 주 6 참고.

광년: 빛이 1년 동안 달리는 거리. 약 9조 4600억 km, 또는 더 정확하게는 9.460528×10^{15}m에 해당한다.

광도 곡선: 어떤 천체 또는 지역의 빛의 세기를 시간에 대한 함수로 나타낸 그래프.

광속: ☞ 빛의 속도

광추: 주어진 사건으로부터 세계선을 따라 도달할 수 있는 시공간 지역.

근일점: 태양 주위를 도는 천체가 태양에 가장 가까워지는 점.

긴반지름: 타원에서 긴 축의 절반 길이.

뉴턴의 운동의 법칙:

　1. 외부의 힘이 작용하지 않는 한, 물체는 직선 방향으로 일정한 속도로 계속 움직인다.

　2. 물체의 가속도에다 질량을 곱한 값은 그 물체에 작용한 힘의 크기와 같다.

　3. 모든 작용에는 크기는 같고 방향은 반대인 반작용이 존재한다.

뉴턴의 중력 법칙: 모든 물체가 질량에 비례하고 거리의 제곱에 반비례하는 힘으로 서로를 끌어당긴다는 법칙. 이 법칙의 비례 상수를 중력 상수라 부른다.

다양체: 다차원의 반반한 공간. 표면과 비슷하지만 좌표의 수는 어떤 것이라도 가질 수 있다.

단축: 타원의 짧은 축.

더못의 법칙: 어떤 행성의 n번째 위성의 공전 주기가 상수 C의 n제곱(C^n)에 비례한다는 법칙. 상수는 위성계에 따라 달라질 수 있다.

동위원소: 원자 번호는 같으나 질량수가 서로 다른 원소. 양성자 수는 같으나 중성자 수가 다르다.

랴푸노프 시간: 동역학계가 혼돈 상태가 되는 데 걸리는 시간 척도. 가까운 궤적들 사이의 거리가 e(=약 2.718)배 증가하는 데 걸리는 시간이다. 때로는 e 대신에 2나 10을 대입하기도 한다. 그 너머에서는 예측의 신뢰도가 떨어지는 예측 지평선과 관련이 있다.

미세 구조 상수: 하전 입자들 사이의 상호 작용의 세기를 나타내는 기본 상수. 그 값은 7.297352×10^{-3}이다. 기호로는 α를 쓴다. (미세 구조 상수는 차원이 없는 수로, 측정 단위와 무관하다.)

미행성체: 모여서 행성을 이룬 작은 천체. 태양계 초기에는 아주 많이 존재한 것으로 추정된다.

반물질: 반입자로 이루어진 물질. 반입자는 정상 입자와 질량은 같지만 전하가 반대인 입자이다.

밝기 등급: 천체의 밝기를 로그 값으로 측정해서 매긴 등급. 겉보기 등급(실시 등급)은 지구에서 맨눈으로 본 천체의 밝기를 말하고, 절대 등급은 10파섹(별의 경우) 또는 1천문단위(소행성이나 행성의 경우)의 거리에서 본 밝기를 말한다. 더 밝은 천체일수록 등급이 낮은데, 아주 밝으면 음수가 될 수도 있다. 태양의 실시 등급은 −27이고, 보름달은 −13, 금성은 −5, 밤하늘의 별 중에서 가장 밝게 빛나는 시리우스는 −1.5이다. 등급이 5씩 낮아질 때마다 밝기는 100배씩 증가한다.

밝기: 별이 단위 시간당 내뿜는 전체 에너지. 초당 줄(와트)로 측정한다. 태양의 밝기는 $3,846 \times 10^{26}$와트이다.

블랙홀: 빛이 탈출할 수 없는 공간 지역. 흔히 큰 별이 중력 붕괴를 일으킬 때 생긴다.

빅뱅: 우주가 138억 년 전에 특이점에서 시작되었다는 이론.

빛의 속도: 초속 2억 9979만 2458m. 기호로는 c로 나타낸다.

사건의 지평선: 빛이 탈출할 수 없는 블랙홀의 경계.

세차: 자전축의 방향이 시간이 지나면서 조금씩 변하는 현상.

소행성: 주로 화성과 목성 사이에서 태양 주위의 궤도를 도는 소형 천체.

스펙트럼: 파장에 따라 전자기파를 순서대로 늘어놓은 띠.

시공간: 3차원 공간 좌표와 1차원 시간 좌표를 가진 4차원 다양체.

시차: 천문학에서 말하는 시차는 보통 연주 시차를 가리키는데, 연주 시차는 지구 공전 궤도의 양 끝 지점에서 별을 바라본 두 시선(視線)이 이루는 각도의 절반을 말한다.

엄폐: 한 천체가 다른 천체에 가려지는 일. 특히 위성이나 행성이 그 앞을 지나가면서 별을 가릴 때 쓴다.

외계 위성: 태양 이외의 다른 별 주위를 돌고 있는 행성의 위성.

외계 행성: 태양 이외의 다른 별 주위를 돌고 있는 행성.

우주 마이크로파 배경 복사: 우주의 모든 방향에서 거의 균일하게 날아오는 복사. 온도는 3K에 해당하며, 일반적으로 빅뱅의 흔적으로 생각된다.

원환면: 가운데에 구멍이 뚫린 도넛처럼 생긴 표면.

위성: 행성 주위의 궤도를 도는 작은 천체.

이심률: 타원이 얼마나 홀쭉하고 뚱뚱한지 나타내는 척도. 1장의 주 2를 참고하라.

자전-공전 공명: 천체의 자전 주기와 공전 주기 사이에 정수비 관계가 성립하는 것.

장축: 타원의 긴 축.

전자볼트(eV): 입자물리학에서 사용하는 에너지의 단위. 1.6×10^{-19}J에 해당한다. ☞ 줄.

주기: 주기적으로 반복되는 행동이 다시 일어나기까지 걸리는 시간. 예로는 행성의 공전 주기(지구의 경우 365일)나 자전 주기(지구의 경우 약 24시간)가 있다.

주천체: 어떤 천체가 그 주위의 궤도를 도는 모천체. 지구의 주천체는 태양이고, 달의 주천체는 지구이다.

줄(J): 일과 에너지의 단위. 1줄은 1뉴턴의 힘이 작용하여 힘의 방향으로 1미터 움직일 때 한 일을 말한다. 1와트는 1초에 1줄의 일을 하는 것에 해당한다.

중력 상수: 뉴턴의 중력 법칙에 나오는 비례 상수. 기호로는 G로 쓴다. 그 값은 $6.674080 \times 10^{-11}\text{m}^3\text{kg}^{-1}\text{s}^{-2}$이다.

짧은반지름: 타원에서 짧은 축의 절반 길이.

천문단위(AU): 태양과 지구 사이의 거리. 1억 4959만 7871km이다.

케플러의 행성 운동 법칙:

   1. 행성은 태양을 한 초점으로 하는 타원 궤도를 돈다.

   2. 행성과 태양을 연결하는 선분이 같은 시간 동안 쓸고 지나가는 면적은 항상 같다.

우주를 계산하다

3. 행성의 공전 주기의 제곱은 태양과 행성 사이의 거리의 세제곱에 비례한다.

켄타우루스 천체: 목성과 해왕성 사이에서 황도를 가로지르는 궤도를 도는 천체.

켈빈(K): 절대 온도의 단위. 도달할 수 있는 가장 낮은 온도인 절대 온도 0도(절대 영도)는 0K로 나타내며, 0K는 −273.16 ℃에 해당한다.

타원: 평면 위의 두 정점에서의 거리의 합이 언제나 일정한 점의 자취. 원을 한쪽 방향으로 일정하게 잡아늘일 때 생기는 달걀 모양의 폐곡선이다.

티티우스−보데의 법칙: 태양과 행성들 사이의 거리를 간단한 식으로 나타내는 법칙. n번째 행성의 거리는 $0.075 \times 2^n + 0.4$천문단위이다.

파섹: 시차가 $1''$(초)인 별까지의 거리. 3.26광년에 해당한다.

플랑크 상수: 양자역학에 나오는 한 기본 상수로, 전자기 복사의 최소 에너지를 나타낸다. 기호로는 h로 나타낸다. 그 값은 아주 작아서 1.054571×10^{-34}J·s이다.

해왕성 바깥 천체: 해왕성 궤도(30AU) 밖에서 태양 주위의 궤도를 도는 소행성과 그 밖의 작은 천체.

혜성: 태양 주위의 궤도를 돌며, 태양에 가까이 접근하면 물질이 증발하여 기체로 변하면서 길게 꼬리를 끄는 천체. 혜성의 핵은 불규칙한 모양이며, 주로 얼음과 먼지로 이루어져 있다.

흑체 복사: 흑체(모든 파장의 전자기파를 완전하게 흡수하는 물체)에서 방출되는 전자기 복사 스펙트럼.

사진과 일러스트레이션 출처

사진과 일러스트레이션은 다음 제공자들의 허락을 받아 실었다.

흑백 사진과 일러스트레이션

Atacama Large Millimeter Array, p. 67; E. Athanassoula, M. RomeroGómez, A. Bosma & J. J. Masdemont. 'Rings and spirals in barred galaxies – II. Ring and spiral morphology', Mon. Not. R. Astron. Soc. 400(2009) 1706‒20, p. 300; brucegary.net/ XO1/x.htm, p. 311; ESA, p. 16; M. Harsoula & C. Kalapotharakos. 'Orbital structure in N‒body models of barred‒spiral galaxies', Mon. Not. RAS 394(2009) 1605‒19, p. 298(아래); M. Harsoula, C. Kalapotharakos & G. Contopoulos. 'Asymptotic orbits in barred spiral galaxies', Mon. Not. RAS 411(2011) 1111‒26, p. 295; M. Hippke & D. Angerhausen. 'A statistical search for a population of exo‒Trojans in the Kepler dataset', ArXiv:1508.00427(2015), p. 314; W. S. Koon, M. Lo, S. Ross & J. Marsden, pp. 241, 242; C. D. Murray & S. F. Dermott, Solar System Dynamics, (Cambridge University Press 1999), p. 158; NASA, pp. 18, 156, 169, 176, 197, 199, 232, 285(왼쪽), 293, 321, 404; M. Proctor. Dynamo action and the Sun, EAS Publications Series 21(2006) 241‒73, p. 276; N. Voglis, P. Tsoutsis & C. Efthymiopoulos. 'Invariant manifolds, phase correlations of chaotic orbits and the spiral structure of galaxies', Mon. Not. RAS 373(2006) 280‒94, p. 298(위); Wikimedia commons, pp. 138, 246, 252, 257, 266, 273, 285(오른쪽), 292, 303(오른쪽); J. Wisdom, S. J. Peale & F. Mignard. 'The chaotic rotation of Hyperion', Icarus 58(1984) 137‒52, p. 228; www.forestwander. com/2010/07/milky‒way‒galaxy‒summit‒lake‒wv/ p. 284

컬러 사진과 일러스트레이션

Pl. 1 NASA/JHUAPL/SwRI; Pl. 2 NASA/JHUAPL/SwRI; Pl. 3 NASA/ JPL/University of Arizona; Pl. 4 NASA/JPL/DLR; Pl. 5 NASA/JPL/ Space Science Institute; Pl. 6 NASA; Pl. 7 NASA/SDO; Pl. 8 M. Lemke and C. S. Jeffery; Pl. 9 NGC; Pl. 10 Hubble Heritage Team, ESA, NASA; Pl. 11 https://www.eso.org/public/outreach/copyright/; Pl. 12 Andrew Fruchter (STScI) et al., WFPC2, HST, NASA – NASA; Pl. 13 'Simulations of the formation, evolution and clustering of galaxies and Quasars' Volker Springel, Simon D. M. White, Adrian Jenkins, Carlos S. Frenk, Naoki Yoshida, Liang Gao, Julio Navarro, Robert Thacker, Darren Croton, John Helly, John A. Peacock, Shaun Cole, Peter Thomas, Hugh Couchman, August Evrard, Joerg Colberg & Frazer Pearce, 2005, Nature, 435, 629 © Springel et al. (2005)

찾아보기

ㄱ

가모프, 조지 264
가스 구름 50, 58, 62-5, 71-2
가스티노, 미카엘 77
가우스, 카를 프리드리히 130-31, 376-78, 383
가우스의 개미 383
각운동량
　각운동량 보존 61-5, 79-80, 346
　도입 58-60
　블랙홀의 강착 원반 360
　정의 58-60
　지구-달계 79, 84
　태양계 내에서의 분포 60-2
갈레, 요한 118
갈릴레오호(궤도 탐사선) 175
갈릴레이, 갈릴레오
　뉴턴에게 미친 영향 20-21, 43
　발견 40, 148-152, 166-69, 273-74
갈색왜성 259, 428
감마선 폭발원 364-65, 372
감마선의 증거 436-37
강착 원반 360
거대 공동 360, 367
거대 기체 행성
　생성 76

재배열 76-7
거대 충돌 가설 80, 84-6, 93-9
게라시멘코, 스베틀라나 187
격자 방법 89
결정론적 카오스 201, 210-12, 214, 236, 292-94
경계 조건 88, 464
경도 문제 170
계산
　계산의 복잡성 90-4
　섭동 계산 115-18
고드윈, 프랜시스 336
고리계
　생성 164-65
　안정성 156-59, 178
　외계 행성 164
　카리클로(켄타우루스 천체) 164-65
　토성 이외의 행성 21, 157-59, 163-65
　☞ 토성
고속 푸리에 변환 130
골드라이히, 페터 160
골디락스 영역 319, 322, 324
공간과 시공간의 곡률 33, 53-4, 378
공룡 30, 202, 222-24, 228
공명
　공명과 띄 법칙 간격 107-08
　라플라스 공명 177

린드블라드 공명 291-92
명왕성의 위성들 201
목성과 소행성대 134-36, 138-39, 147
목성과 토성 75-6, 100-01
목성의 위성들 110-11, 167-68
수성 77, 101
영년 공명 110
외계 행성 304
자전-공전 공명 102, 216, 220, 320
천왕성의 고리 159
카오스의 원인 203, 240
토성의 고리 151, 153, 163-64
해왕성 바깥 천체들과 해왕성 122
해왕성과 명왕성/카이퍼대 천체 83, 121-
　22
공명 중첩 조건 216
과학적 방법
　잠정적 성격 477
　추론 24-5
관들의 네트워크
　우주 탐사 207, 236
　중력장 112, 231, 245-46
광년의 정의 274-75
구상 성단 433-34
구스, 앨런 410
국제천문연맹 122
궁수자리 A* 360
궤도
　나선 은하의 별들 290-92
　소행성 131-33, 145-46, 225-26
　올챙이 궤도 143
　외계 행성 110-12, 321-22
　타원 궤도 41
　타원 궤도의 세차 108-10, 173

8자 모양 궤도 48-50
포물선 궤도 44, 187
궤도 공명 ☞ 공명
궤도 이상과 암흑 물질 434-35
규산질 암석 85-6, 96
규소금속 화학 303
그라네르, 프랑수아 111
그래버스타 362-65
그로스만, 마르셀 380
그르니에, 이자벨 437
그리스군(소행성 집단) 35-6, 39, 44-7
그린, 브라이언 412, 452
극한 생물 318
금성
　가능한 운명 76-7
　금성과 생명체 거주 가능 영역 319-20
　역행 자전 운동 220-21
기라르디-리미니-베베르 모형 468
기번스, 게리 414
기본 상수
　기본 상수를 한 번에 하나씩만 변화시킬 때
　　474-75
　기본 상수와 다중 우주 451
　기본 상수와 미세 조정 450, 454, 470-76
기조력 165, 169, 175, 194, 325
기준 좌표계
　동행 좌표계 382
　회전 좌표계 135, 140, 142, 145, 147
기후
　기후와 달 222
　기후와 태양 흑점 272-74
　기후와 판 구조론 322-23
끈 이론 452-54

ㄴ

나비 효과 205, 208-09, 233, 238-40
나선형 굽힘파와 나선형 밀도파 157
노르츠트룀, 군나르 348
노비코프, 이고르 469
노욜라, 호아킨 313
뉴먼, 마크 316
뉴먼, 에즈라 348
뉴턴, 아이작 21, 250
   뉴턴의 발언 인용 14, 305
   《프린키피아》 22, 35, 44, 100, 304
뉴턴의 법칙/중력 이론
   결과 48-50, 101, 168, 173
   공식화 43
   기술적 혜택 20-2
   뉴턴의 사과 30
   단순화 140
   만유인력의 법칙 42-3
   반직관적 성격 33
   새총 효과를 이용한 경로 187
   일반 상대성 이론과의 비교 52-6, 381
   잘못 적용되었을 가능성 441
   중요성 22, 27-9, 56
   혜성의 궤도 182-83, 241-42
뉴턴의 운동 법칙
   각운동량 58-60
   미분방정식 46-7
   케플러의 법칙을 더 발전시킨 것 42-5
뉴호라이즌스호 18, 122, 202, 233

ㄷ

다단 로켓 19-20
다스, 사우르야 420
다양체
   리만 다양체 380-81, 440
   반반한 다양체 380
   안정 다양체와 불안정 다양체 295-300
   우주 마이크로파 배경 복사 데이터와 일치
      하는 다양체 387
   준리만 다양체 380-81, 440
   특이한 토폴로지 383-86
다윈, 조지 81
다이슨, 프리먼 405
다중 우주
   가능한 종류 452-53, 470
   다중 우주와 기본 상수 452, 471
   철학적 추측 458, 470
다중성계 72
다차원 295-96
다체 동역학 146
   ☞ n체 문제
단순화(삼체 문제) 140
단위
   광년, 정의 374
   AU(천문단위), 정의 66
   파섹, 정의 279
달
   거리 계산 280-81
   뉴턴의 사과 30
   달 여행 상상 336
   뒷면 86-7
   들로네의 공식 46, 91
   생성 23, 80-7, 482

월석 시료 83, 97

지구의 자전축 기울기를 안정시키는 효과
218-21

착륙 17, 229

☞ 지구-달계

대마젤란은하와 소마젤란은하 267, 285, 370

대칭

구형 대칭 394-96

시간 반전 대칭 439

CP 대칭 431

축대칭 348

케플러 방정식의 가정 443-44

회전 대칭 154

대형 강입자 충돌기 427, 429

더넘, 에드워드 158

더못의 법칙 110

덩어리 짓기

빅뱅 이론과 덩어리 짓기 370

소행성대 105, 127, 134

우주의 덩어리 짓기 370

중력과 덩어리 짓기 68-71

덩컨, 마틴 66, 195

데모크리토스 286

데이비스, 도널드 85

데일리, 레지널드 85

데카르트, 르네 58

데칸 트랩 223

델니츠, 미하엘 248

도로시케비치 A. G. 403

돈호 17

돌림힘(토크) 62

동시 회전 294, 296-97

동시 회전(1:1 자전-공전 공명) 216, 320

동시성과 상대성 이론 381

동위원소 비율

리튬 260

물 15-6, 190

두러, 루트 418

뒤브륄, 베랑제르 111

드레이크 방정식 315-16

들로네, 샤를-외젠 46, 91

디윗, 브라이스 460

디키 복사계 403

ㄹ

라그랑주, 조제프-루이 141

라그랑주점 87, 141-42, 144, 229, 232, 244-
46, 295, 299

라니아케아 초은하단 371

라스카르, 자크 77, 203, 218-21

라시오, 프레더릭 312

라이스너, 한스 348

라이스너-노르츠트룀 메트릭 348

라이스너-노르츠트룀 블랙홀 356

라이트, 토머스 286

라인위버, 찰스 111

라플라스, 피에르-시몽 드

라플라스와 뷔퐁의 행성 생성 가설 64-5

목성 위성들 사이의 공명에 관해 173-74

목성과 토성의 공명 100-02

블랙홀의 존재 가능성 339

소용돌이 이론 59

천왕성의 궤도 105

토성의 고리에 관해 151, 180

라플린, 그레고리 76

라흐만, 미하엘 316

랄랑드, 조제프 184

램지, 윌리엄 253

랩 라운드 384, 389

랴푸노프 시간 204

러너, 에릭 418

러더퍼드, 어니스트 253

러셀, 헨리 257

레비, 데이비드 197

레비슨, 해럴드 66, 194

레비트, 헨리에타 277, 280-82, 287, 396

레스카르보, 에드몽 125

레아(토성의 위성) 163

렉셀, 앤더스 113

렌, 폴 223

렌즈상 호수(유로파) 177

로, 마틴 247

로그/로그 그래프 107

로또 비유 456

로렌츠 변환 349

로렌츠, 에드워드 205

로메로-이사르트, 오리올 466

로빈슨, 데이비드 348

로스 경 286

로스, 셰인 247

로웰, 퍼시벌 118, 120

로이즈, 토머스 254

로이퍼, 안드레아스 96

로제타호 14-7, 188, 191-92, 232-36

로켓 개척자들 18-20

로크, 콜린 440

로키어, 노먼 252

롤, 피터 403

롤스로이스 문제 439-40

뢰머, 올레 171, 338

루나인, 조너선 327

루키아노스 336

루흐티, 그레고리 433

룬드마르크, 크누트 397

뤼미네, 장-피에르 387

르메트르, 조르주 343, 394

르모니에, 피에르 115

르베리에, 위르뱅 117

르장드르, 아드리앵-마리 131

르포트, 니콜-렌 184

리드, 저스틴 433

리드베리 준분자 49

리만, 베른하르트 379

리베라, 유지니오 174

리스, 마틴 360

리스, 애덤 480

리아카와, 파트릭 196

리에, 에마뉘엘 125

리처즈, 마크 224

리튬 동위원소의 비율 266-68

리팔다, 호세 439

린, 치아-치아오 291

린드블라드, 베르틸 291

린드블라드, 페르 올로프 292

린든-벨, 도널드 360

ㅁ

마마젝, 에릭 164

마스든, 제럴드 247

마스트로부오노-바티스티 98

마시로니, 마테오 188

마요르, 미셸 307

마이노비치, 마이클 231

마지막 산란면 388-89

마츠무라, 소코 312

만, 로버트 135

만유인력 45

매서, 사미르 361

매스클린, 네빌 163

매케이, 로버트 440

맥게히, 리처드 240

맥스웰, 제임스 클러크 153, 445

머딘, 폴 359

메생, 피에르 286

메시에, 샤를 128, 286

메탄 167, 320, 326-27

메트릭

　빅뱅 메트릭 385

　상수 곡률 시공간 383

　시간 반전 대칭과 메트릭 439

　정의 377

　커-뉴먼 메트릭과 라이스너-노르츠트룀

　　메트릭 348

　평탄한 메트릭 378

　프리드만-르메트르-로버트슨-워커 메트

　　릭 399, 401-02

먹 법칙

　외계 행성의 궤도 111-12

　티티우스-보데의 법칙 110-12

명왕성

　닉스, 스틱스, 케르베로스, 히드라(위성)

　　174, 201, 217

　발견 78-9

　사진 18

　카론(위성) 79, 121, 201, 215, 217

　크기와 재분류 17-8, 122

특이한 성질 120-21

명왕성족 122

모건-키넌 체계 256

모리슨, 필립 315

모톨라, 에밀 362

목성

　관들의 계 111

　목성과 토성의 공명 75-6, 100-01

　미행성체에 미치는 효과 77

　생명체의 존재 가능성 324-25

　소행성대에 미치는 효과 138-39, 145-47,

　　225

　태양의 움직임에 미치는 효과 305-06

　혜성에 미치는 효과 184-85, 197-200,

　　242-43

목성의 위성

　가니메데 78, 110, 168, 171-73, 175, 177,

　　199, 247, 324

　공전 주기 109, 170

　발견 181-82

　에너지 효율적 경로 248

　유로파 110, 168, 171-73, 175-77, 247,

　　324

　이오 110, 168, 171-73, 175, 313

　칼리스토 110, 168, 175, 177, 199, 247

　합, 식, 행성면 통과 171-73

몬더 극소기, 돌턴 극소기, 스푀러 극소기 273,

　276

몽고메리, 로버트 49

무어, 크리스 316

물

　물과 생명체 거주 가능 영역 319-23, 326-

　　27

　지구 바다의 기원 15-6, 182-84, 190-91

지하 바다 169, 175-78, 324-25

물질 분포

　과거를 향한 물질과 미래를 향한 물질
　　439-40

　물질과 시공간 기하학 369-70

　이전에 탐지되지 않은 물질 436

　중입자 과소평가 436-37

미냐르 프랑수아 216

미니분(미니 중성미자 가속 실험) 432

미분기하학 380

미분방정식 46, 89, 91, 212, 226, 477

미세 구조 상수 450, 475

미세 조정 270-71, 450, 455, 458, 470-72,
　474-75, 481

미즈너, 찰스 348, 409

미첼, 조니 263

미첼, 존 338

미행성체 75-7, 98, 133-34, 192-94, 196,
　208

민코프스키, 헤르만 349-51, 384

밀그롬, 모르데하이 436

밀라니, 안드레아 209

밍크, 제시카 158

ㅂ

바다

　얼음 위성의 지하에 있는 바다 169-70,
　　175-76, 324-25

　지구 바다의 기원 15-6, 185-87, 190-91

바데, 월터 288

바리엔틴, 페르 172

바이러스 331, 466

바이셉2 실험 422-23, 430

바티긴, 콘스탄틴 76

반물질/반우주 354-55

반지평선 352

발렌시아, 다이애나 323

밝기, 거리의 척도 256-57

밥티스티나족 소행성 224

배로-그린, 준 213

배브콕, 호러스 274

배타 원리 356

백색왜성 257-58, 261-63, 266, 357, 428

백조자리 X-1 358

버비지, 마거릿 264

버비지, 제프리 264

버코프, 조지 213

벌라스, 러요시 372

베루지, 피터 322

베르나르, 사라 335

베르누이, 다니엘 89

베른, 쥘 181

베리타스 소행성 가족 209

베셀, 프리드리히 279

베켄슈타인, 야코브 348

베테, 한스 264

벨브루노, 에드워드 244

변광성 281-82, 287-88, 396-97

별

　백조자리 V404 359

　백조자리 61번 별 279-80

　시리우스 252

　에리다누스강자리 엡실론과 고래자리 타우
　　315

　케페우스자리 감마 307

　케페우스자리 델타 281

케플러-4 311

켄타우루스자리 알파 73

켄타우루스자리 오메가 434

켄타우루스자리 프록시마 73

페가수스자리 51번 별 307

PSR 1257+12 307

황소자리 34번 별 115

황소자리 HL 67

별(일반적 특징)

거대한 별의 붕괴 356-64

거리 277-80

밝기 255-58

생성 71-3

스펙트럼형에 따른 분류 255-58

우주보다 나이가 더 많은 별 418-20

조성 249-50, 452-53

진화 258-63

핵융합 255, 258-63, 266

별 수프 모형 442-47

별에서 일어나는 핵 반응 255, 260-63, 268-72

보네, 샤를 100

보데, 요한 103-07, 110

보데의 법칙 ☞ 티티우스-보데의 법칙

보베어드, 티머시 111

보스-아인슈타인 응축물 363

보어, 닐스 461

보이저 1호 17, 155-56, 161, 391

보이저 2호 17, 155-56, 161

보존

각운동량 62-4, 67, 80, 179, 346

에너지 67, 79, 142, 410, 429

운동량 59-61, 360

정보 361-64

보트키, 윌리엄 224

보편적 특징과 국지적 특징 329

볼시찬, 알렉산데르 306

볼턴, 찰스 359

봄, 데이비드 421

봄의 양자론 421-22

부르바키, 니콜라 28

부바르, 알렉시 115

부혜르트, 토마스 416

북극성 219

분광학

도플러 효과 301, 306, 345, 397

발명 250

수소 알파선 301

외계 행성 309-10

항성분광학 252

흡수선과 방출선 252

분열설(달의 탄생) 81

분점의 세차 218

분젠, 로베르트 251

불칸 123-26, 435, 441

불확정성 원리 410

'붕괴하는 원반' 모형 62-3

뷔퐁 백작 64

뷜리아두스, 이스마엘 43

브라운리, 도널드 199

브라헤, 티코 40, 171

브래들리, 제임스 279

브루노, 조르다노 304

브루크네르, 차슬라브 469

블랙홀

기하학 349-56

대안 361-64

별의 질량 한계 262-63, 342-48, 356-57

생성과 관측 증거 356-61

수명이 긴 우주의 특징 456-58

양자역학과 블랙홀 356-58, 362-65

용어 탄생 336-40

일반 상대성 이론이 예측한 블랙홀 24-5,
39-40, 336-40, 479-80

잠재적 에너지원 475-76

정보 역설 361, 363

중력 적색 이동 352

초거대 질량 블랙홀 339, 360

충돌 364

털 없음 측정 348

블리시, 제임스 123, 406

비너스 익스프레스호 248

비선형 동역학 45, 88, 112, 215, 248, 295

비유클리드 기하학 368, 375-76, 383

비행의 진화 329-31

비활성 중성미자 431

빅 크런치 406

빅뱅

관측 증거 402-04

대안 418-22, 439-40

물질의 기원 393

아인슈타인의 간과 26-7

원소 생성 263-65, 421

증거의 불일치 266-68, 407, 418-22

필요한 추가 가정 26-7, 407-09, 418, 478

빌렌킨, 알렉산더 413

빛 ☞ 도플러 효과; 적색 이동; 빛의 속도

빛의 속도

빛보다 빠른 여행 353-54

빛의 속도와 민코프스키의 시공간 350

빛의 속도와 블랙홀의 존재 가능성 338-40

빛의 속도와 특수 상대성 이론 50-2

측정 170-71

팽창 우주와 빛의 속도 400-02

ㅅ

사건의 지평선

블랙홀 263, 336, 339-40, 342-48

시간 지연 469

평행 지평선 353

사극자장 276

사리, 도널드 441

사셀로프, 디미타르 323

사프로노프, 빅토르 65

산란 원반 122, 194, 196-97

산소

동위원소 83

혜성의 산소 191-93

살, 알베르토 83

삼각법 277, 376

삼중 알파 과정 269-71

삼중 합 171-75

삼체 궤도 49, 240

삼체 문제 90, 116, 140, 210

2½체 문제 140, 142, 211, 294, 296, 478

상대성 이론 ☞ 일반 상대성 이론; 특수 상대
성 이론

새총 효과 187, 227, 231, 235-36

생명

기원 222, 317-18, 448-50

님버스 프로젝트 333-35

바깥쪽 행성 247

생명의 존재를 시사하는 화학적 징후 324-
25

생명의 존재를 위한 미세 조정 270

외계 생명체 317-24, 328-32

외계 지능 생명체 316-17, 328

인플레이션 다중 우주와 생명 458

정의 328-30

생명체 거주 가능 영역 318-24

생명체 거주 가능 영역에 영향을 미치는 요소

323-24

샤르노즈, 세바스티앙 178

샹시네르, 알랭 48

섀플리, 할로 287

서스먼, 게리 203

선택적 보고 268

설링, 로드 425

성운 286-88

☞ 태양 성운

세계선 349

세드나(해왕성 바깥 천체) 122

세이건, 칼 325, 391

세차

분점 218-19

수성의 근일점 124

행성의 궤도 115, 146

세케레시, 조지 346

세키, 안젤로 255

세페이드 변광성 282, 287-88, 396

세포 자동자 334

셰익스피어, 윌리엄 78, 181

소빙하기 273

소행성

기원 131-33

분포 134-36, 226-28

SF 작품 속의 소행성 127, 135

예측과 발견 103-06, 128-33

용어 탄생 132

위성이 딸린 소행성 168-69

자전 주기 138-39

지구 근접 소행성 200

행성에 붙들려 위성이 된 소행성 167-68

행성에 의한 궤도 섭동 130-32, 224-26

☞ 케레스

소행성 가족 203, 209-10

소행성 집단

외계 트로이군 소행성 313-14

트로이군과 그리스군 145

힐다군 147

손, 킵 348

쇼스탁, 세스 304

쇼월터, 마크 215

수성

가능한 운명 76-7

근일점의 세차 이상 26, 37-8, 123-26

일면 통과 123, 272-73

자전-공전 공명 216

수소

수소 알파 선 301

HI 스펙트럼선 315

수소 동위원소

별 내부에서 일어나는 핵융합 254

비율 83, 191-92

삼중수소 16, 255, 264

중수소 16, 191-92, 255, 260-64

수정 뉴턴 역학 436

수치해석 48

수치 근사 방법 130

수학

수학과 우주 탐사 20-1, 235-36

수학과 현대 천문학 46, 118, 477

수학과 혜성의 궤도 182-85
중력 32-3
초기 천문학에서 수학이 담당한 역할 20-2, 477
수학적 모형
별의 진화 268
붕괴하는 가스 구름 73-5
☞ 시뮬레이션
슈, 프랭크 291
슈뢰딩거 방정식 463
슈뢰딩거, 에르빈 458
슈뢰딩거의 고양이 462-63, 465
슈뢰딩거의 인플루엔자 바이러스 466
슈메이커, 유진 197
슈메이커, 캐럴린 197
슈미트, 브리트니 176
슈바르츠실트 반지름 341
슈바르츠실트 블랙홀 346
슈바르츠실트, 카를 340
슈퍼지구 323
스메일 편자 214
스몰러, 조엘 417
스몰린, 리 457
스미스, 에드워드 57
스베덴보리, 에마누엘 59
스카르파, 리카르도 418
스크러츠키, 마이클 163
스타인하트, 폴 470
스탠디시, 마일스 120
스테이플턴, 올라프 448
스텐저, 빅터 474
스트루베, 오토 305
스티븐슨, 제임스 327
스틱스(명왕성의 위성) 174, 201, 217

스푸트니크호 22
스피처 우주 망원경 419
슬라이퍼, 베스토 397
슬로언 디지털 우주 탐사 371
시간 반전 대칭 439
시간 반전 블랙홀 353
시간 지연 469
시간과 블랙홀 468-70
시계 장치 우주 22-3, 100, 208
시공간
개념 52
곡률 52-4
기하학과 물질 분포 369-70, 408
민코프스키의 시공간 349-50
블랙홀 기하학 349-66
시모, 카를레스 48
시뮬레이션
기상 예보 205
달의 생성 93-7
덩어리 짓기 370
모형화 가정 447
은하 동역학 293, 445
태양계의 진화 74-7, 110
행성의 생성 64-7, 195, 312
☞ 수학적 모형
시차 279, 282
심플렉틱 적분 기법 74
십이면체 공간 386-87
쌍곡기하학 376
쌍곡선 궤도 44, 186-87
쌍성
식쌍성 281
행성계 49

ㅇ

아라고, 프랑수아 123-24

아르곤-아르곤 연대 측정 223

아리스토텔레스

  구에 관해 367

  중력에 대한 견해 32-5

  행성의 운동에 대한 견해 37-8

아바자지안, 케보르크 433

아연(달의) 83

아이스큐브 실험 430

아인슈타인, 알베르트

  아인슈타인이 간과한 빅뱅 26, 398

  중력에 관한 통찰 50-1

  ☞ 일반 상대성 이론; 특수 상대성 이론

아인슈타인의 장 방정식

  리만 기하학 380

  물질 분포와 아인슈타인의 장 방정식 54, 339, 417

  봄의 양자역학과 아인슈타인의 장 방정식 421

  불필요한 가정 383, 416, 422, 440

  블랙홀의 존재 예측 338-40, 342-45, 358

  비선형 방정식 346

  우주 상수 395, 398-99, 408

아타카마 대형 밀리미터 전파망원경 배열 67

아폴로 계획 83, 97, 229

아프, 핼턴 420

아피아누스, 페트루스 184

안드로메다은하(M31) 285, 360, 370-71, 397

알리, 아흐메드 421

《알마게스트》 37-8, 114, 218

알수피, 압드 알라흐만 285

알파 입자 254-55, 269

알하젠(알하산 이븐 알하이삼) 33

암흑 물질

  대안 436-47

  빅뱅 이론의 추가 가정 26-7, 414-16

  암흑 물질과 물질 분포 373

  증거 426, 436-37

암흑 에너지

  불균일한 우주 26-7, 414-16

  빅뱅 이론의 추가 가정 26-7, 414-16

  시간 반전 대칭과 암흑 에너지 436-37

앙게르하우젠, 다니엘 313

애너그램 154

애덤스, 더글러스 405

애덤스, 존 117

애덤스, 프레드 474

애스포그, 에릭 94

액시온 430

앨퍼, 랠프 402

야누스(토성의 위성) 162, 179

양, 스티븐슨 307

양성자-양성자 반응 259, 264

양자 다중 우주 453, 458-59, 469

양자 중첩 469

양자색역학 431

양자역학

  다세계 해석 461, 463

  양자역학과 진공 에너지 414-15

  장비와 관찰 463-65

  재공식화 419-21

  절반만 은 도금된 거울 464

엄폐 158

에너지

  에너지와 질량의 관계 51-2, 415, 425

  위치 에너지와 운동 에너지 142, 243-45

에너지 풍경/중력 풍경

  나선 은하 288-94, 370

에딩턴, 아서 264

에라토스테네스 278

에리스(해왕성 바깥 천체) 18, 122

에버렛, 휴 460

에어리, 조지 117

에지워스, 케네스 195

에지워스-카이퍼대 ☞ 카이퍼대

에피메테우스(토성의 위성) 162, 178

엔켈라두스(토성의 위성) 167, 177-78, 324

엔트로피 68

엘리스, 조지 415, 458

엘리엇, 제임스 158

엘리엇, 토머스 스턴스 30

역제곱 법칙 14, 44, 73, 88, 90

역행 운동 221

연속체 근사 442-44

열역학 제2법칙 68-9

예측 지평선 204-05, 207, 237

오르트 구름 136, 193-96

오일러, 레온하르트 89

오즈마 계획 315-16

오컴의 윌리엄 458

오코넬, 리처드 323

오테, 엘리제 134

오펜하이머, 로버트 342

오필리아(천왕성의 위성) 161

옥스, 유진 49

올베르스, 하인리히 128

왜행성

  명왕성 109, 122

  에리스와 그 밖의 해왕성 바깥 천체 17, 122

  케레스 18, 109-10, 122

  ☞ 케레스: 명왕성

외계 생명체 317, 327-35

외계 생명체 화학 327

외계 위성과 외계 소행성 313

외계 지능 생명체 315

외계 행성

  글리제 1132 308

  글리제 667Cc와 글리제 832c 322

  글리제 876 174

  케플러-16b 50

  케플러-283c 322

  케플러-438b와 케플러-442b 322

  케플러-452b 322

  케플러-4b 311

  케플러-62e와 케플러-62f 321

외계 행성(일반적 특징)

  간격 110-12

  고리계 164-65

  대기 309-13

  뜨거운 목성형 행성 308

  발견 308

  수 304

  지구형 행성 309-20

  카오스적 움직임 202

  탐지 방법 305-13

  항성면 통과 164-65, 309-13

  ☞ 행성계; 원시 행성 원반

외픽, 에른스트 193

우리은하

  맨눈에 보이는 모습 283-85

  암흑 물질 431-33

  은하계의 조력 187-88

  조성 284

  지구형 행성 322-23

우주
  가능한 운명 405-06, 414-16
  각각 다른 척도에서 본 모습 367-75
  관측 가능한 우주의 반지름 374-75, 400-
    01
  기원 393-402
  나이와 구조 372-74, 418-20
  모양 375-90
  유한한 우주 386-87
  표준 모형 397-98, 408
  ☞ 팽창 우주
우주 마이크로파 배경 복사
  WMAP가 발견한 요동 386-88
  빅뱅의 증거 409-10, 418-20
  예측과 발견 402-04
  COBE(우주 배경 복사 탐사선) 404, 420
  편광 측정 422-24
우주 볼라 337
우주 상수 395, 398-99, 408, 415
우주 식민지 144
우주 알 396, 398, 479
우주 엘리베이터 337
우주 지평선 410
우주 탐사
  수학과 우주 탐사 19
  역사 17-20
  철도 비유 242-44
우주론
  구성 요소 19
  뉴턴의 견해 24-5
  발견과 철회 422-24
  범위 24-5
  표준 모형 397-98, 408, 418-19
우주선宇宙線 428

우주선의 궤적
  경로 선택 230-31, 232-34, 239-41,
    244-48
  새총 효과 186-87, 226-27, 234-38
  에너지 풍경 144, 231-32, 242-48
  호만 타원 230-31, 236, 239-40
우주의 미세 조정
  기본 상수 449-50, 454-55, 470-76
  탄소 생성 270-71
운동량과 운동량 보존 58-62, 358-61
  ☞ 각운동량
울러스턴, 윌리엄 251
울리, 리처드 229
워드, 윌리엄 85
워드, 피터 199
워커, 고든 307
원격 작용 34, 50, 53
원뿔 곡선 40-1, 131, 186
원소
  고대 그리스인의 개념 32
  빅뱅에서 만들어진 원소 264, 393
  스펙트럼의 흡수선 250
  초신성과 원소 265, 271
원시 행성 원반 63, 180, 194, 433
  외계 태양계의 원시 행성 원반 66, 312
원심력 81, 141, 144
웜홀 354-55, 358
웹스터, 루이스 359
위그너, 유진 130
위너 필터링 372
위상 공간 296
위성
  기묘한 행동 161-63
  달과의 비교 78-9

범위와 수 166-69

소행성 169

양치기 위성 160-62

지하 바다 169, 175-78

☞ 각각의 행성

위즈덤, 잭 203, 216, 218-20

윅스, 제프리 387-88

윌슨, 로버트 403

윌킨슨, 데이비드 403

유럽우주기구 15, 56, 191, 235, 248, 426

유잉, 앤 339

유체역학 88-9

융게, 올리퍼 248

은하

고리 형태 299-300

국부 은하군 370-71

나선팔의 생성 291-94, 297-300

막대 나선 은하 288-90, 292-94, 299

별의 수 369

안드로메다은하(M31) 285, 360, 370-71, 397

우주의 팽창에 영향을 받지 않는 은하 399-40, 419-20

위성 은하 370-71, 433

초거대 질량 블랙홀 339, 360

초기의 관측 283-85

형태 284-85, 288-90

회전 곡선 302-03, 426-27, 434, 436, 441-43, 447, 479

은하 충돌 58, 436-37

《은하계 방위군》 33-4, 57

은하단과 초은하단 370-73, 419

음모론자 19

이다(소행성) 169

이아페투스(토성의 위성) 164, 216

이오(목성의 위성) 167-68, 171-73, 313

인공 중력 144

인공위성 19, 22, 55, 277, 337

인류 원리 269, 456

〈인터스텔라〉(영화) 361

인플라톤 411-13, 430

인플레이션

빅뱅 이론의 추가 가정 26-7, 407

영원한 인플레이션 411-14, 454

인플레이션과 지평선 문제 409-11

인플레이션을 뒷받침하는 증거 422-24

인플레이션 다중 우주 454-55, 458-59, 471

일면 통과

목성의 위성 170-75

불칸 125-26

일반 상대성 이론

블랙홀의 존재 예측 309

시간 반전 대칭 436

실험적 증거 24-6, 125-26

일반 상대성 이론과 내비게이션 53

일반 상대성 이론과 빅뱅 421-22

일반 상대성 이론과 자전축의 기울기 220-21

중력의 이해 48-50

입자 완화 유체동역학 89

ㅈ

자기유체동역학 274

자기장

블랙홀 347-48

태양 272-77

《자연철학의 수학적 원리》 ☞ 《프린키피아》

자전축

　각운동량과 자전축 62-3

　세차 218

　자전축 기울기의 카오스적 변화 218-21

　천왕성 110

　화성 202

작용권 347

장 방정식 ☞ 아인슈타인

장센, 쥘 252

적색 이동

　Ia형 초신성 415

　적색 이동과 빅뱅 418-21, 478-79

　중력 적색 이동 352, 382, 420

　허블의 법칙 396-97, 400-01

적색거성 261-62, 268-71, 418-19

적색왜성 257, 261-62, 308, 321, 428

전파 신호

　외계 위성의 자기장 313

　지구 304

접근거성 262

접근급수 212

정상 우주론 394, 403

제너시스호 246

제임스 웨브 우주 망원경 313

젤도비치, 야코프 403

조석 고정 82, 84, 201, 217

조석설 64

주계열성 257-58

준준, 장 92

중력

　갈릴레이의 발견 39

　관들을 통해 연결된 계 112

　로슈 한계 168, 178-80, 198

모형의 유용성 17-9

목성의 위성들을 가열하는 효과 167-68, 175-76

시공간의 곡률로 대체 54-5

아리스토텔레스의 견해 32-5

암흑 물질의 대안 436-39

일반 상대성 이론에서의 중력 52-3

중력과 행성 생성 68-71

중력의 세기 32, 54

중첩의 분해와 중력 470

탈출 속도 336-38

중력 렌즈 24-5

중력 이상과 암흑 물질 427

중력 포획 82

중력 풍경 ☞ 에너지 풍경

중력의 법칙 ☞ 뉴턴의 법칙

중력파 364

중성미자 255, 259, 428-32

중성자별 263, 307, 357-59, 428

중앙 배열(n체 문제에서) 445-47

지구

　궤도 40-1, 202-03

　미래 76-7, 261-63

　바다의 기원 15-6, 185-87, 190

　자전 97

　자전축 기울기 219-22

　자전축의 세차 운동 218

　탈출 속도 336-38

지구 근접 소행성 200

지구-달계

　각운동량 78-9, 83, 86, 91

　거대 충돌 가설 79, 84-7, 95

　동위원소 비율 84-7

지구형 외계 행성 309, 311, 317-19, 322-

25

지구와 화성의 자전축 기울기 218-22

'지친 빛' 이론 420

지평선 문제 409-10

지흐, 마그달레나 469

진공 에너지 410-11, 415

진스, 제임스 65

진자 116

질량

   질량과 에너지의 관계 52, 415, 426

   행성들의 질량 분포 108

ㅊ

차가운 암흑 물질 408, 425

   ☞ 표준 모형(ACDM)

차흐, 프란츠 크사버 폰 128

찬드라세카르, 수브라마니안 357

찬드라세카르 한계 357

찰리스, 제임스 117

척도 대칭 111

천문단위(AU)

   정의 66

   티티우스-보데의 법칙 103, 107

천문학

   고대 그리스의 천문학 20

   수메르와 바빌로니아의 천문학 20

   천문학에서 수학이 담당한 역할 20-1, 46-7, 118-19, 477

천연 원자로 폭발설 81

천왕성

   고리계 157-62

   궤도 변화 75-7

발견 112-15

위성 78, 156-57

천왕성과 티티우스-보데의 법칙 103-06

해왕성 발견 105-06, 115-18

천체물리학

   기원 258-59

   별의 거리 277-78

   별의 진화 260-63

   별의 핵반응 255-56, 260-63

철

   지구-달계에서의 풍부성 79

   지구-달계의 핵 84-7

   핵 합성 과정 265

초대칭 428-30

초서, 제프리 283

초신성

   M31의 초신성 287

   종류 265, 415

   초신성과 암흑 에너지 415

   초신성과 핵 합성 262, 264-65, 271

총알 은하단 436-37

최소 작용의 원리 49

최소 제곱법 131, 372

추류모프, 클림 187

축퇴 물질 261-63, 357

츠비키, 프리츠 420

측지선 53, 377-79, 381

치올콥스키, 콘스탄틴 20

칙술루브 충돌구 223

ㅋ

카리클로(켄타우루스 천체) 164

카시니 간극 152, 155

카시니, 조반니 152, 164, 170

카시니호 17, 156, 177

카오스 이론

　결정론적 카오스 201, 207-09, 213-14,

　　236-27, 293-94

　공명 궤도와 카오스 202-03, 225-26

　나선 은하의 생성 293-97, 299-300

　반죽 비유 206, 214

　발견 210, 295-96, 477

　옹호 236-39

　우주 탐사선의 경로에 활용되는 카오스

　　230-31, 236-41, 245-47

　천문학 분야에서의 예 201-03, 215-17,

　　225-28, 293-97

　카오스와 삼체 문제 90, 478

카오스 지형 176

카우프만, 스튜어트 332

카이퍼 항공 천문대 158

카이퍼, 제러드 195

카이퍼대 121, 194-96

카이퍼대 천체 24, 83, 121-22

카터, 브랜던 348

칸트, 이마누엘 59, 286

캐넙, 로빈 94

캐럴, 루이스 457

캐머런, 앨러스테어 85

캠벨, 브루스 307

커 블랙홀 354-55

커, 로이 346

커크우드 간극 137-38, 202-03, 225-27

커티스, 히버 287

컴퓨터와 미분방정식 46-8

　☞ 수학적 모형; 시뮬레이션

케레스

　발견 105

　생명체 거주 가능 영역과 케레스 320, 324

　왜행성 18, 109-10, 121-22

　티티우스-보데의 법칙과 케레스 110, 128

케르베로스(명왕성의 위성) 201-02, 216

케플러 망원경 310-13, 315

　☞ 외계 행성

케플러 방정식

　가정 444-47

　회전 곡선 302-03, 426-27, 429

케플러, 요하네스 21, 265, 272, 302, 336

케플러의 법칙 44-5, 302

켄워디, 매슈 264

켈로즈, 디디에 307

켈빈-헬름홀츠 메커니즘 258

코로나 대량 방출 277

코른, 안드레아스 267

코바치, 언드라시 372

코스탸, 파비오 469

코시모 데 메디치 148

코언, 잭 329, 333, 438

코웰, 필립 119

코코니, 주세페 315

코튼, 헨리 126

코페르니쿠스 원리 318, 398, 463

코펜하겐 해석 459

코프먼, 데이비드 294

콘라드, 얀 423

콘리, 찰스 240

콘토풀로스, 조지 294

콜드웰, 로버트 418

콩트, 오귀스트 249

쿡, 마탸 97

쿤, 왕상 247

쿨리, 제임스 130

퀘이사 372

퀸, 톰 195

퀸, 헬렌 431

퀼트 다중 우주 452

큐비원족 122

크러스컬, 마틴 346

크러스컬-세케레시 좌표계 346, 350

크레트케, 캐서린 66

크리다, 오렐리앙 178

큰 불일치 101

클랜시, 폴렛 327

클레로, 알렉시 184

클로스, 로저 372

키르히호프, 구스타프 251

키핑, 데이비드 313

킬리, 라이언 433

ㅌ

타원
　　장축과 단축 40-1
　　성질 40

타원기하학 376

타원의 이심률 41

타이슨, 닐 디그래스 127

타이타늄 동위원소 97

타터, 질 316

탈레스 277

탈출 속도 336-37

태양
　　거리 계산 21, 280

스펙트럼형 분류 256

　　자기 활동 273-75

　　질량 중심에 대한 움직임 305-06

　　태양 플레어 276

　　☞ 태양 성운

태양 스펙트럼 250-55

태양 중성미자 431

태양계

　　관들의 네트워크 231

　　궤도 거리의 규칙성 101-04

　　생성과 진화 75-7, 101, 147, 194-96,
　　　207-08

　　에너지 풍경 244-46

　　외계 생명체 324-25

　　위성의 범위와 수 166-69

　　탐사 역사 17-20

　　행성 궤도 재배열 75-7

　　☞ 각각의 행성

태양권계면 155

태양풍 82, 155, 245-46, 276, 320

터럭, 닐 414

테릴, 리치 156

테이아 84, 86, 88, 95-9

템플, 블레이크 417

토성

　　갈릴레이의 관측 148-51

　　개개 고리의 이름 152-54

　　고리계의 나이와 생성 163-65

　　고리계의 발견과 속성 150-57, 160-63

　　목성과 토성의 공명 75-6, 100

　　하위헌스의 관측 151

토폴로지 379, 383-86

톨먼-오펜하이머-볼코프 한계 357, 359

톰보, 클라이드 119

톰스, 에드워드 312

투티노족 122

듀키, 존 130

트로이군 소행성 147, 202, 231, 313-14

트로이군 위성 147

트리메인, 스콧 160, 195

트리톤(해왕성의 위성) 79, 83, 168

특수 상대성 이론

　로렌츠 변환 349

　빛의 속도에서 유도 50-2

특이점 341-46, 351-55, 421, 440

틀 끌림 347

티레, 비앙카 248

티타니아(천왕성의 위성) 79

티티우스, 요한 100

티티우스-보데의 법칙 103-08, 110-14,
　127-28, 232, 312

ㅍ

파니엘로, 랜들 83

파동함수의 붕괴 460-61, 463, 467-68

파리넬라, 파올로 209

파머, 필립 호세 499

파브리키우스, 요하네스 272

파색(정의) 279

파울러, 윌리엄 264

파울리의 배타 원리 356

파이겔슨, 에릭 271

파이어니어 10호와 11호 17

판 구조론 323-24

판 마넨, 아드리안 287

판도라(토성의 위성) 157-58, 161-62, 178

팔리사, 요한 146

팔리치, 요한 184

팔미에리, 루이지 253

팽창 우주

　빅뱅의 증거 27, 482

　제안 394-96

　팽창 속도 400-01, 414

　팽창의 속성 398-401, 414-15

　평활화 가정 416-17

퍼지 경계 이론 244

펄서 307, 402

페르난데스, 훌리오 195

페르미감마선우주망원경 432

페체이, 로베르토 431

펜로즈 다이어그램 350-56

펜로즈, 로저 350

펜지어스, 아노 403

평탄한 원환면 383-85, 387, 389

포도세노프, 스타니슬라브 467

포스트, 마르쿠스 248

포에베(토성의 위성) 163

포타포프, 알렉산데르 467

포프, 알렉산더 186

포획설 64, 82

폰 노이만, 존 334

표준 모형(ΛCDM) 408, 414, 418, 429

표준 촛불 개념 280-82, 287, 396

푸앵카레 단면 247

푸앵카레, 앙리 210-15, 226, 247, 291, 294,
　296, 386-87, 478

푸앵카레-버코프 고정점 정리 214

푹존, 자이코프 467

풍경 다중 우주 453, 455-57, 470

프라운호퍼, 요제프 250

프래챗, 테리 391
프랙털 368
프랭클랜드, 에드워드 253
프랭클린, 프레드 147
프레일, 데일 306
프렌티스, 앤드루 65
프로메테우스(토성의 위성) 157-58, 161-62, 178
프리드만, 알렉산드르 385
《프린키피아》 22, 35, 44, 100, 304
　프톨레마이오스, 클라우디오스 37-8, 218
플라스마 우주론 419
플랑크 위성 426, 432, 480
플램스티드, 존 114
플레밍, 윌리어미나 256
피아치, 주세페 129
피카르, 장 171
피커링, 에드워드 119, 256, 280, 396
피코프스키, 이고르 469
피플스, 몰리 322
필, 스탠턴 216
필라이호 착륙선 15-6, 190-91, 234
핑켈스틴, 데이비드 343

ㅎ

하스, 콘라트 20
하우메아 121
하위헌스, 크리스티안 151
하이제트 초신성 탐사팀 415-18
하이젠베르크의 불확정성 원리 410
하트먼, 윌리엄 85
한센, 페테르 118

해리슨, 존 170
해밀턴, 더글러스 163
해왕성
　공명 121-22
　궤도 변화 74-7
　명왕성 발견 118-21
　발견 103-04, 115-18
　위성 78, 81-3, 167-68
핵공명 269
핼리, 에드먼드 14, 182
행성
　고대 문명의 견해 35-8
　고리계(토성 이외의) 23-4, 157-65
　자전축 기울기에 나타나는 카오스 202, 218-21
　☞ 각각의 행성
행성 O 119
행성 X
　천왕성에 미치는 섭동 117-21
　현대의 견해 196
행성 배아 98
행성간 슈퍼고속도로 232, 248
행성계
　생성 57-8, 64-7, 74-5, 98-9
　쌍성계의 행성계 49
　☞ 외계 행성; 원시 행성 원반
행성들의 궤도에 나타나는 등비수열 106
행성의 궤도
　공전 주기의 규칙성 109
　궤도 거리의 규칙성 102-05
　불규칙성 115-17, 123-25
　카오스적 변화 202-03
　타원 궤도 40-2, 120
　행성의 궤도와 황도 61-2, 120

행성의 대기 158-60
행성의 질량 분포 108
허먼, 로버트 402
허블 우주 망원경 201-02, 215
허블, 에드윈 26
허블의 법칙/허블 상수 397, 401-02
허셜, 윌리엄 113, 128, 132, 286
헤기, 더글러스 49
헤르츠스프룽-러셀도(H-R도) 257-61
헤일, 조지 274
헬러, 르네 313
헬륨
  발견 253-55
  별 내부에서 만들어지는 헬륨 259-60,
    264-65
혜성
  대혜성(1577년의) 183
  맥노트 혜성 182
  슈메이커-레비 9 혜성 197-200
  오테르마 혜성 241-42
  67P/추류모프-게라시멘코 혜성 15, 187
  자코비니-지너 혜성 245
  핼리 혜성 184-86
혜성(일반적 특징)
  궤도 변화 184-85
  기원과 생성 187-89, 192-93
  단주기 혜성 186-87, 194-97
  목성의 영향 186-87, 198-200
  뷔퐁의 행성 생성 가설 64
  옛날 사람들의 견해 181-82
  장주기 혜성 186, 192, 194
  조성 189-91
  혜성으로 오인받은 천왕성 112-14
  혜성으로 오인받은 케레스 129-30

호디에르나, 조반니 170
호모클리닉 엉킴 213-14, 226
호일, 프레드 264-65, 268-71, 393-94
호킹 복사 358, 361, 364
호킹, 스티븐 348, 357-59, 361, 364, 403
호프만, 폴커 208
홀로그램 362
홀리(SF 작품에 등장하는 컴퓨터) 336, 339,
  345, 364
화성
  가능한 운명 76-7
  궤도 계산 40
  생명체 존재 가능성 328
  소행성에 미치는 효과 225-28
  액체 상태의 물 321
  운하 118-19
  위성 149-50
  자전축 기울기 202-03
  황도 경사각 218-20
화이트홀 353
황도
  토성 고리의 기울기 149-52
  해왕성 바깥 천체들의 궤도 기울기 104-
    06, 121-22
  황도 부근에서 궤도를 도는 천체들 40-1,
    62-3, 113-14, 166-67
회절 격자 250
훅, 로버트 43
훔볼트, 알렉산더 폰 134
휠러, 존 339
휴메이슨, 밀턴 397
흑색왜성 263
흑점 272-76
흑체 복사 316-17, 403

희귀한 지구 가설 199-200

히드라(명왕성의 위성) 174-75, 201, 217

히멜슈폴리차이(하늘의 경찰) 129

히텐호 245

히틀러, 아돌프 461, 467, 469

히파르코스 114, 218, 278

히페리온(토성의 위성) 202, 216-17

히프케, 미하엘 131

힉스 보손 427-28

기타

CP 문제(전하 켤레 변환과 패리티) 431

DAMA/LIBRA 탐지기 430

GPS 19

ISSE-3(국제 태양-지구 탐사선 3호) 245

LIGO(레이저 간섭계 중력파 관측소) 364

K/T 멸종 222-23

M87 360

MACHO(무거운 고밀도 헤일로 천체) 428

n체 문제 90, 94, 98, 210, 441-42, 445, 477

　복잡성 90-1, 93-4, 210-22

　n체 문제와 연속체 모형 441-46

　☞ 다체 동역학

NASA(미국항공우주국) 18, 56, 155, 200, 310-
13, 322, 324, 404

　☞ 뉴호라이즌스호; WMAP; 보이저호; 케
플러 망원경

SETI(외계 지능 생명체 탐사) 316-17

SF(과학 소설)

　경성 과학 소설 24

　렌즈맨 57

　블랙홀 묘사 336, 339, 344, 348

　소행성 70, 75

　양자 다중 우주 459, 469

　우주의 종말 묘사 405-06

　웜홀 예측 354-55

　지적 외계인 예측 316

　행성계 생성 328-30

SQUID(초전도 양자 간섭 장치) 466

TeVeS(텐서-벡터-스칼라 중력) 436

WIMP(약하게 상호 작용하는 무거운 입자) 429

WMAP(윌킨슨 마이크로파 비등방성 탐사선)
386-87, 404, 409, 420, 480

X선 쌍성계 359

X선 플레어 271

XO-1 310-11

CALCULATING

THE COSMOS

우주를 계산하다

초판 1쇄 발행 2019년 1월 10일
초판 3쇄 발행 2023년 4월 20일

지은이 이언 스튜어트
옮긴이 이충호
펴낸이 유정연

이사 김귀분
책임편집 조현주 **기획편집** 신성식 유리슬아 서옥수 황서연 **디자인** 안수진 기경란
마케팅 이승헌 반지영 박중혁 하유정 **제작** 임정호 **경영지원** 박소영

펴낸곳 흐름출판(주) **출판등록** 제313-2003-199호(2003년 5월 28일)
주소 서울시 마포구 월드컵북로5길 48-9(서교동)
전화 (02)325-4944 **팩스** (02)325-4945 **이메일** book@hbooks.co.kr
홈페이지 http://www.hbooks.co.kr **블로그** blog.naver.com/nextwave7
출력·인쇄·제본 (주)상지사 **용지** 월드페이퍼(주) **후가공** (주)이지앤비(특허 제10-1081185호)

ISBN 978-89-6596-295-3 03400